普通高等教育工程造价类专业“十二五”系列规划教材

安装工程计量与计价

主　编　丰艳萍　严景宁　夏　晖
副主编　张　骅　左丽萍
参　编　冯羽生
主　审　邹　坦

机 械 工 业 出 版 社

本书依据 GB 50500—2013《建设工程工程量清单计价规范》、GB 50856—2013《通用安装工程工程量计算规范》《全国统一安装工程预算定额》等编写而成。本书系统地介绍了安装工程预算的基础知识，突出安装工程的预算工程量计算方法与技巧，以及安装工程预算定额的使用与清单编制。

本书对安装工程定额的制订方法和运用作了明确的解释和阐述，依据《建筑安装工程费用项目组成》［建标（2013）44 号］详细介绍了建设工程造价及费用组成，全面介绍了建筑电气（强电、弱电）安装工程、给排水、采暖供热、燃气工程、通风空调工程、机械设备安装工程等工程量的计算方法和定额使用，以及工程量清单的编制，并附有预算实例以及实用资料。

另外，本书还详细介绍了工程量清单报价，采用现行的消耗量定额和单位估价表，结合工程实例，详细介绍了安装工程的工程量清单编制和投标报价。

本书可作为高等院校本科及高职高专工程造价、建筑环境与能源应用工程、工程管理、土木工程、房地产开发与管理等专业教材或教学参考书，也可作为函授和自考辅导用书，还可供工程造价从业人员以及相关执业资格考试考生参考使用。

本书配有电子课件，免费提供给选用本书的授课教师。需要者请登录机械工业出版社教育服务网（www. cmpedu. com）注册下载，或根据书末的“信息反馈表”索取。

图书在版编目（CIP）数据

安装工程计量与计价 / 丰艳萍，严景宁，夏晖主编．—北京：机械工业出版社，2014.7（2017.6 重印）

普通高等教育工程造价类专业“十二五”系列规划教材

ISBN 978-7-111-46835-6

Ⅰ. ①安… Ⅱ. ①丰… ②严… ③夏… Ⅲ. ①建筑安装-工程造价-高等学校-教材 Ⅳ. ①TU723.3

中国版本图书馆 CIP 数据核字（2014）第 109829 号

机械工业出版社（北京市百万庄大街 22 号 邮政编码 100037）
策划编辑：刘 涛 责任编辑：刘 涛 李 帅 冯 铁
版式设计：常天培 责任校对：刘秀芝
封面设计：马精明 责任印制：李 洋
北京振兴源印务有限公司印刷
2017 年 6 月第 1 版 • 第 5 次印刷
184mm×260mm • 24 印张 • 576 千字
标准书号：ISBN 978-7-111-46835-6
定价：49.80 元

凡购本书，如有缺页、倒页、脱页，由本社发行部调换

电话服务
服务咨询热线：010-88379833
读者购书热线：010-88379649

网络服务
机 工 官 网：www.cmpbook.com
机 工 官 博：weibo.com/cmp1952
教育服务网：www.cmpedu.com
金 书 网：www.golden-book.com

序　一

1996年，建设部和人事部联合发布了《造价工程师执业资格制度暂行规定》，工程造价行业期盼多年的造价工程师执业资格制度和工程造价咨询制度在我国正式建立。该制度实施以来，我国工程造价行业取得了以下三个方面的主要成就：

一是形成了独立执业的工程造价咨询产业。通过住房和城乡建设部标准定额司和中国建设工程造价管理协会（以下简称中价协），以及行业同仁的共同努力，造价工程师执业资格制度和工程造价咨询制度得以顺利实施，目前，我国已拥有注册造价工程师近11万人，甲级工程造价咨询企业1923家，年产值近300亿元，进而形成了一个社会广泛认同独立执业的工程造价咨询产业。该产业的形成不仅为工程建设事业做出了重要的贡献，也使工程造价专业人员的地位得到了显著提高。

二是工程造价管理的业务范围得到了较大的拓展。通过大家的努力，工程造价专业从传统的工程计价发展为工程造价管理，该管理贯穿于建设项目的全过程、全要素，甚至项目的全寿命周期。造价工程师的地位之所以得以迅速提高就在于我们的业务范围没有仅仅停留在传统的工程计价上，而是与我们提出的建设项目全过程、全要素和全寿命周期管理理念得到很好的贯彻分不开的。目前，部分工程造价咨询企业已经通过他们的工作成就，得到了业主的充分肯定，在工程建设中发挥着工程管理的核心作用。

三是通过推行工程量清单计价制度实现了建设产品价格属性从政府指导价向市场调节价的过渡。计划经济体制下实行的是预算定额计价，显然其价格的属性就是政府定价；在计划经济向市场经济过渡阶段，仍然沿用预算定额计价，同时提出了“固定量、指导价、竞争费”的计价指导原则，其价格的属性具有政府指导价的显著特征。2003年《建设工程工程量清单计价规范》实施后，我们推行工程量清单计价方式，该计价方式不仅是计价模式形式上的改变，更重要的是通过“企业自主报价”改变了建设产品的价格属性，它标志着我们成功地实现了建设产品价格属性从政府指导价向市场调节价的过渡。

尽管取得了具有划时代意义的成就，但是，必须清醒地看到我们的主要业务范围还是相对单一、狭小，具有系统管理理论和技能的工程造价专业人才仍很匮乏，学历教育的知识体系还不能适应行业发展的要求，传统的工程造价管理体系部分已经不能适应构建适应我国法律框架和业务发展要求的工程造价管理的发展要求。这就要求我们重新审视工程造价管理的内涵和任务、工程造价行业发展战略和工程造价管理体系等核心问题。就上述三个问题笔者认为：

1. 工程造价管理的内涵和任务。工程造价管理是建设工程项目管理的重要组成部分，它是以建设工程技术为基础，综合运用管理学、经济学和相关的法律知识与技能，为建设项目的工程造价的确定、建设方案的比选和优化、投资控制与管理提供智力服务。工程造价管理的任务是依据国家有关法律、法规和建设行政主管部门的有关规定，对建设工程实施以工程造价管理为核心的全面项目管理，重点做好工程造价的确定与控制，建设方案的优化，投资风险的控制，进而缩小投资偏差，以满足建设项目投资期望的实现。工程造价管理应以工程造价的相关合同管理为前提，以事前控制为重点，以准确工程计量与计价为基础，并通过优化设计、风险控制和现代信息技术等手段，实现工程造价控制的整体目标。

2. 工程造价行业发展战略。一是在工程造价的形成机制方面，要建立和完善具有中国特色的“法律规范秩序，企业自主报价，市场形成价格，监管行之有效”工程价格的形成机制。二是在工程造价管理体系方面，构建以工程造价管理法律、法规为前提，以工程造价管理标准和工程计价定额为核心，以工程计价信息为支撑的工程造价管理体系。三是在工程造价咨询业发展方面，要在“加强政府的指导与监督，完善行业的自律管理，促进市场的规范与竞争，实现企业的公正与诚信”的原则下，鼓励工程造价咨询行业“做大做强，做专做精”，促进工程造价咨询业可持续发展。

3. 工程造价管理体系。工程造价管理体系是指建设工程造价管理的法律法规、标准、定额、信息等相互联系且可以科学划分的整体。制订和完善我国工程造价管理体系的目的是指导我国工程造价管理法制建设和制度设计，依法进行建设项目的工程造价管理与监督。规范建设项目投资估算、设计概算、工程量清单、招标控制价和工程结算等各类工程计价文件的编制。明确各类工程造价相关法律、法规、标准、定额、信息的作用、表现形式以及体系框架，避免各类工程计价依据之间不协调、不配套、甚至互相重复和矛盾的现象。最终通过建立我国工程造价管理体系，提高我国建设工程造价管理的水平，打造具有中国特色和国际影响力的工程造价管理体系。工程造价管理体系的总体架构应围绕四个部分进行完善，即工程造价管理的法规体系、工程造价管理标准体系、工程计价定额体系以及工程计价信息体系。前两项是以工程造价管理为目的，需要法规和行政授权加以支撑，要将过去以红头文件形式发布的规定、方法、规则等以法规和标准的形式加以表现；后两项是服务于微观的工程计价业务，应由国家或地方授权的专业机构进行编制和管理，作为政府服务的内容。

我国从1996年才开始实施造价工程师执业资格制度，至今不过十几年的时间。天津理工大学在全国率先开设工程造价本科专业，2003年才获得教育部的批准。但是，工程造价专业的发展已经取得了实质性的进展，工程造价业务从传统概预算计价业务发展到工程造价管理。尽管如此，目前，我国的工程造价管理体系还不够完善，专业发展正在建设和变革之中，这就急需构建具有中国特色的工程造价管理体系，并积极把有关内容贯彻到学历教育和继续教育中。2010年4月，我参加了2010年度“全国普通高等院校工程造价类专业协作组会议”，会上通过了尹贻林教授提出的成立“普通高等教育工程造价类专业‘十二五’系列规划教材”编审委员会的议题。我认为，这是工程造价专业发展的一件大好事，也是工程造价专业发展的一项重要基础工作。该套系列教材是在中价协下达的“造价工程师知识结构和能力标准”的课题研究基础上规划的，符合中价协对工程造价知识结构的基本要求，可以作为普通高等院校工程造价专业或工程管理专业（工程造价方向）的本科教材。2011年4月中价协在天津召开了理事长会议，会议决定在部分普通高等院校工程造价专业或工程管理专业（工程造价方向）试点，推行双证书（即毕业证书和造价员证书）制度，我想该系列教材将成为对认证院校评估标准中课程设置的重要参考。

该套教材体系完善，科目齐全，笔者虽未能逐一拜读各位老师的新作，进而加以评论，但是，我确信这将又是一个良好的开端，它将打造一个工程造价专业本科学历教育的完整结构，故笔者应尹贻林教授和机械工业出版社的要求，还是欣然命笔，写了一下对工程造价专业发展的一些个人看法，勉为其序。

中国建设工程造价管理协会　秘书长

吴佐民

序　二

进入21世纪，我国高等教育界逐渐承认了工程造价专业的地位。这是出自以下考虑：首先，我国三十余年改革开放的过程主要是靠固定资产投资拉动经济的迅猛增长，导致对计量计价和进行投资控制的工程造价人员的巨大需求，客观上需要在高校中办一个相应的本科专业来满足这种需求；其次，高等教育界的专家、领导也逐渐意识到一味追求宽口径的通才培养不能适用于所有高等教育形式，开始分化，即重点大学着重加强对学生培养的人力资源投资通用性的投入以追求“一流”，而对于更大多数的一般大学则着力加强对学生的人力资源投资专用性的投入以形成特色。工程造价专业则较好地体现了这种专用性，是一个活跃而精准满足了上述要求的小型专业。第三，大学也需要有一个不断创新的培养模式，既不能泥古不化，也不能随市场需求而频繁转变。达成上述共识后，高等教育界开始容忍一些需求大，但适应面较窄的专业。在近十年的办学历程中，工程造价专业周围逐渐聚拢了一个学术共同体，以“全国普通高等院校工程造价类专业教学协作组”的形式存在着，每年廾一次会议，共同商讨在教学和专业建设中遇到的难题，目前已有近三十所高校的专业负责人参加了这个学术共同体，日显人气旺盛。

在这个学术共同体中，大家都认识到，各高校应因地制宜，创出自己的培养特色。但也要有一些核心课程来维系这个专业的正统和根基。我们把这个根基定为与大学生的基本能力和核心能力相适应的课程体系。培养学生基本能力是各高校基础课程应完成的任务，对应一些公共基础理论课程；而核心能力则是今后工程造价专业适应行业要求的培养目标，对应一些各高校自行设置各有特色的工程造价核心专业课程。这两类能力和其对应的课程各校均已达成共识，从而形成了这套“普通高等教育工程造价类专业‘十二五’系列规划教材”。以后的任务则是要在发展能力这个层次上设置各校特色各异又有一定共识的课程和教材，从英国工程造价（QS）专业的经验看，这类用于培养学生的发展能力的课程或教材至少应该有项目融资及财务规划、价值管理与设计方案优化、LCC及设施管理等。那将是我们协作组今后的任务，可能要到“十三五”才能实现。

那么，高等教育工程造价专业的培养对象，即我们的学生应如何看待并使用这套教材呢？我想，学生应首先从工程造价专业的能力标准体系入手真正了解自己为适应工程造价咨询行业或业主方、承包商方工程计量计价及投资控制的需要而应当具备的三个能力层次体系，即成为工程造价专业人士必须掌握的基本能力、核心能力、发展能力入手，了解为适应这三类能力的培养而设置的课程，并检查自己的学习是否掌握了这几种能力。如此循环往复，与教师及各高校的教学计划互动，才能实现所谓的“教学相长”。

工程造价专业从一代宗师徐大图教授在天津大学开设的专科专业并在技术经济专业植入工程造价方向以来，在21世纪初由天津理工大学率先获教育部批准正式开设目录外专业，到本次教育部调整高校专业目录获得全国管理科学与工程学科教学指导委员会全体委员投票赞成保留，历时二十余载，已日臻成熟。期间徐大图教授创立的工程造价管理理论体系至今仍为后人沿袭，而后十余年间又经天津理工大学公共项目及工程造价研究所研究团队及开设工程造价专业的近三十所高校同行共同努力，已形成坚实的教学体系及理论基础，在工程造价这个学术共同体中聚集了国家教学名师、国家精品课、国家级优秀教学团队、国家级特色专业、国家级优秀教学成果等一系列国家教学质量工程中的顶级成果，对我国工程造价咨询业和建筑业的发展形成强烈支持，贡献了自己的力量，得到了高等工程教育界的认同也获得世界同行们的瞩目。可以想见，经过进一步规划和建设，我国高等工程造价专业教育必将赶超世界先进水平。

天津理工大学公共项目与工程造价研究所（IPPCE）所长

尹贻林　博士　教授

前　言

为了适应不同层次、不同类型院校对学科发展和人才培养的需求，通过加强教材建设，培养符合新时代要求的工程造价管理人员，我们按照“普通高等教育工程造价类专业‘十二五’系列规划教材”编审委员会的要求，组织编写了本书。

本书以《全国统一安装工程预算定额》、GB 50500—2013《建设工程工程量清单计价规范》、GB 50856—2013《通用安装工程工程量计算规范》、《江西省消耗量定额及单位估价表》(2004) 为主要依据，力求理论联系实际，深入浅出地介绍了安装工程预算的工程量计算方法、定额的使用与换算以及工程量清单的编制。

本书对安装工程定额的制定方法和运用作了明确的解释和阐述，对建设工程造价及费用组成作了详细阐述，并全面介绍了建筑电气（强电、弱电）安装工程、给排水、采暖供热、燃气工程、通风空调工程、机械设备安装工程等工程量的计算方法和定额使用，以及工程量清单的编制，并附有多个预算实例以及实用资料，供学习参考。另外，本教材还详细介绍了工程量清单报价，结合较多的工程实例，采用现行的消耗量定额和单位估价表，对安装工程的工程量清单编制和投标报价做了较详细的介绍。

本教材共九章，主要内容包括安装工程计价依据与计价方法、安装工程定额计价的方法与程序、安装工程工程量清单编制与清单计价的费用构成与计价程序，通用机械设备安装工程计量与计价，工业管道工程施工图预算编制，室内给排水及水灭火系统工程施工图预算编制，采暖、室内燃气工程施工图预算的编制，通风空调工程施工图预算的编制，电气设备安装工程施工图预算的编制，防雷及接地装置施工图预算的编制，弱电系统工程施工图预算的编制。

本书由江西理工大学丰艳萍、南昌航空大学严景宁、河南城建学院夏晖主编，江西理工大学张骅、左丽萍副主编。第 1 章、第 3 章由张骅、丰艳萍编写；第 2 章由江西理工大学冯羽生编写；第 4 章由左丽萍、张骅编写；第 5 章、第 6 章由夏晖编写；第 7 章、第 8 章、第 9 章由严景宁编写。全书由丰艳萍统稿，由江西理工大学邹坦教授主审。

随着我国基本建设管理体制改革的不断深化，许多问题还有待进一步研究和探讨，加之编者水平有限，书中难免存在疏漏和谬误，恳请读者批评指正。

编　者

目　　录

第1章 安装工程计价概论

1.1 安装工程计价依据与计价方法

1.1.1 安装工程计价依据的组成

所谓安装工程计价依据，是指用以计算安装工程造价的基础资料总称。安装工程计价依据非常广泛，不同建设阶段的计价依据不完全相同，不同形式的承发包方式计价依据也有差别。目前，我国招投标计价的主要依据是《全国统一安装工程预算定额》（GYD—201—2000～GYD—212—2000）、GB 50856—2013《通用安装工程工程量计算规范》、GB 50500—2013《建设工程工程量清单计价规范》等；江西省内一般采用《江西省安装工程消耗量定额及单位估价表》《江西省建筑安装工程费用定额》（2004）等作为计价依据。下面介绍在编制施工图概预算和工程标底时的主要计价依据。

1. 经过批准和会审的全部施工图设计文件

在编制施工图预算之前，施工图必须经过建设主管机关批准，同时还要经过图样会审，并签署“图样会审纪要”；审批和会审后的施工图及技术资料表明了工程的具体内容、各部分的做法、结构尺寸、技术特征等，它是编制施工图预算、计算工程量的主要依据。

2. 经过批准的工程设计概算文件

设计单位编制的设计概算文件经过主管部门批准后，是国家控制工程投资最高限额和单位工程预算的主要依据。如果施工图预算所确定的投资总额超过设计概算，则应调整设计概算，并经原批准部门批准后，方可实施。施工企业编制的施工图预算或投标报价则由建设单位根据设计概算文件进行控制。

3. 经过批准的项目管理实施规划或施工组织设计

项目管理实施规划或施工组织设计是确定单位工程的施工方法、施工进度计划、施工现场平面布置和主要技术措施等内容的文件。拟建工程项目管理实施规划或施工组织设计经有关部门批准后，就成为指导施工活动的重要技术经济文件。它所确定的施工方案和相应的技术组织措施，就成为预算部门必须具备的依据之一，是计算分项工程量、选套预算单价和计取有关费用的重要依据。

4. 《全国统一安装工程预算定额》和《建设工程工程量清单计价规范》

国家颁发的现行建筑安装工程预算定额及计价规范，都详细地规定了分项工程项目划分及项目编码、分项工程名称及工作内容、工程量计算规则和项目使用说明等，因此它是编制施工图预算和标底的主要依据。

5. 安装工程消耗量定额及单位估价表

安装工程消耗量定额及单位估价表是计价定额当中的基础性定额，主要用于在编制施工图预算时计算工程造价和人工、材料、机械台班需要量，是计取各项费用的基础和换算定额单价的主要依据。

6. 建筑安装工程费用定额

建筑安装工程费用定额规定了建筑安装工程费用中各项目措施费、间接费、利润和税金的取费标准和取费方法，它是建筑安装工程人工费、材料费和机械台班使用费计算完毕后，计算其他各种费用的主要依据。工程费用随地区不同取费标准也有所不同。按照国家规定，各地区均制定了建筑工程费用定额，规定了各项费用取费标准，这些标准是确定工程造价的基础。

7. 人工工资标准、材料预算价格、施工机械台班单价

这些资料是计算人工费、材料费和机械台班使用费的主要依据，是编制工程综合单价的基础，是计取各项费用的重要依据，也是调整价差和确定市场价格的依据。

8. 工程承发包合同文件

施工企业和建设单位间签订的工程承发包合同文件中的若干条款，如工程承包形式、材料设备供应方式、材料价差结算方式、工程款结算方式、费率系数或包干系数等；在编制施工图预算或工程标底时必须充分考虑、认真执行。

1.1.2《全国统一安装工程预算定额》简介

《全国统一安装工程预算定额》是完成规定计量单位的分项工程所需的人工、材料、施工机械台班的消耗量标准，是统一全国安装工程预算工程量计算规则、项目划分、计量单位的依据，是编制安装工程施工图预算的依据，也是编制概算定额、投资估算指标的基础。对于招标承包的工程，则是编制标底的基础；对于投标单位，也是确定报价的基础。因而，预算定额的编制是一项严肃、科学的技术经济立法工作，应充分体现按社会平均必要劳动量来确定消耗的物化劳动和活劳动数量的原则。

1.《全国统一安装工程预算定额》分类

《全国统一安装工程预算定额》（2000 年）是由原国家建设部组织修订和批准执行的，共分十三册，包括：

第一册《机械设备安装工程》GYD—201—2000

第二册《电气设备安装工程》GYD—202—2000

第三册《热力设备安装工程》GYD—203—2000

第四册《炉窑砌筑工程》GYD—204—2000

第五册《静置设备与工艺金属结构制作安装工程》GYD—205—2000

第六册《工业管道工程》GYD—206—2000

第七册《消防及安全防范设备安装工程》GYD—207—2000

第八册《给排水、采暖、燃气工程》GYD—208—2000

第九册《通风空调工程》GYD—209—2000

第十册《自动化控制仪表安装工程》GYD—210—2000

第十一册《刷油、防腐蚀、绝热工程》GYD—211—2000

第十二册《通信设备及线路工程》GYD—212—2000

第十三册《建筑智能化系统设备安装工程》GYD—213—2000

全国统一安装工程预算定额是针对全国统一考虑的，定额消耗量对于全国来讲是通用的，但是具体的价目表价格因地域不同各异，最终的工程造价因各地、各年度的人工工日、材料价格和机械台班费用不同而不同。

在全国统一安装工程预算定额的基础上，为了更方便地使用定额，各地市定额管理部门会根据当地条件编制地方定额。由于地方发展程度不同，需要编制补充定额项目也不同，地方定额项目可以多于全国统一安装工程预算定额的项目，但总的来说差距不大。

2.《全国统一安装工程预算定额》的组成

《全国统一安装工程预算定额》共十三册，每册均包括总说明、册说明、目录、章说明、定额项目表、附录。

（1）总说明　总说明主要说明定额的内容、适用范围、编制依据、作用以及定额中人工、材料、机械台班消耗量的取定及其有关规定。

（2）册说明　册说明主要介绍该册定额的适用范围、编制依据、定额包括的工作内容和不包括的工作内容、有关费用（如脚手架搭拆费、高层建筑增加费）的规定以及定额的使用方法和使用中应注意的事项和有关问题。

（3）目录　目录列出了组成定额项目的名称和对应的页次，以方便查找相关内容。

（4）章说明　章说明主要说明定额每章中以下几方面的问题：

1）定额适用的范围。

2）界线的划分。

3）定额包括的内容和不包括的内容。

4）工程量计算规则和规定。

章说明是定额的重要部分，是执行定额和进行工程量计算的基准，必须全面掌握。

（5）定额项目表　定额项目表是预算定额的主要内容，一般由工作内容、定额计量单位、项目表和附注组成。工作内容有时也称为工程内容，是说明该分项中所包括的主要内容，一般列在定额项目表的表头左上方。定额计量单位一般列在表头右上方，一般为扩大单位，如 $10m^3$、$100m^2$、10m 等。定额项目表中，竖向排列为定额编号、项目名称、人工综合工日、材料、机械以及人工、材料和施工机械的消耗量指标，供编制工程预算单价表及换算定额单价等使用；横向排列着定额的具体编号、子项工程名称等。现将某安装工程消耗量定额项目表摘录下来见表 1-1。

为了使编制预算项目和定额项目一致，便于查对，册、章、子目都有固定的编号，称之为定额编号。如给排水、采暖、燃气工程“8—87”表示第八册、第 87 个子目：室内镀锌钢管（螺纹连接）安装。对于材料，定额内分主要材料和辅助材料两部分列出，凡定额中列有“（　）”的均为主要材料（简称主材），括号中数量为该主要材料的消耗量。

表 1-1 《全国统一安装工程预算定额》项目表

二、室内管道

1. 镀锌钢管（螺纹连接）

工作内容：打堵洞眼、切管、套丝、上零件、调直、栽钩卡及管件安装、水压试验　　　　计量单位：10m

定额编号				8—87	8—88	8—89	8—90	8—91	8—92
项目				公称直径/mm					
				≤15	≤20	≤25	≤32	≤40	≤50
	名称	单位	单价/元	数量					
人工	综合工日	工日	23.22	1.830	1.830	2.200	2.200	2.620	2.680
材料	镀锌钢管 DN15	m	—	(10.200)	—	—	—	—	—
	镀锌钢管 DN20	m	—	—	(10.200)	—	—	—	—
	镀锌钢管 DN25	m	—	—	—	(10.200)	—	—	—
	镀锌钢管 DN32	m	—	—	—	—	(10.200)	—	—
	镀锌钢管 DN40	m	—	—	—	—	—	(10.200)	—
	镀锌钢管 DN50	m	—	—	—	—	—	—	(10.200)
	室内镀锌钢管接头零件 DN15	个	0.800	16.370	—	—	—	—	—
	室内镀锌钢管接头零件 DN20	个	1.140	—	11.520	—	—	—	—
	室内镀锌钢管接头零件 DN25	个	1.850	—	—	9.780	—	—	—
	室内镀锌钢管接头零件 DN32	个	2.740	—	—	—	8.030	—	—
	室内镀锌钢管接头零件 DN40	个	3.530	—	—	—	—	7.160	—
	室内镀锌钢管接头零件 DN50	个	5.870	—	—	—	—	—	6.510
	钢锯条	根	0.620	3.790	3.410	2.550	2.410	2.670	1.330
	砂轮片 ϕ400mm	片	23.800	—	—	0.050	0.050	0.050	0.150
	机油	kg	3.550	0.230	0.170	0.170	0.160	0.170	0.200
	铅油	kg	8.770	0.140	0.120	0.130	0.120	0.140	0.140
	线麻	kg	10.400	0.014	0.012	0.013	0.012	0.014	0.014
	管子托钩 DN15	个	0.480	1.460	—	—	—	—	—
	管子托钩 DN20	个	0.480	—	1.440	—	—	—	—
	管子托钩 DN25	个	0.530	—	—	1.160	1.160	—	—
	管卡子(单立管)DN25	个	1.340	1.640	1.290	2.060	—	—	—
	管卡子(单立管)DN50	个	1.640	—	—	—	2.060	—	—
	普通硅酸盐水泥 425 号	kg	0.340	1.340	3.710	4.200	4.500	0.690	0.390
	沙子	m^3	44.230	0.010	0.010	0.010	0.010	0.002	0.001
	镀锌钢丝 8 号 ~12 号	kg	6.140	0.140	0.390	0.440	0.150	0.010	0.040
	破布	kg	5.830	0.100	0.100	0.100	0.100	0.220	0.250
	水	t	1.650	0.050	0.060	0.080	0.090	0.130	0.160
机械	管子切断机 ϕ(60 ~150)mm	台班	18.290	—	—	0.020	0.020	0.020	0.060
	管子切断机 ϕ159mm	台班	22.030	—	—	0.030	0.030	0.030	0.080
基价/元				65.45	66.72	83.51	86.16	93.85	111.93
其中	人工费/元			42.49	42.49	51.08	51.08	60.84	62.23
	材料费/元			22.96	24.23	31.40	34.05	31.98	46.84
	机械费/元			—	—	1.03	1.03	1.03	2.86

（6）附录　附录放在每册定额项目表之后，为使用定额提供参考数据。主要内容包括以下几个方面：

1）工程量计算方法及有关规定。

2）材料、构件、元件等质量表，配合比表，损耗率。

3）选用的材料价格表。

4）施工机械台班单价表等。

3. 安装工程定额消耗量指标的确定

（1）人工工日消耗量指标的确定　安装工程预算定额人工消耗量指标是以劳动定额为基础确定的完成单位分项工程所必须消耗的劳动量标准。定额中的人工工日不分列工种和技术等级，一律以综合工日表示。其综合人工工日消耗量包括基本用工、超运距用工和人工幅度差。公式如下

$$\begin{aligned}\text{综合工日} &= \text{基本用工} + \text{超运距用工} + \text{人工幅度差}\\ &= \sum(\text{基本用工} + \text{超运距用工}) \times (1 + \text{人工幅度差率})\end{aligned}$$

式中　基本用工——指完成该分项工程的主要用工，包括材料加工、安装等用工；

超运距用工——指在劳动定额规定的运输距离上增加的用工；

人工幅度差——劳动定额人工消耗只考虑了就地操作，人工幅度差则是指劳动定额人工消耗未考虑的那些工作场地转移、工序交叉、机械转移、零星工程等用工。

安装工程定额中人工幅度差，除另有说明外一般为12%左右。

（2）材料消耗量指标的确定　安装工程在施工过程中不但安装设备，而且还有材料的消耗，有的安装工程是由施工加工材料组装而成。本定额中的材料消耗量包括直接消耗在安装工作内容中的主要材料、辅助材料和零星材料等，并计入了相应损耗，其内容和范围包括：从工地仓库、现场集中堆放地点或现场加工地点到安装地点的运输损耗、施工操作损耗、施工现场堆放损耗。材料消耗量的表达式如下

$$\begin{aligned}\text{材料消耗量} &= \text{材料净用量} + \text{工艺性损耗量} + \text{非工艺性损耗量}\\ &= \text{材料净用量} \times (1 + \text{材料损耗率})\end{aligned}$$

式中　材料净用量——指构成工程子目实体必需的材料量；

工艺性损耗量——施工操作损耗的材料量；

非工艺性损耗量——从工地仓库、现场集中堆放地点或现场加工地点到操作或安装地点的运输损耗的材料量、施工现场堆放损耗的材料量。

凡定额内未注明单价的材料均为主材，基价中不包括其价格，应根据“（　）”内所列的用量，按各省自治区、直辖市的材料预算价格计算。施工措施性消耗部分，周转性材料按不同施工方法、不同材质分别列出一次使用量和一次摊销量。用量很少，对基价影响很小的零星材料合并为其他材料费，并以占该定额项目的辅助材料的百分比表示。主要材料损耗率见各册附录。

（3）机械台班消耗量指标的确定　机械台班消耗量是按正常合理的机械配备和大多数施工企业的机械化装备程度综合取定的。机械台班消耗量的单位是台班，按现行规定，每台机械工作 8 个小时为一个台班。预算定额中的机械台班消耗量指标是按全国统一机械台班定额编制的，它表示在正常施工条件下，完成单位分项工程或构件所额定消耗的机械工作时间。其表达式如下

$$\begin{aligned}\text{机械台班消耗量} &= \text{实际消耗量} + \text{影响消耗量}\\ &= \text{实际消耗量} \times (1 + \text{幅度差系数})\end{aligned}$$

式中 实际消耗量——根据施工定额中机械产量定额的指标换算求出；

影响消耗量——考虑机械场内转移、质量检测、正常停歇等合理因素的影响所增加的台班耗量，一般采用机械幅度差系数计算，对于不同的施工机械，幅度差系数不相同。

凡单位价值在2000元以内，使用年限在两年以内的不构成固定资产的工具、用具等未进入定额，应在建筑安装工程费用定额中考虑。

4. 安装工程预算定额基价的确定

预算定额基价是指完成单位分项工程所必须投入货币量的标准数值，由人工费、材料费、机械费三部分组成，即

$$预算定额基价 = 人工费 + 材料费 + 机械费$$

（1）人工费 人工费的确定包括综合工日的确定与人工工日单价的确定两部分

$$人工费 = \sum 定额人工工日消耗量指标(综合工日) \times 人工工日单价$$

其中：综合工日包括基本用工和其他用工以及人工幅度差；人工工日单价指在预算中应计入的一个建筑安装工人一个工作日的全部人工费用。现行统一定额是取用北京地区安装工人人工费单价，每工日23.22元，包括工人的基本工资、工资性津贴、流动施工津贴、房租补贴、劳动保护费和职工福利费。

（2）材料费 材料费的计算公式为

$$材料费 = \sum (材料消耗量指标 \times 材料预算单价)$$

材料消耗量指标包括直接消耗在安装工作中的主要材料、辅助材料（简称“辅材”）和零星材料等，并计入了相应损耗。《全国统一安装工程预算定额》中的材料费包括计价材料费（辅材费）和未计价材料费（主材费）两部分。

1）计价材料费。计价材料由消耗材料、辅材（一些用量少、价值低的材料）以及周转性材料以摊销费计入，计价材料费计入基价中。

2）未计价材料费。在定额项目表下方的材料栏中，常看到有的数字是“（ ）”括起来的，括号内的材料数量是该子项目工程的消耗量，但其价值未计入基价。在编制安装工程预算时未计价材料费一定要计取，预算时应以括号内的数量按地区材料价格进行计算。

（3）机械费 机械费的计算公式为：

$$机械费 = \sum (机械台班消耗量指标 \times 机械台班预算单价)$$

1）机械台班消耗量指标，是按正常合理的机械配备和大多数施工企业的机械化程度综合取定的。它反映了合理地、均衡地组织作业和使用机械时，该种型号施工机械在单位时间内的生产效率。

2）机械台班预算单价，是施工机械每个台班所必须消耗的人工、材料、燃料动力和应分摊的费用。施工机械台班的单价由七项费用组成：折旧费、大修理费、经常修理费、安拆费及场外运费、燃料动力费、人工费、养路费及车船使用税等。

1.1.3 《消耗量定额及单位估价表》简介

《消耗量定额及单位估价表》是指在正常施工条件下完成计量单位合格的分部分项工程所需的人工、材料、机械的消耗量标准以及完成计量单位合格的分部分项工程所需的人工、

材料、机械的价格标准。所谓计量单位，是指组成安装工程的最小工程单位，也称为工程“细目”或“子目”，是预算定额组成最基本的工程项目单位体。

以江西省为例，2004 年《消耗量定额及单位估价表》包括《江西省建筑工程消耗量定额及统一基价表》、《江西省装饰装修工程消耗量定额及统一基价表》、《江西省安装工程消耗量定额及单位估价表》。

1.《江西省安装工程消耗量定额及单位估价表》内容

根据安装工程的专业特征和全国统一安装工程预算定额的结构设置，结合江西省设计、施工、招投标的实际情况，根据现行国家产品标准，设计规范和施工验收规范、技术操作规程、质量评定标准、安装操作规程编制的《江西省安装工程消耗量定额及单位估价表》(2004 年版)（以下简称为“本定额”)，共分为十五册，适用于工业与民用安装工程的新建、扩建及技改项目的给排水、采暖、通风空调、电器照明、通信、智能化系统等设备、管线的安装工程和一般机械设备工程，具体包括：

第一册《机械设备安装工程》

第二册《电气设备安装工程》

第三册《热力设备安装工程》

第四册《炉窑砌筑工程》

第五册《静置设备与工艺金属结构制作安装工程》

第六册《工业管道工程》

第七册《消防及安全防范设备安装工程》

第八册《给排水、采暖、燃气工程》

第九册《通风空调工程》

第十册《自动化控制仪表安装工程》

第十一册《通信设备及线路工程》(另行发布)

第十二册《建筑智能化系统设备安装工程》

第十三册《长距离输送管道工程》(另行发布)

第十四册《刷油、防腐蚀、绝热工程》

第十五册《江西省安装工程消耗量定额及单位估价表补充定额（试行)》

2.《江西省安装工程消耗量定额及单位估价表》结构形式

《江西省安装工程消耗量定额及单位估价表》由定额总说明、册说明、各章（节）说明、定额项目表和附录或附注组成。其中定额项目表是核心内容，包括分部分项工程的工作内容、计量单位、项目名称、各类消耗的名称、规格、数量等以及基价。

(1) 总说明　总说明主要阐述了定额的编制原则、编制依据、适用范围、使用方法及有关规定等。主要包括以下内容：

1）完成规定计量单位分项工程计价所需的人工、材料、施工机械台班的消耗量标准；是编制企业定额和投标报价的基础，是编制概算指标、投资估算的基础，是编制招标标底、投标报价、工程结算及约定工程合同价等的依据。

2）按目前国内大多数施工企业采用的施工方法、机械化装备程度、合理的工期、施工工艺和劳动组织条件制订的，体现了社会的平均消耗量水平。作为单位估价表，除各章另有说明外，均不得因上述因素有差异而对定额进行调整或换算。

3）人工工日不分列工种和技术等级，一律以综合工日表示，为每工日 23.50 元，包括基本工资和工资性津贴等。对于材料价格，本定额主要采用各地市定额管理部门颁发的 2004 年第一季度材料价格，部分参考了生产厂家、经销商及建材市场价格，实际使用时，定额中的计价材、未计价材的材料价格可调整。施工机械台班单价，是按 2004 年《全国统一施工机械台班费用定额》（江西省预算价格）计算的。大型机械（质量 5t 以上）的场外运输费按实际情况另行计算。

4）对于水平和垂直运输，本定额是按如下方式考虑的：①设备：包括自安装现场指定堆放地点运至安装地点的水平和垂直运输；②材料、成品、半成品：包括自施工单位现场仓库或现场指定堆放地点运至安装地点的水平和垂直运输；③垂直运输基准面：室内以室内地平面为基准面，室外以安装现场地平面为基准面。

5）本定额中注有“××以内”或“××以下”者均包括××本身，注有“××以外”或“××以上”者，则不包括××本身。

6）汇总工程量时，其准确度取值：m^3、m^2、m 以下取两位；t 以下取三位；台（套或件等）取整数，两位或三位小数后的位数按四舍五入法取舍。

（2）册说明　说明本册适用范围、定额主要依据的标准和规范、定额各章节包括的内容、定额超高增加消耗量系数等以及定额不包括的内容。现以本定额第八册《给排水、采暖、燃气工程》的册说明为例简要说明如下：

1）第八册《给排水、采暖、燃气工程》（以下简称本定额）适用于新建、扩建项目中的生活用给水、排水、燃气、采暖热源管道以及附件配件安装，小型容器制作安装。

2）以下内容执行其他册相应定额：工业管道、生产生活共用的管道、锅炉房和泵类配管以及高层建筑物内加压泵间的管道执行第六册《工业管道工程》相应项目；刷油、防腐蚀、绝热工程执行第十一册《刷油、防腐蚀、绝热工程》相应项目。

3）采暖工程系统调整费按采暖工程人工费的 15% 计算，其中人工工资占 20%。采用工程量清单计价模式的工程项目，采暖工程系统调整费在分部分项工程量清单中单独列项，具体可参考采暖工程系统调整费。

4）关于下列各项技术措施项目费用的规定：①脚手架搭拆费按人工费的 5% 计算，其中人工工资占 25%；②高层建筑增加费（指高度在 6 层或 20m 以上的工业与民用建筑）按表中系数计算；③定额中操作高度均以 3.6m 为界限，如超过 3.6m 时，其超过部分（指由 3.6m 至操作物高度）的定额人工费乘以系数计算超高增加费；④安装与生产同时进行增加的费用，按人工费的 10% 计算；⑤在有害身体健康的环境中施工增加的费用，按人工费的 10% 计算。

（3）章说明　主要介绍各章（分部工程）所包括的主要项目及工作内容，编制中有关问题的说明，执行中的一些规定，特殊情况的处理，各分项工程量计算规则等。它是定额的重要部分，是执行定额和进行工程量计算的基准。现以本定额第八册《给排水、采暖、燃气工程》的第一章“管道安装”的章说明举例如下：

1）本章适用于室内外生活用给水、排水、雨水、采暖热源管道、法兰、套管、伸缩器等的安装。

2）本章定额包括以下工作内容：①管道及接头零件安装；②水压试验或灌水试验；③室内 DN32 以内钢管包括管卡及托钩制作安装，该管道如需要安装支架，允许换算；④钢管包括弯管制作与安装（伸缩器除外），无论是现场煨制或成品弯管均不得换算；⑤铸铁排水管、雨水管及塑料排水管均包括管卡及托吊支架、臭气帽、雨水漏斗制作安装；⑥穿墙及过楼板薄钢板套管安装人工。

3）本章定额不包括以下工作内容：①管道安装中不包括法兰，阀门及伸缩器的制作安装，执行定额时按相应项目另计；②室内外给水、雨水铸铁管包括接头零件所需的人工，但接头零件价格应另行计算；③DN32 以上的钢管支架按本章管道支架另行计算；④过楼板及穿墙的一般钢套管的制作、安装套用第六册《工业管道工程》一般穿墙套管制作安装项目。

（4）定额项目表　是本定额的主要组成部分，一般由工作内容、定额计量单位、项目表和附注组成。

定额项目表结构型式见表 1-2。

表 1-2　定额项目表

水龙头安装

工作内容：安装水龙头、试水　　　　计量单位：10 个

定额编号				C8-438	C8-439	C8-440
项目				公称直径(mm 以内)		
				15	20	25
基价				7.58	7.58	9.70
其中	人工费(元)			6.58	6.58	8.70
	材料费(元)			1.00	1.00	1.00
	机械费(元)			—	—	—
名称		单位	单价（元）	数量		
人工	综合工日	工日	23.50	0.28	0.28	0.37
材料	铜水龙头	个	—	(10.10)	(10.10)	(10.10)
	铅油	kg	8.99	0.10	0.10	0.10
	线麻	kg	10.25	0.01	0.01	0.01

1.1.4　GB 50500—2013《建设工程工程量清单计价规范》与 GB 50856—2013《通用安装工程工程量计算规范》简介

20 世纪 90 年代国家提出了“控制量、指导价、竞争费”的改革措施，将工程预算定额中的人工、材料、机械消耗量和相应的单价分离，国家控制量以保证质量，价格逐步走向市场化，这一措施在我国实行市场经济初期起到了积极的作用。为了满足招投标竞争定价和合理低价中标的要求，2003 年，原国家建设部按照“市场形成价格，企业自主报价”的市场经济管理模式，按照我国工程造价管理改革的要求，本着国家宏观调控、市场竞争形成价格的原则，编制了我国第一部 GB 50500—2003《建设工程工程量清单计价规范》，并于 2008 年对其进行修订（以下简称为“08 版规范”）。2012 年 12 月，住房和城乡建设部公告发布了 GB 50500—2013《建设工程工程量清单计价规范》（以下简称为“13 版规范”）及各专业的计算（量）规范，并于 2013 年 7 月 1 日正式实施。该规范针对 08 版规范实行五年来存在

的具体问题进行了修订，解决了工程项目中实际存在的问题。如对项目特征描述不符、清单缺项、承包人报价浮动率、提前竣工（赶工补偿）、误期补偿等工程实际问题提供了处理依据，使新清单更加全面，可操作性更强。13 版规范的发布满足了工程价款精细化管理的需求，为工程价款精细化、科学化管理提供有力依据，为进一步深化工程造价管理改革奠定了良好的基础。以下对 GB 50500—2013《建设工程工程量清单计价规范》（以下简称“计价规范”）及 GB 50856—2013《通用安装工程工程量计算规范》（以下简称“计量规范”）进行介绍。

1. 编制原则

13 清单计价规范涵盖了建设工程计价的全部过程，在规范中贯穿了政府宏观调控、企业自主报价、市场竞争形成价格的基本原则。对于全部使用国有资金投资或国有资金投资为主的建设工程施工发承包，必须采用工程量清单计价；对于非国有资金投资的工程建设项目，宜采用工程量清单计价；不采用工程量清单计价的建设工程，应执行规范除工程量清单等专门性规定外的其他规定。

2. 内容

“13 版规范”是在“03 版规范”和“08 版规范”的基础上发展而来，“03 版规范”条文数量为 45 条，“08 版规范”增加到 137 条，而 13 版规范又增加到 329 条，但清单的整体内容基本一样，分别是正文规范、工程计量规范、条文说明。

13 版计价规范规定了合同价款约定、合同价款调整、合同价款中期支付、竣工结算、合同解除的价款结算与支付、合同价款争议的解决方法，展现了加强市场监管的措施，强化了清单计价的执行力度，使其更具操作性与实用性。计量规范是各专业的工程计量规范，13 版计算规范将 08 版规范中的六个专业（建筑、装饰、安装、市政、园林、矿山）重新进行了精细化调整：将建筑、装饰专业合并为一个专业，将仿古从园林专业中分开，拆解为一个新专业，同时新增了构筑物、城市轨道交通、爆破工程三个专业，扩充为九个专业，分别是：房屋建筑与装饰工程、仿古建筑工程、通用安装工程、市政工程、园林绿化工程、矿山工程、构筑物工程、城市轨道交通工程、爆破工程。

（1）建设工程工程量清单计价规范　由总则、术语、一般规定、工程量清单编制、招标控制价、投标报价、合同价款约定、工程计量、合同价款调整、合同价款中期支付、竣工结算与支付、合同解除的价款结算与支付、合同价款争议的解决、工程造价鉴定工程计价资料与档案、计价表格组成。分别就规范的适应范围、遵循的原则、编制工程量清单及工程量清单计价活动的规则、计价表格作了明确规定。

建设工程工程量清单计价规范中明确规定：

1）采用工程量清单方式招标的，招标工程量清单必须作为招标文件的组成部分，其准确性和完整性由招标人负责。招标工程量清单是工程量清单计价的基础，应作为编制招标控制价、投标报价、计算工程量、工程索赔等的依据之一。

2）招标工程量清单标明的工程量是投标人投标报价的共同基础，竣工结算的工程量按发、承包双方在合同中约定应予计量且实际完成的工程量确定。

3）采用工程量清单计价的工程，应在招标文件或合同中明确计价中的风险内容及其范围（幅度），不得采用无限风险、所有风险或类似语句规定计价中的风险内容及其范围（幅度）。

4）建设工程施工发承包造价由分部分项工程费、措施项目费、其他项目费、规费和税金组成。分部分项工程和措施项目清单应采用综合单价计价。

5）国有资金投资的工程建设项目应实行工程量清单招标，并应编制招标控制价。招标控制价超过批准的概算时，招标人应报原概算部门审核。投标人的投标报价高于招标控制价的，其投标应予以拒绝。招标控制价应在招标时公布，不应上调或下浮，招标人应将招标控制价及有关资料报送工程所在地工程造价管理机构备案。投标人的投标报价高于招标控制价的应予废标。

6）投标人应按招标工程量清单填报价格。填写的项目编码、项目名称、项目特征、计量单位、工程量必须与招标工程量清单一致。投标人应依据招标文件及其招标工程量清单自主确定报价成本，投标报价不得低于工程成本。

7）工程量清单应以单位（项）工程为单位编制，由分部分项工程量清单、措施项目清单、其他项目清单、规费项目清单、税金项目清单组成。措施项目清单中的安全文明施工费、规费和税金应按照国家或省级、行业建设主管部门的规定计价，不得作为竞争性费用。

8）分部分项工程量清单应根据相关工程现行国家计量规范规定的项目编码、项目名称、项目特征、计量单位和工程量计算规则进行编制。

9）措施项目清单必须根据计量规范的规定编制。由于影响措施项目设置的因素太多，计量规范不可能将施工中可能出现的措施项目一一列出。在编制措施项目清单时，因工程情况不同，出现计量规范中未列的措施项目，可根据拟建工程的实际情况列项。

计量规范将措施项目划分为两类：一类是不能计算工程量的项目，如文明施工和安全防护、临时设施等，以“项”计价，称为“总价项目”；另一类是可以计算工程量的项目，如脚手架、降水工程等，以“量”计价，有利于措施费的确定和调整，称为“单价项目”。

10）其他项目清单应按照下列内容列项：暂列金额、暂估价（包括材料暂估单价、工程设备暂估单价、专业工程暂估价）、计日工、总承包服务费。暂列金额应根据工程特点，按有关计价规定估算。暂估价中的材料、工程设备暂估价应根据工程造价信息或参照市场价格估算，并列出明细表；专业工程暂估价应分不同专业，按有关计价规定估算。计日工应列出项目和数量。总承包服务费应列出服务项目及其内容等。计价规范中只提供了上述 4 项内容作为列项参考，不足部分，可根据工程的具体情况进行补充。

11）规费项目清单应按照下列内容列项：工程排污费、社会保险费（包括养老保险费、失业保险费、医疗保险费、工伤保险费、生育保险费）、住房公积金。

12）税金项目清单应包括下列内容：营业税、城市维护建设税、教育费附加、地方教育附加。

（2）房屋建筑与装饰工程工程量计算规范　由总则、术语、工程计量、工程量清单编制和附录组成。附录包括：附录 A 土石方工程；附录 B 地基处理与边坡支护工程；附录 C 桩基工程；附录 D 砌筑工程；附录 E 混凝土及钢筋混凝土工程；附录 F 金属结构工程；附录 G 木结构工程；附录 H 门窗工程；附录 J 屋面及防水工程；附录 K 保温、隔热、防腐工程；附录 L 楼地面装饰工程；附录 M 墙、柱面装饰与隔断、幕墙工程；附录 N 天棚工程；附录 P 油漆、涂料、裱糊工程；附录 Q 其他装饰工程；附录 R 拆除工程；附录 S 措施项目。各附录表中包括项目编码、项目名称、项目特征、计量单位、工程量计算规则和工作内容。

（3）通用安装工程工程量计算规范　由总则、术语、工程计量、工程量清单编制和附录组成。附录包括：附录 A 机械设备安装工程；附录 B 热力设备安装工程；附录 C 静置设备与工艺金属结构制作安装工程；附录 D 电气设备安装工程；附录 E 建筑智能化工程；附录 F 自动化控制仪表安装工程；附录 G 通风空调工程；附录 H 工业管道工程；附录 J 消防工程；附录 K 给排水、采暖、燃气工程；附录 L 通信设备及线路工程；附录 M 刷油、防腐蚀、绝热工程；附录 N 措施项目。共计 13 部分 1144 个项目，在原“08 规范”附录 C 基础上新增 320 个项目，减少 191 个项目。其中附录 M 刷油、防腐蚀、绝热工程，附录 N 措施项目为新编内容。

GB 50856—2013《通用安装工程工程量计算规范》与“08 版规范”相比较，主要变化体现在以下几个方面：

1）结构变化。①取消“08 规范”中的“C. 4 炉窑砌筑工程”、“C. 13 长距离输送管道工程”，待以后在《冶金及有色金属工程工程量计算规范》及《石油工程工程量计算规范》专业工程附录中编制。②将原“08 版规范”中的“C. 12 建筑智能化系统设备安装工程”、“C11. 3 建筑与建筑群综合布线”融合更名为“附录 E 建筑智能化工程”。③将“08 版规范”各章节项目的“刷油、防腐蚀与绝热”从项目特征和工作内容中取消，单独设置“附录 M 刷油、防腐蚀与绝热工程”。但“补漆”工作内容仍保留在各章节的项目中，并在注中加以说明，“工作内容含补漆的工序，可不进行特征描述，由投标人在投标中根据相关规范标准自行考虑报价”。④增补附录 M 刷油、防腐蚀、绝热工程 59 个项目；增补附录 N 措施项目 25 个项目。

2）计量单位、计算规则规定的变化。①附录 D 电气设备安装工程中的电线、电缆、母线均应按设计要求、施工工艺规程规定的预留量及附加长度计入工程量中，并增加“附加长度表”。②为方便操作，部分项目列有两个或两个以上的计量单位和计算规则。编制清单时，应结合拟建工程项目的实际情况，同一招标工程确定其中一个为计量单位。例如，小电器列有“个”、“套”、“台”。

3）项目划分的变化。①增加新技术、新工艺、新材料的项目，例如附录 A 机械设备安装工程新增“自动步行道”、“轮椅升降台”等；附录 J 消防工程新增“灭火器”、“消防水炮”等。②将“08 版规范”中项目划分比较大的分项按计量单位、工作内容和专业工程项目划分规定的具体情况，分解为更具可操作性的项目。例如，附录 D 电气设备安装工程电缆安装原 5 个项目现分为“电力电缆”、“控制电缆”、“电缆终端头”、“电缆中间头”等 11 个项目；防雷及接地装置原 3 个项目现分为 11 个项目。将管道工序中的“套管制作安装”单独设置清单项目。③将“08 版规范”中项目设置复杂凌乱的项目进行了综合归并。例如，将“08 版规范”弱电工程中的“凿（压）槽、打孔、打洞、人孔、手孔”融入电气设备安装工程中，在电气安装工程中增加“附属工程”小节。附录 K 给排水、采暖、燃气工程将水龙头、地漏、排水栓、地面扫出口等项目，合并为“给排水附（配）件”项目；取消钢制闭式、板式、壁板式、柱式散热器等项目，合并为“钢制散热器”项目。将原“塑料复合管”改为“复合管”，适用于钢塑复合管、铝塑复合管等复合型管道安装。

4）项目特征的变化。对“08 版规范”没有反映体现其自身价值的本质特征或对计价（投标报价）有影响的项目特征，进行了增补。例如，静置设备制作增补了“压力等级”。

5）工作内容的变化。①所有附录工作内容描述中取消了“除锈、刷漆、保温”，单独执行附录 L 刷油、防腐蚀、绝热工程，增补“补刷油漆”的工作内容。②附录 A 机械设备安装工程新增了“按规范和设计要求，单机试运转”工作内容。③电气设备安装工程取消“电缆头”、“接线盒”安装工作内容，单独设置“电缆头”、“接线盒”项目。④管道安装工程取消“热处理”、“套管”安装工作内容，单独设置管道“热处理”、“套管”项目。

3. 特点

（1）强制性　通过制定统一的建设工程工程量清单计价方法，达到规范计价行为的目的。13 版计价规范中有强制性条文有 15 条，分别是：第 3.1.1、3.1.4、3.1.5、3.1.6、3.4.1、4.1.2、4.2.1、4.2.2、4.3.1、5.1.1、6.1.3、6.1.4、8.1.1、8.2.1、11.1.1 条。

1）第 3.1.1 条：使用国有资金投资的建设工程发承包，必须采用工程量清单计价。国有投资包括：国家融资资金投资、国有资金为主的投资（指国有资金占投资总额的 50% 以上，或虽不足 50% 但国有投资者实质上拥有控股权的）。因此，国有资金投资的建设工程发承包，不分建设工程规模大小，均必须采用工程量清单计价。

2）第 3.1.4 条：工程量清单应采用综合单价计价。综合单价包括除规费和税金以外的全部费用，应考虑招标文件中要求投标人承担的风险费用。招标工程量清单中提供了暂估单价的材料和工程设备，按暂估的单价计入综合单价。

3）第 3.1.5 条：措施项目清单中的安全文明施工费必须按国家或省级、行业建设主管部门的规定计算，不得作为竞争性费用。招标人不得要求投标人对该项费用进行优惠，投标人也不得将此项费用参与市场竞争。安全文明施工费包括《建筑安装工程费用项目组成》中措施费的文明施工费、环境保护费、临时设施费、安全施工费。

4）第 3.1.6 条：规费和税金必须按国家或省级、行业建设主管部门的规定计算，不得作为竞争性费用。规费和税金都是工程造价的组成部分，但其费用内容和计取标准都不是发承包人能自主确定的，更不是由市场竞争决定的。

5）第 3.4.1 条：建设工程发承包，必须在招标文件、合同中明确计价中的风险内容及其范围，不得采用无限风险、所有风险或类似语句规定计价中的风险内容及范围。风险是一种客观存在的、可能会带来损失的、不确定的，并非所有风险都是承包人能预测、控制和承担的，因此，基于市场交易的公平性，发承包双方应合理分摊风险。

6）第 4.1.2 条：招标工程量清单必须作为招标文件的组成部分，其准确性和完整性由招标人负责。招标人应将工程量清单连同招标文件的其他内容一并发售给投标人，投标人依据招标工程量清单进行投标报价，对工程量清单不负有核实的义务，更不具有修改和调整的权力。

7）第 4.2.1 条：分部分项工程量清单必须载明项目编码、项目名称、项目特征、计量单位和工程量。本条规定了分部分项工程量清单应包括的五个要件。

8）第 4.2.2 条：分部分项工程量清单应根据相关工程现行国家计量规范规定的项目编码、项目名称、项目特征、计量单位和工程量计算规则进行编制。该条强调分部分项工程量清单编制时，各构成要件均应按相关现行国家计量规范规定进行。

9）第 4.3.1 条：措施项目清单必须根据相关工程现行国家计量规范的规定编制。目前，现行国家计量规范已将措施项目纳入。

10）第 5.1.1 条：国有资金投资的建设工程招标，招标人必须编制招标控制价。我国对国有资金投资项目的投资控制实行的是投资概算审批制度，国有资金投资的工程原则上不能超过批准的投资概算。国有资金投资的工程实行工程量清单招标，为了客观、合理地评审投标报价和避免哄抬标价，避免造成国有资产流失，招标人必须编制招标控制价，规定最高投标限价。

11）第6.1.3条：投标报价不得低于工程成本。

12）第6.1.4条：投标人必须按照招标工程量清单填报价格。项目编码、项目名称、项目特征、计量单位、工程量必须与招标工程量清单一致。

13）第8.1.1条：工程量必须按照相关工程的现行国家计量规范规定的工程量计算规则计算。

14）第8.2.1条：工程量必须以承包人完成合同工程应予计量的工程量确定。发承包双方竣工结算的工程量应以承包人按照现行国家计量规范规定的工程量计算规则计算的实际完成应予计量的工程量确定，而非招标工程量清单所列的工程量。

15）第11.1.1条：工程完工后，发承包双方必须在合同约定时间内办理工程竣工结算。

《通用安装工程工程量计算规范》中有强制性条文8条，分别是：第1.0.3、4.2.1、4.2.2、4.2.3、4.2.4、4.2.5、4.2.6、4.3.1条。

1）第1.0.3条：通用安装工程计价，必须按本规范规定的工程量计算规则进行工程计量。无论是国有资金投资还是非国有资金投资的工程建设项目，其工程计量必须执行计量规范的规定。

2）第4.2.1条：工程量清单应根据附录规定的项目编码、项目名称、项目特征、计量单位和工程量计算规则进行编制。

3）第4.2.2条：工程量清单的项目编码，应采用十二位阿拉伯数字表示，一至九位应按附录的规定设置，十至十二位应根据拟建工程的工程量清单项目名称和项目特征设置，同一招标工程的项目编码不得有重码。

4）第4.2.3条：工程量清单的项目名称应按附录的项目名称结合拟建工程的实际确定。

5）第4.2.4条：工程量清单项目特征应按附录中规定的项目特征，结合拟建工程项目的实际予以描述。

6）第4.2.5条：分部分项工程量清单中所列工程量应按附录中规定的工程量计算规则计算。

7）第4.2.6条：分部分项工程量清单的计量单位应按附录中规定的计量单位确定。

8）第4.3.1条：措施项目中列出了项目编码、项目名称、项目特征、计量单位、工程量计算规则的项目，编制工程量清单时，应按照本规范分部分项工程的规定执行。

（2）责任划分明确，可操作性强　主要表现在以下几个方面：

1）“13版规范”中新增了对招标工程量清单、已标价工程量清单、工程量偏差、提前竣工（赶工费）、误期赔偿费等做了明确阐释，对暂估价增加了工程设备暂估单价。

2）增加了计价风险的说明，明确计价风险内容、影响风险因素、波动幅度、责任承担等。例如，工程发承包必须在招标文件、合同中明确计价中的风险内容及范围；由于市场价格波动影响合同价款，应由发承包双方合理分摊并在合同中约定，合同中没有约定，按以下规定实施：材料、工程设备的涨幅超过招标时基准价格5%以上由发包人承担；施工机械使用费涨幅超过招标时的基准价格10%以上由发包人承担。

3）新增了对招标控制价投诉与处理规定。投标人经复核认为招标人公布的招标控制价未按照本规范的规定进行编制的，应当在招标控制价公布后5天内向招投标监督机构和工程造价管理机构投诉（提交书面投诉书）；工程造价管理机构在接到投诉书后应在二个工作日内进行审查，应当在受理投诉的十天内完成复查（特殊情况下可适当延长），并作出书面结论通知投诉人、被投诉人及负责该工程招投标监督的招投标管理机构；当招标控制价复查结论与原公布的招标控制价误差 > ±3% 的，应当责成招标人改正；招标人根据招标控制价复查结论，需要修改公布的招标控制价的，且最终招标控制价的发布时间至投标截止时间不足十五天的，应当延长投标文件的截止时间。

（3）条文说明细化，指导性强　每一节都有对本节清单项目的工程量计算规则、使用范围、项目特征描述原则（哪些必须描述、哪些可以不描述）与方法进行说明，保证招标工程量清单编制的准确性、完整性。例如，对"现浇混凝土模板"规定两种编制方式（措施项目中的"混凝土模板及支撑（架）项目，只适用于以平方米计量，按模板与混凝土构件的接触面积计算；以立方米计量的，模板及支撑（架）项目不再单列，按混凝土及钢筋混凝土实体项目执行，综合单价中应包含模板及支架）。"13 版规范"将"高层施工增加费"调整计入措施项目费中。

（4）重新设置清单项目章节、重新编码　土石方工程、地基处理与支护工程、桩基工程统一归入建筑与装饰工程，其他专业工程不再单列与此重复的章节或内容。安装工程把"刷油、防腐蚀、绝热工程"独立一章；市政工程增加"垃圾处理工程"、"路灯工程"。

1.1.5　工程造价的构成及计价方法

1. 建设工程造价概念

建设工程总造价就是建设工程从设想立项开始，经可行性研究、勘察设计、建设准备、工程施工、竣工投产这一全过程所耗费的费用之和。总造价是按国家规定的计算标准、定额、计算规则、计算方法和有关政策法规预先计算出来的价格，所以也称为"建设工程预算总造价"。这样计算出来的价格实际上是计划价格。如果将总造价形成的全过程进行控制和管理，即工程造价管理，就能准确地掌握和反映投入产出，控制投资，节约资金，提高投资效益，对国民经济建设起重大作用。

2. 建设工程总造价费用的构成

建设工程造价即建设工程产品的价格，它的组成既要受到价值规律的制约，也要受到各类市场因素的影响。我国现行的建设工程总造价的构成包括建设投资、建设期利息和流动资金之和，建设投资和建设期利息之和对应于固定资产投资，固定资产投资与建设项目的工程造价在量上相等，一般可以按建设资金支出的性质、途径等方式来分解工程造价。工程造价基本构成中，包括用于购买工程项目所含各种设备的费用，用于建筑施工和安装施工所需支出的费用，用于委托工程勘察设计应支付的费用，用于购置土地所需的费用，也包括用于建设单位自身进行项目筹建和项目管理所花费的费用等。总之，工程造价是项目按照确定的建设内容、建设规模、建设标准、功能要求和使用要求等，全部建成并验收合规交付使用所需的全部费用。

工程造价的主要构成部分是建设投资。根据《建设项目经济评价方法与参数》（第 3 版）的规定，建设投资包括工程费用、工程建设其他费用和预备费三部分。工程费用是指直接构成固定资产实体的各种费用，可以分为建筑安装工程费和设备及工器具购置费；工程建设其他费用是指根据国家有关规定应在投资中支付，并列入建设项目总造价或单项工程造价的费用；预备费是为了保证工程项目的顺利实施，避免在难以预料的情况下造成投资不足而预先安排的费用。具体构成内容如图 1-1 所示。

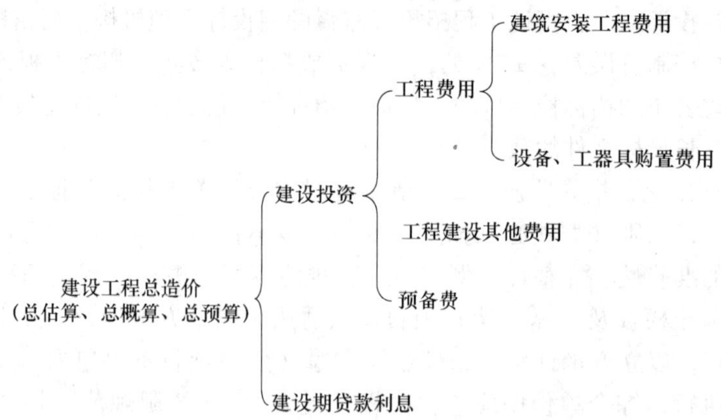

图 1-1 建设工程总造价费用的构成

注：《建筑安装工程费用项目组成》（建标【2013】44 号）中将工程设备费列入材料费。

（1）建筑安装工程费用 在工程建设中，建筑安装工程是一项主要的建设环节。建筑安装工程费用由建筑工程费用和安装工程费用两部分组成，在项目投资费用中占有相当大的比重，因此，国家制定了建筑安装工程的有关定额、标准、规则、方法来计算这部分费用。

（2）设备、工器具购置费用 设备、工器具购置费用是由设备购置费用和工器具、生产家具购置费用组成的，它是固定资产投资中的积极部分。在生产性工程建设中，设备、工器具购置费用与资本的有机构成相联系。

设备购置费是指为工程建设项目购置或自制的达到固定资产标准的设备、工具、器具的费用。设备购置费的计算公式如下

设备购置费 = 设备原价或进口设备抵岸价 + 设备运杂费

上式中，设备原价是指国产标准设备、非标准设备、引进设备的原价。设备运杂费是指设备供销部门手续费、设备原价中未包括的包装和包装材料费、运输费、装卸费、采购费及仓库保管费之和。如果设备是由公司成套供应的，成套设备供应公司的服务费也应计入设备运杂费之中。

工器具及生产家具购置费是指新建或扩建项目初步设计规定所必须购置的没有达到固定资产标准的设备、仪器、工卡模具、器具、生产家具和备品备件的费用，其一般计算公式为

工器具及生产家具购置费 = 设备购置费 × 定额费率

（3）工程建设其他费用 工程建设其他费用是指从工程筹建起到工程竣工验收交付使用为止的整个建设期间，除建筑安装工程费用和设备、工器具购置费外的，为保证工程建设顺利完成和交付使用后能够正常发挥效用而发生的各项费用总和。对工程建设其他费用，各地征收的费用名称及计算方法差异较大。这部分费用按其不同性质和用途，可分为固定资产其他费用、无形资产费用和其他资产费用。固定资产其他费用是固定资产费用的一部分，是在工程建设其他费用中按规定将形成固定资产的费用。包括建设管理费、建设用地费、可行性研究费、研究试验费、勘察设计费、环境影响评价费、劳动安全卫生评价费、场地准备及临时设施费、引进技术和引进设备其他费、工程保险费、联合试运转费、特殊设备安全监督

检验费、市政公用设施费等；无形资产费用是指直接形成无形资产的建设投资，主要指专利及专有技术使用费；其他资产费用是指建设投资中除形成固定资产和无形资产以外的部分，主要包括生产准备及开办费等。

（4）预备费　按我国现行规定，预备费包括基本预备费和工程造价调整预备费。

1）基本预备费。是指在初步设计及概算内难以预料的工程和费用。费用内容包括：①在批准的初步设计范围内，技术设计、施工图设计及施工过程中所增加的工程和费用，设计变更、局部地基处理等增加的费用；②一般自然灾害造成损失和预防自然灾害所采取的措施费用。实行工程保险的工程项目费用应适当降低；③竣工验收时为鉴定工程质量对隐蔽工程进行必要的挖掘和修复费用。基本预备费的计算公式为：

基本预备费 =（设备及工器具购置费 + 建筑安装工程费用 + 工程建设其他费用）× 基本预备费率

2）工程造价调整预备费。是指建设项目在建设期间内由于价格等变化引起工程造价变化的预测预留费用，也称为涨价预备费。涨价预备费的测算一般是根据国家规定的投资综合价格指数，按估算年份价格水平的投资额为基数，采用复利方法计算。

（5）建设期贷款利息　建设期贷款利息包括向国内银行和其他非银行金融机构贷款、出口信贷、外国政府贷款、国际商业银行贷款以及在境内外发行的债券等在建设期内应偿还的贷款利息。

3. 建设工程总造价费用的计算

现行的建设工程造价构成与各项费用的计算方法见表 1-3。

表 1-3　建设工程总造价费用计算程序表

序　号	费用名称	计 算 式
（一）	建筑安装工程费	(1) + (2) + (3) + (4) + (5) + (6)
(1)	定额直接工程费	
(2)	措施项目费	
(3)	规费	
(4)	企业管理费	
(5)	利润	计费基础 × 利润率
(6)	税金	不含税工程造价 × 税率
（二）	工程建设其他费用	按规定计
（三）	预备费	按规定计
（四）	建设项目总费用	（一）+（二）+（三）+（四）+（五）
（五）	建设期贷款利息	按实际利率计算
（六）	建设项目总造价	（四）+（五）

4. 建设工程计价的基本方法

建设项目具有单件性与多样性组成的特点，每个项目都具有自身不同的自然、技术特征，都是单独设计、单独施工，因此只能就各个工程按照一定的计价程序和计价方法计算工程造价。通常是将项目进行分解，划分为若干个基本构造要素（即分部、分项工程），再将各基本构造要素的费用组合而成整个项目的造价。工程造价的计价形式和方法有多种，各不相同，但计价的基本过程和原理是相同的。如果仅从工程费用计算的角度分析，工程造价计价的顺序是：分部分项工程单价——单位工程造价——单项工程造价——建设项目总造价。影响工程造价的主要因素有两个，即基本构造要素的单位价格和基本构造要素的实物工程量，可用下列基本计算式表达：

$$工程造价 = \sum(基本构造要素的工程量 \times 相应单价)$$

在不同的计价模式下，式中的“基本构造要素”、“相应单价”均有不同的含义。定额计价时，“基本构造要素”是按工程建设定额划分的分项工程项目；“相应单价”是指定额基价，即包括人工、材料、机械台班费用。清单计价时“基本构造要素”是指清单项目；“相应单价”是指综合单价，除包括人工、材料、机械台班费以外，还包括企业管理费、利润和风险因素。由于各地实际情况的差异，目前我国建设工程造价实行“双轨制”计价，即在保留传统定额计价方式的基础上，参照国际惯例引入了工程量清单计价方式。

（1）定额计价方法　工程定额计价方法是我国采用的一种与计划经济相适应的工程造价管理制度，是我国长期以来采用的计价模式，亦称为工料单价法。定额计价实际上是国家通过颁布统一的估价指标、概算指标、概算定额、预算定额和相应的费用定额，对建筑产品价格进行有计划管理的一种方式。在计价中以定额为依据，按定额规定的分部分项子目，逐项计算工程量，套用预算定额单价（或单位估价表）确定分部分项工程费，然后按规定的取费标准确定措施费、间接费、利润和税金，加上材料调差系数和适当的不可预见费，经汇总后即为工程预算。

如果分部分项工程单位价格仅考虑人工、材料、机械资源要素的消耗量和价格形成，即单位价格 $= \sum$（分部分项工程的资源要素消耗量 × 资源要素的价格），则该单位价格是直接费单价。

直接费单价形成的定额计价方法中，直接费单价只包括人工费、材料费和机械台班使用费，它是分部分项工程的不完全价格。我国现行有两种计价方式：一种是单位估价法，它是运用定额单价计算的，即首先计算工程量，然后查定额单价（基价），与相应的分项工程量相乘，得出各分项工程的人工费、材料费、机械费，再将各分项工程的上述费用相加，得出分部分项工程的直接费；另一种是实物估价法，它首先计算工程量，然后套用基础定额，计算人工、材料和机械台班消耗量，将所有分部分项工程资源消耗量进行归类汇总，再根据当时、当地的人工、材料、机械单价，计算并汇总人工费、材料费、机械使用费，得出分部分项工程直接费。在此基础上再计算措施费、间接费、利润和税金，将直接费与上述费用相加，即可得出单位工程造价。

（2）工程量清单计价方法　工程量清单计价是一种区别于定额计价模式的新计价模式，是一种主要由市场定价的计价模式，亦称综合单价法。就我国目前的实践而言，工程量清单计价作为一种市场价格的形成机制，其使用主要在工程施工招投标阶段。它是由建设产品的买方和卖方在建设市场上根据供求状况、信息状况进行自由竞价，从而最终签订工程合同价格的方法。工程量清单计价方法是在建设市场建立、发展和完善过程中的必然产物。工程量清单计价是在建设工程招标投标中按照国家统一的工程量清单计价规范，招标人或由其委托的具有资质的中介机构编制反映工程实体消耗和措施消耗的工程量清单，并作为招标文件的一部分提供给投标人，由投标人依据工程量清单，根据各种渠道所获得的工程造价信息和经验数据，结合企业定额自主报价的计价方式。我国现行建设行政主管部门发布的工程预算定额消耗量和有关费用及相应价格是按照社会平均水平编制的，以此为依据形成的工程造价基本上属于社会平均价格。这种平均价格可作为市场竞争的参考价格，但不能充分反映参与竞争企业的实际消耗和技术管理水平，在一定程度上限制了企业的公平竞争。采用工程量清单计价能够反映出工程个别成本，有利于企业自主报价和公平竞争；同时，实行工程量清单计价，工程量清单作为招标文件和合同文件的重要组成部分，对于规范招标人的计价行为，在技术上避免招标中弄虚作假和暗箱操作及保证工程款的支付结算都会起到重要作用。

所谓综合单价，是指完成一个规定计量单位的分部分项工程量清单项目或措施清单项目所需的人工费、材料费、施工机械使用费和企业管理费与利润，以及一定范围内的风险费用，它是一种完全价格形式。

定额计价是计划经济的产物，产生在新中国成立之初，一直沿用至今；清单计价是市场经济的产物，产生于 2003 年，是以国家标准推行的新的计价模式。二者之间的区别，可从多方面进行比较。例如，定额计价是政府定价，依据政府建设行政主管部门发布的消耗量定额和单位估价表进行计价；而清单计价是企业自主报价，竞争形成价格，依据工程量清单计价规范以及企业定额进行计价。除此以外，两种计价方式下的费用内容、单价形式、工程量计算、表格形式等都有所不同，详见本书 1.2 节与 1.3 节内容。但清单计价是在学习借鉴国外通行做法并与我国实际相结合的产物，是在定额计价基础上衍生出来的计价模式。

1.2　安装工程定额计价

1.2.1　定额概述

1. 定额的概念

所谓定额，就是指在正常的施工条件和合理劳动组织、合理使用材料和机械的条件下，完成单位合格产品所必须消耗资源的数量标准。它反映了一定时期的社会生产力水平。安装工程定额所消耗资源的数量标准是指消耗在组成安装工程基本构造要素上的劳动力、材料和机械台班数量的标准。

2. 定额的作用

（1）定额是基本建设计划管理的依据　建设工程中编制各种计划都直接或间接地以定额为尺度，计算和确定计划期内的劳动生产率、所需人工和材料物资数量等一系列重要指标。在企业施工过程中，定额还直接作为班组下达具体施工和计划组织施工任务的基本依据。为了检查计划落实情况，也要借助于定额资料，以衡量计划的完成程度。计划管理离不开定额，定额是计划管理的依据。

（2）定额是科学组织施工的必要手段　建设工程是一种多工种、多行业且协作关系密切的施工活动。在施工活动中，必须要把施工现场的各种劳力、设备、材料、施工机械等科学、合理地组织起来，使之运作有序，有条不紊。这就需要施工企业中的各个职能部门之间、部门与基层之间密切配合，形成统一指挥、互相协调、各负其责的整体。在这种统一协调的全部工作过程中，定额起着十分重要的作用。例如，为了按期、保质、保量地完成施工任务和承担经济责任，计划部门要根据施工任务，按照定额计算人工、材料和机械设备的需要量和需要的时间；供应部门要根据计划适时地、保质保量地供应材料和机械设备；作业班组则按照规定领取施工所需的材料和机械设备。因此施工是离不开定额的，它是科学组织施工的工具和手段。

（3）定额是评价的依据　定额是进行按劳分配、经济核算、厉行节约、提高经济效益的有效工具，是确定工程造价和最终进行技术经济评价的依据。

3. 定额的分类

定额的种类很多，通常的分类方法如图1-2所示。

（1）按生产要素划分　可分为劳动定额、材料消耗量定额、机械台班使用定额。

1）劳动定额是指在正常施工条件下劳动生产率的合理指标。劳动定额因表现形式不同，分为时间定额和产量定额两种。

时间定额是安装单位工程项目所需消耗的工作时间，以单位工程的时间计量单位表示。定额时间包括工人的有效时间、必需的休息和生理需要时间、不可避免的中断时间。例如：DN25镀锌钢管（螺纹连接）的时间定额为2.2工日/10m。

产量定额为在单位时间内应安装合格的单位工程项目的数量，以单位时间的单位工程计量单位表示。例如：DN25镀锌钢管（螺纹连接）的产量定额为4.55m/工日。

时间定额与产量定额互成倒数。

2）材料消耗量定额是指在合理与节约使用材料的条件下，安装合格的单位工程所必须消耗的材料数量，以单位工程的材料计量单位来表示。

材料消耗定额规定的材料消耗量包括材料净用量和合理损耗量两部分，即

材料消耗量 = 材料净用量 + 材料损耗量

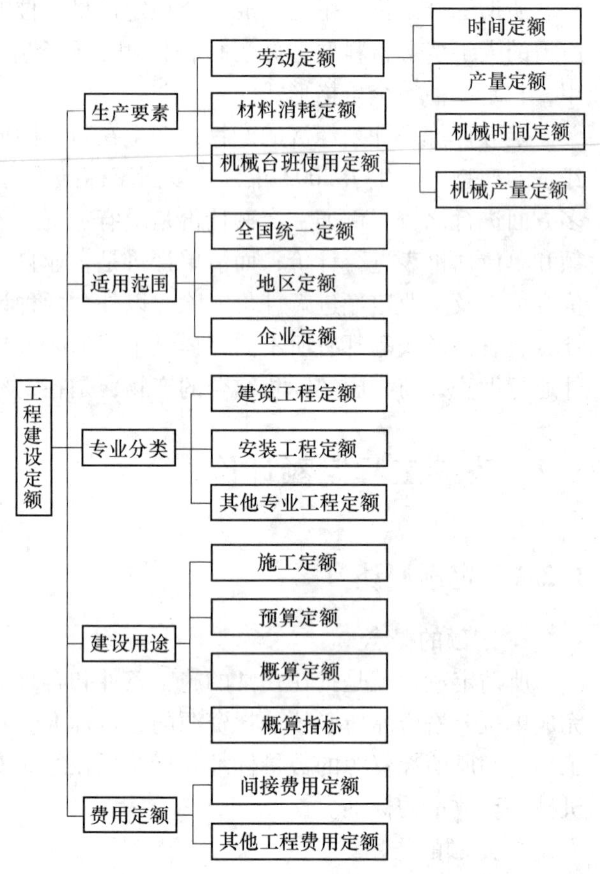

图1-2　建设工程定额分类

3）机械台班使用定额是指在先进合理组织施工的条件下，由熟悉机械设备的性能，具有熟练技术的操作人员管理和操作设备时，机械在单位时间内所应达到的生产率。即一个台班完成质量合格的单位产品的数量标准，或完成单位合格产品所需台班数量标准。

（2）按定额的用途划分　可分为施工定额、预算定额、概算定额和概算指标。

1）施工定额是用来组织施工的。施工定额是以同一性质的施工过程来规定完成单位安装工程耗用的人工、材料和机械台班的数量。实际上，它是劳动定额、材料消耗定额和机械台班使用定额的综合。

2）预算定额是编制施工图预算的依据，是确定一定计量单位的分项工程的人工、材料和机械台班消耗量的标准。预算定额以各分项工程为对象，在施工定额的基础上，综合人工、材料、机械台班等各种因素，合理取定人工、材料、机械台班的消耗数量，并结合人

工、材料、机械台班预算单价，得出各分项工程的预算价格，即定额基本价格（简称基价）。由此可知，预算定额由两大部分组成，即数量部分和价值部分。

3）概算定额和概算指标。概算定额是确定一定计量单位扩大分项工程的人工、材料、机械台班的消耗量数量的标准，是编制设计概算的依据。概算指标的内容和作用和概算定额基本相似。

（3）按定额的编制部门和适用范围划分　可分为全国统一定额、地区定额和企业定额。

1）全国统一定额是由国家主管部门制定颁发的定额，《全国统一安装工程预算定额》是全国统一定额，全国统一定额不分地区，全国适用。

2）地区定额由各省、市、自治区组织编制颁发，只在本地区范围内使用。各地区的消耗量定额及单位估价表属于地区定额。

单位估价表是以《全国统一安装工程预算定额》规定的人工、材料及施工机械消耗量指标为依据，以货币形式表示预算定额中每一分项工程单位预算价值的计算表格。它是根据国家现行的建筑安装工程预算定额，结合各地区工资标准，材料预算价格、机械台班预算价值编制的，所以又叫某时期某地区单位估价表。单位估价表具有地区性和时间性，是地区编制施工图预算确定工程直接费的基础资料。

3）企业定额由企业内部根据自己的实际情况自行编制，只限于在本企业内部使用的定额。在工程造价工程量清单计价过程中，各企业就是根据自己企业所制定的企业定额来综合报价的。在目前工程造价计价逐步由定额向工程量清单计价转变的情况下，企业定额的地位将越来越重要。

1.2.2　安装工程定额计价的方法与程序

安装工程费用内容主要包括以下两个方面：一是生产、动力、起重、运输、传动和医疗、实施等各种需要安装的机械设备的装配费用，与设备相连的工作台、梯子、栏杆等设施的工程费用，附属于被安装设备的管线敷设工程费用，以及被安装设备的绝缘、防腐、保温、油漆等工作的材料费和安装费；二是为测定安装工程质量，对单台设备进行单机试运转、对系统设备进行系统联动无负荷试运转工作的调试费。

1. 安装工程定额计价的费用构成

住房城乡建设部与财政部于 2013 年修订了新《建筑安装工程费用项目组成》［建标(2013) 44 号］（以下简称《费用组成》），原《关于印发 <建筑安装工程费用项目组成> 的通知》（建标［2003］206 号）同时废止。

《费用组成》调整的主要内容包括：

1）按照国家统计局《关于工资总额组成的规定》，合理调整了人工费构成及内容；

2）依据国家发展改革委、财政部等 9 部委发布的《标准施工招标文件》的有关规定，将工程设备费列入材料费；原材料费中的检验试验费列入企业管理费；

3）将仪器仪表使用费列入施工机具使用费；大型机械进出场及安拆费列入措施项目费；

4）按照《社会保险法》的规定，将原企业管理费中劳动保险费中的职工死亡丧葬补助费、抚恤费列入规费中的养老保险费；在企业管理费中的财务费和其他中增加担保费用、投标费、保险费；

5）按照《社会保险法》、《建筑法》的规定，取消原规费中危险作业意外伤害保险费，增加工伤保险费、生育保险费；

6）按照财政部的有关规定，在税金中增加地方教育附加。

调整后，按费用构成要素划分，建筑安装工程费由人工费、材料（包含工程设备，下同）费、施工机具使用费、企业管理费、利润、规费和税金组成。其中人工费、材料费、施工机具使用费、企业管理费和利润包含在分部分项工程费、措施项目费、其他项目费中，详见图 1-3。

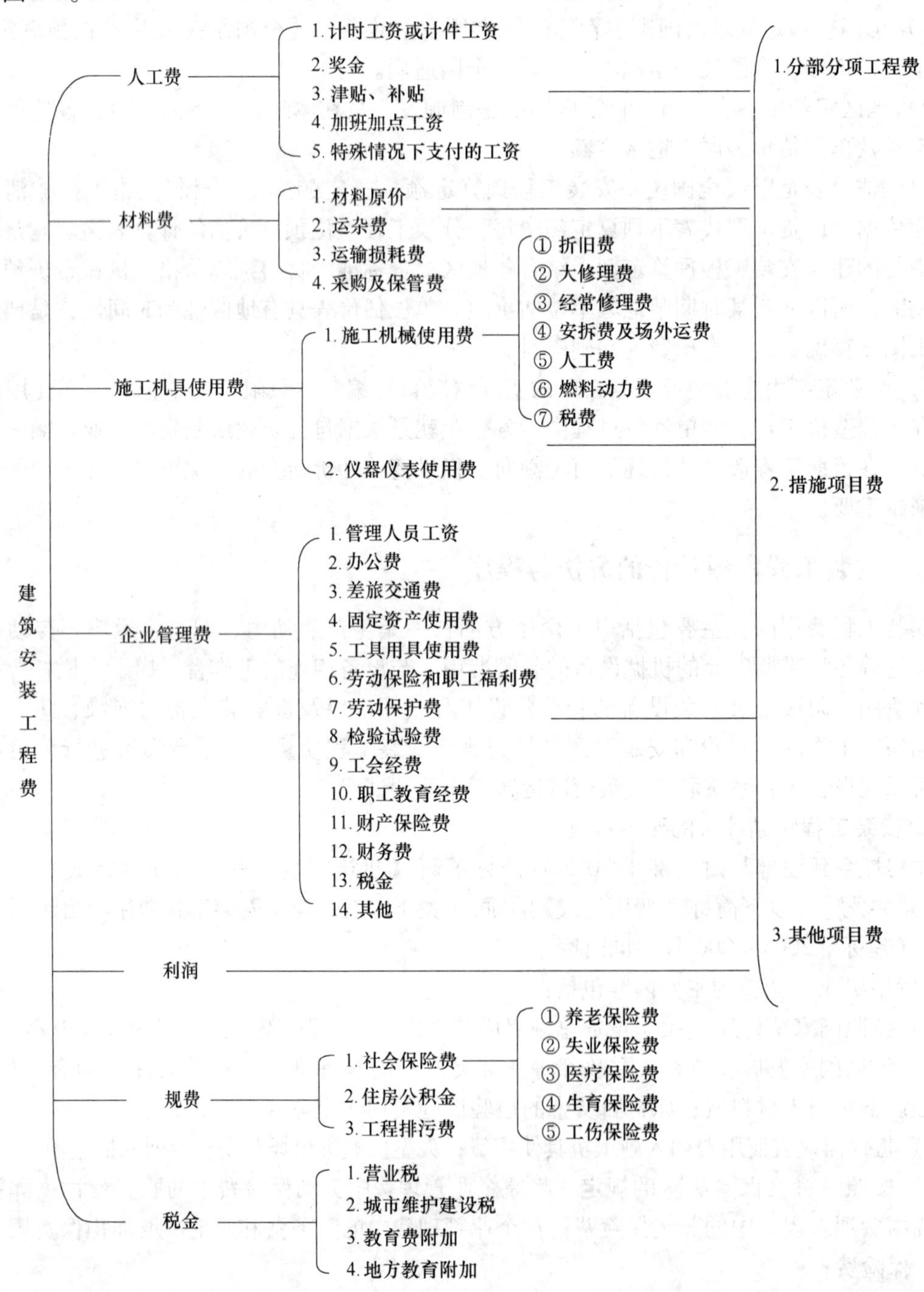

图 1-3 建筑安装工程费用项目组成（按费用构成要素划分）

按造价形成划分，建筑安装工程费由分部分项工程费、措施项目费、其他项目费、规费、税金组成。分部分项工程费、措施项目费、其他项目费包含人工费、材料费、施工机具使用费、企业管理费和利润，详见图 1-4。该部分内容将在本书 1.3 节中详述。

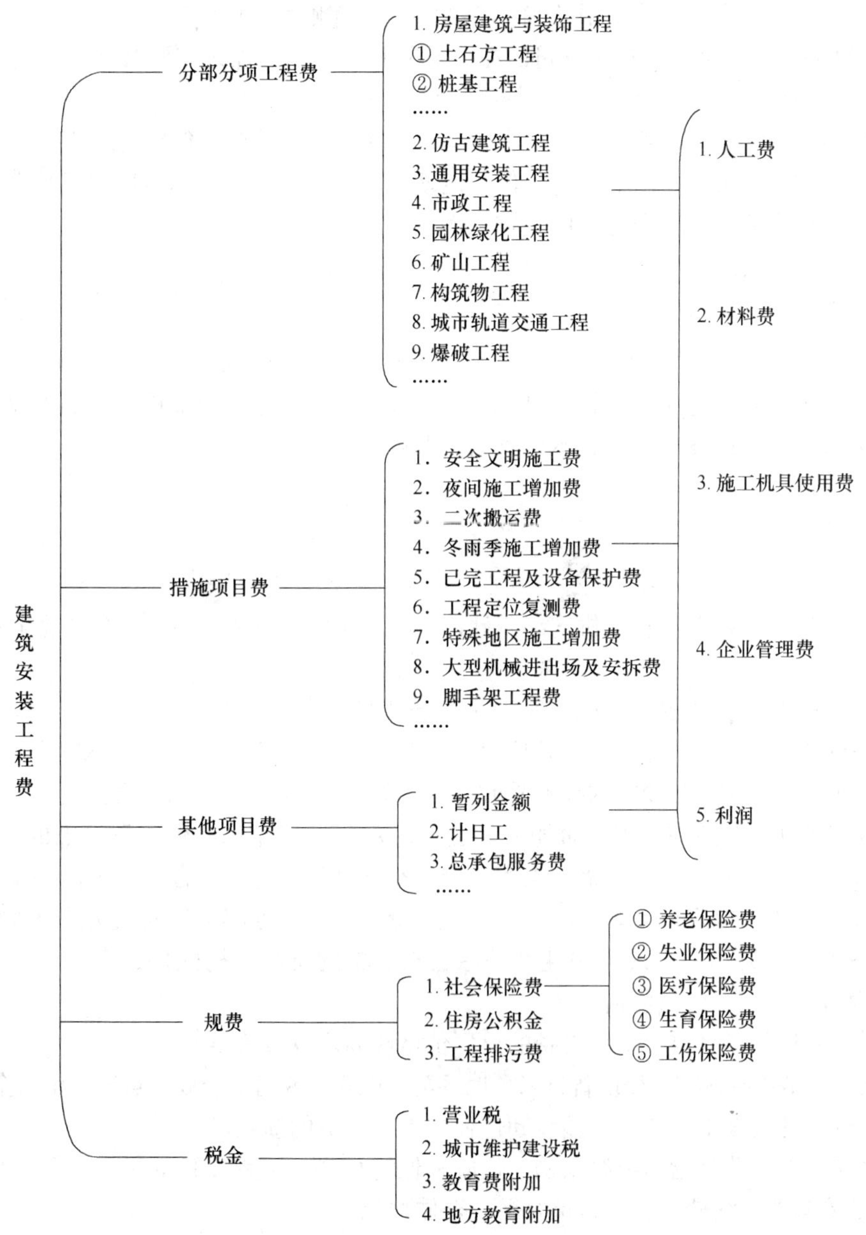

图 1-4　建筑安装工程费用项目组成（按造价形成划分）

（1）人工费　是指按工资总额构成规定，支付给从事建筑安装工程施工的生产工人和附属生产单位工人的各项费用。内容包括：

1）计时工资或计件工资：是指按计时工资标准和工作时间或对已做工作按计件单价支付给个人的劳动报酬。

2）奖金是指对超额劳动和增收节支支付给个人的劳动报酬。如节约奖、劳动竞赛奖等。

3）津贴补贴是指为了补偿职工特殊或额外的劳动消耗和因其他特殊原因支付给个人的津贴，以及为了保证职工工资水平不受物价影响支付给个人的物价补贴。如流动施工津贴、特殊地区施工津贴、高温（寒）作业临时津贴、高空津贴等。

4）加班加点工资是指按规定支付的在法定节假日工作的加班工资和在法定日工作时间外延时工作的加点工资。

5）特殊情况下支付的工资：是指根据国家法律、法规和政策规定，因病、工伤、产假、计划生育假、婚丧假、事假、探亲假、定期休假、停工学习、执行国家或社会义务等原因按计时工资标准或计时工资标准的一定比例支付的工资。

人工费的计算公式如下：

①公式1

$$人工费 = \sum(工日消耗量 \times 日工资单价)$$

公式1适用于施工企业投标报价时自主确定人工费，也是工程造价管理机构编制计价定额确定定额人工单价或发布人工成本信息的参考依据。

或者

②公式2

$$人工费 = \sum(工程工日消耗量 \times 日工资单价)$$

公式2适用于工程造价管理机构编制计价定额时确定定额人工费，是施工企业投标报价的参考依据。

公式2中的日工资单价是指施工企业平均技术熟练程度的生产工人在每工作日（国家法定工作时间内）按规定从事施工作业应得的日工资总额。工程造价管理机构确定日工资单价应通过市场调查、根据工程项目的技术要求，参考实物工程量人工单价综合分析确定，最低日工资单价不得低于工程所在地人力资源和社会保障部门所发布的最低工资标准的：普工1.3倍、一般技工2倍、高级技工3倍。工程计价定额不可只列一个综合工日单价，应根据工程项目技术要求和工种差别适当划分多种日人工单价，确保各分部工程人工费的合理构成。

（2）材料费　是指施工过程中耗费的原材料、辅助材料、构配件、零件、半成品或成品、工程设备的费用。内容包括：

1）材料原价是指材料、工程设备的出厂价格或商家供应价格。

2）运杂费是指材料、工程设备自来源地运至工地仓库或指定堆放地点所发生的全部费用。

3）运输损耗费是指材料在运输装卸过程中不可避免的损耗。

4）采购及保管费是指为组织采购、供应和保管材料、工程设备的过程中所需要的各项费用。包括采购费、仓储费、工地保管费、仓储损耗。

工程设备是指构成或计划构成永久工程一部分的机电设备、金属结构设备、仪器装置及其他类似的设备和装置。

$$计价材料费 = \sum(工程量 \times 计价材料消耗量指标 \times 材料预算单价)$$

$$未计价材料费 = \sum(工程量 \times 未计价材料消耗量指标 \times 材料市场单价)$$

$$材料费 = 计价材料费 + 未计价材料费$$

（3）施工机具使用费　是指施工作业所发生的施工机械、仪器仪表使用费或其租赁费。

1）施工机械使用费：以施工机械台班耗用量乘以施工机械台班单价表示，施工机械台班单价应由下列七项费用组成：

① 折旧费：指施工机械在规定的使用年限内，陆续收回其原值的费用。

② 大修理费：指施工机械按规定的大修理间隔台班进行必要的大修理，以恢复其正常功能所需的费用。

③ 经常修理费：指施工机械除大修理以外的各级保养和临时故障排除所需的费用。包括为保障机械正常运转所需替换设备与随机配备工具附具的摊销和维护费用，机械运转中日常保养所需润滑与擦拭的材料费用及机械停滞期间的维护和保养费用等。

④ 安拆费及场外运费：安拆费指施工机械（大型机械除外）在现场进行安装与拆卸所需的人工、材料、机械和试运转费用以及机械辅助设施的折旧、搭设、拆除等费用；场外运费指施工机械整体或分体自停放地点运至施工现场或由一施工地点运至另一施工地点的运输、装卸、辅助材料及架线等费用。

⑤ 人工费：指机上司机（司炉）和其他操作人员的人工费。

⑥ 燃料动力费：指施工机械在运转作业中所消耗的各种燃料及水、电等。

⑦ 税费：指施工机械按照国家规定应缴纳的车船使用税、保险费及年检费等。

$$施工机械使用费 = \sum(工程量 \times 机械台班消耗量指标 \times 机械台班综合单价)$$

2）仪器仪表使用费：是指工程施工所需使用的仪器仪表的摊销及维修费用。

$$仪器仪表使用费 = 工程使用的仪器仪表摊销费 + 维修费$$

需要注意的是，当采用定额计价时，需要计取按系数计取的费用。系数有子目系数和综合系数两种。子目系数是费用计算的最基本的系数，定额中有些项目不便列子目进行计算，就在定额各章节规定了各种调整系数，即子目系数。子目系数一般是对特殊的施工条件、工程结构等因素影响进行调整的系数，如：高层建筑增加（注："13 版规范"将"超高施工增加费"调整计入措施项目费中）、操作高度增加等；综合系数是以单位工程全部人工费（包括以子目系数所计算费用中的人工费部分）作为计算基础计算费用的一种系数，一般是针对专业工程特殊需要、施工环境等进行调整的系数，如脚手架搭拆、采暖系统调整费、安装与生产同时施工和有害身体健康环境施工增加费等。子目系数计取的费用和综合系数计取的费用都是分部分项工程费的构成部分。

计算时，一般按照先计算子目系数，再计算综合系数的顺序逐级计算，且前项计算结果作为后项的计算基础。各系数的计算，要根据具体情况，严格按定额的规定计取。下面介绍部分主要系数的计算方法。

子目系数计取的费用主要包括操作超高增加费和高层建筑增加费。

操作超高增加费：当操作物高度（有楼层的按楼地面计，无楼层的按设计地坪计）大于定额高度时，为了补偿人工降效等而收取的费用称为操作超高增加费。这项费用一般用系数计取，系数称为操作超高增加费系数。专业不同，定额所规定计取增加费的高度也不一样，因此系数也不相同。全国统一安装工程预算定额对安装工程中的操作超高增加费系数规定详见表 1-4。

虽然各专业计取该项费用的系数不同，但计取此项费用的方法是完全一样的，计算公式为

$$操作超高增加费 = 操作超高部分工程的人工费 \times 操作超高增加费系数$$

表 1-4　安装工程操作超高增加费系数

工程名称	定额高度/m	取费基数	系数
给排水、采暖、燃气工程	3.6	操作超高部分人工费	1.10(3.6～8m)、1.15(3.6～12m)、1.20 (3.6～16m)、1.25(3.6～20m)
通风空调工程	6		15%(6m 以上)
电气设备安装工程	5		33%(5m 以上，20m 以下)
消防及安全防范设备安装工程	5		1.10(5～8m)、1.15(5～12m)、1.20 (5～16m)、1.25(5～20m)

高层建筑增加费：指高层民用建筑物高度以室内设计地坪为准超过六层或室外设计地坪至檐口高度超过 20m 以上时，其安装工程应计取高层建筑增加系数，用于补偿人工降效，以及材料垂直运输增加的费用。

各专业高层建筑增加费系数见表 1-5，其计算公式为

高层建筑增加费 = 人工费 × 高层建筑增加费系数

但以下情况不可计取高层建筑增加费：定额中已说明的不再计取，如电梯等；高层建筑中地下室部分不能计算层数和高度；层高不超过 2.2m 时不计层数；屋顶单独水箱间、电梯间不能计算层数，也不计高度；同一建筑物高度不同时，可按垂直投影以不同高度分别计算；高层建筑物坡形顶时可按平均高度计算。

表 1-5　安装工程高层建筑增加费系数

工程名称	计算基数	建筑物层数或高度(层以下或米以下)					
		9 层以下 (30m)	12 层以下 (40 m)	15 层以下 (50 m)	18 层以下 (60 m)	21 层以下 (70 m)	24 层以下 (80 m)
给排水、采暖、燃气工程	按人工费的%	2	3	4	6	8	10
通风空调工程		1	2	3	4	5	6
电气设备安装工程		1	2	4	6	8	10
工程名称	计算基数	建筑物层数或高度(层以下或米以下)					
		27 层以下 (90 m)	30 层以下 (100 m)	33 层以下 (110 m)	36 层以下 (120 m)	39 层以下 (130 m)	42 层以下 (140 m)
给排水、采暖、燃气工程	按人工费的%	13	16	19	22	25	28
通风空调工程		8	10	13	16	19	22
电气设备安装工程		13	16	19	22	25	28
工程名称	计算基数	建筑物层数或高度(层以下或米以下)					
		45 层以下 (150 m)	48 层以下 (160 m)	51 层以下 (170 m)	54 层以下 (180 m)	57 层以下 (190 m)	60 层以下 (200 m)
给排水、采暖、燃气工程	按人工费的%	31	34	37	40	43	46
通风空调工程		25	28	31	34	37	40
电气设备安装工程		31	34	37	40	43	46

综合系数计取的费用主要包括脚手架搭拆费、安装与生产同时进行的施工增加费、在有害身体健康的环境中施工增加费、系统调整费等。费率见表 1-6。

表 1-6　安装工程定额综合系数

工程名称	取费基数	综合系数(%)					
		脚手架搭拆费		系统调试费		安装与生产同时进行	有害健康环境中施工
		系数	人工费占百分比	系数	人工费占百分比		
给排水、采暖、燃气工程	全部人工费	5%	25%	15%（采暖工程）	20%		
通风空调工程		3%	25%	13%	25%	10%	10%
电气设备安装工程		4%	25%	按各章规定		10%（全为人工）	10%（全为人工）

脚手架搭拆费：按定额规定，脚手架搭拆费不受操作物高度限制均可收取。在测算脚手架搭拆费系数时，考虑如下因素：各专业工程交叉作业施工时可以互相利用脚手架的因素，测算时已扣除可以重复利用的脚手架费用；安装工程脚手架与土建所用的脚手架不尽相同，测算搭拆费用时大部分是按简易脚手架考虑的；施工时如部分或全部使用土建的脚手架时，作有偿使用处理。计算公式为

脚手架搭拆费 = 人工费 × 脚手架搭拆系数

安装与生产同时进行增加费：该项费用的计取是指改扩建工程在生产车间或装置内施工，因生产操作或生产条件限制干扰了安装工程正常进行而增加的降效费用。这其中不包括为保证安全生产和施工所采取的措施费用。如安装工作不受干扰的，不应计取此项费用。计算公式为

安装与生产同时进行增加费 = 人工费 × 安装与生产同时进行增加费系数

在有害身体健康的环境中施工增加的费用：该项费用指在民法规则有关规定允许的前提下，改扩建工程中由于车间有害气体或高分贝的噪声超过国家标准以致影响身体健康而增加的降效费用，不包括劳保条例规定的应享受的工种保健费。计算方法：

有害身体健康的环境中施工增加费 = 人工费 × 有害身体健康的环境中施工增加费系数

系统调试费：由于工程专业特点，须对其安装系统进行综合调试后才能交工或使用而收取的费用。该费用定额没有设子项，只规定用系数计算，如：采暖系统调整费、通风空调系统调整费、小型站类系统调整费。计算公式为

系统调试费 = 人工费 × 系统调试费系数

（4）企业管理费　是指建筑安装企业组织施工生产和经营管理所需的费用。内容包括：

1）管理人员工资，是指按规定支付给管理人员的计时工资、奖金、津贴补贴、加班加点工资及特殊情况下支付的工资等。

2）办公费，是指企业管理办公用的文具、纸张、账表、印刷、邮电、书报、办公软件、现场监控、会议、水电、烧水和集体取暖降温（包括现场临时宿舍取暖降温）等费用。

3）差旅交通费，是指职工因公出差、调动工作的差旅费、住勤补助费，市内交通费和误餐补助费，职工探亲路费，劳动力招募费，职工退休、退职一次性路费，工伤人员就医路费，工地转移费以及管理部门使用的交通工具的油料、燃料等费用。

4）固定资产使用费，是指管理和试验部门及附属生产单位使用的属于固定资产的房

屋、设备、仪器等的折旧、大修、维修或租赁费。

5）工具用具使用费，是指企业施工生产和管理使用的不属于固定资产的工具、器具、家具、交通工具和检验、试验、测绘、消防用具等的购置、维修和摊销费。

6）劳动保险和职工福利费，是指由企业支付的职工退职金、按规定支付给离休干部的经费，集体福利费、夏季防暑降温、冬季取暖补贴、上下班交通补贴等。

7）劳动保护费，是企业按规定发放的劳动保护用品的支出。如工作服、手套、防暑降温饮料以及在有碍身体健康的环境中施工的保健费用等。

8）检验试验费，是指施工企业按照有关标准规定，对建筑以及材料、构件和建筑安装物进行一般鉴定、检查所发生的费用，包括自设试验室进行试验所耗用的材料等费用。不包括新结构、新材料的试验费，对构件做破坏性试验及其他特殊要求检验试验的费用和建设单位委托检测机构进行检测的费用，对此类检测发生的费用，由建设单位在工程建设其他费用中列支。但对施工企业提供的具有合格证明的材料进行检测不合格的，该检测费用由施工企业支付。

9）工会经费，是指企业按《工会法》规定的全部职工工资总额比例计提的工会经费。

10）职工教育经费，是指按职工工资总额的规定比例计提，企业为职工进行专业技术和职业技能培训，专业技术人员继续教育、职工职业技能鉴定、职业资格认定以及根据需要对职工进行各类文化教育所发生的费用。

11）财产保险费，是指施工管理用财产、车辆等的保险费用。

12）财务费，是指企业为施工生产筹集资金或提供预付款担保、履约担保、职工工资支付担保等所发生的各种费用。

13）税金，是指企业按规定缴纳的房产税、车船使用税、土地使用税、印花税等。

14）其他，包括技术转让费、技术开发费、投标费、业务招待费、绿化费、广告费、公证费、法律顾问费、审计费、咨询费、保险费等。

（5）利润　利润是指施工企业完成所承包工程后扣除建筑产品生产成本和税金后的纯收入。

$$利润 = 人工费合计 \times 利润率$$

（6）规费　规费是指按国家法律、法规规定，由省级政府和省级有关权力部门规定必须缴纳或计取的费用。包括：

1）社会保险费，包括以下五项：

① 养老保险费：指企业按照规定标准为职工缴纳的基本养老保险费。

② 失业保险费：指企业按照规定标准为职工缴纳的失业保险费。

③ 医疗保险费：指企业按照规定标准为职工缴纳的基本医疗保险费。

④ 生育保险费：指企业按照规定标准为职工缴纳的生育保险费。

⑤ 工伤保险费：指企业按照规定标准为职工缴纳的工伤保险费。

2）住房公积金是指企业按规定标准为职工缴纳的住房公积金。

3）工程排污费是指按规定缴纳的施工现场工程排污费。

（7）税金　税金是指国家税法规定的应计入建筑安装工程造价内的营业税、城市维护建设税、教育费附加以及地方教育附加。计算公式为

$$税金 = (税前造价 + 利润) \times 税率$$

2. 安装工程定额计价的程序

（1）计价程序说明　临时设施费、企业管理费、利润等分别按工程类别所对应的费率计取费用。安全文明施工措施费用（包括环境保护费、文明施工费和安全施工费）作为非竞争性费用，在编制工程预算、标底、投标报价时单列设立，按现行费用定额规定的费率、计费基数和计费程序全额计算计入总价，但不参与商务标价格竞争。

2011 年 7 月，江西省将建筑、安装、市政、市政设施养护维修、房修和园林绿化工程定额综合工日单价调整为 47 元/工日；装饰、仿古建筑工程定额综合工日单价调整为 57 元/工日。定额综合工日的调整价格与现行定额［即《江西省安装工程消耗量定额及单位估价表》(2004 年版)］综合工日价格的价差部分，作为价差处理，按规定计取有关税费。对于安装定额中按系数计算的人工费不参与综合工日单价的调整。

根据《江西省财政厅 江西省发展和改革委员会关于公布取消 20 项涉及企业行政事业性收费的通知》（赣财综［2012］5 号）关于取消建筑行业上级管理费的规定，江西省取消了建设工程现行费用定额中的上级（行业）管理费。自 2012 年 2 月 1 日起，工程建设项目在编制招标控制价、投标报价、概预算、结算时不再计取上级（行业）管理费。

（2）定额计价的计算程序　下面以《江西省安装工程消耗量定额及单位估价表》（2004 年版）为例，介绍安装工程费用计算程序，见表 1-7。其中，套用消耗量定额项目计算的措施费，作为技术措施费列项；以费率形式计算的措施费，作为组织措施费列项。

依据江西省的计价程序进行定额计价时需注意以下几点：

1）上级（行业）管理费不论建筑、装饰、安装工程均以“工料机费”为计费基础；

2）技术措施项目若未详列人工、材料、机械耗用量，而以每项“××元”表示的，或无工日耗用量的，以人工费为基础计取有关费用时，人工费按 15% 比例计算；组织措施费人工系数按 15% 比例计算；

3）安全文明施工措施费用已扣除税金后的工程费用为计费基数，除计取税金外，不作为其他各项费用的计费基数；

4）价差除计取税金外，不计取其他费用。

表 1-7　安装工程定额计价费用计算程序表

序　号	费用名称	计　算　式
	安装工程部分	
一	直接工程费	Σ工程量×消耗量定额基价
1	其中：人工费	Σ(工日数×人工单价)
二	技术措施费	Σ(工程量×消耗量定额基价)
2	其中：人工费	Σ(工日数×人工单价) 或按人工费比例计算
三	未计价材料	主材设备费
四	组织措施费(不含环保安全文明费)	(4)+(5)[不含环保、安全文明施工费]
3	其中：人工费	(四) ×人工系数
4	其中：临时设施费	[(1)+(2)]×费率

（续）

序 号	费用名称	计 算 式
5	检验试验费等六项费	[(1)+(2)]×费率
五	价差	按有关规定计算
六	企业管理费	[(1)+(2)+(3)]×费率
七	利润	[(1)+(2)+(3)]×费率
八	估价部分	估价项目
6	社保、公积金、保险、排污费四项	[(1)+(2)+(3)]×费率
7	上级(行业) 管理费	[(一)+(二)+(三)+(四)]×费率
AW	环保安全文明措施费	[(一)+(二)+(三)+(四)+(六)+(七)+(6)+(7)]×费率
FW	安全防护、文明施工费	AW+(4)
九	规费	(6)+(7)
十	税金	[(一)~(九)+(AW)]×费率
十一	总造价	(一)~(十)+(AW)

（3）安装工程类别划分标准　安装工程类别划分标准是工程建设各方作为评定工程类别等级、确定有关费用的依据，是根据各专业安装工程的功能、规模大小、繁简、施工技术难易程度，结合工程实际情况制定的。工程类别等级均以单位工程划分，如果一个单位工程中有多个不同的工程类别标准时，则依据主体设备或主要部分的标准确定。《江西省2004年安装工程定额》中规定的安装工程类别划分标准为：

1）一类设备安装工程，包括台质量50t及其以上的各类机械设备、非标设备（不分整体或解体）以及精密、自动、半自动或程控机床、引进设备；自动、半自动电梯，输送设备以及起质量35t及其以上的起重设备及相应的轨道安装；净化、超净、恒温和集中空调设备及其空调系统；自动化控制装置、通信交换设备和仪表安装工程；工业炉窑设备；热力设备（蒸发量10t/h台以上的锅炉），单台容量3000kW及其以上发电机组及其附属设备；800kV·A及其以上的变电装置；各种压力容器、油罐、球形罐、气柜的制作和安装；煤气发生炉、制氧设备、制冷量20kcal/h及以上的制冷设备、高中压空气压缩机、污水处理设备及其配套的储罐、冷却塔等；焊口有探伤要求的厂区（室外）工艺管道、热力管网、煤气管网、供水（含循环水）管网工程；附属于本工程各种设备的配管、电气安装、通风、工艺金属结构及刷油、绝热、防腐蚀工程。

2）一类建筑安装工程，包括一类建筑工程的附属设备、照明、通风、采暖、给排水、煤气、消防、安全防范、电话电视及共用天线等工程。

3）二类设备安装工程，包括台质量50t以下的各类机械设备、非标设备（不分整体或解体）；小型杂物电梯，起质量35t以下的起重设备及其相应的轨道安装；蒸发量10t/h台及以下的锅炉安装；800kV·A以下的变配电设备；工艺金属结构，一般容器的制作和安装；焊口无探伤要求的厂区（室外）工艺管道、热力管网、煤气管网、供水（含循环水）管网工程；电缆敷设、10kV以下架空配电线路、有线电视线路工程；低压空气压缩机、乙炔发生设备，各类泵、供热（换热）装置以及制冷量 20kcal/h 以下的制冷设备；附属于本工程各种设备的配管、电气安装、通风、工艺金属结构及刷油、绝热、防腐蚀工程。

4）二类建筑安装工程，包括二类建筑工程的附属设备、照明、通风、采暖、给排水、煤气、消防、安全防范、电话电视及共用天线等工程。

5）三类设备安装工程，除一、二类工程以外均为三类工程。

6）三类建筑安装工程，包括三、四类建筑工程的附属设备、照明、通风、采暖、给排水、煤气、消防、安全防范、电话电视及共用天线等工程。

1.2.3 安装工程施工图预算编制

1. 安装工程施工图预算的概念

设备安装工程预算是建筑安装工程施工图预算的组成部分，施工图预算是工程建设施工阶段核定工程施工造价的重要经济文件。在基本建设的各个阶段中，分别都有深度不同的预算文书，其中施工图预算涉及建设单位和施工企业双方的切身利益，也直接影响到工程建设实际投资的多少。因此，施工图预算的编制是一项政策性和技术性很强的经济工作。

施工图预算是指当施工图设计完成后，在建设工程开工前，以施工图为依据，根据国家颁发的预算定额（或根据预算定额编制的地区单位估价表）、费用定额、施工组织设计以及地区人工、材料施工机械台班等预算价格，编制的一种确定工程建设施工造价的经济文件。它是以单位工程为编制单元，以分项工程划分项目，按相关专业定额及其项目为计价单位的综合性预算。

2. 施工图预算的作用

1）是设计阶段控制施工图设计不突破设计概预算的重要措施，也是编制或调整固定资产投资计划的依据。

2）是建设单位编制与确定标底、拨付工程价款，承包商投标报价决策，承发包双方建立工程承包合同价格，进行工程索赔、结算与决算的重要依据。

3）是实行建筑工程预算包干，发承包双方协商由承包商一次包死的依据。

4）是进行工程建设造价管理，强化企业经营管理，搞好经济核算的预算基础。

5）由预算确定的人工、材料和施工机械台班等消耗量指标，可以作为编制施工组织计划和劳动力、材料、施工机械使用需用量与调度计划，以及统计完成工程数量、考核施工成本的基本依据。

3. 施工图预算的编制依据

由于施工图预算所处的重要地位，受到各方面的重视，对其审核也比较严格。施工图预算的编制，要本着实事求是的态度，认真、仔细地逐项计算，各种计算列式必须符合当地现行规定，要查有所据。施工图预算的编制依据包括：

1）经过会审的全部施工图设计文件，包括设计说明书、标准图、图样会审纪要、设计变更通知单及经建设主管部门批准的设计概算文件。

2）经企业主管部门批准并报业主及监理认可的施工组织设计文件（包括施工方案、施工进度计划、施工现场平面布置及工法、技术措施等）。

3）预算定额（或单位估价表）、地区材料市场与预算价格等相关信息以及颁布的材料预算价格、工程造价信息、材料调价通知、取费调整通知等。

4）招标文件、工程合同或协议书。

5）施工现场勘察地质、水文、地貌、交通、环境及标高测量资料等。

6）预算工作手册、常用的各种数据、计算公式、材料换算表、常用标准图集及各种必备的工具书。

4. 施工图预算编制的原则

施工图预算是施工企业与建设单位结算工程价款等经济活动的主要依据，是一项工作量大，政策性、技术性和时效性强的工作。编制时必须遵循以下原则：

1）法规性原则。

2）市场性原则。

3）创新性原则。

4）面向工程实际的原则。

5）互利双赢原则。

5. 安装工程施工图预算编制的步骤和方法

施工图预算的编制方法由于取用定额的视角或计算路径不同，分两种不同的计算方法。即单价法和实物法。

单价法是首先计算相关定额分项工程，并以定额基价为计价依据来计算工程造价；实物法是先分别计算人工、材料、机械台班的消耗量，再以其各自单价为计价依据求得工程造价。两种方法计算结果并无本质上的差别，但单价法是更常用的方法，本节仅介绍用单价法编制施工图预算的步骤和方法。

（1）做好编制前的准备工作　编制准备工作是预算编制的重要阶段，做好组织准备和技术条件准备，全面收集编制依据相关信息资料，认真踏勘施工现场和掌握施工实地情况，是编制好工程造价提高准确度与可靠度的基本保证。准备工作主要包括：

1）收集、熟悉编制预算的基础文件和资料。

2）熟悉和掌握预算定额及有关规定。

3）熟悉设计图样、设计说明书、标准图等。

4）充分了解和掌握施工组织设计的有关内容。

（2）划分定额预算分项　施工图预算分项划分是编制工程预算的关键环节，也是具体编制预算的起点。划分分项必须同预算定额单价的计量计价口径取得一致。即与预算定额单价所包含和规定的作业内容、计量计价单位必须取得一致；同时预算计价表的分项排列顺序，一般应与预算定额单位估价表的分部工程划分排序尽可能取得一致。

（3）计算工程量　工程量计算工作往往要占整个预算编制工作约70%以上的时间。由于工程量是工程预算重要的基础数据，计算的准确程度对预算准确性会直接发生影响，同时还直接关系到预算编制效率。计算工程量按下列步骤进行：

1）根据工程内容和定额项目，核审列出计算表项目划分是否合理，内容是否齐全，有无差错遗漏；

2）按照科学的计算顺序，遵循全国统一计算规则，按图样尺寸及有关数据，列出详尽的工程量计算算式，便于复算、复核；

3）调整计量单位，与定额相应分项的计量单位保持一致。

（4）套用定额项目与计算并汇总直接费　本阶段是计算分项直接费与进行分项直接费汇总的编制过程。经反复核对工程量计算后，套用预算定额，计算定额直接费。然后，按规定计算其他直接费，最后汇总单位工程直接费。具体步骤如下：

1）套用定额，计算分项工程定额直接费，计算公式为

$$某分项工程定额直接费 = 某分项定额基价 \times 某分项工程量$$

2）单位工程定额直接费

$$某项预算分部定额直接费 = \sum 对应分部某分项工程定额直接费$$

$$单位工程定额直接费 = \sum 某项预算分部定额直接费$$

3）计算单位工程直接费。单位工程定额直接费计算出来后，以此作为取费基础，再根据建筑工程费用定额有关规定与费率，计算单位工程的施工图预算包干费、施工配合费、主要材料价差、辅助材料价差、人工费调差、机械费调差等，按费用定额的取费程序表汇总，即得单位工程直接费。

（5）编制工料分析表　施工图预算除编制施工图预算总价而外，还必须深化到编制工、料、机消耗量为依据的，各分项与分部工程的工、料、机需用量分析表，和单位工程工、料、机汇总表及其相关的文字说明。

（6）计算其他费用、利税并汇总单位工程造价　确定单位工程直接费之后，根据本地区建筑工程费用定额的取费程序与规定费率，分别计算间接费、利润和税金，计算公式为

$$间接费 = 定额直接费(或人工费) \times 间接费率$$

$$利润 = 直接费与间接费之和(或人工费) \times 利润率$$

$$税金 = (直接费 + 间接费 + 利润) \times 综合税率$$

按照建筑工程费用定额的取费程序表所列取费顺序，将以上费用进行汇总就是建筑工程造价，计算公式为

$$单位工程造价 = 直接费 + 间接费 + 利润 + 税金$$

（7）编制说明并填写封面　编制说明是编制方向审核方（包括使用者）交代的编制依据，应做到：思路清晰，态度明朗，文字简练，重点突出。封面应写明工程编号、工程名称、工程量（建筑面积）、预算总造价和单方造价、编制单位名称、负责人和编制日期，以及审核单位的名称、负责人和审核日期等。最后，按顺序装订成册。需要上级部门审批时，应及时送审。

6. 安装工程施工图预算书内容

安装工程施工图预算书的具体格式可参见各章定额计价实例。一般包括封面、目录、编制说明、工程费用及造价计算程序表、分部分项工程预算表、工程量计算表、材料价差表、主材（设备）价格表等。下面以江西省建设行政主管部门规定的统一格式为例介绍工料单价法计价文书的主要内容。

（1）封面　预算书的封面格式根据其用途不同，可以包括不同的项目。通常必须包括工程编号、工程名称、工程造价、编制单位、编制人及证号、编制时间等。封 1 是工程预算书，封 2 是工程预（结）算造价审核书。封 1 的格式见图 1-5。

工 程 预 算 书

工程名称____

预算造价（大写）____________________________________

（小写）____________________________________

施工单位：______________________________________

（单位盖章）

法定代表人

或其授权人：_____________________________________

（签字或盖章）

编制人：________________ 复核人：____________

（造价人员签字盖执业章） （造价人员签字盖执业章）

编制时间： 年 月 日

封–1

图 1-5 工程预算书封面

对于内容较多的预算书，一般会将其内容按顺序排列，并给出页码编号，以方便查找。编制说明是将编制过程的依据及其他要说明的问题罗列出来，主要包括：

1）工程名称及建设所在地。

2）根据××设计院×年度×号图纸编制。

3）采用××年度××地××种定额。

4）采用××年度××地××取费标准（或文号）。

5）根据××地××年××号文件调整价差。

6）根据××号合同规定的工程范围编制的预算，某部分未计算的原因及遗留量是多少。

7）定额换算原因，依据，方法。

8）未解决的遗留问题。

（2）汇总表　汇总表部分包括安装工程预（结）算表、价差汇总表，以及工程造价取费表。分别见表 1-8、表 1-9、表 1-10。

表 1-8　安装工程预（结）算表

工程名称：　　　　　　　　　　　　　　　　　　　　　　　　　　第　页　共　页

序　号	定额编号	项目名称及规格	单　位	数　量	单　价		总　价		主材设备				
					基价	其中工资	基价	其中工资	名　称	单　位	数　量	单　价	主材设备费
1													
2													
3													
4													
5													
6													
7													
3													
9													
10													
11													
12													
13													
		合　计											

编制日期：　　年　月　日

表 1-9 价差汇总表

工程名称： 建筑面积： 第 页 共 页

序号	定额编号	名 称	单 位	数 量	定额价	市场价	价格差	合 价
		合 计						

编制日期： 年 月 日

表 1-10 工程造价取费表

工程名称： 建筑面积： 第 页 共 页

序 号	费用名称	计 算 式	费率(%)	金 额

编制日期： 年 月 日

1.3 安装工程工程量清单计价

1.3.1 安装工程工程量清单计价概述

1. 工程量清单与工程量清单计价

（1）工程量清单 工程量清单是载明建设工程分部分项工程项目、措施项目、其他项目的名称和相应数量以及规费、税金项目等内容的明细清单，它是将设计图和业主对项目的建设要求以及要求承建人完成的工作转换成许多条明细分项和数量的表单格式，每条分项描述叫一个清单项目或清单分项，工程量清单也反映了承包人完成建设项目需要实施的具体的分项目标。

工程量清单是按照招标要求和施工设计图要求规定将拟建招标工程的全部项目和内容，依据统一的工程量计算规则、统一的工程量清单项目编制规则要求，计算拟建招标工程的分部分项工程数量的表格。它体现了招标人要求投标人完成的工程以及相应的工程数量，全面反映了投标报价的要求，是投标人进行投标报价的依据。

工程量清单由分部分项工程项目清单、措施项目清单、其他项目清单、规费项目清单和税金项目清单组成。分部分项工程量清单表明了拟建工程的全部分项实体工程的名称和相应的工程数量；措施项目清单表明了为完成全部分项实体工程而必须采取的措施性项目及相应的费用；其他项目清单表明了招标人提出的与项目有关的特殊要求所发生的费用。

合理的清单项目设置和准确的工程数量是清单计价的前提和基础。对于招标人来讲，工程量清单是进行投资控制的前提和基础，工程量清单编制的质量直接关系和影响到工程建设的最终结果。

工程量清单是招标文件的组成部分，由具有编制能力的招标人或受其委托，具有相应资质的工程造价咨询人员编制，其准确性和完整性由招标人负责。由此可见，工程量清单是由招标人发出的一套注有拟建工程各实物工程名称、性质、特征、单位、数量及开办项目、税费等相关表格组成的文件。在理解工程量清单的概念时，首先应注意到，工程量清单是一份由招标人提供的文件，编制人是招标人或其委托的工程造价咨询单位。其次，在性质上说，工程量清单是招标文件的组成部分，一经中标且签订合同，即成为合同的组成部分，是标准招标控制价、投标报价、计算工程量、支付工程款、调整合同价款、办理竣工结算以及工程索赔等的依据，因此，无论招标人还是投标人都应该慎重对待。再次，工程量清单的描述对象是拟建工程，其内容涉及清单项目的性质、数量等，并以表格为主要表现形式。

（2）工程量清单计价　工程量清单计价是建设工程招投标中，招标人或招标人委托具有资质的中介机构按照国家统一的工程量清单计价规范，由招标人列出工程数量作为招标文件的一部分提供给投标人，投标人自主报价经评审后确定中标的一种工程造价计价模式。对于全部使用国有资金投资或国有资金投资为主的工程建设项目，必须采用工程量清单计价。

工程量清单计价按造价的形成过程分为两个阶段：第一阶段是招标人编制工程量清单，作为招标文件的组成部分；第二阶段由标底编制人或投标人根据工程量清单进行计价或报价。工程量清单计价全过程见图 1-6。

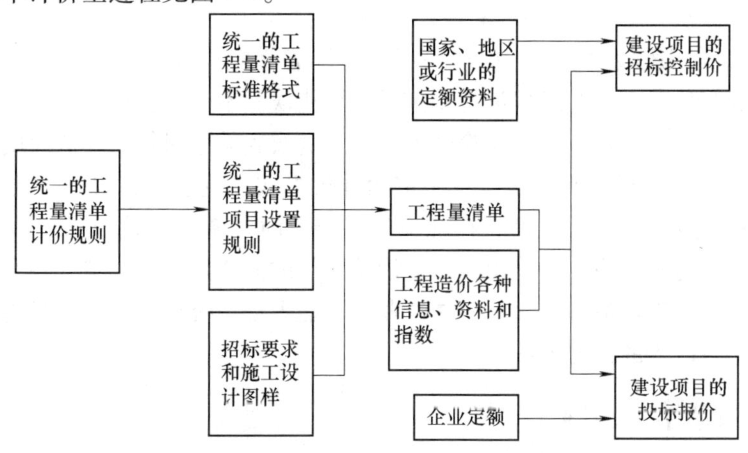

图 1-6　工程量清单计价全过程

2. 工程量清单计价与定额计价的对比

工程量清单计价是改革和完善工程价格管理体制的一个重要组成部分。工程量清单计价方法对于传统的定额计价方法是一种新的计价模式，或者说是一种市场定价模式，是由建设产品的买方和卖方在建设市场上根据供求情况、信息状况进行自由竞价，从而最终能够签订工程合同价格的方法。在工程量清单计价的过程中，工程量清单为建设市场的交易双方提供了一个平等的平台，其内容和编制原则的确定是整个计价方式改革中的重要工作。

工程量清单计价真实反映了工程实际，为把定价自主权交给市场参与方提供了可能。在工程招投标过程中，投标企业在投标报价时必须考虑工程本身的内容、范围、技术特点要求以及招标文件的有关规定、工程现场情况等因素；同时还必须充分考虑到许多其他方面的因素，如投标单位自己制定的工程总进度计划、施工方案、分包计划、资源安排计划等。这些因素对投标报价有着直接而重大的影响，而且对每一项招标工程来讲都具有其特殊性的一面，所以应该允许投标单位针对这些方面灵活机动地调整报价，以使报价能够比较准确地与工程实际相吻合。只有这样才能把投标定价自主权真正交给招标和投标单位，投标单位才会对自己的报价承担相应的风险和责任，从而建立起真正的风险制约和竞争机制，避免合同实施过程中的推诿和扯皮现象的发生，为工程管理提供方便。

与在招投标过程中采用定额计价法相比，采用工程量清单计价方法具有如下特点：

（1）满足竞争的需要　招投标过程本身就是一个竞争的过程，招标人给出工程量清单，投标人去填单价（此单价中一般包括成本、利润），填高了中不了标，填低了又要赔本，这时候就体现出了企业技术、管理水平的重要性，形成了企业整体实力的竞争。

（2）提供了一个平等的竞争条件　采用定额计价方式来投标报价，由于设计图的缺陷，不同投标企业的人员理解不同，计算出的工程量也不同，报价相距甚远，容易产生纠纷。而工程量清单报价就为投标者提供了一个平等竞争的条件，相同的工程量，由企业根据自身的实力来填不同的单价，符合商品交换的一般性原则。

（3）有利于工程款的拨付和工程造价的最终确定　中标后，业主要与中标施工企业签订施工合同，工程量清单报价基础上的中标价就成了合同价的基础。投标清单上的单价也就成了拨付工程款的依据。业主根据施工企业完成的工程量，可以很容易地确定进度款的拨付额。工程竣工后，再根据设计变更、工程量的增减乘以相应单价，业主也很容易确定工程的最终造价。

（4）有利于实现风险的合理分担　采用工程量清单报价方式后，投标单位只对自己所报的成本、单价等负责，而对工程量的变更或计算错误等不负责任；相应地，对于这一部分风险应由业主承担，这种格局符合风险合理分担与责权利关系对等的一般原则。

（5）有利于业主对投资的控制　采用定额计价方式，业主对因设计变更、工程量的增减所引起的工程造价的变化不敏感，往往等竣工结算时才知道这些对项目投资的影响有多大，但此时常常是为时已晚，而采用工程量清单计价的方式则一目了然，在要进行设计变更时，能马上知道它对工程造价的影响，这样业主就能根据投资情况来决定是否变更或进行方案比较，以决定最恰当的处理方法。

1.3.2　工程量清单的编制

工程量清单是招标文件的组成部分，主要由分部分项工程量清单、措施项目清单、其他项目清单、规费项目清单、税金项目清单组成，是编制标底和投标报价的依据，是签订工程合同、调整工程量和办理竣工结算的基础。工程量清单由具有编制招标文件能力的招标人或受其委托具有相应资质的工程造价咨询机构、招标代理机构依据有关计价办法、招标文件的有关要求、设计文件和施工现场实际情况进行编制。

1. 工程量清单的编制依据

1）GB 50500—2013《建设工程工程量清单计价规范》（安装工程使用 GB 50856—2013《通用安装工程工程量计算规范》）。

2）国家或省级、行业建设主管部门颁发的计价依据和办法。

3）建设工程设计文件。

4）与建设工程项目有关的标准规范、技术资料。

5）招标文件及其补充通知、答疑纪要。

6）施工现场情况、工程特点及常规施工方案。

7）其他相关资料。

2. 工程量清单的组成及编制

（1）分部分项工程量清单编制　分部分项工程量清单又称为实体分项工程量清单，它是根据设计图和应完工的建筑产品进行划分确定的。这部分项目是完整的建筑产品形体的组成部分。

分部分项工程量清单的项目设置规则是为了统一工程量清单项目名称、项目编码、项目特征、计量单位和工程量计算而制定的，是编制分部分项工程量清单的依据。在《建设工程工程量清单计价规范》中，安装工程分部分项工程量清单项目及计算规则属于“通用安装工程计量规范”的内容。在“通用安装工程计量规范”中，对工程量清单项目的设置做了明确的规定，基本满足一般工业设备安装工程和民用建筑（含公共建筑）配套工程（如电气、消防、给排水、采暖、燃气、通风等）工程量清单的编制和计价的需要。

分部分项工程量清单包括项目编码、项目名称、项目特征、计量单位和工程量。它是由招标人按照计量规范附录规定的的项目编码、项目名称、项目特征、计量单位和工程量计算规则进行编制。招标人必须按照规范规定执行，不得因情况不同而变动。分部分项工程量清单的项目名称应按计量规范附录的项目名称结合拟建工程的实际情况确定；分部分项工程量清单中所列工程量应按附录中规定的工程量计算规则计算。对于规范附录中有两个或两个以上计量单位的，应结合工程项目的实际情况，选择其中一个确定。表 1-11 所示为工程量清单的项目设置格式。

表 1-11　工程量清单的项目设置

项目编码	项目名称	项目特征	计量单位	工程量计算规则	工作内容

1）项目编码。计量规范对每一个分部分项工程量清单项目均给定一个编码。项目编码采用 12 位阿拉伯数字表示，以五级编码设置。一、二、三、四级共 9 位编码为全国统一编码，即计量规范中已经给定。编制工程量清单时，应按计量规范附录中的相应编码设置，不得变动。第五级编码共 3 位，由工程量清单编制人根据拟建工程的工程量清单项目名称设置，同一招标工程的项目编码不得有重码。例如，同一规格、同一材质的项目，具有不同的

项目特征时，应分别列项，此时项目编码的前9位相同，后3位不同。

① 第一级表示专业工程代码（第1、2位）。编码01代表房屋建筑与装饰工程；编码02代表仿古建筑工程；编码03代表通用安装工程；编码04代表市政工程；编码05代表园林绿化工程；编码06代表矿山工程；编码07代表构筑物工程；编码08代表城市轨道交通工程；编码09代表爆破工程。

② 第二级表示各附录的分类顺序码（第3、4位），即专业工程顺序码。通用安装工程共设置12个附录：0301为机械设备安装工程；0302为热力设备安装工程；0303为静置设备与工艺金属结构制作安装工程；0304为电气设备安装工程；0305为建筑智能化工程；0306为自动化控制仪表安装工程；0307为通风空调工程；0308为工业管道工程；0309为消防工程；0310为给排水、采暖、燃气工程；0311为通信设备及线路工程；0312为刷油、防腐蚀、绝热工程。

③ 第三级表示分部工程顺序码（第5、6位）。以给排水、采暖、燃气工程为例，编码031001表示K.1给排水、采暖、燃气管道；编码031002表示K.2支架及其他。

④ 第四级表示分项工程项目名称顺序码（第7、8、9位），即分项工程项目名称顺序码。以给排水、采暖、燃气工程为例，编码031001001为K.1给排水、采暖、燃气管道安装中“镀锌钢管”安装项目；编码031001002为K.1给排水、采暖、燃气管道安装中“钢管”安装项目等。

⑤ 第五级表示清单项目名称顺序码（第10、11、12位）。在编制工程量清单时应特别注意对项目编码十至十二位的设置不得重码。例如，某给排水工程，根据设计要求，镀锌钢管安装有不同的安装部位（室外、室内）以及不同的公称直径（DN15～DN50），则清单编制人可以从001开始依次编码：编码031001001001代表“室外镀锌钢管螺纹连接DN15”；编码031001001002代表“室外镀锌钢管螺纹连接DN20”；其他的安装部位不同的安装公称直径可以继续依次往下编码。还须注意的是，当同一标段（或合同段）的一份工程量清单中含有多个单位工程且工程量清单是以单位工程为编制对象时，十至十二位的设置也不得重码。例如，一个标段的工程量清单中含有三个单位工程，每一单位工程中都有项目特征相同的电梯，在工程量清单中又需反映三个不同单位工程的电梯工程量时，则第一个单位工程的电梯的项目编码应为030107001，第二个单位工程的电梯的项目编码应为030107002，第三个单位工程的电梯的项目编码应为030107003，并分别列出各单位工程电梯的工程量。

在编制工程量清单时，对于《建设工程工程量清单计价规范》附录中的缺项，编制人可作补充。补充项目应填写在工程量清单相应分部工程之后，并报省级或行业工程造价管理机构备案。补充项目的编码由附录的顺序码与B和三位阿拉伯数字组成，例如，安装工程应从03B001起顺序编制，同一招标工程的项目不得重码。工程量清单中还需附有补充项目的名称、项目特征、计量单位、工程量计算规则和工作内容。

2）项目名称。分部分项工程量清单项目的名称应按附录中的项目名称，结合拟建工程的实际确定。清单项目的设置和划分原则上以形成工程实体为原则，例如，管道安装、卫生器具安装、配管、配线等均是构成安装工程实体的分项名称。清单实体分项工程是一个综合实体，它一般包含一个或几个单一实体（即若干个子项）。清单分项名称常以其中的主要实体子项名称命名。如清单项目“线槽”，该分项中包含了“线槽安装”、和“油漆”两个单一的子项。

清单项目名称根据设计要求按《建设工程工程量清单计价规范》中附录表的统一规定

进行设置，各编制人不能各行其是，这也是计价规范强制要求的第二个统一。随着新材料、新技术、新工艺的产生，会有附录中未包括的项目（名称）出现，编制人可按相应的原则进行补充。

3）项目特征。项目特征是对项目的准确描述，是影响价格的因素，是设置具体清单项目的依据，例如，如果“镀锌钢管”清单项目中没有说明安装部位、管道的公称直径、连接方式等项目特征，根据工程量清单投标人将很难报出镀锌钢管准确的工程单价。因此，详细的项目特征是确定工程单价的重要因素。在描述工程量清单项目特征时应按以下两个原则进行：一是项目特征描述的内容应按附录中的规定，结合拟建工程的实际；二是若采用标准图集或施工图能够全部或部分满足项目特征描述的要求，项目特征描述可直接采用详见××图集或××图号的方式。对不能满足项目特征描述要求的部分，仍应用文字描述。一般而言，项目特征按不同的工作部位、施工工艺或材料品种、规格等分别列项。安装工程项目的特征主要体现在以下几个方面：

① 项目的本体特征：属于这些特征的主要有项目的材质、型号、规格、品牌等，这些特征对工程造价影响较大，若不加以区分，必然造成计价混乱。

② 安装工艺方面的特征：对于项目的安装工艺，在清单编制时，有必要进行详细说明。例如：DN≤100 的镀锌钢管采用螺纹连接，DN＞100 的管道可采用法兰连接或卡套式专用管件连接，在清单项目设置时，必须描述其连接方法。

③ 对工艺或施工方法有影响的特征：有些特征将直接影响到施工方法，从而影响工程造价。例如设备的安装高度、室外埋地管道工程地下水的有关情况等。

安装工程项目的项目特征是清单项目设置的重要内容，在设置清单项目时，应对项目的特征作全面的描述。即使是统一规格同一材质的项目，如果安装工艺或安装位置不一样，应考虑分别设置清单项目，原则上具有不同特征的项目都应分别列项。表 1-12 说明了项目特征对比。

表 1-12　项目特征对比

序号	项目编码	项目名称	项目特征	计量单位	工程数量
1	030404017001	成套配电箱安装 M0	名称、型号：悬挂嵌入式规格：500mm×800mm	台	1
2	030404017002	成套配电箱安装 M1	名称、型号：悬挂嵌入式规格：300mm×500mm	台	3

只有做到清单项目清晰、准确，才能使投标人全面、准确地理解招标人的工程内容和要求，做到计价有效。招标人编制工程量清单时，对项目特征的描述是非常关键的内容，必须予以足够的重视。

4）工程量计算规则。分部分项工程量清单中所列工程量应按附录中规定的工程量计算规则计算，其计算原则是以实体安装就位的净尺寸（或净质量）来计算，这与预算定额工程量计算规则有着明显的差别。预算定额工程量的计算是在净值的基础上，考虑施工操作（或定额）规定的预留量，这个量随施工方法、措施的不同也在变化。《建设工程工程量清单计价规范》与国际通用做法是一致的，规范中每一个清单项目均对应有一个相应的工程量计算规则。

由于所有清单项目的工程量是以实体工程量为准，并以建成后的净值计算，因此投标人投标报价时，应在单价中考虑施工中的各种损耗和需要增加的工程量。

5）计量单位。清单项目的工程量计量单位采用基本单位，不使用扩大单位（100kg、$10m^2$、10m 等），它与消耗量定额的计量单位不一定相同。工程计量时每一项目汇总的有效位数应遵守下列规定：

① 长度计量以“m”为单位，应保留两位小数，第三位小数四舍五入。

② 面积计量以“m^2”为单位，应保留两位小数，第三位小数四舍五入。

③ 体积或容积以“m^3”为单位，应保留两位小数，第三位小数四舍五入。

④ 质量以“t”为单位，应保留三位小数，第四位小数四舍五入；以 kg 为单位，应保留小数点后两位数字，第三位小数四舍五入。

⑤ 自然计量单位有“台”“套”、“个”、“组”等，取整数。

6）工作内容。工作内容是指完成该清单项目可能发生的具体工程，可供招标人确定清单项目和投标人投标报价参考。工作内容中未列全的其他具体工程，由投标人按招标文件或图纸要求编制，以完成清单项目为准，综合考虑到报价中。

由于清单项目是按实体设置的，而实体是由多个工程综合而成的，因此，清单项目从表现形式上看是由主体项目和辅助项目（或称组合项目、子项）构成，主体项目即《建设工程工程量清单计价规范》中的项目名称，组合项目即《建设工程工程量清单计价规范》中的工作内容。《建设工程工程量清单计价规范》对各清单项目可能发生的组合项目均作了提示并列在“工作内容”一栏内，供清单编制人根据工程具体情况有选择地参考，见表 1-13。

表 1-13　清单项目工程内容

项目编码	项 目 名 称	项 目 特 征	计量单位	工程量计算规则	工 作 内 容
031004013	大、小便槽自动冲洗水箱	1. 材质、类型 2. 规格 3. 水箱配件 4. 支架形式及做法 5. 器具及支架除锈、刷油设计要求	套	按设计图示数量计算	1. 制作 2. 安装 3. 支架制作、安装 4. 除锈、刷油
031004014	给、排水附件	1. 材质 2. 型号、规格 3. 安装方式	个(组)		安装

注：对于表中有两个计量单位的项目，在工程计量时，应结合工程实际情况，选择其中一个做为计量单位。

（2）措施项目清单编制　措施项目是指为完成工程项目施工，发生于该工程施工准备和施工过程中技术、生活、安全、组织、环境保护等方面的非工程实体项目。措施项目清单应根据拟建工程的具体情况列项。《建设工程工程量清单计量规范》将措施项目划分为两类：一类是不能计算工程量的项目，如文明施工和安全防护、临时设施等，以“项”计价，称为“总价项目”；另一类是可以计算工程量的项目，如脚手架、降水工程等，以“量”计价，更有利于措施费的确定和调整，称为“单价项目”。

对于《建设工程工程量清单计价规范》中已列出项目编码、项目名称的措施项目，编制工程量清单时，必须按其规定的项目编码、项目名称确定清单项目；由于影响措施项目设置的因素太多，《建设工程工程量清单计价规范》不可能将施工中可能出现的措施项目一一列出，在编制措施项目清单时，因工程情况不同，出现规范未列的措施项目，可根据工程实际情况补充。通用措施项目可按表 1-14 所示选择列项。

表 1-14　措施项目一览表

安全文明施工及其他措施项目(031302)			
序号	项目编码	项目名称	工作内容及包含范围
1	031302001	安全文明施工(含环境保护、文明施工、安全施工、临时设施)	1. 环境保护：现场施工机械设备降低噪声、防扰民措施；水泥和其他易飞扬细颗粒建筑材料密闭存放或采取覆盖措施等；工程防扬尘洒水；土石方、建筑渣土外运车辆保护措施等；现场污染源的控制、生活垃圾清理外运、场地排水排污措施；其他环境保护措施 2. 文明施工："五牌一图"；现场围挡的墙面美化（包括内外粉刷、刷白、标语等）、压顶装饰；现场厕所便槽刷白、贴面砖，水泥砂浆地面或地砖，建筑物内临时便溺设施；其他施工现场临时设施的装饰装修、美化措施；现场生活卫生设施；符合卫生要求的饮水设备、沐浴、消毒等设施；生活用洁净燃料；防煤气中毒、防蚊虫叮咬等设施；施工现场操作场地的硬化；现场绿化、治安综合治理；现场配备医药保健器材、物品费用和急救人员培训；用于现场工人的防暑降温、电风扇、空调等设备及用电；其他文明施工措施 3. 安全施工：安全资料、特殊作业专项方案的编制，安全施工标志的购置及安全宣传；"三宝"（安全帽、安全带、安全网）、"四口"（楼梯口、电梯井口、通道口、预留洞口）、"五临边"（阳台围边、楼板围边、屋面围边、槽坑围边、卸料平台两侧）、水平防护架、垂直防护架、外架封闭等防护措施；施工安全用电，包括配电箱三级配电、两级保护装置要求、外电防护措施；起重机、塔吊等起重设备（含井架、门架）及外用电梯的安全防护措施（含警示标志）及卸料平台的临边防护、层间安全门、防护棚等设施；建筑工地起重机械的检验检测；施工机具防护棚及其围栏的安全保护设施；施工安全防护通道；工人的安全防护用品、用具购置；消防设施与消防器材的配置；电气保护、安全照明设施；其他安全防护措施 4. 临时设施：施工现场采用彩色、定型钢板，砖、混凝土砌块等围挡的安砌、维修、拆除；施工现场临时建筑物、构筑物的搭设、维修、拆除，如临时宿舍、办公室、食堂、厨房、厕所、诊疗所、临时文化福利用房、临时仓库、加工场、搅拌台、临时简易水塔、水池等；施工现场临时设施的搭设、维修、拆除，如临时供水管道、临时供电管线、小型临时设施等；施工现场规定范围内临时简易道路铺设，临时排水沟、排水设施安砌、维修、拆除；其他临时设施的搭设、维修、拆除
2	031302002	夜间施工增加	1. 夜间固定照明灯具和临时可移动照明灯具的设置、拆除 2. 夜间施工时，施工现场交通标志、安全标牌、警示灯等的设置、移动、拆除 3. 夜间照明设备及照明用电、施工人员夜班补助、夜间施工劳动效率降低等
3	031302003	非夜间施工增加	为保证工程施工正常进行，在地下（暗）室、设备及大口径管道内等特殊施工部位施工时所采用的照明设备的安拆、维护及照明用电、通风等；在地下（暗）室等施工引起的人工工效降低以及由于人工工效降低引起的机械降效
4	031302004	二次搬运	由于施工场地条件限制而发生的材料、成品、半成品等一次运输不能到达堆放地点，必须进行二次或多次搬运
5	031302005	冬雨季施工增加	1. 冬雨（风）季施工时增加的临时设施（防寒保温、防雨、防风设施）的搭设、拆除 2. 冬雨（风）季施工时，对砌体、混凝土等采用的特殊加温、保温和养护措施 3. 冬雨（风）季施工时，施工现场的防滑处理、对影响施工的雨雪的清除 4. 冬雨（风）季施工时增加的临时设施、施工人员的劳动保护用品、冬雨（风）季施工劳动效率降低等

（续）

序号	项目编码	项目名称	工作内容及包含范围
安全文明施工及其他措施项目（031302）			
6	031302006	已完工程及设备保护	对已完工程及设备采取的覆盖、包裹、封闭、隔离等必要保护措施
7	031302007	高层施工增加	1. 高层施工引起的人工工效降低以及由于人工工效降低引起的机械降效 2. 通信联络设备的使用
专业措施项目（031301）			
8	031301001	吊装加固	1. 行车梁加固 2. 桥式起重机加固及负荷试验 3. 整体吊装临时加固件，加固设施拆除、清理
9	031301002	金属抱杆包装拆除、移位	1. 安装、拆除 2. 位移 3. 吊耳制作安装 4. 拖拉坑挖埋
10	031301003	平台铺设、拆除	1. 场地平整 2. 基础及支墩砌筑 3. 支架型钢搭设 4. 铺设 5. 拆除、清理
11	031301004	顶升、提升装置	安装、拆除
12	031301005	大型设备专用机具	
13	031301006	焊接工艺评定	焊接、试验及结果评价
14	031301007	胎（模）具制作、安装、拆除	制作、安装、拆除
15	031301008	防护棚制作安装拆除	防护棚制作、安装、拆除
16	031301009	特殊地区施工增加	1. 高原、高寒施工防护 2. 地震防护
17	031301010	安装与生产同时进行施工增加	1. 火灾防护 2. 噪声防护
18	031301011	在有害身体健康环境中施工增加	1. 有害化合物防护 2. 粉尘防护 3. 有害气体防护 4. 高浓度氧气防护
19	031301012	工程系统检测、检验	1. 起重机、锅炉、高压容器等特种设备安装质量监督检验检测 2. 由国家或地方检测部门进行的各类检测

（续）

专业措施项目(031301)			
序号	项目编码	项目名称	工作内容及包含范围
20	031301013	设备、管道施工的安全、防冻和焊接保护	保证工程施工正常进行的防冻和焊接保护
21	031301014	焦炉烘炉、热态工程	1. 烘炉安装、拆除、外运 2. 热态作业劳保消耗
22	031301015	管道安拆后的充气保护	充气管道安装、拆除
23	031301016	隧道内施工的通风、供水、供气、供电、照明及通讯设施	通风、供水、供气、供电、照明及通信设施安装、拆除
24	031301017	脚手架搭拆	1. 场内、场外材料搬运 2. 搭、拆脚手架 3. 拆除脚手架后材料的堆放
25	031301018	其他措施	为保证工程施工正常进行所发生的费用

措施项目中可以计算工程量的项目清单宜采用分部分项工程量清单的方式编制，列出项目编码、项目名称、项目特征、计量单位和工程量计算规则；不能计算工程量的项目清单，以“项”为计量单位，相应数量为“1”，即要求投标人对每一个措施费项目进行报价。措施项目的编号可根据具体工程情况按序从 1 开始编号。

编制人提供的措施项目是依据项目的具体情况，考虑常用的、一般情况下可能发生的措施费用确定的。原则上投标人报价时可以根据招标文件的要求，以及自己企业和采用施工方案的具体情况调整措施项目及其内容。

（3）其他项目清单编制　工程建设标准的高低、工程的复杂程度、工程的工期长短、工程的组成内容、发包人对工程管理要求等都直接影响其他项目清单的具体内容。下列内容作为列项参考，不足部分，可根据工程的具体情况进行补充：

1）暂列金额。

2）暂估价，包括材料暂估单价、工程设备暂估单价、专业工程暂估价。

3）计日工。

4）总承包服务费。

当施工中出现上述中未列出的其他清单项目时，可根据工程实际情况进行补充。

暂列金额是招标人在工程量清单中暂定并包括在合同价款中的一笔款项，用于施工合同签订时尚未确定或者不可预见的所需材料、设备、服务的采购，施工中可能发生的工程变更，合同约定调整因素出现时的工程价款调整以及发生的索赔、现场签证确认等的费用。暂列金额应根据工程特点，按有关计价规定估算。

暂估价是招标人在工程量清单中提供的用于支付必然发生但暂时不能确定价格的材料、工程设备的单价以及专业工程的金额。暂估价中的材料、工程设备暂估价应根据工程造价信息或参照市场价格估算；专业工程暂估价应分不同专业，按有关计价规定估算。

计日工是在施工过程中，承包人完成发包人提出的施工图以外的零星项目或工作，按合同中约定的综合单价计价。计日工应列出项目和数量。

总承包服务费是总承包人为配合协调发包人进行的专业工程分包，发包人自行采购的设备、材料等进行保管以及施工现场管理、竣工资料汇总整理等服务所需的费用。

（4）规费项目清单编制　规费项目清单应按照下列内容列项：

1）工程排污费。

2）社会保障费：包括养老保险费、失业保险费、医疗保险费、工伤保险费、生育保险费。

3）住房公积金。

（5）税金项目清单编制　税金项目清单应按照下列内容列项：

1）营业税。

2）城市维护建设税。

3）教育费附加。

4）地方教育附加。

1.3.3　工程量清单计价表格

工程量清单的格式及其填写方法应按《建设工程工程量清单计价规范》规定的统一格式和填写方法填写。

1. 计价表格组成

（1）封面

1）招标工程量清单封面，见图1-7。

2）招标控制价封面，见图1-8。

3）投标总价封面，见图1-9。

4）竣工结算书封面，见图1-10。

（2）扉页

1）招标工程量清单扉页，见图1-11。

2）招标控制价扉页，见图1-12。

3）投标总价扉页，见图1-13。

4）竣工结算总价扉页，见图1-14。

（3）工程计价总说明　见图1-15。

编制招标控制价时，总说明的内容应包括如下内容：①采用的计价依据；②采用的施工组织设计；③采用的材料价格来源；④综合单价中风险因素、风险范围（幅度）；⑤其他。

编制投标报价时，总说明的内容应包括如下内容：①采用的计价依据；②采用的施工组织设计；③综合单价中包含的风险因素，风险范围（幅度）；④措施项目的依据；⑤其他。

竣工结算时，总说明的内容应包括如下内容：①工程概况；②编制依据；③工程变更；④工程价款调整；⑤索赔；⑥其他。

（4）工程计价汇总表

1）建设项目招标控制价/投标报价汇总表，见表 1-15。

2）单项工程招标控制价/投标报价汇总表，见表 1-16。

3）单位工程招标控制价/投标报价汇总表，见表 1-17。

4）建设项目竣工结算汇总表，见表 1-18。

5）单项工程竣工结算汇总表，见表 1-19。

6）单位工程项目竣工结算汇总表，见表 1-20。

（5）分部分项工程和措施项目计价表

1）分部分项工程和单价措施项目清单与计价表，见表 1-21。

2）综合单价分析表，见表 1-22。

工程量清单综合单价分析表是评标委员会评审和差别综合单价组成和价格完整性、合理性的主要基础，对因工程变更而调整的综合单价也是必不可少的基础价格数据来源。采用经评审的最低投标价法评标时，该分析表的重要性更加突出。

综合单价分析表集中反映了构成每一个清单项目综合单价的各个价格要素的价格及主要的“工、料、机”消耗量。投标人在投标报价时，需要对每一个清单项目进行组价，为了使组价工作具有可追溯性（回复评标质疑时尤其需要），需要表明每一个数据的来源。

单价分析表一般随投标文件一同提交，作为竞标价的工程量清单的组成部分，以便中标后作为合同文件的附属文件。

3）综合单价调整表，见表 1-23。

4）总价措施项目清单与计价表，见表 1-24。

（6）其他项目计价表

1）其他项目清单与计价汇总表，见表 1-25。

2）暂列金额明细表，见表 1-26。

3）材料（工程设备）暂估单价及调整表，见表 1-27。

4）专业工程暂估价及结算价表，见表 1-28。

5）计日工表，见表 1-29。

6）总承包服务费计价表，见表 1-30。

7）索赔与现场签证计价汇总表，见表 1-31。

8）费用索赔申请（核准）表，见表 1-32。

9）现场签证表，见表 1-33。

（7）规费、税金项目清单与计价表　见表 1-34。

（8）工程款支付申请（核准）表　见表 1-35。

______________________________工程

招 标 工 程 量 清 单

招标人：______________________________

（单位盖章）

造价咨询人：______________________________

（单位盖章）

年　　月　　日

封-1

图 1-7　招标工程量清单封面

__________________________工程

招 标 控 制 价

招标人：______________________________

（单位盖章）

造价咨询人：__________________________

（单位盖章）

年　　月　　日

封-2

图 1-8　招标控制价封面

______________________________工程

投 标 总 价

投标人：________________________________

（单位盖章）

年　　月　　日

封-3

图 1-9　投标总价封面

____________________工程

竣 工 结 算 书

发包人：____________________

（单位盖章）

承包人：____________________

（单位盖章）

造价咨询人：____________________

（单位盖章）

年　　月　　日

封-4

图 1-10　竣工结算书封面

______________工程

招 标 工 程 量 清 单

招标人：__________
（单位盖章）

造价咨询人：__________
（单位资质专用章）

法定代表人
或其授权人：__________
（签字或盖章）

法定代表人
或其授权人：__________
（签字或盖章）

编制人：__________________
（造价人员签字盖专用章）

复核人：__________________
（造价工程师签字盖专用章）

编制时间：　　年　　月　　日

复核时间：　　年　　月　　日

扉-1

图 1-11　招标工程量清单扉页

____________________工程

投 标 控 制 价

招标控制价(小写)：__________________
招标控制价(大写)：__________________

投标人：________________
（单位盖章）

造价咨询人：________________
（单位资质专用章）

法定代表人
或其授权人：______________
（签字或盖章）

法定代表人
或其授权人：______________
（签字或盖章）

编制人：______________________
（造价人员签字盖专用章）

复核人：______________________
（造价工程师签字盖专用章）

编制时间：　　年　　月　　日

复核时间：　　年　　月　　日

扉-2

图 1-12　招标控制价扉页

投 标 总 价

招标人：______________________________

工程名称：______________________________

投标总价（小写）：______________________________

（大写）：______________________________

投标人：______________________________

（单位盖章）

法定代表人
或其授权人：______________________________

（签字或盖章）

编制人：______________________________

（造价人员签字盖专用章）

时间：　　年　　月　　日

扉-3

图 1-13　投标总价扉页

________________工程

竣 工 结 算 总 价

签约合同价（小写）：________________（大写）：________________
竣工结算价（小写）：________________（大写）：________________

发包人：__________　　　　承包人：__________　　　　造价咨询人：__________
（单位盖章）　　　　　　　（单位盖章）　　　　　　　（单位资质专用章）

法定代表人　　　　　　　　法定代表人　　　　　　　　法定代表人
或其授权人：__________　　或其授权人：__________　　或其授权人：__________
（签字或盖章）　　　　　　（签字或盖章）　　　　　　（签字或盖章）

编制人：________________　　　　复核人：________________
（造价人员签字盖专用章）　　　　（造价工程师签字盖专用章）

编制时间：　　年　　月　　日　　复核时间：　　年　　月　　日

扉-4

图 1-14　竣工结算总价扉页

总　说　明

工程名称：　　　　　　　　　　　　　　　　　　　　　　　　第　页　共　页

表-01

图 1-15　工程计价总说明

表 1-15　建设项目招标控制价/投标报价汇总表

工程名称：　　　　　　　　　　　　　　　　　　　　第　页　共　页

序　　号	单项工程名称	金额（元）	其中：（元）		
			暂估价	安全文明施工费	规费
合　　计					

注：本表适用于建设项目招标控制价或投标报价的汇总。

表-02

表 1-16 单项工程招标控制价/投标报价汇总表

工程名称：　　　　　　　　　　　　　　　　　　　　第　页　共　页

序　号	单项工程名称	金额（元）	其中：（元）		
			暂估价	安全文明施工费	规费
合　计					

注：本表适用于单项工程招标控制价或投标报价的汇总。暂估价包括分部分项工程中的暂估价和专业工程暂估价。

表-03

表 1-17　单位工程招标控制价/投标报价汇总表

工程名称：　　　　　　　　　　　　　　　　　　　　第　页　共　页

序　号	汇 总 内 容	金额（元）	其中：暂估价（元）
1	分部分项工程		
1.1			
1.2			
1.3			
1.4			
1.5			
2	措施项目		
2.1	其中：文明安全施工费		
3	其他项目		
3.1	其中：暂列金额		
3.2	其中：专业工程暂估价		
3.3	其中：计日工		
3.4	其中：总承包服务费		
4	规费		
5	税金		
招标控制价合计 =1 +2 +3 +4 +5			

注：本表适用于单位工程招标控制价或投标报价的汇总。如无单位工程划分，单项工程也使用本表汇总。

表- 04

表 1-18　建设项目竣工结算汇总表

工程名称：　　　　　　标段：　　　　　　　　　　　　　　　　第　页　共　页

序　　号	单项工程名称	金额（元）	其中：（元）	
			安全文明施工费	规费
合　　计				

表- 05

表 1-19　单项工程竣工结算汇总表

工程名称：　　　　　　标段：　　　　　　　　　　　　　　　　第　页　共　页

序　　号	单项工程名称	金额（元）	其中：（元）	
			安全文明施工费	规费
合　　计				

表- 06

表 1-20　单位工程竣工结算汇总表

工程名称：　　　　　　　　　　　　　　　　　　　　第　页　共　页

序　号	汇 总 内 容	金额（元）
1	分部分项工程	
1.1		
1.2		
1.3		
1.4		
1.5		
2	措施项目	
2.1	其中：文明安全施工费	
3	其他项目	
3.1	其中：专业工程结算价	
3.2	其中：计日工	
3.3	其中：总承包服务费	
3.4	其中：索赔与现场签证	
4	规费	
5	税金	
竣工结算总价合计 =1 +2 +3 +4 +5		

注：如无单位工程划分，单项工程也使用本表汇总。

表- 07

表 1-21　分部分项工程和单价措施项目清单与计价表

工程名称：　　　　　　　　　　　　标段：　　　　　　　　　　　　第　页　共　页

序　号	项目编码	项目名称	项目特征	计量单位	工 程 量	金额（元）		
						综合单价	合价	其中：暂估价
本页合计								
合　计								

注：为计取规费等的使用，可在表中增设其中：“定额人工费”。

表-08

表 1-22　综合单价分析表

工程名称：　　　　　　　　　　　　　　　　标段：　　　　　　　　　　　　　　　　第　页　共　页

项目编码			项目名称			计量单位			工程量		
清单综合单价组成明细											
定额编号	定额名称	定额单位	数量	单　价				合　价			
				人工费	材料费	机械费	管理费和利润	人工费	材料费	机械费	管理费和利润
人工单价		小　计									
元/工日		未计价材料费									
清单项目综合单价											
材料费明细	主要材料名称、规格、型号				单　位		数　量	单价（元）	合价（元）	暂估单价（元）	暂估合价（元）
	其他材料费										
	材料费小计										

注：1. 如不使用省级或行业建设主管部门发布的计价依据，可不填定额项目、编号等。
2. 招标文件提供了暂估单价的材料，按暂估的单价填入表内“暂估单价”栏及“暂估合价”栏。

表-09

表 1-23　综合单价调整表

工程名称：　　　　　　　　　　　　　　　标段：　　　　　　　　　　　　　　　第　页　共　页

序号	项目编码	项目名称	已标价清单综合单价（元）					调整后综合单价（元）				
			综合单价	其中				综合单价	其中			
				人工费	材料费	机械费	管理费和利润		人工费	材料费	机械费	管理费和利润
造价工程师（签章）：　发包人代表（签章）： 日期：								造价人员（签章）：　承包人代表（签章）： 日期：				

注：综合单价调整应附调整依据

表-10

表 1-24　总价措施项目清单与计价表

工程名称：　　　　　　　　　　　　标段：　　　　　　　　　　　　　　　　　　第　页　共　页

序　号	项目编码	项目名称	计算基础	费率(%)	金额(元)	调整费率(%)	调整后金额(元)	备　注
		安全文明施工费						
		夜间施工增加费						
		二次搬运费						
		冬雨季施工增加费						
		已完工程及设备保护费						
合　计								

编制人（造价人员）：　　　　　　　　　　　　　　　　　复核人（造价工程师）：

注：1.“计算基础”中安全文明施工费可为“定额基价”、“定额人工费”或“定额人工费 + 定额机械费”，其他项目可为“定额人工费”或“定额人工费 + 定额机械费”；

2. 按施工方案计算的措施费，若无“计算基础”和“费率”的数值，也可只填“金额”数值，但应在备注栏说明施工方案出版或计算方法。

表-11

表 1-25　其他项目清单与计价汇总表

工程名称：　　　　　　　　　　　　标段：　　　　　　　　　　　　第　页　共　页

序　号	项目名称	计量单位	金额（元）	备　注
1	暂列金额			明细详见表 1-26
2	暂估价			
2.1	材料（工程设备）暂估价/结算价			明细详见表 1-27
2.2	专业工程暂估价/结算价			明细详见表 1-28
3	计日工			明细详见表 1-29
4	总承包服务费			明细详见表 1-30
5	索赔与现场签证			明细详见表 1-31
合　计				

注：材料（工程设备）暂估单价进入清单项目综合单价，此处不汇总。

表-12

表 1-26　暂列金额明细表

工程名称：　　　　　　　　　　　　标段：　　　　　　　　　　　　第　页　共　页

序　号	项目名称	计量单位	暂定金额（元）	备　注
1				
2				
3				
4				
5				
6				
7				
8				
9				
合　计				

注：此表由招标人填写，如不能详列明细，也可只列暂定金额总额，投标人应将上述暂列金额计入投标总价中。

表-12-1

表 1-27　材料（工程设备）暂估单价及调整表

工程名称：　　　　　　　　　　标段：　　　　　　　　　　　　　　　第　页　共　页

序号	材料（工程设备）名称、规格、型号	计量单位	数　量		暂估（元）		确认（元）		差额（元）		备注
			暂估	确认	单价	合价	单价	合价	单价	合价	

注：表由招标人填写“暂估单价”，并在备注栏说明暂估价的材料、工程设备拟用在哪些清单项目上，投标人应将上述材料、工程设备暂估单价计入工程量清单综合单价报价中。

表-12-2

表 1-28　专业工程暂估价及结算价表

工程名称：　　　　　　　　　　标段：　　　　　　　　　　　　　　　第　页　共　页

序号	工程名称	工程内容	暂估金额（元）	结算金额（元）	差额（元）	备注
合计						

注：此表“暂估金额”由招标人填写，投标人应将“暂估金额”计入投标总价中。结算时按合同约定结算金额填写。

表-12-3

表 1-29　计日工表

工程名称：　　　　　　　　　　　　标段：　　　　　　　　　　　　第　页　共　页

序　号	项目名称	单　位	暂 定 数 量	实 际 数 量	综 合 单价	合　价	
						暂定	实际
一	人工						
1							
2							
3							
人工小计							
二	材料						
1							
2							
3							
4							
5							
材料小计							
三	施工机械						
1							
2							
3							
施工机械小计							
四、企业管理费和利润							
总计							

注：此表项目名称、暂定数量由招标人填写，编制招标控制价时，单价由招标人按有关计价规定确定；投标时，单价由投标人自主报价，按暂定数量计算合价计入投标总价中。结算时，按发承包双方确认的实际数量计算合价。

表-12-4

表 1-30　总承包服务费计价表

工程名称：　　　　　　　　　　　　　　标段：　　　　　　　　　　　　　　第　页　共　页

序　号	项 目 名 称	项目价值（元）	服务内容	计算基础	费率（%）	金额（元）
1	发包人发包专业工程					
2	发包人提供材料					
	合　计					

注：此表项目名称、服务内容由招标人填写，编制招标控制价时，费率及金额由招标人按有关计价规定确定；投标时，费率及金额由投标人自主报价，计入投标总价中。

表-12-5

表 1-31　索赔与现场签证计价汇总表

工程名称：　　　　　　　　　　　　　　标段：　　　　　　　　　　　　　　第　页　共　页

序　号	签证及索赔项目名称	计 量 单 位	数　量	单价（元）	合价（元）	索赔及签证依据
1						
2						
3						
4						
5						
6						
7						
8						
9						
10						
11						
12	本页小计					
	合　计					

注：签证及索赔依据是指经双方认可的签证单和索赔依据的编号。

表-12-6

表 1-32　费用索赔申请（核准）表

工程名称：　　　　　　　　　　标段：　　　　　　　　　　第　页　共　页

<table>
<tr><td colspan="2">致：________________________________（发包人全称）
根据施工合同条款__________条的约定，由于__________原因，我方要求索赔金额（大写）__________元（小写）__________元，请予核准。

附：1. 费用索赔的详细理由和依据：
2. 索赔金额的计算：
3. 证明材料：

承包人(章)
承包人代表__________
日　　期__________</td></tr>
<tr><td>复核意见：
根据施工合同条款__________条的约定，你方提出的费用索赔申请经复核：
□ 不同意此项索赔，具体意见见附件。
□ 同意此项索赔，索赔金额的计算，由造 价工程师复核。

监理工程师__________
日　　期__________</td><td>复核意见：
根据施工合同条款__________条的约定，你方提出的费用索赔申请经复核，索赔金额为（大写）（小写__________）。

造价工程师__________
日　　期__________</td></tr>
<tr><td colspan="2">审核意见：
□ 不同意此项索赔。
□ 同意此项索赔，与本期进度款同期支付。

发包人(章)
发包人代表__________
日　　期__________</td></tr>
</table>

注：1. 在选择栏中的“□”内作标识“√”。
2. 本表一式四份，由承包人填报，发包人、监理人、造价咨询人、承包人各存一份。

表-12-7

表 1-33　现场签证表

工程名称：　　　　　　　　标段：　　　　　　　　　　　　第　页　共　页

施工部位　　　　　　　　　　　　　　　　日　期

致：________________________________(发包人全称)

根据______________（指令人姓名），______________年____月____日的口头指令或你方______________（或监理人）________年____月__________日的书面通知，我方要求完成此项功能工作应支付价款金额为（大写）________________________（元），（小写）______________（元），请予核准。

附：1、签证事由及原因

2、附图及计算式

承包人(章)

承包人代表__________

日　　期__________

复核意见： 你方提出的费用索赔申请经复核： □ 不同意此项签证，具体意见见附件。 □ 同意此项签证，签证金额的计算，由造价工程师复核。 监理工程师________ 日　　期________	复核意见： □ 此项签证按承包人中标的计日工单价计算，金额为（大写）________（小写________）。 □此项签证因无计日工单价，金额为（大写）________（小写________）。 造价工程师________ 日　　期________

审核意见：

□ 不同意此项索赔。

□ 同意此项索赔，与本期进度款同期支付。

发包人（章）

发包人代表________

日　　期________

注：1. 在选择栏中的“□”内作标识“√”。

2. 本表一式四份，由承包人收到发包人（监理人）的口头或书面通知后填写，发包人、监理人、造价咨询人、承包人各存一份。

表-12-8

表1-34　规费、税金项目清单与计价表

工程名称：　　　　　　　　标段：　　　　　　　　第　页　共　页

序　号	项目名称	计算基础	计算基数	费率（%）	金额（元）
1	规费	定额人工费			
1.1	社会保障费	定额人工费			
(1)	养老保险费	定额人工费			
(2)	失业保险费	定额人工费			
(3)	医疗保险费	定额人工费			
(4)	工伤保险费	定额人工费			
(5)	生育保险费	定额人工费			
1.2	住房公积金	定额人工费			
1.3	工程排污费	按工程所在地环境保护部门收取标准，按实计入			
2	税金	分部分项工程费＋措施项目费＋其他项目费＋规费－按规定不计税的工程设备金额			
合计					

编制人（造价人员）：　　　　　　　　复核人（造价工程师）：

表-13

表 1-35　工程款支付申请（核准）表

工程名称：　　　　　　　　　　　　　　　标段：　　　　　　　　　　　　　　　第　页　共　页

致：____________________（发包人全称）

我方于__________至__________期间已完成了__________工作，根据施工合同的约定，现申请支付本期的工程款为（大写）________________（元），（小写）__________（元），请予核准。

序　号	名　称	金额（元）	备　注
1	累计已完成的合同价款		
2	累计已实际支付的合同价款		
3	本周期合计完成的合同价款		
3.1	本周期已完成单价项目的金额		
3.2	本周期应支付的总价项目的金额		
3.3	本周期已完成的计日工价款		
3.4	本周期应支付的安全文明施工费		
3.5	本周期应增加的合同价款		
4	本周期合计应扣减的金额		
4.1	本周期应抵扣的预付款		
4.2	本周期应扣减的金额		
5	本周期应支付的合同价款		

附：上述 3、4 详见附件清单。

承包人（章）

造价人员：　　　　　　　　承包人代表：　　　　　　　　日　　期__________

复核意见： □与实际施工情况不相符，修改意见见附件。 □与实际施工情况相符，具体金额由造价工程师复核。 监理工程师__________ 日　　期__________	复核意见： 你方提出的支付申请经复核，本周期已完成合同款额为(大写)______________(元)，(小写)(元)，本周期应支付金额为(大写)(元)，小写__________(元)。 造价工程师__________ 日　　期__________

审核意见：

□不同意。

□ 同意，支付时间为本表签发后的 15 天内。

发包人(章)

发包人代表__________

日　　期__________

2. 计价表格使用规定

（1）工程量清单与计价宜采用统一格式　各地建设行政主管部门和行业建设主管部门可根据本地区、本行业的实际情况，在《建设工程工程量清单计价规范》计价表格的基础上补充完善。

（2）对工程量清单编制的要求　工程量清单的编制应符合下列规定：

1）工程量清单编制使用表格包括图1-7、图1-11、表1-21、表1-24、表1-25、表1-26～表1-30、表1-34。

2）封面应按规定的内容填写、签字、盖章，造价员编制的工程量清单应有负责审核的造价工程师签字、盖章。

3）总说明应按下列内容填写：①工程概况：建设规模、工程特征、计划工期、施工现场实际情况、交通运输情况、自然地理条件、环境保护要求等；②工程招标和分包范围；③工程量清单编制依据；④工程质量、材料、施工等的特殊要求；⑤其他需要说明的问题。

（3）招标控制价、投标报价、竣工结算的编制规定　总说明应填写工程概况与编制依据等，其他要求参考上述（2）中相关内容。

（4）工程量清单与计价表中列明的所有需要填写的单价和合价，投标人均应填写，未填写的单价和合价，视为此项费用已包含在工程量清单的其他单价和合价中。

1.3.4　安装工程工程量清单计价的费用构成

工程量清单计价是指投标人根据招标人公开提供的工程量清单进行自主报价或招标人编制招标控制价以及承发包双方确定合同价款、调整工程竣工结算等活动。

工程量清单计价的价款应包括按招标文件规定完成工程量清单所列项目的全部费用，包括分部分项工程费、措施项目费、其他项目费和规费、税金。

工程量清单计价采用综合单价计价。综合单价应包括完成规定计量单位的合格产品所需的全部费用，考虑我国的现实情况，综合单价包括人工费、材料和工程设备费、施工机具使用费和企业管理费与利润，以及一定范围内的风险。综合单价不但适用于分部分项工程量清单，也适用于措施项目清单和其他项目清单。

单位工程报价 = 分部分项工程费 + 措施项目费 + 其他项目费 + 税金

1. 分部分项工程费

$$分部分项工程费 = \sum(各分部分项工程清单工程量 \times 综合单价)$$

计算式中的各分部分项工程工程量清单由招标人提供的工程量清单提供，而安装工程分部分项工程量清单的综合单价，应按设计文件或参照《建设工程工程量清单计价规范》中的“通用安装工程计量规范”确定。

分部分项工程量清单综合单价计算程序，见表1-36。

表1-36　分部分项工程量清单综合单价计算程序表

序　号	计费基础 / 费用项目	工料机费	人　工　费
一	分部分项工程费	分部分项工程 ∑（人工费 + 材料费 + 机械费）	分部分项工程 ∑（人工费 + 材料费 + 机械费）

（续）

序　号	费用项目＼计费基础		工料机费	人工费
一	其中	1. 人工费	∑工日耗用量×人工单价	∑工日耗用量×人工单价
		2. 材料费	∑材料耗用量×材料单价	∑材料耗用量×材料单价
		3. 机具使用费	∑机具耗用量×机械单价	∑机具耗用量×机械单价
二	企业管理费		（一）×相应费率	（1）×相应费率
三	利润		[（一）+（二）]×相应费率	（1）×相应费率
四	综合单价		[（一）+（二）+（三）]÷工程数量	[（一）+（二）+（三）]÷工程数量

安装工程综合单价计算是以人工费为基础计算的。在进行分部分项工程综合单价的分析计算时，工程量应按实际的施工量计算。进行单价分析时，工程量应按定额工程量计算规则计算。因此，计价的工程数量就与清单的工程数量不同，但在报价时，将其价值按清单工程量分摊，计入综合单价中。这种现象主要发生在以物理计量单位计算的工程项目中，以自然计量单位计算的工程项目不会发生这种情况。

2. 措施项目费

措施项目费属于竞争性的费用，投标报价时由编制人根据企业的情况自行计算，可高可低。投标人没有计算或少计算的费用，视为此费用已包括在其他费项目内，额外的费用除招标文件和合同约定外，一般不予支付。招标人提出的措施项目清单是根据一般情况提出的，没有考虑不同投标人的“个性”，可以根据本企业的实际情况，增加措施项目内容报价。不能计算工程量的措施项目称为“总价项目”，以“项”计价；可以计算工程量的措施项目称为“单价项目”，以“量”计价，利于措施费的确定和调整。

措施项目费应根据招标文件中的措施项目清单及投标时拟定的施工方案参照表 1-14 列项自主确定。

1）国家计量规范规定应予计量的措施项目，其计算公式为：

$$措施项目费 = \sum(措施项目工程量 \times 综合单价)$$

2）国家计量规范规定不宜计量的措施项目计算方法如下：

① 安全文明施工费：

$$安全文明施工费 = 计算基数 \times 安全文明施工费费率(\%)$$

计算基数为定额基价（定额分部分项工程费 + 定额中可以计量的措施项目费）、定额人工费或（定额人工费 + 定额机械费）。

② 夜间施工增加费：

$$夜间施工增加费 = 计算基数 \times 夜间施工增加费费率(\%)$$

③ 二次搬运费：

$$二次搬运费 = 计算基数 \times 二次搬运费费率(\%)$$

④ 冬雨季施工增加费：

$$冬雨季施工增加费 = 计算基数 \times 冬雨季施工增加费费率(\%)$$

⑤ 已完工程及设备保护费：

$$已完工程及设备保护费 = 计算基数 \times 已完工程及设备保护费费率(\%)$$

上述②～⑤项措施项目的计费基数应为定额人工费或（定额人工费 + 定额机械费）。

3. 其他项目费

工程建设标准的高低、工程的复杂程度、工程的工期长短、发包人对工程管理的要求等都直接影响其他项目清单的具体内容，《建设工程工程量清单计价规范》仅列出暂列金额、暂估价、计日工和总承包服务费4项作为列项参考，不足部分可根据工程的具体情况进行补充。

（1）暂列金额　暂列金额是招标人暂定并掌握使用的一笔款项，它包括在合同价款中，由招标人用于合同协议签订时尚未确定或不可预见的所需材料、设备、服务的采购以及施工过程中可能发生的工程变更、合同约定调整因素出现时的工程价款调整以及发生的索赔、现场身份证确认等费用。暂列金额由招标人根据工程特点，按有关计价规定进行估算确定，施工过程中由建设单位掌握使用、扣除合同价款调整后如有余额，归建设单位。一般可以分部分项工程费的10%～15%为参考。

（2）暂估价　暂估价是招标人在工程量清单中提供的用于支付必然发生但暂时不能确定价格的材料单价及专业工程的金额，包括材料暂估单价和专业工程暂估价。为方便合同管理，需要纳入分部分项工程量清单项目综合单价中的暂估价应只是材料费，以方便投标人组价。暂估价中的材料单价应按照工程造价管理机构发布的工程造价信息或参考市场价格确定。专业工程暂估价应分不同专业，按有关计价规定估算。

（3）计日工　计日工是在施工过程中完成发包人提出的施工图以外的零星项目或工作，按合同约定的综合单价计价。招标人应根据工程特点，按照列出的计日工和有关计价规定估算。

（4）总承包服务费　总承包服务费是为了解决招标人在法律、法规允许的条件下进行专业工程发包，以及自行供应材料、设备，并需要总承包人对发包的专业提供协调和配合服务，对供应的材料、设备提供收发和保管服务以及进行现场管理时发生并向总承包人支付的费用。总承包服务费由建设单位在招标控制价中根据总包服务范围和有关计价规定编制，施工企业投标时自主报价，施工过程中按签约合同价执行。

总承包费可参照下列标准计算：招标人仅要求对分包的专业工程进行总承包管理和协调时，按分包的专业工程估算造价的1.5%计算；招标人要求对分包的专业工程进行总承包管理和协调并同时要求提供配合服务时，根据招标文件中列出的配合服务内容和提出的要求按分包的专业工程估算造价的3%～5%计算。招标人自行供应材料的，按招标人供应材料价值的1%计算。

4. 规费和税金

建设单位编制招标控制价时，以及施工企业投标报价时均应按照省、自治区、直辖市或行业建设主管部门发布标准计算规费和税金，不得作为竞争性费用。

思　考　题

1. 安装与生产同时进行增加费的概念是什么？如何计取？
2. 如何理解垂直运输基准面？
3. 脚手架搭拆费系数考虑了哪些因素？实际不发生是否计算？
4. 在有害身体健康的环境中施工降效增加费的概念是什么？如何计算？
5. 安装定额中试验、试运转费用是如何考虑的？
6. 安装工程费用包括哪些内容？
7. 未计价材料费的概念是什么？如何计取？
8. 超高增加费高度如何界定？
9. 高层建筑增加费的内容是什么？
10. 安装工程类别的划分标准是什么？

第 2 章　通用机械设备安装工程计量与计价

2.1　通用机械设备安装工程施工常识

工业与民用设备品种繁多，结构各异，形状不一。对那些被普遍使用，具有满足各种要求共同点的设备称为通用机械设备。工程预算人员在建筑安装工程施工中，主要应熟悉安装中所进行的每道主要工序的内容，以及施工过程所需要的机具（材料）性能，才能更好地掌握施工实际情况，编制好施工图预算与施工预算。

2.1.1　设备安装工序

通用机械设备的安装工序包括施工准备、安装、清洗、试运转。

1. 施工准备

1）施工前后的现场清理，工具、材料的准备。

2）临时脚手架（梯子、高凳、跳板等）的搭拆。

3）设备及其附件的地面运输和移位以及施工机具在设备安装范围内的移动。

4）设备开箱检查、清洗、润滑，施工全过程的保养维护，专用工具、备品、备件施工完后的清点归还。

5）基础验收、划线定位、垫铁组配放、铲麻面、地脚螺栓的除锈或脱脂。

设备底座安放垫铁，通过对垫铁厚度的调整，使设备安装达到安装要求的标高和水平，同时便于二次灌浆，使设备的全部质量和运转过程中产生的力通过垫铁均匀地传递到基础上。

常用的垫铁有钩头成对斜垫铁、平垫铁、斜垫铁，它们成对组合使用，开口垫铁与开孔垫铁等配合使用。

2. 安装

1）吊装。使用起重设备将被安装设备就位，初平、找正，找平部位的清洗和保护。

2）精平组装。精平、找平、找正、对中、附件装配、垫铁焊固。

3）本体管路、附件和传动部分的安装。

3. 清洗

在试运转之前，应对设备传动系统、导轨面、液压系统、油润滑系统密封、活塞、罐体、进排气阀、调节系统等构件及零件等进行物理清洗和化学清洗；对各有关零部件检查调整，加注润滑油脂。清洗程度必须达到试运转要求标准。

清洗是设备安装工作中一项重要内容，是一项不可忽视的技术性很强的工作，因为清洗工作搞不好，将会直接影响设备的安装质量和正常运行。

4. 试运转

试运转就是要综合检验前阶段及各工序的施工质量，发现缺陷，及时修理和调整，使设备的运行特性能够达到设计指标的要求。

各类设备的试运转应执行 GB 50231—98《机械设备安装工程施工及验收通用规范》中的规定，同时要结合设备安装说明书中要求，做好试运转前的准备工作，以及试运转完毕后的收尾工作、验收工作。

机械设备的试运转步骤为：先无负荷、后负荷，先单机、后系统，最后联动。试运转首先从部件开始，由部件至组件，再由组件至单台设备，不同设备的试运转要求不一样。

1）属于无负荷试运转的各类设备有：金属切削机床、机械压力机、液压机、弯曲校正机，活塞式气体压缩机，活塞式氨制冷压缩机、通风机等。

2）需要进行无负荷、静负荷、超负荷试运转的设备有：电动桥式起重机、龙门式起重机。

3）需进行额定负荷试运转的有各类泵。

4）中、小型锅炉安装试运转包括临时加药装置的准备、配管、投药、排气管的敷设和拆除、烘炉、煮炉、停炉、检查、试运转等全部工作。

2.1.2 安装中常用的起重设备

安装工程中，无论管道或设备的搬运、移动或安装，都要借助一些工具和运用起重吊装方法，了解常用的起重吊装机具及简易起重吊装方法是非常必要的。由于机械设备的安装特点，施工作业中半机械化还占有很大的比重。

1. 常用的索具

吊装用的索具与起重设备包括：绳索（白棕绳、钢丝绳）、吊具（撬杠、吊钩、卡环）、滑车、千斤顶、卷扬机和起重机等。

（1）白棕绳　在吊装作业时，白棕绳是起吊较轻的设备及零部件用的绳索和作为溜绳等用。

（2）钢丝绳　钢丝绳是吊装中的主要绳索。它具有强度高，韧性好，耐磨性好等优点；当磨损后外部产生许多毛刺，容易检查、便于预防事故。

（3）吊装工具　常用的吊装工具是撬杠、滚杠、吊钩、卡环和吊索。

（4）滑车　滑车（滑轮）可以省力，也可以改变用力的方向，是起重机和土拨杆中的主要组成部分。

（5）千斤顶　在安装中，常用千斤顶校正安装偏差和矫正构件的变形，也可以顶升设备等。

（6）绞磨　绞磨是由推杆（绞杠）、磨头、卷筒、磨架和制动器等部件组成。目前只在偏僻地区没有电源的情况下使用。

（7）卷扬机　卷扬机又称绞车，有手摇和电动两种。

2. 起重设备

（1）半机械化吊装设备　主要有独脚桅杆、人字桅杆、三脚架、四脚架及桅杆式起重机。

1）独脚桅杆，简称“拔杆”、“抱杆”。按制作材料的不同，可分为木独脚桅杆，钢管独脚桅杆和用型钢制作的格构式独脚桅杆等。木独脚桅杆的起重高度在 15m 以内，起质量在 20t 以下；钢管独脚桅杆的起重高度一般在 25m 以内，起质量在 30t 以下；格构式独脚桅杆的起重高度可达 70 余米，起质量可达 100 余吨。独脚桅杆一般有 6 ~ 12 根盆腔缆风绳，最少不得少于 5 根。

2）人字桅杆。用两根钢管、圆木或格构式钢架组成人字形架，架顶可以采用绑扎或铰接并悬挂滑轮组。

3）三脚架及四脚架。对于直径较大的管子下地沟，可采用挂有滑车的三脚架或四脚架。

4）桅杆式起重机。用圆木制作的桅杆式起重机起质量 5t，可吊装小型构件；用钢管制作的桅杆式起重机起质量达 10t 左右，可吊装较大型设备；用钢格构式桅杆起重机可吊装 15t 以上的大型设备。

大型桅杆式起重机，起质量可达 60t，桅杆设计可达 80m，用于重型工厂构件的吊装。桅杆式起重机的缆风绳至少 6 根，并根据缆风绳最大接力选择钢丝绳和地锚。

（2）机械化吊装设备　主要指各类起重机。

1）汽车起重机。这是一种将起重机构安装在通用或专用汽车底盘上的起重机械。它具有汽车的行驶通过性能，机动性强，行驶速度高，可以快速转移，是一种用途广泛、适用性强的通用型起重机。

2）轮胎起重机。这是一种装在专用轮胎式行走底盘上的起重机，其底盘系专门设计、制造，轮距配合适当，横向尺寸较大，故横向稳定性好，能全回转作业，能在允许载荷下负荷行驶。

3）履带起重机。这是在行走的履带底盘上装有起重装置的起重机械，是自行式、全回转的一种起重机械。它具有操作灵活，使用方便，在一般平整坚实的场地上可以载荷行驶作业的特点。

4）塔式起重机。这是一种具有竖直塔身的全回转臂式起重机，按有无行走机构可分为固定式和移动式两种，前者是固定在地面或建筑物上，后者则按其行走装置可分为履带式、汽车式、轮胎式和轨道式四种；按其回转形式可分为上回转和下回转两种；按其变幅方式可分为水平臂架小车变幅和动臂变幅两种；按其安装形式可分为自升式、整体快速拆装和拼装式三种。

5）桥式起重机。包括电动双梁桥式起重机和桥式锻造起重机。

（3）水平搬运设备　水平运输机械主要有载货汽车、牵引车、挂车等。我国目前生产的载货汽车，主要以往复式发动机为动力，以后轮或中后轮为驱动，前轮为转向。

2.2　通用机械设备安装工程定额的内容与应用

本章以《江西省安装工程消耗量定额及单位估价表》第一册《机械设备安装工程》为例，说明通用机械设备工程定额的内容与应用。

2.2.1　《机械设备安装工程》定额说明

1. 定额适用范围

第一册《机械设备安装工程》（以下简称本定额）适用于新建、扩建及技术改造项目的机械设备安装工程。

本定额若用于旧设备安装时，旧设备的拆除费用，按相应安装定额的50%计算。

2. 定额编制依据

1）《全国统一安装工程预算定额》。

2）GB 50500—2013《建设工程工程量清单计价规范》（通用安装工程计量规范）。

3）现行的设计、施工验收规范、安全操作规程、质量评定标准。

4）现行的标准图集和具有代表性的工程设计图。

3. 定额所包括的工作内容

本定额除各章另有说明外，均包括下列工作内容：

1）安装主要工序。施工准备，设备、材料及工、机具水平搬运，设备开箱、点件、外观检查、配合基础验收、铲麻面、划线、定位、起重机具装拆、清洗、吊装、组装、连接、安放垫铁及地脚螺栓设备找正、调平、精平、焊接、固定、灌浆、单机试运转。

2）人字架、三脚架、环链手动葫芦、滑轮组、钢丝绳等起重机具及其附件的领用、搬运、搭拆、退库等。

3）施工及验收规范中规定的调整、试验及无负荷试运转。

4）与设备本体联体的平台、梯子、栏杆、支架、屏盘、电动机、安全罩以及设备本体第一个法兰以内的管道等安装。

5）工种间交叉配合的停歇时间，临时移动水、电源时间，以及配合质量检查、交工验收、收尾结束等工作。

4. 定额不包括的工作内容

本定额除各章另有说明外，均不包括下列内容，发生时应另行计算：

1）设备自设备仓库运至安装现场指定堆放地点的搬运工作。

2）因场地狭小，有障碍物（沟、坑）等所引起的设备、材料、机具等增加的二次搬运、装拆工作。

3）设备基础的铲磨，地脚螺栓孔的修整、预压，以及在木砖地层上安装设备所需增加的费用。

4）设备构件、机件、零件、附件、管道及阀门、基础及基础盖板等的修理、修补、修改、加工、制作、焊接、煨弯、研磨、防震、防腐、保温、刷漆以及测量、透视、探伤、强度试验等工作。

5）特殊技术措施及大型临时设施以及大型设备安装所需的专用机具等费用。

6）设备本体无负荷试运转所用的水、电、气、油、燃料等。

7）负荷试运转、联合试运转、生产准备试运转。

8）专用垫铁、特殊垫铁（如螺栓调整垫铁、球形垫铁等）和地脚螺栓。

9）脚手架搭拆（起重设备安装与起重机轨道安装工程除外）。

10）设计变更或超规范要求所需增加的费用。

11）设备的拆装检查（或解体拆装）。

12）电气系统、仪表系统、通风系统、设备本体第一个法兰以外的管道系统等的安装、调试工作；非与设备本体联体的附属设备或附件（如平台、梯子、栏杆、支架、容器、屏盘等）的制作、安装、刷油、防腐、保温等工作。

5. 各项费用的取费规定

（1）脚手架搭拆费（只适用于第四章起重设备安装）使用第四章起重设备安装定额时，每安装一台起重机，按表 2-1 增加脚手架搭拆费用。

表 2-1　脚手架措施项目费用表

起重机主钩起质量/t	5～30	50～100	150～400
应增脚手架费用/元	716.23	1340.18	1611.48

注：双小车起重机按一个小车的起重机计算。

（2）各项常见费用的取费规定　关于下列各项费用，定额的相关规定为：

1）超高费用，设备底座的安装标高，如超过地平面正或负 10m 时，则定额的人工和机械费用按表 2-2 乘以调整系数。

2）安装与生产同时进行增加的费用，按人工费的 10% 计算。

3）在有害身体健康的环境中施工增加的费用，按人工费的 10% 计算。

4）金属桅杆及人字架等一般起重机具的摊销费，按所安装设备的净质量（包括设备底座、辅机），按每吨 12.00 元计取。

表 2-2　安装标高超过正或负（10m）时的调整系数表

设备底座正或负标高/m	调 整 系 数
≤15	1.25
≤20	1.35
≤25	1.45
≤30	1.55
≤40	1.70
≥40	1.90

2.2.2　《机械设备安装工程》工程量计算规则

《机械设备安装工程》进行工程量计算时，除另有说明者外，均以“台”为计量单位，以设备质量“t”划分定额项目。设备质量均以设备的铭牌质量为准；如无铭牌质量的，则以产品目录、样本、说明书所注的设备净质量为准。计算设备质量时，除另有规定者外，应按设备本体及联体的平台、梯子、栏杆、支架、屏盘、电动机、安全罩和设备本体第一个法兰以内的管道等全部质量计算。

1. 切削设备安装工程及工程量计算

机械设备安装工程按以下设备分章进行工程量计算。

（1）本章定额适用范围

1）台式及仪表机床。包括台式车床、台式刨床、台式铣床、台式磨床、台式砂轮机、台式抛光机、台式钻床、台式排钻、多轴可调台式钻床、钻孔攻丝两用台钻、钻铣机床、钻铣磨床、台式冲床、台式压力机、台式剪切机、台式攻丝机、台式刻线机、仪表车床、精密盘类半自动车床、仪表磨床、仪表抛光机、硬质合金轮修磨床、单轴纵切自动车床、仪表铣床、仪表齿轮加工机床、刨模机、宝石轴承加工机床、凸轮轴加工机床、透镜磨床、电表轴类加工机床。

2）车床。包括单轴自动车床、多轴自动和半自动车床、六角车床、曲轴及凸轮轴车床、落地车床、普通车床、精密普通机床、仿型普通车床、马鞍车床、重型普通车床、仿型及多刀车床、联合车床、无心粗车床、轮齿、轴齿、锭齿、辊齿及铲齿车床。

3）立式车床。包括单柱和双柱立式车床。

4）钻床。包括深孔钻床、摇臂钻床、立式钻床、中心孔钻床、钢轨及梢轮钻床、卧式钻床。

5）镗床。包括深孔镗床、坐标镗床、立式及卧式镗床、金刚镗床、落地镗床、镗铣床、钻镗床、镗缸机。

6）磨床。包括外圆磨床、内圆磨床、砂轮机、珩磨机及研磨机、导轨磨床、2M 系列磨床、3M 系列磨床、专用磨床、抛光机、工具磨床、平面及端面磨床、刀具刃磨床、曲轴磨床、凸轮轴、花键轴磨床、轧辊及轴承磨床。

7）铣床、齿轮及螺纹加工机床。包括单臂及单柱铣床、龙门及双柱铣床、平面及单面铣床 、仿型铣床、立式及卧式铣床、工具铣床、其他铣床。直（锥）齿轮加工机床、滚齿机、剃齿机、珩齿机 、插齿机、单（双）轴花键轴铣床、齿轮磨齿机、齿轮倒角机、齿轮滚动检查机、套丝机、攻丝机、螺纹铣床、螺纹磨床、螺纹车床、丝杠加工机床。

8）刨、插、拉床。包括单臂刨、龙门刨、牛头刨、龙门铣刨床、插床、拉床、刨边机、刨模机。

9）超声波及电加工机床。包括电解加工机床、电火花加工机床、电脉冲加工机床、刻线机、超声波电加工机床、阳极机械加工机床。

10）其他机床。包括车刀切断机、砂轮切断机、矫正切断机、带锯机、圆锯机、弓锯机、气割机、管子加工机床、金属材料试验机械。

11）木工机械。包括木工圆锯机、截锯机、细木工带锯机、普通木工带锯机、卧式木工带锯机、排锯机、镂锯机、木工刨床、木工车床、木工铣床及开榫机、木工钻床及榫槽机、木工磨光机、木工刃具修磨机。

12）跑车木工带锯机。

13）其他木工设备。包括拨料器、踢木器、带锯防护罩。

（2）本章定额包括的工作内容

1）机体安装：底座、立柱、横梁等全套设备部件安装以及润滑管道安装。

2）清洗组装时结合精度检查。

3）跑车木工带锯机已包括跑车轨道安装。

（3）本章定额不包括的工作内容　本章定额不包括下列工作内容：

1）设备的润滑、液压系统的管道附件加工、煨弯和阀门研磨。

2）润滑、液压的法兰及阀门联接所用的垫圈（包括紫铜垫）加工。

3）跑车木结构、轨道枕木、木保护罩的加工制作。

（4）工程量计算规则　本章内所列设备质量均为设备净质量，工程量计算时遵循以下规则：

1）金属切削设备安装以“台”为计量单位，以设备质量“t”分列定额项目。

2）气动踢木器以“台”为计量单位，按单面卸木和双面卸木分列定额项目。

3）带锯机保护罩制作与安装以“个”为计量单位，按规格分列定额项目。

2. 锻压设备安装工程及工程量计算

（1）本章定额适用范围

1）机械压力机。包括固定台压力机、可倾压力机、传动开式压力机、闭式单（双）点压力机、闭式侧滑块压力机、单动（双动）机械压力机、切边压力机、切边机、拉伸压力机、摩擦压力机、精压机、模锻曲轴压力机、热模锻压力机、金属挤压机、冷挤压机、冲模回转头压力机、数控冲模回转压力机。

2）液压机。包括薄板液压机、万能液压机、上移式液压机、校正压装液压机、校直液压机、手动液压机、粉末制品液压机、塑料制品液压机、金属打包液压机、粉末热压机、轮轴压装液压机、轮轴压装机、单臂油压机、电缆包覆液压机、油压机、电极挤压机、油压装配机、热切边液压机、拉伸矫正机、冷拔管机、金属挤压机。

3）自动锻压机及锻压操作机。包括自动冷（热）镦机、自动切边机、自动搓丝机、滚丝机、滚圆机、自动冷成型机、自动卷簧机、多功位自动压力机、自动制钉机、平锻机、辊锻机、锻管机、扩孔机、锻轴机、镦轴机、镦机及镦机组、辊轧机、多工位自动锻造机、锻造操作机、无轨操作机。

4）空气锤。

5）模锻锤。包括模锻锤，蒸汽、空气两用模锻锤，无砧模锻锤，液压模锻锤。

6）自由锻锤及蒸汽锤。包括蒸汽、空气两用自由锻锤、单臂自由锻锤、气动薄板落锤。

7）剪切机和弯曲校正机。包括剪板机、剪切机、联合冲剪机、剪断机、切割机、拉剪机、热锯机、热剪机、滚板机、弯板机、弯曲机、弯管机、校直机、校正机、校平机、校正弯曲压力机、切断机、折边机、滚坡纹机、折弯压力机、扩口机、卷圆机、滚圆机、滚形机、整形机、扭拧机、轮缘焊渣切割机。

8）水压机。

（2）本章定额包括的工作内容

1）机械压力机、液压机、水压机的拉紧螺栓及立柱热装。

2）液压机及水压机液压系统钢管的酸洗。

3）水压机本体安装。包括底座、立柱、横梁等全部设备部件安装，润滑装置和管道安装，缓冲器、充液罐等附属设备安装，分配阀、充液阀、接力电动机操纵台装置安装，梯子、拦杆、基础盖板安装，立柱、横梁等主要部件安装前的精度预检，活动横梁导套的检查和刮研，分配器、充液阀、安全阀等主要阀件的试压和研磨，机体补漆，操纵台、梯子、拦杆、盖板、支撑梁、立式液罐和低压缓冲器表面刷漆。

4）水压机本体管道安装。包括设备本体至第一个法兰以内的高低压水管、压缩空气管等本体管道安装、试压、刷漆，高压阀门试压、高压管道焊口预热和应力消除，高低压管道的酸洗，公称直径 70mm 以内的管道煨弯。

5）锻锤砧座周围敷设油毡、沥青、砂子等防腐层以及垫木排找正时表面精修。

（3）本章定额不包括的工作内容

1）机械压力机、液压机、水压机拉紧大螺栓及立柱如需热装时所需的加热材料（如硅碳棒、电阻丝、石棉布、石棉绳等）。

2）除水压机、液压机外，其他设备的管道酸洗。

3）锻锤试运转中，锤头和锤杆的加热以及试冲击所需的枕木。

4）水压机工作缸、高压阀等的垫料、填料。

5）设备所需灌注的冷却液、液压油、乳化液等。

6）蓄势站安装及水压机与蓄势站的联动试运转。

7）锻锤砧座垫木排的制作、防腐、干燥等。

8）设备润滑、液压和空气压缩管路系统的管子和管路附件的加工、焊接、煨弯和阀门的研磨。

9）设备和管路的保温。

10）水压机管道安装中的支架、法兰、纯铜垫圈密封垫圈等管路附件的制作及管子和焊口的探伤、透视和机械强度试验。

（4）工程量计算规则　本章内所列设备进行工程量计算时遵循以下规则：

1）空气锤、模锻锤、自由锻锤及蒸汽锤以“台”为计量单位，按落锤质量（kg 以内或 t 以内）分列定额项目。

2）锻造水压机以“台”为计量单位，按水压机公称压力“t”分列定额项目

3. 铸造设备安装工程及工程量计算

（1）本章定额适用范围

1）砂处理设备。包括混砂机、碾砂机、松砂机、筛砂机等。

2）造型及造芯设备。包括震压式造型机、震实式造型机、震实式制芯机、吹芯机、射芯机等。

3）落砂及清理设备。包括震动落砂机、型芯落砂机、圆形清理滚筒、喷砂机、喷丸器、喷丸清理转台、抛丸机等。

4）抛丸清理室。包括室体组焊、电动台车及旋转台安装，抛丸喷丸器安装，铁丸分配、输送及回收装置安装，悬挂链轨道及吊钩安装，除尘风管和铁丸输送管敷设，平台、梯子、栏杆等安装、设备单机试运转。

5）金属型铸造设备。包括卧式冷室压铸机、立式冷室压铸机、卧式离心铸造机等。

6）材料准备设备。包括 C246 及 C246A 球磨机、碾砂机、蜡模成型机械、生铁裂断机，涂料搅拌机等。

7）铸铁平台。

（2）本章定额不包括的工作内容　本章定额不包括下列工作内容：

1）地轨安装。

2）抛丸清理室的除尘机及除尘器与风机间的风管安装。

3）垫木排仅包括安装，不包括制作、防腐等工作。

（3）工程量计算规则

1）铸造设备中抛丸清理室，以“室”为计量单位，以室所含设备质量“t”分列定额项目，计算设备质量时应包括抛丸机、回转台、斗式提升机、螺旋输送机、电动小车及框架、平台、梯子、栏杆、漏斗、漏管等金属结构件的总质量。

2）铸铁平台安装以“10t”为计量单位，按方形平台或铸梁式平台的安装方式（安装在基础上或支架上）及安装时灌浆与不灌浆分列定额项目。

3）抛丸清理室安装的定额单位为“室”，是指除设备基础等土建工程及电气箱、开关、

敷设电气管线等电气工程外，成套供应的抛丸机、回转台、斗式提升机、螺旋输送机、电动小车等设备以及框架、平台、梯子、栏杆、漏斗、漏管等金属结构件安装。设备质量是指上述全套设备加金属结构件的总质量。

4. 起重设备安装工程及工程量计算

（1）本章定额适用范围

1）工业用的起重设备安装。

2）起质量为 0.5 ~400t。

3）适应不同结构、不同用途的起重机安装，包括手动、电动。

（2）本章定额包括的工作内容

1）起重机静负荷、动负荷及超负荷试运转。

2）必需的端梁铆接及脚手架搭拆。

3）解体供货的起重机现场组装。

4）脚手架的搭拆工作。使用起重设备安装工程量计算定额时，每安装一台起重机，应按表 2-3 增加脚手架搭拆费用。

表 2-3　应增加的脚手架搭拆费用表

起重机主钩起质量/t		5 ~30	50 ~100	150 ~400
应增加脚手架费用/元		716.23	1340.18	1611.48
其中	人工费/元	199.28	369.89	448.38
	材料费/元	481.07	901.99	1082.40
	机械使用费/元	35.88	68.30	80.70
	人工工日数/工日	8.48	15.74	19.08

注：1. 双小车起重机按一个小车的得量计算。
2. 上表中人工费可按当地的规定调整人工单价，材料费和机械费不作调整。

（3）本章定额不包括的工作内容　本章定额不包括试运转所需的重物供应和搬运。

（4）工程量计算规则

1）起重机安装以“台”为计量单位，按起重机主钩的起质量“t”和跨距“m”分列定额项目。

2）双小车起重机安装以“台”为计量单位，按两个小车的起质量“t”分列定额项目。

3）双钩挂梁桥式起重机安装以“台”为计量单位，按两个钩的起质量“t”分列定额项目。

4）梁式起重机、臂行及旋臂起重机、电动葫芦及单轨小车安装，以“台”为计量单位，按起重机的起质量“t”和不同类型及名称的起重机分列定额项目。

5. 起重机轨道安装工程及工程量计算

（1）本章定额适用范围

1）工业用起重输送设备的轨道安装。

2）地轨安装。

（2）本章定额包括的工作内容

1）测量、领料、下料、矫直、钻孔。

2）车档制作与安装的领料、下料、调直、组装、焊接、刷漆等。

3）脚手架的搭拆。搭拆脚手架的材料和机械台班费，不作调整。

（3）本章定额不包括的工作内容

1）吊车梁调整及轨道枕木干燥、加工、制作。

2）“8”字形轨道加工制作。

3）“8”字形轨道工字钢轨的立柱、吊架、支架、辅助梁等的制作与安装。

（4）工程量计算规则

1）起重机轨道安装以单根轨道长度每“10m”为计量单位，按轨道的标准图号、型号、固定形式和纵、横向孔距安装部位等来分列定额项目。

2）车档制作按施工图示尺寸，以“t”为计量单位。车档安装以“每组4个”为计量单位，按每个质量“t”分列定额项目。

6. 输送设备安装工程及工程量计算

（1）本章定额适用范围

1）斗式提升机。

2）刮板输送机。

3）板（裙）式输送机。

4）螺旋输送机。

5）悬挂输送机。

6）固定式带式输送机（增加2m）。

7）胶带接头胶接。

（2）本章定额包括的工作内容　本章定额包括机头、机尾、机架、轨道、托辊、拉紧装置、传动装置等安装及传动带敷设和接头。

（3）本章定额不包括的工作内容

1）钢制外壳、刮板、漏斗制作安装。

2）特殊试验。

（4）工程量计算规则

1）斗式提升机以“台”为计量单位，按提升机型号及提升高度分列定额项目。

2）刮板输送机以“组”为计量单位，按输送长度除以双驱动装置组数及槽宽分列定额项目。

3）板式（裙式）输送机以“台”为计量单位，按链轮中心距和链板宽度分列定额项目。

4）螺旋输送机以“台”为计量单位，按公称直径和机身长度分列定额项目。

5）悬挂式输送机以“台”为计量单位，按驱动装置、转向装置、接紧装置和质量分列定额项目。

6）链条安装以“m”为计量单位，按链片式、链板式、链环式、试运转、抓取器分列定额项目。

7）固定式带式输送机以“台”为计量单位，按带宽和输送长度分列定额项目。

8）卸矿车及皮带秤以“台”为计量单位，按带宽分列定额项目。

9）刮板输送机定额单位是按一组驱动装置计算的。如超过一组时，则将输送长度除以驱动装置组数（即 m/组数），以所得 m/组数来选用相应的子目，再以组数乘以该子目的定额，即得其费用。

例如：某刮板输送机，宽为 420mm，输送长度为 250m，其中共有四组驱动装置，则其 m/组数为 250m 除以 4 组等于 62.5m/组，应选用定额“420mm 宽以内；80m/组以内”的子目，现该机有四组驱动装置，因此将该子目的定额乘以 4，即得该台刮板输送机的费用。

7. 电梯安装工程及工程量计算

（1）本章定额适用范围 本章定额适用于国产标准定型的各种客梯、货梯、病床梯、杂货梯等电梯的机械部分安装，不适用于液压电梯的安装。

定额项目划分和名称以电梯分类为依据，见表 2-4：

表 2-4 电梯分类表（GB/T 7025.1～3—1999）

类 别	交流半自动	交流自动	直流自动快速	直流自动高速	小 型
拖动系统	交流双速	交流双速	直流	直流	交流单速
操纵方法	手柄操纵或按钮控制	信号及集选控制（有/无司机）	可控硅励磁信号及集选控制（有/无司机）	可控硅励磁信号及集选控制（有/无司机）	轿外按钮控制（无司机）
类型	客、货、病床梯	客、货、病床梯	客、货、病床梯	客 梯	杂货梯
起质量	5t 以内	3t 以内	1.6t 以内	1.6t 以内	0.2t 以内
起重速度	≤1.0m/s	≤1.0m/s	1.5～1.75m/s	2m/s 以上	≤1.0m/s

（2）本章定额包括的工作内容

1）准备工作、搬运、放样板、放线、清理预埋件及道架、道轨、缓冲器等安装。

2）组装轿厢、对重及门厅安装。

3）稳工字钢、曳引机、抗绳轮、复绕绳轮、平衡绳轮。

4）挂钢丝绳、钢带、平衡绳。

5）清洗设备、加油、调整、试运行。

（3）本章定额不包括的工作内容

1）各种支架的制作。

2）电气工程部分。

3）脚手架的搭拆。

4）电梯喷漆。

（4）工程量计算规则

1）电梯安装均以“部”为计量单位，按层、站数分列定额项目。厅门按每层一门、轿厢门按每部一门为准，如需增减时，按增减厅门、轿厢门的相应定额项目计算；电梯提升高度，以每层 4m 以内为准，超过 4m 时，按增减提升高度相应定额计算。

2）电梯增减厅门、轿厢门以“个”为计量单位，按手动、电动和小型杂物电梯分列定额项目，增减提升高度以“m”为计量单位，按每提升 1m 计算。

3）辅助项目的金属门套安装以“套”为计量单位，直流电梯发电机组安装以“组”为计量单位；角钢牛腿制作安装以“个”为计量单位；电梯机器钢板底座制作以“座”为计量单位；按交流电梯和直流电梯分列定额项目。

4）两部及两部以上并列运行和群控电梯，每部应增加工日：30 层以内增加 7 工日，50 层以内增加 9 工日，80 层以内增加 11 工日，100 层以内增加 13 工日，120 层以内增加 15 工日。

5）本章定额是以室内地平 ±0.000 以下为地坑（下缓冲）考虑的，如遇区间电梯地坑（下缓冲）在中间层时，其下部楼层垂直搬运工作按当地搬运定额另行计算。

6）小型杂物电梯按载重质量 0.2t 以内，无司机操作考虑的，如其底盘面积超过 $1m^2$ 时，人工乘以系数 1.2。载重质量大于 0.2t 的杂物电梯，则执行按客、货梯相应的电梯定额。

7）本定额已考虑了高层作业因素。

8. 风机安装工程及工程量计算

（1）本章定额适用范围

1）离心式通（引）风机。包括中低压离心通风机、排尘离心通风机、耐腐蚀离心通风机、防爆离心通风机、高压离心通风机、锅炉离心通风机、煤粉离心通风机、矿井离心通风机、抽烟通风机、多翼式离心通风机、化铁炉风机、硫酸鼓风机、恒温冷暖风机、暖风机、低噪声离心通风机、低噪声屋顶离心通风机。

2）轴流通风机。包括矿井轴流通风机、冷却塔轴流通风机、化工轴流通风机、纺织轴流通风机、隧道轴流通风机、防爆轴流通风机、可调轴流通风机、屋顶轴流通风机、一般轴流通风机、隔爆型轴流式局部扇风机。

3）离心式鼓风机、回转式鼓风机（罗茨鼓风机、HGY 型鼓风机、叶式鼓风机）。

4）其他风机。包括塑料风机、耐酸陶瓷风机。

（2）本章定额包括的工作内容

1）设备本体及与本体联体的附件、管道、润滑冷却装置等的清洗、刮研、组装、调试。

2）离心式鼓风机（带增速机）的垫铁研磨。

3）联轴器或传动带以及安全防护罩安装。

4）设备带有的电动机及减振器安装。

（3）本章定额不包括的工作内容

1）支架、底座及防护罩、减振器的制作、修改。

2）联轴器及键和键槽的加工制作。

3）电动机的抽芯检查、干燥、配线、调试。

（4）工程量计算规则

1）风机安装以"台"为计量单位，以设备质量"t"分列定额项目。在计算设备质量时，直联式风机，以本体及电动机、底座的总质量计算；非直联式的风机，以本体和底座的总质量计算，不包括电动机质量。

2）直联式风机按风机本体及电动机和底座的总质量计算；非直联式风机按风机本体和底座的总质量计算。

3）塑料风机及耐酸陶瓷风机按离心式通（引）风机定额执行。

9. 泵安装工程及工程量计算

（1）本章定额适用范围

1）离心式泵。包括①离心式清水泵、单级单吸悬臂式离心泵、单级双吸中开式离心泵、立式离心泵、多级离心泵、锅炉给水泵、冷凝水泵、热水循环泵；②离心油泵、卧式离心油泵、高速切线泵、中开式管线输油泵、管道式离心泵、立式筒式离心油泵、离心油浆泵、汽油泵、BY 型流程离心泵；③离心式耐腐蚀泵、耐腐蚀液下泵、塑料耐腐蚀泵、耐腐蚀杂质泵、其他耐腐蚀泵；④离心式杂质泵、污水泵、长轴立式离心泵、砂泵、泥浆泵、灰渣泵、煤水泵、衬胶泵、胶粒泵、糖汁泵、吊泵；⑤离心式深水泵、深井泵、潜水电泵。

2）旋涡泵、单级旋涡泵、离心旋涡泵、WZ 多级自吸旋涡泵、其他旋涡泵。

3）往复泵。包括①电动往复泵：一般电动往复泵、高压柱塞泵（3～4 柱塞）、石油化工及其他电动往复泵、柱塞高速泵（6～24 柱塞）；②蒸汽往复泵：一般蒸汽往复泵、蒸汽往复油泵；③计量泵。

4）转子泵：螺杆泵、齿轮油泵。

5）真空泵。

6）屏蔽泵：轴流泵、螺旋泵。

（2）本章定额包括的工作内容

1）设备本体与本体联体的附件、管道、润滑冷却装置的清洗、组装、刮研。

2）深井泵的泵体扬水管及滤水网安装。

3）联轴器或传动带安装。

（3）本章定额不包括的工作内容

1）支架、底座、联轴器、键和键槽的加工、制作。

2）深井泵扬水管与平面的垂直度测量。

3）电动机的检查、干燥、配线、调试等。

4）试运转时所需排水的附加工程（如修筑水沟、接排水管等）。

（4）工程量计算规则

1）泵安装以“台”为计量单位，以设备质量“t”分列定额项目。在计算设备质量时，直联式泵按本体、电动机以及底座的总质量计算；非直联式泵按泵本体及底座的总质量计算，不包括电动机质量。

2）深井泵的设备质量以本体、电动机、底座及设备扬水管的总质量计算。

3）DB 型高硅铁离心泵以“台”为计量单位，按不同设备型号分列定额项目。

4）定额中泵安装适用于直接安装在混凝土基础上，采用减振台座、减振器、减振垫时，定额乘系数 0.8，减振台座、减振器、减振垫另套用相应定额。

5）凡施工技术验收规范或技术资料规定，在实际施工中进行拆装检查工作时，可套用“泵拆装检查”定额。该部分定额包括设备本体及部件以及第一个阀门以内的管道等拆卸、清洗、检查、刮研、换油、调间隙、找正、找平、找中心、记录、组装复原；不包括设备本体的整（解）体安装、电动机安装及拆装、检查、调整、试验，以及设备本体以外的各种管道的检查、试验等工作。

10. 压缩机安装工程及工程量计算

（1）本章定额适用范围　本章定额适用于活塞式 L、Z 型压缩机，活塞式 V、W、S 型压缩机，活塞式 V、W、S 型制冷压缩机，回转式螺杆压缩机，离心式压缩机，活塞式 2M（2D）、4M（4D）型电动机驱动对称平衡压缩机安装，离心式压缩机电动机驱动无垫铁安装，活塞式 H 型中间直联同步压缩机及中间同轴同步压缩机安装。

（2）本章定额包括的工作内容

1）除活塞式 V、W、S 型及扇型压缩机组、活塞式 Z 型 3 列压缩机为整体安装以外，其他各类型压缩机均为解体安装。

2）与主机本体联体的冷却系统、润滑系统以及支架、防护罩等零件、附件的整体安装。

3）与主机在同一底座上的电动机整体安装。

4）解体安装的压缩机在无负荷试运转后的检查、组装及调整。

（3）本章定额不包括的工作内容

1）除与主机在同一底座上的电动机已包括安装外，其他类型的压缩机，均不包括电动机、汽轮机及其他动力机械的安装。

2）与主机本体联体的各级出入口第一个阀门外的各种管道、空气干燥设备及净化设备、油水分离设备、废油回收设备、自控系统及仪表系统安装以及支架、沟槽、防护罩等制作、加工。

3）介质的充灌。

4）主机本体循环油（按设备带有考虑）。

5）电动机拆装检查及配线、接线等电气工程。

6）离心式压缩机的拆装检查。

（4）工程量计算规则

1）压缩机安装以“台”为计量单位，以设备质量“t”分列定额项目。在计算设备质量时，按不同型号分别计算。

2）活塞式V、W、S型压缩机及压缩机组的设备质量，按同一底座上主机、电动机、仪表盘及附件、底座等的总质量计算。立式及L型压缩机、螺杆式压缩机、离心式压缩机则不包括电动机等动力机械的质量。

3）活塞式V、W、S型及扇型压缩机的安装是按单级压缩机考虑的，安装同类型双级压缩机时，则按相应定额的人工乘以系数1.40。

4）活塞式L型及Z型压缩机、螺杆式压缩机、离心式压缩机的设备质量，不包括电动机等动力机械的质量。电动机应另执行电动机安装定额项目。

5）活塞式D、M、H型对称平衡压缩机的设备质量，按主机、电动机及随主机到货的附属设备质量，但不包括附属设备的安装，附属设备的安装应按相应册有关定额另行计算。

6）离心式压缩机是按单轴考虑的，如安装双轴（H）离心式压缩机时，则相应定额的人工乘以系数1.40。

7）离心式压缩机拆装检查定额适用于现场组对安装的中低压离心式压缩机组，高压离心式压缩机组可参照使用。凡按规范或设计规定在实际施工中进行拆装检查工作时，可套用此定额。

8）本章定额原动机是按电动机驱动考虑的，如为汽轮机驱动则相应定额的人工乘以系数1.14。

11. 工业炉设备安装工程及工程量计算

（1）本章定额适用范围

1）电弧炼钢炉。

2）无芯工频感应电炉。包括溶铁、溶铜、溶锌等溶炼电炉。

3）电阻炉、真空炉、高频及中频感应炉。

4）冲天炉。包括长腰三节炉、移动式直线曲线炉胆热风冲天炉、燃重油冲天炉、一般冲天炉及冲天炉加料机构等。

5）加热炉及热处理炉。包括：①按型式分：室式、台车式、推杆式、反射式、链式、贯通式、环形式、传送式、箱式、槽式、开隙式、井式（整体组合）、坩锅式等。②按燃料分：电、天燃气、煤气、重油、煤粉、煤块等。

6）解体结构井式热处理炉：包括电阻炉、天然气炉、煤气炉、重油炉、煤粉炉等。

（2）本章定额包括的工作内容

1）无芯工频感应电炉的水冷管道、液压系统、油箱、液压操纵台等安装以及液压系统的配管、刷漆、内衬砌筑。

2）电阻炉、真空炉以及高频、中频感应炉的水冷系统、润滑系统、传动装置、真空机组、安全防护装置等安装。

3）冲天炉本体和前炉安装。

4）冲天炉加料机构的轨道、加料车、卷扬装置等安装。

5）加热炉及热处理炉的炉门升降机构、轨道、炉箅、喷嘴、台车、液压装置、拉杆或推杆装置、传动装置、装料装置、卸料装置等。

6）炉体管道的试压、试漏。

（3）本章定额不包括的工作内容

1）除无芯工频感应电炉包括内衬砌筑外，均不包括炉体内衬砌筑。

2）电阻炉电阻丝的安装。

3）热工仪表系统安装、调试。

4）风机系统的安装、试运转。

5）液压泵房站的安装。

6）阀门的研磨、试压。

7）台车的组立、装配。

8）冲天炉出渣轨道的安装。

9）解体结构井式热处理炉的平台安装。

10）烘炉。

（4）工程量计算规则

1）电弧炼钢炉、无芯工频感应电炉安装，以“台”为计量单位，以设备质量“t”分列定额项目。

2）无芯工频感应电炉安装是按每一炉组为两台炉子考虑，如每一炉组为一台炉子时，则相应定额乘以系数 0.6。

3）冲天炉安装以“台”为计量单位，按设备熔化率（t/h）分列定额项目。

4）冲天炉的加料机构，按各类型式综合考虑，已包括在冲天炉安装内，冲天炉出渣轨道安装，套用《机械设备安装工程》第五章内“地平面上安装轨道”的相应定额。

5）加热炉及热处理炉在计算设备时，如为整体结构（炉体已组装并有内衬砌体），应包括内衬砌体的质量，如为解体结构（炉体为金属结构件，需要现场组合安装，无内衬砌体）时，则不包括内衬砌体的质量，定额不变。对内衬砌体部分，执行第四册《炉窑砌筑工程》定额相应项目及工程量计算规则。

12. 煤气发生设备安装工程及工程量计算

（1）本章定额适用范围　本章定额适用于以煤或焦炭作燃料的冷热煤气发生炉及其各种附属设备、容器、构件的安装；气密试验；分节容器外壳组对焊接。

（2）本章定额包括的工作内容

1）煤气发生炉本体及其底部风箱、落灰箱安装，灰盘、炉箅及传动机构安装，水套、炉壳及支柱、框架、支耳安装，炉盖加料筒及传动装置安装，上部加煤机安装，本体其他附件及本体管道安装。

2）无支柱悬吊式（如 W-G 型）煤气发生炉的料仓、料管安装。

3）炉膛内径 1m 及 1.5m 的煤气发生炉包括随设备带有的给煤提升装置及轨道平台安装。

4）电气滤清器安装包括沉电极、电晕极检查、下料、安装、顶部绝缘子箱外壳安装。

5）竖管及人孔清理、安装，顶部装喷嘴和本体管道安装。

6）洗涤塔外壳组装及内部零件、附件以及必须在现场装配的部件安装。

7）除尘器安装包括下部水封安装。

8）盘阀、钟罩阀安装包括操纵装置安装及穿钢丝绳。

9）水压试验、密封试验及非密闭容器的灌水试验。

（3）本章定额不包括的工作内容

1）煤气发生炉炉顶平台安装。

2）煤气发生炉支柱、支耳、框架因接触不良而需的加热和修整工作。

3）洗涤塔木格层制作及散片组成整块、刷防腐漆。

4）附属设备内部及底部砌筑、填充砂浆及填瓷环。

5）洗涤塔、电气滤清器等的平台、梯子、栏杆安装。

6）安全阀防爆薄膜试验。

7）煤气排送机、鼓风机、泵安装。

（4）工程量计算规则

1）煤气发生设备安装以“台”为计量单位，按炉膛内径和设备质量分列定额项目。

2）在安装煤气发生炉时，如其炉膛内径与定额规定内径相近，质量超过 10% 以上时，按下列公式求得质量差系数，然后按表 2-5 乘以相应系数调整安装费。

质量差系数 = 设备实际质量/定额设备质量

表 2-5　安装费调整系数

设备质量差系数	1.1	1.2	1.4	1.6	1.8
安装费调整系数	1.0	1.1	1.2	1.3	1.4

3）洗涤塔电气滤清器竖管附属设备安装以“台”为计量单位，按设备名称、规格型号分列定额项目。

4）乙炔发生器以“台”为计量单位，按设备规格（m^3/h 以内）分列定额项目。

5）煤气发生设备的附属设备及其他容器构件以“t”为计量单位，按单位质量在 0.5t 以内和大于 0.5t 分列定额项目。

6）煤气发生设备分节容器外壳组焊，以“台”为计时单位，按设备外径（m 以内/组成节数）分列定额项目。

7）煤气发生设备分节容器外壳组焊时如所焊设备外径大于 3m，则以 3m 外径及组成节数（3/2、3/3）的定额为基础，按表 2-6 乘以调整系数。

表 2-6　调整系数

设备外径 ϕ（m 以内）/组成节数	4/2	4/3	5/2	5/3	6/2	6/3
调整系数	1.34	1.34	1.67	1.67	2.00	2.00

8）除洗涤塔外，其他各种附属设备外壳均按整体安装考虑，如为解体安装需要在现场焊接时，除执行相应整体安装定额外，尚需执行“煤气发生设备分节容器外壳组焊”的相应定额。且该定额是按外圈焊接考虑。如外圈和内圈均需焊接时，则按相应定额乘以系数 1.95。

13. 其他机械安装工程及工程量计算

（1）本章定额适用范围

1）制冷机械。包括溴化锂吸收式制冷机、快速制冰设备、盐水制冰设备、冷风机及空气幕、润滑油处理设备、搅拌器。

2）其他机械。包括膨胀机、柴油机、柴油发电机组、电动机及电动发电机组。

3）设备灌浆。包括地脚螺栓孔灌浆、设备底座与基础间灌浆。

（2）本章定额包括的工作内容

1）设备整体、解体安装。

2）电动机及电动发电机组装联轴器或带轮。

3）设备带有的电动机安装。

（3）本章定额不包括的工作内容

1）与设备本体非同一底座的各种设备、起动装置、仪表盘、柜等的安装、调试。

2）电动机及其他动力机械的拆装检查、配管、配线、调试。

3）刮研工作。

4）非设备带有的支架、沟槽、防护罩等安装。

5）设备保温及油漆。

（4）工程量计算规则

1）设备质量计算方法：在同一底座上的机组按整体总质量计算，非同一底座上的机组按主机、辅机及底座的总质量计算。

2）制冰设备、润滑油处理设备以“台”为计量单位，按设备类别、名称、型号及质量分列定额项目。

3）冷风机以“台”为计量单位，按设备名称、冷却面积及质量分列定额项目。冷风机定额的设备质量按冷风机、电动机、底座的总质量计算。

4）各级说明内已规定包括电动机、电动发电机组安装以及灌浆者，不得再套用本章中的有关定额。

5）柴油发电机组定额的设备质量、按机组的总质量计算。通信工程柴油发电机组按容量（kW）划分，应套用本章相应定额时，可按工程具体情况自行划分档次。

14. 附属设备安装工程及工程量计算

（1）本章定额适用范围

1）制冷站（库）及制冷空调内与制冷机械配套附属的冷凝器、蒸发器、储液器、分离器、过滤器、冷却器、玻璃钢冷却塔、集油器、油视镜、紧急泄氨器等设备安装以及容器单体试密、排污。

2）低压空气压缩站内空气压缩机配套的储气罐安装。

3）乙炔站内乙炔压缩机配套的乙炔发生器及其附属设备安装。

4）水压机附属的蓄势罐安装。

5）小型制氧站内双高压工艺流程及分子筛流程的空气分离塔和洗涤塔（XT-190 型）、干燥器（170×2 型）、碱水拌和器（1.6 型）、纯化器（HXK-30/59、HXK-1800/15 型）、加热炉（15.5 型）、加热器（JR-100、JR-13 型）、储氧器（50-1 型）、充氧台（GC-24 型）等附属设备安装。

6）与《机械设备安装工程》各种设备配套的零星小型金属结构件（如支架、框架、防护罩、支柱以及沟、槽、箱等非密闭性容器）的制作、安装。

7）设备灌浆：包括地脚螺栓孔灌浆、设备底座与基础间灌浆。

（2）本章定额包括的工作内容

1）制冷机械专用附属设备整体安装；随设备带有与设备联体固定的配件（放油阀、放水阀、安全阀、压力表、水位表）等安装。容器单体气密试验（包括装拆空气压缩机本体及连接试验用的管道、装拆盲板、通气、检查、放气等）与排污。

2）储气罐本体及与本体联体的安全阀、压力表等附件安装，气密试验。

3）乙炔发生器本体及与本体联体的安全阀、压力表、水位表等附件安装；附属的密闭性和非密闭性设备安装、气密试验或试漏。

4）水压机蓄势罐本体及底座安装；与本体联体的附件安装，酸洗、试压。

5）空气分离塔本体及本体第一个法兰内的管道、阀门安装；与本体联体的仪表、转换开关安装；清洗、调整、气密试验。

6）零星小型金属构件制作，包括划线、下料、平直、加工、组对、焊接、刷（喷）漆、试漏；安装包括补漆。

（3）本章定额不包括的工作内容

1）各种设备本体制作以及设备本体第一个法兰以外的管道、附件安装。

2）平台、梯子、栏杆等金属构件制作、安装。

3）小型制氧设备及其附属设备的试压、脱脂、阀门研磨；稀有气体及液氧或液氮的制取系统安装。

（4）工程量计算规则

1）地脚螺栓孔灌浆、设备底座与基础灌浆，以“m^3”为计量单位，按设备灌浆体积“m^3以内”分列定额项目。

2）立式、卧式管壳式冷凝器、蒸发器、淋水式冷凝器、蒸发式冷凝器、立式蒸发器、中间冷却器均以“台”为计量单位，按设备冷却或蒸发面积（m^2以内）分列定额项目。

3）立式低压循环储液器和卧式高压储液器（排液桶）以“台”为计量单位，按设备名称和设备容积（m^3以内）分列定额项目。

4）氨油分离器以“台”为计量单位，按设备直径（mm 以内）分列定额项目。

5）氨液分离器和空气分离器以“台”为计量单位，按设备名称和规格分列定额项目。

6）氨气过滤器和氨液过滤器以“台”为计量单位，按设备名称及设备直径（mm 以内）分列定额项目。

7）玻璃钢冷却塔以“台”为计量单位，按设备处理水量（m^3/h 以内）分列定额项目。

8）集油器、油视镜、紧急泄氨器以“台”或“支”为计量单位，按设备名称及设备直径（mm 以内）分列定额项目。

9）制冷容器单体试密与排污以“每次/台”为计量单位，按设备容量（m^3以内）分列定额项目。

10）储气罐以“台”为计量单位，按设备容量（m^3以内）分列定额项目。

11）小型空气分离塔以“台”为计量单位，按设备名称、型号、规格分列定额项目。

12）小型制氧机械附属设备中，洗涤塔、加热器、储氧器、充氧台、干烧器、碱水拌和器以“组”为计量单位，纯化器以“套”为计量单位。以上附属设备均按设备名称及型号分列定额项目。

13）零星小型金属结构件制作与安装，以“每 100kg”为定额计量单位，按金属结构件单体质量（kg）分别制作与安装。

14）冷风机的设备质量按冷风机本体、电动机及底座的总质量计算。柴油发电机组的设备质量按机组的总质量计算，凡在同一底座上的机组，按主机、辅机及底座的总质量计算。

（5）本章定额计算工程量时应注意的事项

1）设备如以面积（m^2）、容积（m^3）、直径 ϕ（mm 或 m）等作为项目规格时，则按设计要求（或实物）的规格，选用相应范围内的项目。至于计算一般起重机具摊销费时，各设备的质量可参考相关定额说明。

2）设备质量的计算应将设备本体及与设备联体的阀门、管道、支架、平台、梯子、保护罩等的质量计算在内。

3）以“型号”作为项目时，应按设计要求（或实物）的型号执行相同的项目。新旧型号可以互换。相近似的型号，如实物的质量相差在 10% 以内时，可以执行该定额。

4）乙炔发生器附属设备是按“密闭性设备”考虑的。如为“非密闭性设备”时，则相应定额的人工和机械台班乘以系数 0.8。

5）制冷设备各种容器的单体气密试验与排污定额是按试一次考虑的。如“技术规范”或“设计要求”需要多次连续试验时，则第二次的试验按第一次相应定额乘以调整系数 0.9。第三次及其以上的试验，从第三次起每次均按第一次的相应定额乘以系数 0.75。

6）制冷站（库）、空气压缩站、乙炔发生器、水压机蓄势站、小型制氧站、煤气站等工程的系统调整费，按各站工艺系统内全部安装工程人工费的 35% 计算（不包括间接费），其中工资占 50%。在计算系统调整费时，按下列规定执行：①上述系统调整费仅限于全部采用《全国统一安装工程预算定额》中第一册《机械设备安装工程》、第二册《电气设备安装工程》、第五册《静置设备与工艺金属结构制作安装工程》、第六册《工业管道工程》、第十一册《刷油、防腐蚀、绝热工程》等定额的站内工艺系统安装工程。

采用其他方式承包或非全部采用上述定额承包的站内工艺系统安装工程均不得计算上述系统调整费；②各站内工艺系统安装工程的人工费，必须全部由上述定额的人工费组成，如上述定额的人工费组成有缺项时，则缺项部分的人工费在计算系统调整费时应予扣除，不参加系统调整费的计算。

2.3 某金加工车间机床设备安装工程预算实例

2.3.1 背景资料

1. 工程概况

该车间设备的平面布置图见图2-1，设备表见表2-7。

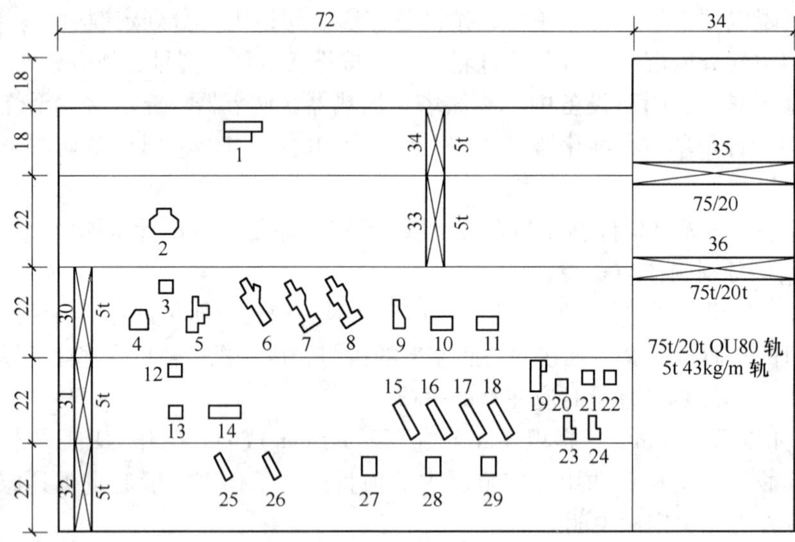

图2-1 某金加工车间机床设备平面布置图

表2-7 某金工车间设备统计表

工程名称：某机器制造石金加工车间设备安装工程

序号	设备名称	型号	台数	质量/t	序号	设备名称	型号	台数	质量/t
1	单柱立车	C6513	1	10.50	10	车床	C61100	1	17.20
2	双柱立车	C5235	1	44.50	11	车床	C61100	1	17.20
3	插床	B5052A	1	12.00	12	弓锯床	G72	1	0.50
4	立式车床	C5225	1	31.86	13	弓锯床	G72	1	0.50
5	镗床	T2110	1	10.00	14	内圆磨床	M250A	1	4.50
6	龙门刨床	B2010A	1	23.03	15	车床	C630	1	4.00
7	龙门铣床	X2010A	1	28.50	16	车床	C630	1	4.00
8	龙门铣床	X2010A	1	28.50	17	车床	C630	1	4.00
9	卧式镗床	T6110	1	23.00	18	车床	C630	1	4.00

（续）

序　号	设备名称	型　号	台　数	质量/t	序　号	设备名称	型　号	台　数	质量/t
19	滚齿机	Y31125A	1	12.00	28～29	摇臂钻	Z35	2	单 3.50
20	滚齿机	Y3180	1	5.00	30～33	桥式起重机	19.5m/5t	4	单 25.4
21	插齿机	Y34	1	3.53	34	桥式起重机	10.5m/5t	1	单 17.92
22	刨齿机	Y236	1	45.00	35-36	桥式起重机	75/20t31.5	2	单 91.28
23	卧式镗床	T68	1	10.50					
24	卧式镗床	T68	1	10.50		合计	台数 36		673.45
25	万能铣床	X63W	1	3.80					
26	立铣	X53K	1	4.25					
27	牛头刨	B665	1	2.00					

2. 施工条件

符合预算定额中规定的正常施工条件。单机重 5t 以内设备可以利用车间内桥式起重机施工。单机质量超过 5t 以上的设备可由机械及半机械配合施工。Q5t 电动起重机轨顶高 11m，Q75t/20t 电动起重机轨顶高 16m。大部分设备整体进场，部分设备解体进场，起重机共 7 台全部解体进场。

3. 编制要求

定额计价计算安装工程总造价；清单方式编制清单工程量表、清单计价表、综合单价分析表。本案例对操作超高增加费，脚手架搭拆费，一般起重机械摊销费，设备空负荷试运转的水、电、油、燃料等费用计算进行重点示范。

该工程类别及各项费率见表 2-8：

表 2-8　取费费率表

费率名称	文明安全	规定费用	管理费	利润	工程类别
取费率	0.7%	36.16%	34.23%	33.28%	一类

4. 编制依据与编制步骤

编制依据包括：《全国统一安装工程预算定额》（第一册）及《江西省消耗量定额及单位估价表》（2004）、《江西省建筑安装工程费用定额》（2004）和《建设工程工程量清单计价规范》（2013）。

编制步骤为：第一步，按设备规格、单台质量、类别计算安装工程量；第二步，分析各种设备应套取的基价；第三步，按定额规定计取一般起重机具摊销费，试运转油、电费；第四步，计算间接费、利润、税金；第五步，填写施工图预算表。

2.3.2　定额计价示例

首先，按表 2-7 给出的设备规格、单台质量、类别统计安装工程量，然后进行各种设备的套价，填写安装工程施工图预算表（见表 2-9），并按定额规定计取一般起重机具摊销费等，试运转油、电费。

表 2-9　某机器制造厂金加工车间设备安装工程预算表

定额编号	项目名称及规格	单 位	数 量	安装费/元		其 中					
						人工费/元		材料费/元		机械费/元	
				基价	合价	基价	合价	基价	合价	基价	合价
1-23	单柱立车	台	1	3139.03	3139.03		1349.45		724.08		1065.50
1-27	双柱立车	台	1	10272.30	10272.30		3304.84		1644.76		5322.70
1-110	插床	台	1	3136.92	3136.92		1315.47		755.95		1065.50
1-26	立式车床	台	1	7907.96	7907.96		2301.24		1506.25		4100.47
1-54	镗床	台	1	2513.06	2513.06		1163.42		490.49		859.15
1-112	龙门刨床	台	1	5141.07	5141.07		1790.12		1405.57		1945.38
1-94	龙门铣床	台	2	8605.04	17210.08	2105.35	4210.70	2610.34	5220.68	3889.35	7778.70
1-57	卧式镗床	台	1	5039.58	5039.58		1914.70		1334.86		1790.02
1-10	车 床	台	2	4773.72	9547.44	1325.96	2651.92	2105.23	4210.46	1342.53	2685.06
1-124	弓锯 床	台	2	284.61	569.22	141.78	283.56	107.24	214.48	35.59	71.18
1-72	内圆磨床	台	1	778.03	778.03		435.83		265.51		76.69
1-6	车 床	台	4	770.10	3080.40	399.56	1598.24	293.85	1175.40	76.69	306.76
1-91	滚齿机	台	1	3238.16	3238.16		1242.07		930.59		1065.50
1-88	滚齿机	台	1	700.75	700.75		410.67		213.39		76.69
1-88	插齿机	台	1	700.75	700.75		410.67		213.39		76.69
1-96	刨齿机	台	1	11631.14	11631.14		3370.48		2937.96		5322.70
1-55	卧式镗床	台	2	3218.98	6437.96	1379.03	2758.06	774.45	1548.90	1065.50	2131.00
1-88	万能铣床	台	1	700.75	700.75		410.67		213.39		76.69
1-88	立 铣	台	1	700.75	700.75		410.67		213.39		76.69
1-106	牛头 刨	台	1	513.06	513.06		280.63		169.44		62.99
1-40	摇臂 钻	台	2	661.35	1322.70	344.28	688.56	240.38	480.76	76.69	153.38
1-289	起重机	台	4	3941.18	15764.72	1915.60	7662.40	623.11	2492.44	1402.47	5609.88
1-289	起重机	台	1	3941.18	3941.18		1915.60		623.11		1402.47
1-302	起重机	台	2	17639.40	35278.80	5593.00	11186.0	1559.70	3119.40	10486.7	20973.4
	合 计				149265.81		53065.97		32104.65		64095.19
			质量/t								
一般起重机具摊销费			673.45	12.00/t	8081.40						
试运转油、电费（按 8% 计）					4245.28						

注：计算一般起重机具摊销费时，不论设备大小，一律按所安装设备的净质量，每吨 12.00 元计取；试运转油、电费根据经验公式，按人工费的 8% 计取。

$$一般起重机具摊销费 = (673.45 \times 12)元 = 8081.40 元$$

$$试运转油、电费 = (53065.97 \times 8\%)元 = 4245.28 元$$

起重设备安装的脚手架搭拆费计算时，选用表 2-1 中系数：

$$脚手架搭拆费 = (716.23 \times 4 + 716.23 + 1340.18 \times 2) 元 = 6261.51 元。$$

计算不利用车间内桥式起重机进行安装的设备，即单质量5t以上（不包括5t本身）的设备，每台人工及机械费增加11%。见表2-10。

表2-10 不能利用桥式起重机增加系数（根据《全国统一安装工程预算定额》规定）**安装工程预算表**

定额编号	工程或费用名称	工程量		安装费/元		其中					
						人工费/元		材料费/元		机械费/元	
		单位	数量	基价	特殊技术合价	基价	合价	基价	合价	基价	合价
1-23	单柱立车	台	1	3139.03	265.64		1349.45		724.08		1065.50
1-27	双柱立车	台	1	10272.30	949.03		3304.84		1644.76		5322.70
1-110	插床	台	1	3136.92	261.01		1315.47		755.95		1065.50
1-26	立式车床	台	1	7907.96	704.19		2301.24		1506.25		4100.47
1-54	镗床	台	1	2513.06	222.48		1163.42		490.49		859.15
1-112	龙门刨床	台	1	5141.07	410.91		1790.12		1405.57		1945.38
1-94	龙门铣床	台	2	8605.04	1318.83		4210.70		5220.68		7778.70
1-57	卧式镗床	台	1	5039.58	407.52		1914.70		1334.86		1790.02
1-10	车床	台	2	4773.72	587.07		2651.92		4210.46		2685.06
1-91	滚齿机	台	1	3238.16	253.83		1242.07		930.59		1065.50
1-96	刨齿机	台	1	11631.14	956.25		3370.48		2937.96		5322.70
1-55	卧式镗床	台	2	3218.98	537.80		2758.06		1548.90		2131.00
1－289	起重机	台	4	3941.18	1459.95		7662.40		2492.44		5609.88
1－289	起重机	台	1	3941.18	364.99		1915.60		623.11		1402.47
1－302	起重机	台	2	17639.40	3537.53		11186.0		3119.40		20973.4
	合计				12237.03						

根据费用定额中相关费率系数及表1-7的计费程序，可分别计算间接费、利润、税金等，最后得出此金工车间安装费用总造价。

2.3.3 工程量清单计价示例

【例2-1】 本工程某金加工车间机床设备平面布置图如图2-1所示，其工程量清单计价示例编制要求：编制分部分项工程量清单表、分部分项工程量清单计价表、分部分项工程量清单综合单价分析表。措施项目清单计价表、其他项目清单计价表、零星工作项目计价表、单位工程汇总表则根据施工技术方案等相关文件进行相应计算。计算结果分别见表2-11、表2-12和表2-13。

表2-11 分部分项工程量清单

序号	项目编码	项目名称	单位	工程数量
1	030101002001	车床C630，单台质量4t、本体安装、二次灌浆	台	4
2	030101002002	车床C61100，单台质量17.20t、本体安装、二次灌浆	台	2
3	030101003001	立式车床C5225，单台质量31.86t、本体安装、二次灌浆	台	1

（续）

序号	项目编码	项目名称	单位	工程数量
4	030101003002	单柱立式车床 C6513，单台质量 10.50t、本体安装、二次灌浆	台	1
5	030101003003	双柱立式车床 C5235，单台质量 44.50t、本体安装、二次灌浆	台	1
6	030101004001	摇臂钻床 Z35，单台质量 3.5t、本体安装、二次灌浆	台	2
7	030101005001	镗床 T2110，单台质量 10t、本体安装、二次灌浆	台	1
8	030101005002	卧式镗床 T68，单台质量 10.5t、本体安装、二次灌浆	台	2
9	030101005003	卧式镗床 T6110，单台质量 23t、本体安装、二次灌浆	台	1
10	030101006001	内圆磨床 M250A，单台质量 4.5t、本体安装、二次灌浆	台	1
11	030101007001	万能铣床 X63W，单台质量 3.8t、本体安装、二次灌浆	台	1
12	030101007002	立式铣床 X53K，单台质量 4.25t、本体安装、二次灌浆	台	1
13	030101007003	龙门立式铣床 X2010A，单台质量 28.50t、本体安装、二次灌浆	台	2
14	030101008001	插齿机 Y34，单台质量 3.53t、本体安装、二次灌浆	台	1
15	030101008002	滚齿机 Y3180，单台质量 5t、本体安装、二次灌浆	台	1
16	030101008003	滚齿机 Y31125A，单台质量 12t、本体安装、二次灌浆	台	1
17	030101008004	刨齿机 Y236，单台质量 45t、本体安装、二次灌浆	台	1
18	030101010001	牛头刨床 B665，单台质量 2t、本体安装、二次灌浆	台	1
19	030101010002	龙门刨床 B2010A，单台质量 23.03t、本体安装、二次灌浆	台	1
20	030101011001	插床 B5052A，单台质量 12t、本体安装、二次灌浆	台	1
21	030101019001	锯床 G72，单台质量 0.5t、本体安装、二次灌浆	台	2
22	030104001001	电动双梁桥式起重机，Q5t19.50m，本体安装，负荷试车	台	5
23	030104001002	电动双梁桥式起重机，Q75/25t 31.50m，本体安装，负荷试车	台	2
24	030105001001	混凝土梁上 Q5t 起重机轨道安装 43kg/m，弹性垫压板螺栓固定、纵向孔距 600mm 横向孔距 260mm，车挡制作 单重 0.25t、车挡安装，轨道 C30 细石混凝土垫层灌浆	m	720.00
25	030105001002	混凝土梁上 Q75t 起重机轨道安装 QU80，弹性垫压板螺栓固定、纵向孔距 600mm 横向孔距 280mm，车挡制作 单重 0.65t、车挡安装，轨道 C30 细石混凝土垫层灌浆，操作超高	m	248.00
		合计 36 台套		

表 2-12　分部分项工程量清单计价表

序　号	项目编码	项目名称	单　位	数　量	金额/元	
					综合单价	合价
1	030101002001	车床 C630，单台质量 4t、本体安装、二次灌浆	台	4	1039.84	4159.36
2	030101002002	车床 C61100，单台质量 17.20t、本体安装、二次灌浆	台	2	5668.88	11337.76
3	030101003001	立式车床 C5225，单台质量 31.86t、本体安装、二次灌浆	台	1	9461.52	9461.52
4	030101003002	单柱立式车床 C6513 单台质量 10.50t、本体安装、二次灌浆	台	1	4050.05	4050.05

（续）

序　号	项目编码	项目名称	单　　位	数　　量	金额/元	
					综合单价	合价
5	030101003003	双柱立式车床 C5235 单台质量 44.50t、本体安装、二次灌浆	台	1	12503.4	12503.4
6	030101004001	摇臂钻床 Z35 单台质量 3.5t、本体安装、二次灌浆	台	2	893.77	1787.54
7	030101005001	镗床 T2110 单台质量 10t、本体安装、二次灌浆	台	1	3298.49	3298.49
8	030101005002	卧式镗床 T68 单台质量 10.5t、本体安装、二次灌浆	台	2	4149.96	8299.92
9	030101005003	卧式镗床 T6110 单台质量 23t、本体安装、二次灌浆	台	1	6332.19	6332.19
10	030101006001	内圆磨床 M250A 单台质量 4.5t、本体安装、二次灌浆	台	1	1072.25	1072.25
11	030101007001	万能铣床 X63W 单台质量 3.8t、本体安装、二次灌浆	台	1	977.99	977.99
12	030101007002	立式铣床 X53K 单台质量 4.25t、本体安装、二次灌浆	台	1	977.99	977.99
13	030101007003	龙门立式铣床 X2010A 单台质量 28.50t、本体安装、二次灌浆	台	2	10026.36	20052.72
14	030101008001	插齿机 Y34 单台质量 3.53t、本体安装、二次灌浆	台	1	977.99	977.99
15	030101008002	滚齿机 Y3180 单台质量 5t、本体安装、二次灌浆	台	1	977.99	977.99
16	030101008003	滚齿机 Y31125A 单台质量 12t、本体安装、二次灌浆	台	1	4076.68	4076.68
17	030101008004	刨齿机 Y236 单台质量 45t、本体安装、二次灌浆	台	1	13906.56	13906.56
18	030101010001	牛头刨床 B665 单台质量 2t、本体安装、二次灌浆	台	1	702.51	702.51
19	030101010002	龙门刨床 B2010A 单台质量 23.03t、本体安装、二次灌浆	台	1	6349.58	6349.58
20	030101011001	插床 B5052A 单台质量 12t、本体安装、二次灌浆	台	1	4025	4025
21	030101019001	锯床 G72 单台质量 0.5t、本体安装、二次灌浆	台	2	380.325	760.65
22	030104001001	电动双梁桥式起重机 Q5t 19.50m，本体安装，负荷试车	台	5	5950.63	29753.15
23	030104001002	电动双梁桥式起重机 Q75/25t 31.50m，本体安装，负荷试车	台	2	25560	51120
24	030105001001	混凝土梁上 Q5t 起重机轨道安装 43kg/m，弹性垫压板螺栓固定、纵向孔距 600mm 横向孔距 260mm，车挡制作单台质量 0.25t、车挡安装，轨道 C30 细石混凝土垫层灌浆	m	720	512.5	369000.00

（续）

序　号	项目编码	项目名称	单　　位	数　　量	金额/元	
					综合单价	合价
25	030105001002	混凝土梁上 Q75t 起重机轨道安装 QU80，弹性垫压板螺栓固定、纵向孔距 600mm 横向孔距 280mm，车挡制作单台质量 0.65t、车挡安装，轨道 C30 细石混凝土垫层灌浆，操作超高	m	248	793.78	196857.44
26		分部分项清单计价合计				762818.7

表 2-13　分部分项工程量清单综合单价分析表

序号	项目编码	项目名称	单位	数量	综合单价组成					综合单价
					人工费	材料费	机械费	管理费	利润	
1	030101002001	车床 C630，单台质量 4t	台	4	1598.24	1175.40	306.76	547.08	531.89	1039.84
	江西定额 1-6	车床安装 5t 以内	台		399.56	293.85	76.69			
2	030101002002	车床 C61100，单台质量 17.20t	台	2	2651.92	4210.46	2685.06	907.75	882.56	5668.88
	江西定额 1-10	车床安装 20t 以内	台		1325.96	2105.23	1342.53			
3	030101003001	立式车床 C5225，单台质量 31.86t	台	1	2301.24	1506.25	4100.47	787.71	765.85	9461.52
	江西定额 1-26	立式车床安装35t 以内	台		2301.24	1506.25	4100.47			
4	030101003002	单柱立式车床 C6513 单台质量 10.50t	台	1	1349.45	724.08	1065.50	461.92	449.10	4050.05
	江西定额 1-23	立式车床安装15t 以内	台		1349.45	724.08	1065.50			
5	030101003003	双柱立式车床 C5235 单台质量 44.50t	台	1	3304.84	1644.76	5322.70	1131.25	1099.85	12503.4
	江西定额 1-27	立式车床安装50t 以内	台		3304.84	1644.76	5322.70			
6	030101004001	摇臂钻床 Z35 单台质量 3.5t	台	2	688.56	480.76	153.38	235.69	229.15	893.77
	江西定额 1-40	钻床安装 5t 以内	台		344.28	240.38	76.69			
7	030101005001	镗床 T2110 单台质量 10t	台	1	1163.42	490.49	859.15	398.24	387.19	3298.49
	江西定额 1-54	镗床安装 10t 以内	台		1163.42	490.49	859.15			
8	030101005002	卧式镗床 T68 单台质量 10.5t	台	2	2758.06	1548.90	2131.00	944.08	917.88	4149.96
	江西定额 1-55	镗床安装 15t 以内	台		1379.03	774.45	1065.50			
9	030101005003	卧式镗床 T6110 单台质量 23t	台	1	1914.70	1334.86	1790.02	655.40	637.21	6332.19
	江西定额 1-57	镗床安装 25t 以内	台		1914.70	1334.86	1790.02			
10	030101006001	内圆磨床 M250A 单台质量 4.5t	台	1	435.83	265.51	76.69	149.18	145.04	1072.25
	江西定额 1-72	磨床安装 5t 以内	台		435.83	265.51	76.69			

（续）

序号	项目编码	项目名称	单位	数量	综合单价组成					综合单价
					人工费	材料费	机械费	管理费	利润	
11	030101007001	万能铣床 X63W 单台质量 3.8t	台	1	410.67	213.39	76.69	140.57	136.67	977.99
	江西定额 1-88	铣床安装 5t 以内	台		410.67	213.39	76.69			
12	030101007002	立式铣床 X53K 单台质量 4.25t	台	1	410.67	213.39	76.69	140.57	136.67	977.99
	江西定额 1-88	铣床安装 5t 以内	台		410.67	213.39	76.69			
13	030101007003	龙门立式铣床 X2010A 单台质量 28.50t	台	2	4210.70	5220.68	7778.70	1441.32	1401.32	10026.36
	江西定额 1-94	铣床安装 30t 以内	台		2105.35	2610.34	3889.35			
14	030101008001	插齿机 Y34 单台质量 3.53t	台	1	410.67	213.39	76.69	140.57	136.67	977.99
	江西定额 1-88	齿轮加工 5t 以内	台		410.67	213.39	76.69			
15	030101008002	滚齿机 Y3180 单台质量 5t	台	1	410.67	213.39	76.69	140.57	136.67	977.99
	江西定额 1-88	齿轮加工 5t 以内	台		410.67	213.39	76.69			
16	030101008003	滚齿机 Y31125A 单台质量 12t	台	1	1242.07	930.59	1065.50	425.16	413.36	4076.68
	江西定额 1-91	齿轮加工 15t 以内	台		1242.07	930.59	1065.50			
17	030101008004	刨齿机 Y236 单台质量 45t	台	1	3370.48	2937.96	5322.70	1153.72	1121.70	13906.56
	江西定额 1-96	齿轮加工 50t 以内	台		3370.48	2937.96	5322.70			
18	030101010001	牛头刨床 B665 单台质量 2t	台	1	280.63	169.44	62.99	96.06	93.39	702.51
	江西定额 1-106	刨床安装 3t 以内	台		280.63	169.44	62.99			
19	030101010002	龙门刨床 B2010A 单台质量 23.03	台	1	1790.12	1405.57	1945.38	612.76	595.75	6349.58
	江西定额 1-112	刨床安装 3t 以内	台		1790.12	1405.57	1945.38			
20	030101011001	插床 B5052A 单台质量12t	台	1	1315.47	755.95	1065.50	450.29	437.79	4025
	江西定额 1-110	插床安装 15 以内	台		1315.47	755.95	1065.50			
21	030101019001	锯床 G72 单台质量 0.5t	台	2	283.56	214.48	71.18	97.06	94.37	380.325
	江西定额 1-124	其他机床安装 1t 以内	台		141.78	107.24	35.59			
22	030104001001	电动双梁桥式起重机 Q5t 19.50m	台	5	9578.00	6696.70	7012.35	3278.549	3187.558	5950.63
	江西定额 1-289		台		1915.60	623.11	1402.47			
	定额篇说明（附表）	脚手架搭拆摊销费	台	5		716.23				
23	030104001002	电动双梁桥式起重机	台	2	13143.55	4459.58	24643.50	4499.037	4374.173	25560
		双梁桥式起重机 Q75/25t 跨 31.50m	台	2	11186.0	3119.40	20973.4			
	江西定额 1 302	双梁桥式起重机 Q75/25t 跨 31.50m	台		5593.00	1559.70	10486.7			

（续）

序号	项目编码	项目名称	单位	数量	综合单价组成					综合单价
					人工费	材料费	机械费	管理费	利润	
23	定额说明	起重机安装超高增加费人×35%机×35%	台	2	1957.55		3670.10			
	定额篇说明（附表）	脚手架搭拆摊销费	台	2		1340.18				
24	030105001001	混凝土梁上Q5t起重机轨道安装，车挡制作安装	m	720	29487.08	310932.35	8672.82	10093.43	9813.30	512.50
		混凝土梁上Q5t起重机轨道安装43kg/m，弹性垫压板螺栓固定、纵向孔距600mm横向孔距260mm	m	720	28591.20	309018.96	8181.36			
	江西定额1-402	混凝土梁上起重机轨道安装43kg/m，弹性垫压板螺栓固定、纵向孔距600mm横向孔距260mm	10m		397.10	4291.93	113.63			
		Q5t起重机车挡安装，每组4个，单台质量0.25t	t	1	296.03	140.99				
	江西定额1-472	Q5t起重机车挡安装，每组4个，单台质量0.25t	t		296.03	140.99				
		Q5t起重机车挡制作，每组4个，单台质量0.25t	t	1	599.85	1772.40	491.46			
	江西定额1-476	Q5t起重机车挡制作，每组4个，单台质量0.25t	t		599.85	1772.40	491.46			
25	030105001002	混凝土梁上Q75t/20t起重机轨道安装，车挡制作安装，超高增加	m	248	17961.96	160532.59	6236.49	6148.38	5977.74	793.78
		混凝土梁上Q75t/20t起重机轨道安装QU80，弹性垫压板螺栓固定、纵向孔距600mm横向孔距280mm	m	248	11220.26	155519.06	3516.64			
	江西定额1-404	混凝土梁上Q75t/20t起重机轨道安装QU80，弹性垫压板螺栓固定、纵向孔距600mm横向孔距280mm	10m		452.43	6270.93	141.80			
	定额说明	轨道安装超高增加费人×35%机×35%	m	248	3927.09		1230.82			
		Q75t/20t起重机车挡安装，每组4个，单台质量0.65t	t	2.6	929.63	405.29	156.47			

（续）

序号	项目编码	项目名称	单位	数量	综合单价组成					综合单价
					人工费	材料费	机械费	管理费	利润	
25	江西定额1-473	Q75t/20t起重机车挡安装，每组4个，单台质量0.65t	t		357.55	155.88	60.18			
	定额说明	轨道安装超高增加费 人×35% 机×35%	t	2.6	325.37		54.76			
		Q75t/20t起重机车挡制作，每组4个，单台质量0.65t	t	2.6	1559.61	4608.24	1277.80			
	江西定额1-476	Q75t/20t起重机车挡制作，每组4个，单台质量0.65t	t		599.85	1772.40	491.46			

注：表中江西定额指《江西省安装工程消耗量定额及单位估价表》第一册《机械设备安装工程》。

【例2-2】 某工程为首层加工车间车床安装工程，层高为3.5m。本加工车间需安装以下车床：

1）普通卧式车床2台，型号为C620，规格2680×1320×1380，质量4t。

2）普通卧式车床2台，型号为C61100，规格11100×2100×1790，质量14.5t。

3）摇臂钻床1台，型号为Z35A，规格2630×1010×2840，质量4.5t。

4）立式钻床1台，型号为Z5150A，规格1090×910×2530，质量1.25t。

5）牛头刨床3台，型号为B6080，规格3110×1350×1680，质量3.6t。

6）牛头刨床1台，型号为B60100，规格3510×1460×1760，质量4.5t。

车床安装所需的混凝土基础由土建单位施工。配电控制系统另行施工。请根据设计要求计算该加工车间车床安装的清单工程量。

根据现行国家标准GB 50500—2013《建设工程工程量清单计价规范》、GB 50856—2013《通用安装工程工程量计算规范》，可列出该机械设备安装工程分部分项工程量清单如表2-14所示。

表2-14　分部分项工程和单价措施项目清单与计价表

工程名称：某加工车间机械设备安装工程　　　　第1页　共1页

序号	项目编码	项目名称	项目特征描述	计量单位	工程数量	金额/元			
						综合单价	合价	其中	
								人工费	暂估价
1	030101002001	卧床车床	1. 名称：普通卧式车床 2. 型号：C620 3. 规格：2680×1320×1380 4. 质量：4t	台	2				
2	030101002002	卧床车床	1. 名称：普通卧式车床 2. 型号：C61100 3. 规格：11100×2100×1790 4. 质量：14.5t	台	2				

（续）

序号	项目编码	项目名称	项目特征描述	计量单位	工程数量	金额/元			
						综合单价	合价	其中	
								人工费	暂估价
3	030101004001	钻床	1. 名称：摇臂钻床 2. 型号：Z35A 3. 规格：2630×1010×2840 4. 质量：4.5t	台	1				
4	030101004002	钻床	1. 名称：立式钻床 2. 型号：Z5150A 3. 规格：1090×910×2530 4. 质量：1.25t	台	1				
5	030101010001	刨床	1. 名称：牛头刨床 2. 型号：B6080 3. 规格：3110×1350×1680 4. 质量：3.6t	台	3				
6	030101010002	刨床	1. 名称：牛头刨床 2. 型号：B60100 3. 规格：3510×1460×1760 4. 质量：4.5t	台	1				

思 考 题

1. 如何计算设备质量？

2. 若某设备底座安装标高为110m，应计取的超高系数是多少？

3. 什么情况下计算泵、风机、压缩机的拆装检查项目？

4. 《江西省安装工程消耗量定额及单位估价表》第一册《机械设备安装工程》是否都应计取一般起重机具摊销费？

5. 工程量计算规则中各种设备的“净质量”的含义是什么？

6. 电梯安装是否应计算超高和高层增加费？

7. 起重设备安装项目中，是否包括负荷试运转？

8. 设备解体拆装检查、地脚螺栓二次灌浆如何执行定额？

9. 各种消防泵、稳压泵，应执行什么定额？

10. 机械设备安装时，利用车间内已有的桥式起重机吊装，执行定额时，是否需要调整定额中的机械费？

11. 定额中设备单机试运转包括的内容有哪些？

第3章 工业管道工程施工图预算编制

3.1 工业管道工程基础知识

工业管道工程是工业建设中非常重要的工作，在石油化工和冶金工业中尤为重要。工业建设的安装工程中，除了设备的安装以外，最多的就是工业管道的安装。从厂内到厂外，把厂区各个生产装置，各个工段，各种不同的设备连接起来，在石油、化工生产过程中，从原料的投入到产品的产出，几乎每道生产工序都离不开工业管道。

工业管道安装工程所需的各种管材、阀门、法兰和管件等，大多数价格比较高，都以主材费的形式进入安装工程直接费，在整个安装工程费用中占很大比重。

工业管道安装的主要图样是管道布置图，主要表达车间或装置内管道和管件、阀、仪表控制点的空间位置、尺寸和规格，以及与有关设备的连接关系。本章扼要介绍工业管道工程常用材料、施工方法等基本知识，并对工业管道工程量计算规则和方法及定额应用作系统说明。

3.1.1 工业管道常用管材

工业管道安装所用的管材种类很多，按压力等级可以分为低压、中压、高压管道；按材质可以分为钢管、铸铁管、有色金属管材和非金属管材。

管道规格的表示方法：镀锌焊接钢管、不镀锌焊接钢管、铸铁管、硬聚氯乙烯管等，管径以公称直径 DN 表示（如 DN15、DN100 等）；耐酸陶瓷管、混凝土管、钢筋混凝土管、陶土管等，管径以内径 *d* 表示（如 *d*230、*d*380 等）；焊接直缝管、无缝钢管等，管径以外径×壁厚表示（如 *D*108×4、*D*159×4.5 等）。

1. 钢管

（1）焊接钢管　又称有缝钢管或水煤气输送钢管。焊接钢管是采用焊接加工制造的，有镀锌（称白铁管）和不镀锌（称黑铁管）两种，镀锌焊接钢管用于输送要求比较洁净的介质，如给水、洁净空气等；不镀锌的焊接钢管用于输送蒸汽、煤气、压缩空气和冷凝水等。

（2）无缝钢管　是工业生产中最常用的一种管材，品种繁多，使用数量大。无缝钢管以常用材质划分为碳素结构钢、低合金结构钢、不锈耐酸钢。

1）碳素结构钢。适用于温度在 475℃以下，输送各种对钢材无腐蚀的介质，如输送蒸汽、氧气、压缩空气和油品等。

2）低合金结构钢。通常是指含一定比例铬钼金属的合金钢管，也称铬钼钢。适用于温度为 -201 ~ 650℃，可输送各种温度较高的油品、油气和腐蚀性不强的介质，如盐水、低浓度的有机酸等。

3）不锈耐酸钢。根据铬、镍、钛各种金属的不同含量，有很多种品种。适用于温度

800℃以下，可输送腐蚀性较强的介质，如硝酸、醋酸、尿素等。

2. 铸铁管（工业用铸铁管）

均为法兰连接，由于表面与介质接触层由氧化硅保护膜制成，能抗腐蚀，因而可用来输送腐蚀性强的介质，如硫酸和碱类。

3. 有色金属管材

（1）铝管　铝管的操作温度为200℃以下，当温度高于160℃时，不宜在压力下使用。铝管的规格用外径×壁厚表示，常用规格范围有：D14mm×2mm～D120mm×5mm，直径超过120mm的铝管，需要用3～8mm厚的铝板卷制。

铝管的特点是质量轻，不生锈，但机械强度较差，不能承受较高压力，适用于输送脂肪酸、硫化氢、二氧化碳、硝酸和醋酸，但不适用于输送盐酸和碱液。

（2）铜管　铜管的制造方法分为拉制和挤制两种，适用于工作温度在250℃以下，多用于油管道、保温伴热管和空分氧气管道。

（3）钛管　钛管是近年来新出现的一种管材，由于它具有质量轻、强度高、耐腐蚀性强和耐低温的特点，常用于其他管材无法胜任的工艺部位。适用温度范围为-140～250℃，当温度超过250℃时，其力学性能下降。钛管虽然具有很多优点，但因为价格昂贵，焊接难度大，还没有被广泛采用。

4. 非金属管材

（1）硬聚氯乙烯管　硬聚氯乙烯管具有良好的化学稳定性，除强氧化剂（如浓度大于50%硝酸、发烟硝酸等）以及芳香族碳氢化合物、氯代碳氢化合物（如苯、甲苯、氯苯、酮类等）外，几乎能耐任何浓度的各类酸、碱、盐及有机溶剂的腐蚀。它还具有机械加工性能好、成型方便，以及焊接性和一定的机械强度、密度小（约为钢的1/5）等优点。

（2）玻璃管　玻璃管的耐腐蚀性能好，除氢氟酸、氟硅酸、热磷酸及强碱外，能输送多种无机酸、有机酸及有机溶剂等介质。其特点是化学稳定性高、透明、光滑和耐磨。

（3）玻璃钢管　玻璃钢管是以玻璃纤维及其制品（如玻璃布、玻璃带、玻璃毡）为增强材料。以合成树脂为粘合剂，经过一定的成型工艺制作而成。它质量轻、强度高、容易操作、耐腐蚀性好、电绝缘性好、流速大、浸透性好。使用温度为150℃以下，使用压力为3.0MPa。

（4）混凝土管　混凝土管有预应力钢筋混凝土管和自应力钢筋混凝土管，主要用于输水管道，管道采用承插连接，钢筋混凝土管可以代替铸铁管和钢管输送低压给水、气等。

（5）衬里管道　一般是指在碳钢管的内壁衬上耐腐蚀性强的材质，使管道既机械强度高，有一定的受压能力，又有较好的防腐蚀性。常用的衬里管道有衬橡胶管、衬铅管、衬塑料管和衬搪瓷管。为了衬里时操作方便，衬里的碳钢管多采用法兰连接，而且每根管不能很长。

3.1.2 工业管道常用管件、阀门、法兰和附件

1. 工业管道常用管件

管件是工业管道工程中的主要配件，是管道系统中起连接、控制、变向、分流、密封、支撑等作用的零部件的统称。多用与管道相同的材料制成。

按连接方式不同，管件可分为承插式管件、螺纹管件、法兰管件和焊接管件四类；按直

管与管件焊接时的焊接方式不同，可将管件分为两大类：对焊类（BW）；承插（SW）及螺纹（TH）类；按管件表面是否带有焊缝，可将管件分为有缝管件和无缝管件两大类；按管件的承压能力分低压管件、中压管件和高压管件。

管件的名称分为：弯头、三通、大小头、管帽、变径管、各种管接头。弯头用于管道转弯的地方；法兰用于使管子与管子相互连接的零件，连接于管端，三通管用于三根管子汇集的地方；四通管用于四根管子汇集的地方；异径管用于不同管径的两根管子相连接的地方。

常用的丝接管件见第4章给排水内容，本章主要介绍中、低压无缝钢管管件。无缝钢管管件，大多是冲压或焊制，一般做成弯头、异径管和三通等。

（1）弯头　无缝钢管管道使用的弯头，按制造方法不同分为冲压弯头、推制弯头、煨制弯头和焊接弯头。

冲压弯头有两种做法，一种是直径在200mm以下的，直接用无缝钢管压制，一次成形，不需要焊接，又称无缝弯头；另一种是直径在200mm以上的，则采用10钢、20钢或16Mn钢板冲压成两半，再组对焊接成形，也称冲压焊接弯头。

推制弯头是近几年采用的新工艺，它是用无缝钢管推制成形，其成形钢管壁厚比冲压无缝弯头大，质量也比冲压弯头好。

煨制弯头是以管材直接煨制而成，一般用于小口径管道或弯曲半径没有要求的管道上。

焊接弯头是用钢板卷制或用钢管焊接（俗称虾体弯）制成，常用于低压管道上。

（2）异径管　异径管是在管道上起变更管径的作用，有同心异径管和偏心异径管之分，一般多在施工现场焊接。在实际施工中，常将大口径管收口缩制成异径管，故称为摔制异径管。

（3）三通　无缝钢管和其他大口径的钢板卷管在安装中需从主管上接出支管时，多采用焊接三通，或直接在主管道上开孔焊接（挖眼三通）而成。

（4）封头　是用于管端起封闭作用的堵头，常用的有椭圆形封头和平盖形封头两种。椭圆形封头也称为管帽，多用于中低压管道上；平盖封头多用于压力较低的管道上。

（5）凸台　也称管嘴，是自控仪表专业在工艺管道上的一种部件，其规格范围为DN15～DN200mm，高、中、低压管道都使用。

（6）盲板　其作用是把管道内介质切断，根据使用压力和法兰密封面的形式可分为光滑面盲板、凸面盲板、梯形槽面盲板、“8”字盲板等。

（7）弯管　在管道安装中，除采用定型弯头改变管道的方向外，有时还采用煨制弯管，这种弯管，一般都是在施工现场制作。弯管的煨制可分为冷煨和热煨两种形式。

冷煨弯管，弯曲半径不应小于管子直径的4倍，煨制时一般不用装砂子，通常使用手动弯管器或电动弯管机来煨制。冷煨弯管的直径一般在150mm以下，这种煨制方法除煨制碳钢管以外，还常用来煨制不锈钢管、铝管和铜管。

热煨弯管，有人工煨制和机械煨制两种。热煨弯管的弯曲半径不应小于管子直径的3.5倍。人工煨制，大部分是在施工现场进行，通常采用烘炉焦炭加热或氧乙炔加热方法来煨制。煨制前管子内要装干砂并打实，防止管子在弯曲时因受力使圆形截面变形。管子装好砂子以后，按煨制弧长进行加热，加热到一定温度，将管子移至操作平台上进行煨制，达到所要求的弯曲度即可。机械煨制时，通常采用晶闸管中频加热弯管机和氧乙炔加热的大功率火焰弯管机。机械煨制弯管速度快、质量好，煨制时管内不需装砂子，但造价较高。

2. 工业管道常用阀门

阀门是用来调节管道或设备内介质流量，能够随时开启或关闭的活门。阀门的种类很多，按公称压力分为三种：1.6MPa（包括1.6MPa）为低压阀门，2.5～6.4MPa为中压阀门，10～80.0MPa为高压阀门；按材质分有铸铁阀、碳钢阀、铜阀、不锈钢阀以及各种非金属阀等；按阀门的连接方式分有法兰阀门、螺纹阀门、焊接阀门等；按阀门的驱动方式分有手动阀、电动阀、液动阀和气动阀。

阀门是工业管道上非常重要的部件，它对管内所输送的介质起开和关的作用，因此必须保证阀门的安装质量。阀门从出厂到现场安装，一般都是经过多次装卸运输和长时间的存放，故在安装以前必须对阀门进行检查、清洗、试压、必要时还需进行研磨。

（1）阀门检查　阀门在安装前先要进行外观检查，检查阀体、密封面、阀杆等是否有制造缺陷或撞伤。根据阀门出厂合格证，如果出厂日期较短，外观检查也没有发现问题，对此类同厂同批生产的阀门可进行比例抽查；但对出厂时间和存放时间都比较长的阀门以及密封度要求较严的阀门，一定要做解体检查。

（2）阀门水压试验　经内部解体检查的阀门，应进行强度和严密性试验，一般都是进行水压试验。强度试验压力一般为阀门公称压力的1.5倍。进行强度试验时，阀门应处于开启状态，等阀门内水灌满以后再封闭，缓慢升压到试验压力，停压5min以后，进行检查，如果表压不下降，阀体和填料无渗漏现象，强度试验即为合格。然后将阀门关闭，关闭时手轮上不许加任何器械，只靠人工手力把阀门关好，缓慢降压至工作压力，停压不少于5min，如果表压不降，密封圈和填料处无渗漏，则严密性试验即为合格。

（3）阀门研磨　阀门在严密性试验时，如发现密封圈渗漏，则应重新解体，详细检查密封接合面的缺陷，如有沟槽之处，其深度小于0.05mm时，可用研磨方法来消除，如果沟槽深度0.05mm时，应用车床车平。沟深很严重的要进行补焊，然后予以车平，再进行研磨。研磨时，研磨面要涂一层很细的研磨剂，也称为凡尔砂。

阀门经过研磨、清洗、组装以后，再进行水压严密性试验，合格后方可使用。

3. 工业管道常用法兰、垫片及螺栓

（1）法兰　法兰是工业管道上起连接作用的一种部件，可连接两根直管，也可将设备、阀门（法兰阀门）与管路连接起来。法兰紧密性可靠，装卸方便。

法兰有很多种分类方式，按压力分为低压、中压、高压；按材质分为铸铁法兰、铸钢法兰、碳钢法兰、耐酸钢法兰；按连接形式分为平焊法兰、对焊法兰、螺纹法兰、活套法兰；按法兰接触面形式分为平面法兰、榫槽面法兰、凸凹面法兰及法兰盖。工业管道所输送的介质，种类繁多，温度和压力也各不相同，所以对法兰的强度和密封，有不同的要求。

由于密封面形式不同，法兰的加工制造成本相差悬殊，因此，法兰本身的价格，在编制预算时要特别注意。

1）管口翻边活动法兰。也称卷边松套法兰。这种法兰与管道不直接焊在一起，而是以管口翻边为密封接触面，松套法兰起坚固作用，多用于铜、铝和铅等有色金属及不锈耐酸钢管道上。其最大的优点是由于法兰可以自由活动，法兰穿螺栓时非常方便，缺点是不能随较大的压力。适用于公称压力0.6MPa以下的管道连接，规格范围为DN10～DN500mm，法兰材料为A3号钢。

2）焊环活动法兰。也称焊环松套法兰，它是将与管子相同材质的焊环直接焊在管端，利用焊环作密封面，其密封面有光滑式和榫槽式两种。焊环法兰多用于管壁较厚的不锈钢管和铜管法兰的连接。

3）螺纹法兰。是用螺纹与管端连接的法兰，有高压和低压两种。随着工业的发展，低压螺纹法兰已被平焊法兰代替，除特殊情况外，基本不采用。高压螺纹法兰被广泛应用于现代工业管道的连接。

4）对焊翻边短管活动法兰。其结构形式与翻边活动法兰基本相同，不同之处是它不在管端直接翻边，而是在管端焊一个成品翻边短管，其优点是翻边的质量较好，密封面平整。适用公称压力在PN2.5MPa以下的管道连接。

5）插入焊法兰。其结构形式与平焊法兰基本相同，不同之处在于法兰内口有一环形凸台，平焊法兰没有这个凸台。

6）铸铁两半式活法兰。这种法兰可灵活拆卸，随时更换。它是利用管端两个平面紧密结合以达到密封效果。适用于压力较低的管道如陶瓷管道的连接。

7）法兰盖。是与法兰配套使用的部件，它和封头一样在管端起封闭作用，其规格和适用压力范围与配套法兰一致。

（2）法兰用垫片　法兰垫片是法兰连接时起密封作用的材料。根据管道输送介质的腐蚀性、温度、压力以及法兰密封面的形式，可以选择不同材料的法兰垫片。

1）橡胶石棉垫片。是法兰连接中用量最多的垫片，适用于输送空气、蒸汽、煤气、酸和碱等管道上。橡胶石棉垫的厚度，各专业不统一，通常为3mm厚。

2）橡胶垫片。是用橡胶板制作的垫片，具有一定的耐腐蚀性，适用于温度在60℃以下，输送水、酸和碱等低压管道上，因橡胶垫片具有弹性，故密封性能较好。

3）塑料垫片。多用于输送酸和碱的管道上，常用的有软聚氯乙烯垫片、聚四氟乙烯垫片和聚乙烯垫片等。

4）缠绕式垫片。是用金属钢带及非金属填料带缠绕而成。这种垫片具有制造简单价格低廉、材料能被充分利用、密封性能较好等优点，在石油化工工艺管道上被广泛应用。

垫片的选用应根据管道所输送介质的温度、压力、腐蚀性和连接法兰的密封面形式来确定。对于高压管道的法兰连接，《全国统一安装工程预算定额》第六册《工业管道工程》是按透镜垫来考虑；对于各种中低压管道的法兰连接，采用什么垫片，不能一一确定，所以定额中是按橡胶石棉垫片来考虑的，若实际的垫片与定额规定有出入时，垫片的价格可以换算。

（3）法兰用螺栓　螺栓是起连接法兰的作用，有单头螺栓和双头螺栓两种，其螺纹一般都是三角形公制粗螺纹。单头螺栓也称六角头螺栓，又分半精制和精制两种，在中低压工艺管道上使用最多的是半精制单头螺栓。工艺管道上所用的双头螺栓，多数采用等长双头精制螺栓，适用于温度和压力较高的法兰连接。

4. 工业管道附件和管架

工业管道安装工程中，除了有大量的管件和阀门以外，还有管道附件和管架。

（1）管道附件　管道附件在管道上安装的数量虽不是很多，但所起的作用是其他阀件代替不了的。管道附件包括过滤器、阻火器、视镜、阀门操纵装置、补偿器、漏斗、套管等。

1）过滤器。多用于泵、仪表（如流量计）、疏水阀前的液体管路上，要求安装在便于清理的地方。其作用是防止管道所输送的介质中的杂质进入传动设备或精密部位，避免生产发生故障或影响产品的质量。其结构形式有 Y 形过滤器、锥形过滤器、直角式过滤器和高压过滤器四种。

2）阻火器。是一种防止火焰蔓延的安全装置，通常安装在易燃易爆气体管路上，常用的阻火器种类有砾石阻火器、金属丝网阻火器和波形散热式阻火器。适用于压力较低的管道上。

3）视镜。多用于排液前的回流、冷却水等液体管路上，以观察液体流动情况。常用的有直通玻璃板式、三通玻璃板式和直通玻璃管式三种。

4）阀门操纵装置。包括阀门伸长杆，都是为了在适当的位置，能操纵比较远的阀门而设置的一种装置，如隔楼板、隔墙操纵管道上的阀门。

5）补偿器。也称膨胀节或“胀力”，其作用是消除管道因温度变化而产生膨胀或收缩应力对管道的影响。常用的补偿器有方形的和圆形的两种，是用无缝钢管煨制而成，现在有了成品管件，方形补偿器也可以用弯头焊接。这类补偿器一般都是在施工现场或加工厂制作，它的伸缩性能好，补偿能力大，但阻力也大，空间所占位置也比较大，所以多用于室外架空管道上。

波形补偿器包括波形、盘形、鼓形等，是利用波形金属曲折面的变形起到补偿作用的。其外形体积较小，适用于装置内设备之间的管道上，但因制作比较困难，补偿能力小，所以有时采用多波才能达到补偿能力。

填料式补偿器也称套管式补偿器，是利用外管套以内管，在两管空隙之间填料密封，内管可以随着温度变化自由活动，从而起到补偿作用。它的结构紧凑、体积较小，补偿能力大，但填料容易损坏发生泄漏。多用于铸铁、陶瓷和塑料管道上。

6）套管。常用的有柔性防水套管、刚性防水套管、一般钢套管和镀锌薄钢板套管。当管道穿过楼板等时可起保护作用。

（2）管道支架　起支承和固定管道的作用，常用的管架有滑动支架、固定支架和吊架等，每种支架又有多种结构形式。

1）滑动支架。一般安装在水平敷设的管道上，它一方面承受管道的质量，另一方面是允许管道受温度影响发生膨胀或收缩时，沿轴向前后滑动。此种管架一般安装在输送介质温度较高的管道上，且在两个固定管架之间。

2）固定支架。它安装在要求管道不允许有任何位移的地方。如较长的管道上，为了使每个补偿器都起到应有的作用，就必须在一定长度范围内设一个固定支架，使支架两侧管道的伸缩作用在补偿器上。

3）导向支架。是允许管道向一定方向活动的支架。在水平管道上安装的导向支架，既起导向作用，也起支承作用；在垂直管道上安装的导向支架，只能起导向作用。

以上三种支架，如安装在保温管道上，还必须安装管托。管托一般都是直接与管道固定在一起，管托下面接触管架。不保温的管道可直接安装在钢支架上。

4）吊架。是使管道悬垂于空间的管架，有普通吊架和弹簧吊架两种，弹簧吊架适用于有垂直位移的管道，管道受力以后，吊架本身可以起调节作用。

除此之外，还有大量的管托架和管卡子，管托根据管径大小，有单支承和双支承等多种。管卡子是 U 形圆钢卡子，用量最多。

3.1.3　工业管道布置图的标注

1. 管道标注

（1）尺寸单位　管子公称直径一律用毫米表示，标高、坐标以米为单位，小数点后取三位数，其余的尺寸一律以毫米为单位，只注数字，不注单位。

（2）标注方法　管道标注方法见图 3-1 和图 3-2。

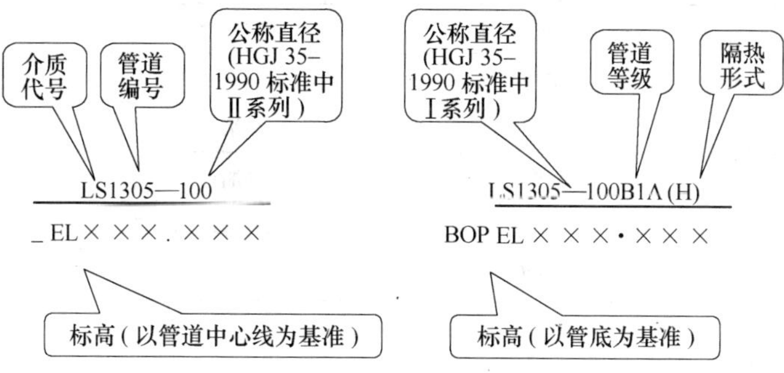

图 3-1　管道标高标注方法

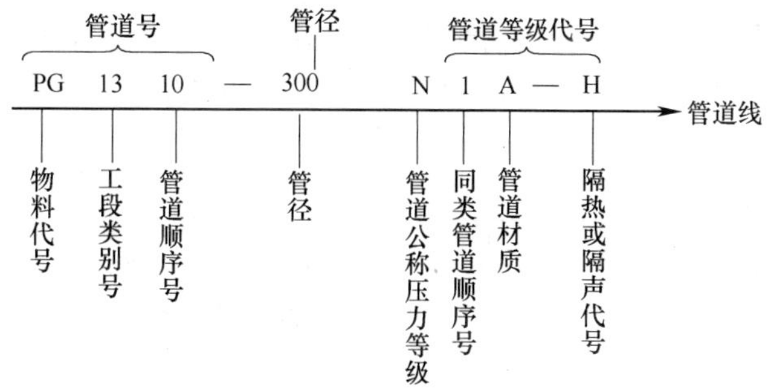

图 3-2　管道标注方法

1）物料代号，见表 3-1。

表 3-1　物料代号

代号	PA	PG	PGL	PGS	PL	PLS	PS	PW
物料	工艺空气	工艺气体	气液两相流工艺物料	气固两相流工艺物料	工艺液体	液固两相流工艺物料	工艺固体	工艺水

2）工段类别号。工程建设项目统一规定的编号，采用两位数字，从 01 开始到 99 结束。

3）管道顺序号。根据物料类别分类编号，相同类别的物料在同一工段内流向先后为序，按顺序编号。采用两位数字，从 01 开始到 99 结束。

4）管径。一律以公称直径标注，以毫米为单位，只注数字，不注单位。如 300—表示公称直径 300mm。

5）管道公称压力等级代号如下：

L——1.0MPa　S——16.0MPa　M——1.6MPa　T——20.0MPa　N——2.5MPa

U——22.0MPa　P——4.0MPa　V——25.0MPa　Q——6.4MPa　W——32.0MPa

R——10.0MPa

6）管道材质代号如下。

A——铸铁　B——碳钢　C——普通低合金钢　D——合金钢

E——不锈钢　F——有色金属　G——非金属　H——衬里及内防腐

7）隔热或隔声代号，见表3-2。

表3-2　隔热或隔声代号

代　号	功能类别	备　注	代　号	功能类别	备　注
H	保温	采用保温材料	S	蒸汽伴热	采用蒸汽伴管和保温材料
C	保冷	采用保冷材料	W	热水伴热	采用热水伴管和保温材料
P	人身防护	采用保温材料	O	热油伴热	采用热油伴管和保温材料
D	防结露	采用保冷材料	J	夹套伴热	采用夹套管和保温材料
E	电伴热	采用电热带和保温材料	N	隔声	采用隔声材料

2. 管件标注

一般不标注定位尺寸；对某些有特殊要求的管件，应标注出某些要求与说明。

3. 阀门标注

一般不标注定位尺寸，只要在立面剖视图上注出安装标高；当管道中阀门类型较多时，应在阀门符号旁注明其编号及公称尺寸。阀门型号表示方法见图3-3。

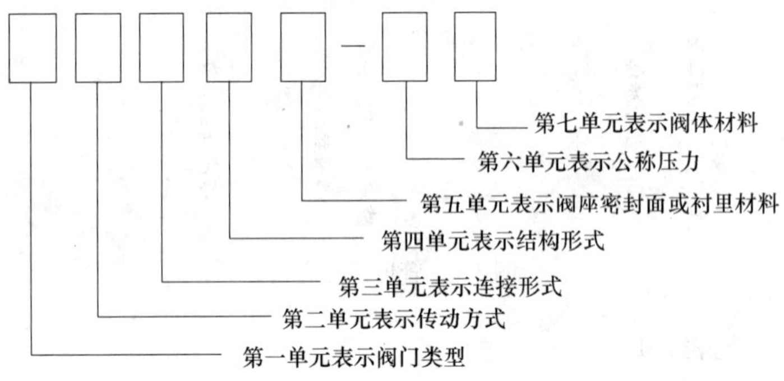

图3-3　阀门型号表示方法

这七个单元分别以数字或字母表示，在计算工程量及套价的过程中，只有第一单元、第二单元、第三单元有直接关系，所以仅介绍这三个单元代号的意义。

（1）第一单元　阀门类型代号意义见表3-3。

表3-3　阀门类型代号

类型	闸阀	截止阀	节流阀	球阀	蝶阀	隔膜阀
代号	Z	J	L	Q	D	G
类型	旋塞阀	止回阀和底阀	安全阀	减压阀	疏水阀	排污阀
代号	X	H	A	Y	S	P

（2）第二单元　传动方式代号意义见表3-4。

表 3-4　传动方式代号

传动方式	电磁动	电磁—液	电—液	蜗轮	正齿轮
代号	0	1	2	3	4
传动方式	伞齿轮	气动	液动	气—液	电动
代号	5	6	7	8	9

（3）第三单元　连接形式代号意义见表 3-5。

表 3-5　连接形式代号

连接形式	内螺纹	外螺纹	法兰	焊接	对夹	卡箍	卡套
代号	1	2	4	6	7	8	9

4. 管道支架标注

水平向管道的支架标注定位尺寸；垂直向管道的支架标注支架顶面或支承面的标高；在管道布置图中每个管架应标注一个独立的管架编号；

管架编号由 5 个部分组成，见图 3-4。

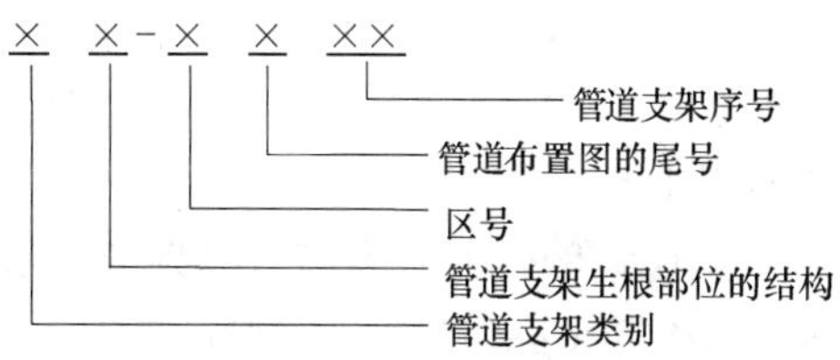

图 3-4　管道支架标注

（1）管架类别及代号，见表 3-6。

表 3-6　管架类别及代号

序　号	管 架 类 别	代　号	序　号	管 架 类 别	代　号
1	固定架	A	5	弹簧吊架	S
2	导向架	G	6	弹簧支座	P
3	滑动架	R	7	特殊架	E
4	吊架	H	8	轴向限位架	T

（2）管架生根部位的结构及代号，见表 3-7。

表 3-7　管架生根部位的结构及代号

序　号	管架生根部位的结构	代　号	序　号	管架生根部位的结构	代　号
1	混凝土结构	C	4	设备	V
2	地面基础	F	5	墙	W
3	钢结构	S			

3.2　工业管道工程的工程量计算及定额应用

《全国统一安装工程预算定额》第六册《工业管道工程》适用于新建、扩建工程，且设计压力不大于 42MPa、设计温度不超过材料允许使用温度的工业金属管道工程；适用于厂区范围内的车间、装置、站、罐区及其相互之间各种生产用介质输送管道；适用于厂区第一个连接点以内的生产用（包括生产与生活共用）给水、排水、蒸汽、煤气输送管道。给水以入口水表井为界，排水以厂区围墙外第一个污水井为界，蒸汽和煤气以入口第一个计量表（阀门）为界，锅炉房、水泵房以墙皮为界。不适用核能装置的专用管道、矿井专用管道、长输管道，不适用大于42MPa的超高压管道，设备本体所属管道，民用给排水、采暖、卫生、煤气输送管道。

下列内容执行《全国统一安装工程预算定额》其他册相应定额：单件质量100kg以上的管道支架、管道预制钢平台的搭拆均执行第五册《静置设备与工艺金属结构制作安装工程》相应项目；管道刷油、绝热、防腐蚀、衬里等执行第十一册《刷油、防腐蚀、绝热工程》相应项目；设备本体管道，随设备带来的，并已预制成形，其安装包括在设备安装定额内；主机与附属设备之间连接的管道，按材料或半成品进货的，执行本定额；生产、生活共用的给水、排水、蒸汽、煤气输送管道，执行本定额；民用的各种介质管道执行第八册《给排水、采暖、燃气工程》相应项目。

第六册《工业管道工程》定额共八章3091个子目，包括：管道安装、管件连接、阀门安装、法兰安装、板卷管制作与管件制作、管道压力试验、吹扫与清洗、无损探伤与焊口热处理及其他。

该册定额管道压力等级的划分：低压：$0<p\leqslant1.6$MPa；中压：1.6MPa$<p\leqslant10$MPa；高压：10MPa$<p\leqslant42$MPa；蒸汽管道$p\geqslant9$MPa，工作温度≥500℃时为高压。

3.2.1 工业管道安装工程

工业管道的安装包括碳钢管、不锈钢管、合金钢管及有色金属管、非金属管、生产用铸铁管的安装。

工业管道安装工程预算定额中各类管道适用材质范围：

1）碳钢管适用于焊接钢管、无缝钢管、16Mn钢管。

2）不锈钢管除超低碳不锈钢管按章说明外，适用于各种材质。

3）碳钢板卷管安装适用于低压螺旋卷管、16Mn钢板卷管。

4）铜管适用于纯铜、黄铜、青铜管。

5）管件、阀门、法兰参照管道材质适用范围。

6）合金钢管除高合金钢管按章说明计算外，适用于各种材质。

1. 工业管道安装工程量计算

1）管道安装按压力等级、材质、焊接形式分别列项，以“10m”为计量单位。

2）各种管道安装均按设计管道中心长度计算，不扣除阀门及各种管件所占长度。材料应按定额用量计算，定额用量已含损耗量。

3）加热套管安装按内、外管分别计算工程量，执行相应定额项目。

2. 工业管道安装定额使用的注意事项

套用第六册《工业管道工程》预算定额第一章管道安装定额时，需要注意以下几个问题：

1）定额的管道壁厚是考虑了压力等级所涉及到的壁厚范围综合取定的。执行定额时不区分管道壁厚，即使管道壁厚超出了正常范围，也不再调整，均按工作介质的设计压力及材质、规格执行定额。

2）管道规格与实际不符时，按接近规格。中间值按较大者计算。

3）方形补偿器安装，直管部分可按延长米计算，套用第一章管道安装相应定额；弯头可套用第二章管件连接定额相应项目。

4）碳钢管、不锈钢管、合金钢管及有色金属管、非金属管、生产用铸铁管安装均不包括管件的安装，管件安装按设计数量执行第二章相应子目。

5）衬里钢管预制安装，管件按成品，弯头两端按接短管焊法兰考虑，定额中包括了直管、管件、法兰全部安装工作内容（二次安装、一次拆除），但不包括衬里及场外运输。

6）有缝钢管螺纹连接项目已包括封头、补芯安装内容，不得另行计算。

7）伴热管项目已包括煨弯工序内容，不得另行计算。其中购置配件、阀门以及挖眼接管三通，另行计算，套用《工业管道工程》相关子目。

8）加热套管安装按内、外管分别计算工程量，执行定额相应项目。例如：内管直径为76mm，外套管直径为108mm，两种规格的管道应分别计算。

9）超低碳不锈钢管执行不锈钢管项目，其人工和机械乘以系数1.15，焊条单价按定额消耗量换算。

10）高合金钢管执行合金钢管项目，其人工和机械乘以系数1.15，焊条单价按定额消耗量换算。

3.2.2　管件连接

管件连接定额与《工业管道工程》预算定额第一章管道安装定额配套使用，适用范围与管道安装相对应。管件连接包括了弯头（含冲压、煨制、焊接弯头）、三通、四通、异径管、管接头、管帽等管件与直管的连接。管件安装的工作内容包括：管子切口、套丝、坡口、管口组对、连接或焊接，不锈钢管件焊缝钝化，铝管件焊缝酸洗，铜管件（氧乙炔焊）的焊前预热。

1. 管件连接工程量计算

不区分管件的种类，按压力等级、材质、焊接形式，计取相应的数量，以“10个”为计量单位。

2. 管件连接定额的使用

套用第六册《工业管道工程》预算定额第二章管件连接定额。

1）管件连接已综合考虑了弯头、三通、异径管、管帽、管接头等管口含量的差异，应按设计图样用量，执行相应项目。

2）现场加工的各种管道，在主管上挖眼接管三通、摔制异径管，均应按不同压力、材质、规格，以主管径执行管件连接相应项目，不另计制作费和主材费。

3）挖眼接管三通支线管径小于主管径1/2时，不计算管件工程量；在主管上挖眼焊接管接头、凸台等配件，按配件管径计算管件工程量。

4）管件用法兰连接时，执行法兰安装相应项目，管件本身安装不再计算安装费。

5）全加热套管的外套管件安装，估价表按两半管件考虑的，包括二道纵缝和两个环缝。两半封闭短管可执行两半弯头项目。

6）半加热外套管摔口后焊在内套管上，每个焊口按一个管件计算。外套碳钢管如焊在不锈钢管内套管上时，焊口间需加不锈钢短管衬垫，每处焊口按两个管件计算，衬垫短管按设计长度计算，如设计无规定时，可按50mm长度计算。

7）在管道上安装的仪表一次部件由管道安装单位负责安装，执行本章管件连接相应项目乘以系数0.7。

8）仪表的温度计扩大管制作安装，执行本章管件连接估价表乘以系数1.5，工程量按大口径计算。

9）本定额只适用于管件安装，管件制作执行本册第五章相应项目。

3.2.3 阀门安装

阀门安装包括低、中、高压管道上的各种阀门安装，也适用于螺纹连接、焊接（对焊、承插焊）、或法兰连接形式的减压阀、疏水阀、除污器、阻火器、窥视镜、水表等阀件、配件的安装。

1. 阀门安装工程量计算

各种低中高压阀门的安装不区分种类，按不同压力、连接形式，计取相应的数量，以“个”为计量单位。

2. 阀门安装定额的使用

套用第六册《工业管道工程》预算定额第三章阀门安装定额。

1）各种法兰、阀门安装与配套法兰的安装，应分别计算工程量；螺栓与透镜垫的安装费已包括在定额内，其本身价值另行计算；螺栓的规格数量，如设计未作规定时，可根据法兰阀门的压力和法兰密封形式，按本册附录的“法兰螺栓质量表”计算。定额中只包括了一个垫片（或透镜垫）和一副法兰用的螺栓。

2）减压阀直径按高压侧计算。

3）电动阀门安装包括电动机安装。检查接线应执行《全国统一安装工程预算定额》第二册有关子目。

4）阀门安装综合考虑了壳体压力试验（包括强度试验和严密性试验）、解体研磨工序内容，执行定额时不得因现场情况不同而调整。

5）阀门壳体液压试验介质是按普通水考虑的，如设计要求用其他介质时，可作调整。

6）阀门安装不包括阀体磁粉探伤、密封作气密性试验、阀杆密封添料的更换等特殊要求的工作内容。

7）直接安装在管道上的仪表流量计执行阀门安装相应项目乘以系数0.7。

8）高压对焊阀门是按碳钢焊接考虑的，如设计要求其他材质，其电焊条价格可换算，其他不变。本项目不包括壳体压力试验、解体研磨工序，发生时另行计算。

9）调节阀门安装项目仅包括安装工序内容，不包括配合仪表安装的工料。

10）安全阀安装包括壳体压力试验及调试内容。

3.2.4 法兰安装

法兰安装包括低、中、高压管道、管件、法兰阀门上使用的各种材质的法兰安装。法兰种类有螺纹法兰、平焊法兰、对焊法兰、翻边活动法兰等。

1. 法兰安装工程量计算

低、中、高压管道、管件、法兰阀门上使用的各种法兰安装，按不同压力、材质、规格和种类计取数量，以“副”为计量单位。

2. 法兰安装定额的使用

1）不锈钢、有色金属的焊环活动法兰安装，可执行翻边活动法兰安装相应项目，但应将项目中的翻边短管换为焊环，并另行计算其价值。

2）中、低压法兰安装的垫片的材质是综合考虑的，不作调整，各种法兰安装子目只包括一个垫片和一副法兰用的螺栓。

3）法兰安装不包括安装后系统调试运转中的冷、热态紧固内容，发生时可另行计算。

4）高压碳钢螺纹法兰安装，包括了螺栓涂二硫化钼工作内容。

5）高压对焊法兰安装包括了密封面涂机油工作内容，不包括螺栓涂二硫化钼、石墨机油或石墨粉。硬度检查应按设计要求另行计算。

6）中压螺纹法兰安装，按低压螺纹法兰项目乘以系数 1.2。

7）用法兰连接的管道安装，管道与法兰分别计算工程量，执行相应项目。

8）在管道上安装的节流装置，已包括了短管装拆工作内容，执行法兰安装相应子目乘以系数 0.8。

9）配法兰的盲板只计算主材费，安装费已包括在单片法兰安装中。

10）焊接盲板（封头）执行管件连接相应项目乘以系数 0.6。

11）中压平焊法兰执行低压平焊法兰项目乘以系数 1.2。

12）全加热套管法兰安装，按内套管法兰管径套用相应子目，乘以系数 2.0。

13）由于法兰安装以“副”为计量单位，如需以“个”计算时，估价表乘以系数 0.61，螺栓数量不变。

3.2.5　板卷管制作与管件制作

板卷管制作适于用碳钢板、不锈钢板、铝板直管制作，管件制作适于用各种材质成品板或成品管制作的弯头、三通、异径管以及管子煨弯等。定额还列出了三通补强圈、塑料法兰的制作安装。

1. 板卷管制作

（1）板卷管制作工程量计算　按不同材质、规格，以“t”为计量单位。

（2）板卷管制作定额的使用　套用第六册《工业管道工程》预算定额第五章板卷管制作定额。

1）主材用量应包括规定的损耗量。各种板卷直管的主材数量应扣除管件所占长度计算，其计算公式为

$$主材用量 = 图示卷管延长米 \times (1 + 安装损耗量) - 管件长度$$

2）各种板卷管制作，其焊缝均按透油试漏考虑，不包括单件压力试验和无损探伤。

3）各种板卷管是按在结构（加工）厂制作考虑的，不包括原材料（板材）及成品的水平运输、卷筒钢板展开、分段切割、平直工作内容，发生时应按相应项目另行计算。

2. 管件制作（包括弯头制作、三通制作和异径管制作）

（1）管件制作工程量计算 分板卷管管件和成品管材制作管件，均按不同材质、规格、种类以“t”为计量单位。

（2）管件制作定额的使用　套第六册《工业管道工程》预算定额第五章弯头制作、三通制作和异径管制作定额。

1）各种板卷管件制作，其焊缝均按透油试漏考虑，不包括单件压力试验和无损探伤。

2）各种板卷管件是按在结构（加工）厂制作考虑的，不包括原材料（板材）及成品的水平运输、卷筒钢板展开、分段切割、平直工作内容，发生时应按相应项目另行计算。

3）三通不分同径或异径，均按主管径计算。

4）异径管不分同心或偏心，按大管径计算；各种板材异径管制作，不分同心偏心，均执行同一定额。

5）用管材制作管件项目，其焊缝均不包括试漏和无损探伤工作内容，应按相应管道类别要求计算探伤费用。

6）中频煨弯项目不包括煨制时胎具更换内容。

7）合金钢板制管与管件制作，可执行碳钢板制管与管件制作定额，其人工乘以系数1.20。

8）煨弯角度均按90°考虑，煨180°弯时定额基价乘以系数1.50。

3. 三通补强圈制作安装

按不同材质、规格，以“10个”为计量单位。套第六册《工业管道工程》预算定额第五章三通补强圈制作安装定额。

4. 塑料法兰的制作安装

按管外径分档，以“副”为计量单位。

3.2.6 管道压力试验、吹扫与清洗

1. 工程量计算

包括管道压力试验、管道系统吹扫和管道系统清洗，均按不同压力、规格，不分材质，以“100m”为计量单位。

2. 定额的使用

1）项目内均已包括临时用空压机和水泵作动力进行试压、吹扫、清洗管道连接的临时管线、盲板、阀门、螺栓等材料摊销量；不包括管道之间的串通临时管口及管道排放口至排放点的临时管，其工程量应按施工方案另行计算。

2）调节阀等临时短管制作装拆项目，适用于管道系统试压、吹扫时需要拆除的阀件以临时短管代替连通管道，其工作内容包括完工后短管拆除和原阀件复位等。

3）水压试验和气压试验已包括强度试验和严密性试验工作内容。

4）泄漏性试验适用于输送剧毒、有毒及可燃介质的管道，按压力、规格，不分材质以“100m”为计量单位。

5）当管道与设备作为一个系统进行试验时，如管道的试验压力等于或小于设备的试验压力，则按管道的试验压力进行试验；如管道试验压力超过设备的试验压力，且设备的试验压力不低于管道设计压力的115%时，可按设备的试验压力进行试验。

6）管道液压试验是按普通水考虑，如试压介质有特殊要求，介质可按实际调整。

3.2.7 无损探伤与焊口热处理

管道的无损探伤适用于工业管道焊缝及母材的无损探伤；管道的预热与热处理适用于碳钢、低合金钢各种施工方法的焊前预热或焊后热处理。

1. 工程量计算

1）管材表面磁粉探伤和超声波探伤，不分材质、壁厚以“m”为计量单位。

2）焊缝X光射线、γ射线探伤，按管壁厚不分规格、材质以“张”为计量单位。

3）焊缝超声波、磁粉及渗透探伤，按规格不分材质、壁厚以“口”为计量单位。

2. 定额的使用

1）计算X光、γ射线探伤工程量时，按管材的双壁厚执行相应定额项目。

2）管材对接焊接过程中的渗透探伤检验及管材表面的渗透探伤检验，执行管材对接焊缝渗透探伤项目。

3）管道焊缝采用超声波无损探伤时，其检测范围内的打磨工程量按展开长度计算。

4）无损探伤项目已综合考虑了高空作业降效因素。

5）无损探伤项目中不包括固定射线探伤仪器适用的各种支架的制作。超声波探伤所需的各种对比试块的制作，发生时可根据现场实际情况另行计算。

6）管道焊缝应按照设计要求的检验方法和数量进行无损探伤。当设计无规定时，管道焊缝的射线照相检验比例应符合规范规定。管口射线片子数量按现场实际拍片张数计算。

7）焊前预热和焊后热处理，按不同材质、规格及施工方法以“口”为计量单位。

8）热处理的有效时间是依据GB 50235—97《工业金属管道工程施工及验收规范》所规定的加热速率、温度下的恒温时间及冷却速率公式计算的，并考虑了必要的辅助时间、拆除和回收用料等工作内容。

9）执行焊前预热和焊后热处理定额时，如施焊后立即进行焊口局部热处理，人工乘以系数0.87。

10）电加热片加热进行焊前预热或焊后局部热处理时，如要求增加一层石棉布保温，石棉布的消耗量与高硅（氧）布相同，人工不再增加。

11）用电加热片或电感应法加热进行焊前预热或焊后局部处理的项目中，除石棉布和高硅（氧）布为一次性消耗材料外，其他各种材料均按摊销量计入定额中。

12）电加热片是按履带式考虑的，如与实际不符时可按实际调整。

3.2.8　其他

1. 管道支架制作安装

适用于单件质量在100kg以内的管架制作安装，单件质量大于100kg的管架制作安装执行《全国统一安装工程预算定额》第五册《静置设备与工艺金属结构制作安装工程》相应定额项目。

（1）工程量计算　按管架的类型（一般管架、木垫式管架、弹簧式管架）分档，以“100kg”为计量单位。

（2）定额的使用　使用定额时需要注意以下问题：

1）木垫式管架质量中不包括木垫质量，但木垫安装已包括在定额内。

2）弹簧式管架制作，不包括弹簧本身价格，应另行计算。

3）除木垫式管架、弹簧式管架外，其他类型管架均执行一般管架定额。

4）有色金属管、非金属管的管架制作安装，按一般管架子目乘以系数1.1。

5）采用成形钢管焊接的异形管架制作安装，按一般管架子目乘以系数1.3，其中不锈钢用焊条可作调整。

6）管道支架制作安装已包括了除锈与刷防锈漆，如发生刷面漆应按设计要求套用定额第十一册《刷油、防腐蚀、绝热工程》。

2. 管口焊接充氩保护

管道焊接焊口充氩保护，适用于各种材质氩弧焊接或氩电联焊焊接方法的项目，按不同的规格和充氩部位，不分材质以“10 口”为计量单位。

3. 冷排管制作安装

（1）工程量计算　按排管每排根数及长度分档，以“100m”为计量单位。

（2）定额的使用　使用定额时需要注意以下问题：

1）项目内包括煨弯、组对、焊接、钢带的轧绞、绕片工作内容；不包括钢带退火和冲、套翘片，其工程量应另行计算。

2）冷排管的刷油及支架制作安装刷油应按相应定额规定另行计算。

4. 蒸汽分汽缸制作安装

（1）蒸汽分汽缸制作　按选用的材料（钢管制、钢板制）及质量分档，以“100kg”为计量单位。

（2）蒸汽分汽缸安装　按质量分档，以“个”为计量单位。

（3）定额的使用　钢管制作是缸体采用无缝钢管制作，钢板制作是缸体采用钢板进行卷制，封头均采用钢板制作。定额不包括其附件制作安装，可按相应定额另行计算。

5. 集气罐制作安装

（1）集气罐制作　按公称直径分档，以“个”为计量单位。

（2）集气罐安装　按公称直径分档，以“个”为计量单位。

（3）定额的使用　定额内不包括其附件制作安装，可按相应定额另行计算。

6. 空气分气筒制作安装

空气分气筒均按采用无缝钢管制作考虑，按其规格分档，以“个”为计量单位。

7. 空气调节器喷雾管安装

按不同的型号分档，以“组”为计量单位。

8. 钢制排水漏斗制作安装

按公称直径分档，以“个”为计量单位。

9. 套管制作与安装

（1）工程量计算　按不同规格，分一般穿墙套管和柔性套管、刚性套管，以“个”为计量单位。

（2）定额的使用　使用定额时需要注意以下问题：

1）制作所需的钢管和钢板已包括在制作定额内，执行定额时应按设计及规范要求选用相应项目。套管的除锈和刷防锈漆已包括在定额内。

2）一般穿墙套管适用于各种管道穿墙或穿楼板需用的碳钢保护管。

3）套管的规格是以套管内穿过的介质管道直径确定的，而不是指现场制作的套管实际直径。

10. 水位计安装

水位计安装仅适用于管式和板式两种类型的水位计，包括了全套组件的安装，以“组”为计量单位。

11. 手摇泵安装

按公称直径分档，以“个”为计量单位。

12. 阀门操纵装置安装

以“100kg”为计量单位。

13. 调节阀临时短管制作装拆

（1）工程量计算　按调节阀公称直径分档，以“个”为计量单位。

（2）定额的使用　调节阀临时短管制作装拆项目，适用于管道系统试压、吹扫时需要拆除阀件而以临时短管代替连通管道，其工作内容包括完工后短管拆除和原阀件复位等。也适用于同类情况的其他阀件临时短管的装拆。

3.3　工业管道工程的工程量清单项目设置及计算规则

《工业管道工程》（附录 H）的工程量清单项目设置有：低压管道（030801）、中压管道（030802）、高压管道（030803）、低压管件（030804）、中压管件（030805）、高压管件（030806）、低压阀门（030807）、中压阀门（030808）、高压阀门（030809）、低压法兰（030810）、中压法兰（030811）、高压法兰（030812）、板卷管制作（030813）、管件制作（030814）、管架制作安装（030815）、无损探伤与热处理（030816）、其他项目制作安装（030817），共 127 个清单项目。

GB 50856—2013《通用安装工程工程量计算规范》（以下简称“新规范”）与 GB 50500—2008《建设工程工程量清单计价规范》（以下简称“08 规范”）相比较，在工业管道工程部分的主要变化在于：

1）管道安装，取消刷油、防腐及绝热，执行附录 L 刷油、防腐蚀、绝热工程。

2）管道安装，项目特征增加焊接方法、脱脂设计要求等的描述。

3）管道材质增加锆及锆合金、镍及镍合金管道，铝管改为铝及铝合金管道，把有缝钢管、碳钢管合并为低压碳钢管，把法兰铸铁管、承插铸铁管合并为低压铸铁管等。根据压力等级对相应管件、阀门、法兰也作了调整和增加。

4）支架制作安装，项目特征增加对支架衬垫、减震器的内容描述。

5）把热处理内容从管道安装中拿出，单独设置了项目。

6）套管制作安装单独设置清单项目。

3.3.1　工业管道安装工程

1. 工业管道安装工程工程量清单编制应注意问题

1）管道安装清单工程量按设计图示管道中心线长度以延长米计算，不扣除阀门、管件所占长度，遇弯管时，按两管交叉的中心线交点计算。方形补偿器以其所占长度按管道安装工程量计算。

2）用法兰连接的管道（管材本身带有法兰的除外，如法兰铸铁管）应按管道安装与法兰安装分别编制清单列项。

3）工业管道安装，应按压力等级（低、中、高）、管径、材质（碳钢、铸铁、不锈钢、合金钢、铝、铜、非金属）、连接形式（螺纹连接、焊接、法兰连接、承插连接、胶圈接口）及管道压力检验、吹扫、清洗方式等不同特征而设置清单项目，编制工程量清单时应明确描述以下各项特征：

压力等级：低压（$0<p\leqslant1.6$MPa）、中压（$1.6\text{MPa}<p\leqslant10$MPa）、高压（$10\text{MPa}<p\leqslant42$MPa）。对于蒸汽管道，$p\geqslant9$ MPa、工作温度≥500℃时为高压。

材质：工程量清单项目必须明确描述材质的种类、型号。如焊接钢管应标出一般管或加厚管；无缝钢管应标出冷拔、热轧、一般石油裂化管；合金钢管应标出16Mn、15MnV等；塑料管应标出PVC、UPVC、PPC、PPR、PE等，以便投标人正确确定主材价格。

管径：焊接钢管、铸铁管、玻璃管、玻璃钢管、预应力混凝土管按公称直径表示，无缝钢管（碳素钢、合金钢、不锈钢、铝、铜）、塑料管应以外径表示。用外径表示的应标出管材的厚度。

连接形式：应按图样或规范要求明确指出管道安装时的连接形式。连接形式包括螺纹、焊接、承插连接（膨胀水泥、石棉水泥、青铅）、法兰连接等。焊接的还应标出氧乙炔焊、手工电弧焊、埋弧自动焊、氩弧焊等。

管道压力试验、吹扫、清洗方式应作出明确规定。如压力采用液压、气压、泄露性试验或真空试验；吹扫采用水冲洗、空气吹扫、蒸汽吹扫；清洗采用碱洗、酸洗、油清洗等。

除锈标准、刷油、防腐、绝热及保护层设计要求：应按图样或规范要求标出锈蚀等级、防腐采用的防腐材料种类、绝热方式及材料种类，如岩棉瓦块、矿棉瓦块、超细玻璃棉毡缠裹绝热、碳酸盐类材料涂抹等。

套管形式：制作安装套管时一般包括防水（火）套管、穿楼板、隔墙的填料套管。

2. 工业管道安装工程量清单项目设置及工程量计算规则

工业管道安装工程量清单项目设置及工程量计算规则见表3-8～表3-10。

表3-8 低压管道（编码：030801）

项目编码	项目名称	项目特征	计量单位	工程量计算规则	工作内容
030801001	低压碳钢管	1. 材质 2. 规格 3. 连接形式、焊接方法 4. 压力试验、吹扫、清洗设计要求 5. 脱脂设计要求	m	按设计图示管道中心线长度以长度计算	1. 安装 2. 压力试验 3. 吹扫、清洗 4. 脱脂
030801002	低压碳钢伴热管	1. 材质 2. 规格 3. 连接形式 4. 安装位置 5. 压力试验、吹扫设计要求	m	按设计图示管道中心线长度以延长米计算	1. 安装 2. 压力试验 3. 吹扫
030801003	衬里钢管预制安装	1. 材质 2. 规格 3. 安装方式(预制或成品) 4. 连接形式 5. 压力试验、吹扫设计要求	m	按设计图示管道中心线长度以延长米计算	1. 管道、管件及法兰安装 2. 管道、管件拆除 3. 压力试验 4. 吹扫、清洗
030801004	低压不锈钢伴热管	1. 材质 2. 规格 3. 连接形式 4. 安装位置 5. 压力试验、吹扫设计要求	m	按设计图示管道中心线长度以延长米计算	1. 安装 2. 压力试验 3. 吹扫

（续）

<table>
<tr><th>项目编码</th><th>项目名称</th><th>项 目 特 征</th><th>计量单位</th><th>工程量计算规则</th><th>工 作 内 容</th></tr>
<tr><td>030801005</td><td>低压碳钢板卷管</td><td>1. 材质
2. 规格
3. 焊接方法
4. 压力试验、吹扫与清洗设计要求
5. 脱脂设计要求</td><td rowspan="14">m</td><td rowspan="3">按设计图示管道中心线长度以延长米计算</td><td>1. 安装
2. 压力试验
3. 吹扫、清洗
4. 脱脂</td></tr>
<tr><td>030801006</td><td>低压不锈钢管</td><td rowspan="2">1. 材质
2. 规格
3. 焊接方法
4. 充氩保护方式、部位
5. 压力试验、吹扫与清洗设计要求
6. 脱脂设计要求</td><td rowspan="2">1. 安装
2. 焊口充氩保护
3. 压力试验
4. 吹扫、清洗
5. 脱脂</td></tr>
<tr><td>030801007</td><td>低压不锈钢板卷管</td></tr>
<tr><td>030801008</td><td>低压合金钢管</td><td>1. 材质
2. 规格
3. 焊接方法
4. 压力试验、吹扫与清洗设计要求
5. 脱脂设计要求</td><td rowspan="11">按设计图示管道中心线长度以延长米计算</td><td>1. 安装
2. 压力试验
3. 吹扫、清洗
4. 脱脂</td></tr>
<tr><td>030801009</td><td>低压钛及钛合金管</td><td rowspan="5">1. 材质
2. 规格
3. 焊接方法
4. 充氩保护方式、部位
5. 压力试验、吹扫与清洗设计要求
6. 脱脂设计要求</td><td rowspan="5">1. 安装
2. 焊口充氩保护
3. 压力试验
4. 吹扫、清洗
5. 脱脂</td></tr>
<tr><td>030801010</td><td>低压镍及镍合金管理</td></tr>
<tr><td>030801011</td><td>低压锆及锆合金管</td></tr>
<tr><td>030801012</td><td>低压铝及铝合金管</td></tr>
<tr><td>030801013</td><td>低压铝及铝合金板卷管</td></tr>
<tr><td>030801014</td><td>低压铜及铜合金管</td><td rowspan="2">1. 材质
2. 规格
3. 焊接方法
4. 压力试验、吹扫与清洗设计要求
5. 脱脂设计要求</td><td rowspan="2">1. 安装
2. 压力试验
3. 吹扫、清洗
4. 脱脂</td></tr>
<tr><td>030801015</td><td>低压铜及铜合金板卷管</td></tr>
<tr><td>030801016</td><td>低压塑料管</td><td rowspan="3">1. 材质
2. 规格
3. 连接形式
4. 压力试验、吹扫设计要求
5. 脱脂设计要求</td><td rowspan="3">1. 安装
2. 压力试验
3. 吹扫
4. 脱脂</td></tr>
<tr><td>030801017</td><td>金属骨架复合管</td></tr>
<tr><td>030801018</td><td>低压玻璃钢管</td></tr>
</table>

（续）

项目编码	项目名称	项目特征	计量单位	工程量计算规则	工作内容
030801019	低压铸铁管	1. 材质 2. 规格 3. 连接形式 4. 接口材料 5. 压力试验、吹扫设计要求 6. 脱脂设计要求	m	按设计图示管道中心线长度以延长米计算	1. 安装 2. 压力试验 3. 吹扫 4. 脱脂
030801020	低压预应力混凝土管				

注：1. 管道工程量计算不扣除阀门、管件所占长度；室外埋设管道不扣除附属构筑物（井）所占长度；方形补偿器以其所占长度列入管道安装工程量。
2. 压力试验按设计要求描述试验方法，如水压试验、气压试验、泄漏性试验、真空试验等。
3. 吹扫与清洗按设计要求描述吹扫与清洗方法和介质，如水冲洗、空气吹扫、蒸汽吹扫、化学清洗、油清洗等。
4. 脱脂按设计要求描述脱脂介质各类，如二氯乙烷、三氯乙烯、四氯化碳丙酮或酒精等。
5. 套管制作安装（030817008）列于“其他项目制作安装”部分，适用于穿基础、墙、楼板等部位的防水套管、一般钢套管及防火套管等。

表 3-9 中压管道（编码：030602）

项目编码	项目名称	项目特征	计量单位	工程量计算规则	工作内容
030802001	中压碳钢管	1. 材质 2. 规格 3. 连接形式、焊接方法 4. 压力试验、吹扫、清洗设计要求 5. 脱脂设计要求	m	按设计图示管道中心线长度以延长米计算	1. 安装 2. 压力试验 3. 吹扫、清洗 4. 脱脂
030802002	中压螺旋卷管				
030802003	中压不锈钢管	1. 材质 2. 规格 3. 焊接方法 4. 充氩保护方式、部位 5. 压力试验、吹扫与清洗设计要求 6. 脱脂设计要求			1. 安装 2. 焊口充氩保护 3. 压力试验 4. 吹扫、清洗 5. 脱脂
030802004	中压合金钢管				
030802005	中压铜及铜合金管	1. 材质 2. 规格 3. 焊接方法 4. 压力试验、吹扫、清洗设计要求 5. 脱脂设计要求			1. 安装 2. 压力试验 3. 吹扫、清洗 4. 脱脂
030802006	中压钛及钛合金管	1. 材质 2. 规格 3. 焊接方法 4. 充氩保护方式、部位 5. 压力试验、吹扫与清洗设计要求 6. 脱脂设计要求			1. 安装 2. 焊口充氩保护 3. 压力试验 4. 吹扫、清洗 5. 脱脂
030802007	中压锆及锆合金管				
030802008	中压镍及镍合金管				

表 3-10　高压管道（编码：030603）

项目编码	项目名称	项 目 特 征	计量单位	工程量计算规则	工 作 内 容
030803001	高压碳钢管	1. 材质 2. 规格 3. 连接形式、焊接方法 4. 充氩保护方式、部位 5. 压力试验、吹扫与清洗设计要求 6. 脱脂设计要求	m	按设计图示管道中心线长度以延长米计算	1. 安装 2. 焊口充氩保护 3. 压力试验 4. 吹扫、清洗 5. 脱脂
030803002	高压合金钢管				
030803003	高压不锈钢管				

3. 工业管道安装工程量清单编制及计价示例

【例 3-1】　某车间工业管道安装，招标人依据《建设工程工程量清单计价规范》编制的分部分项工程量清单见表 3-11。

表 3-11　分部分项工程量清单

工程名称：某车间工业管道安装工程　　　　　　　　　　　　第　页　共　页

序 号	项 目 编 码	项 目 名 称	计量单位	工程数量
1	030801001001	低压碳钢 ϕ219×8 无缝钢管安装，热轧 20 号钢、手工电弧焊、安装一般钢套管、水压试验、水冲洗、刷防锈漆两遍、硅酸盐涂抹绝热 δ=50mm	m	315
	030801006001	低压 ϕ159×5 不锈钢管安装，热轧 Cr18Ni9Ti、氩弧焊、水压试验、酸洗、四氯化碳脱脂、超细玻璃棉毡绝热 δ=50mm、镀锌铁皮保护层		230
3	030804001001	低压碳钢 DN200 管件安装，电弧焊、弯头 15 个、三通 10 个	个	25
4	030804003001	低压不锈钢 DN150 管件安装，氩弧焊、弯头 15 个、三通 3 个	个	18
5	030807003001	低压碳钢 DN200 法兰阀门安装，J41H－25－150	个	5
6	030807003002	低压不锈钢 DN150 法兰阀门安装，J41W－25P－150	个	3
7	030810002001	低压碳钢 DN200 平焊法兰安装，电弧焊 2.5MPa	副	5
8	030810004001	低压不锈钢 DN150 平焊法兰安装，氩弧焊 2.5MPa	副	3
9	030816003001	焊缝 X 射线探伤(80×300mm)	张	50
10	030815001001	管支架制作安装，一般支架、人工除锈、刷一遍防锈漆、二遍调和漆	kg	200

【例 3-2】　已知某车间工业管道安装，低压碳钢 ϕ219×8 无缝钢管安装（315 m），热轧 20 号钢、手工电弧焊、安装一般钢套管、水压试验、水冲洗、除轻锈、刷防锈漆两遍，请确定清单项目的综合单价。

解：该项目的工程量清单综合单价计算见表 3-12。

表 3-12 分部分项工程量清单综合单价计算表

工程名称：某车间工业管道安装　　　　第　页　共　页

项目编码	030801001001	项目名称	无缝钢管 ϕ219×8，手工电弧焊				计量单位				m
清单综合单价组成明细											
定额编号	项目名称	定额单位	数量	单价				合价			
				人工费	材料费	机械费	管理费和利润	人工费	材料费	机械费	管理费和利润
6-36	碳钢管电弧焊	10 m	31.5	43.79	97.05	1528.42	26.71	1379.38	3057.07	48145.22	841.36
6-2429	管道水压试验	100 m	3.15	132.44	20.91	70.32	80.79	417.18	65.86	221.5	254.48
6-2476	管道水冲洗	100 m	3.15	79.56	24.51	206.68	48.53	250.61	77.2	651.04	152.86
清单项目综合单价								176.23 元			

项目编码	031201001001	项目名称	管道刷油				计量单位				m^2
清单综合单价组成明细											
定额编号	项目名称	定额单位	数量	单价				合价			
				人工费	材料费	机械费	管理费和利润	人工费	材料费	机械费	管理费和利润
11-1	手工除锈管道轻锈	$10m^2$	21.7	7.96	0.00	3.39	4.85	172.73		73.56	105.23
11-53	刷防锈漆第一遍	$10m^2$	21.7	6.32	0.00	12.63	3.85	137.14		274.06	83.53
11-54	刷防锈漆第二遍	$10m^2$	21.7	6.32	0.00	10.85	3.85	137.14		235.44	83.53
清单项目综合单价								6.00 元			

3.3.2 管件连接工程

1. 管件连接工程量清单编制应注意问题

1）管件包括弯头、三通、四通、异径管、管接头、管上焊接管接头、管帽、方形补偿器弯头、管道上仪表一次部件、仪表温度计扩大管制作安装等。

2）管件安装工程工程量清单按压力等级、材质、规格、口径、连接形式及焊接方式不同分别列项编制。在编制管件安装工程工程量清单时，应明确确定该项目的特征，以便投标人计算主材价格。具体包括：

压力等级：低压、中压、高压。压力等级划分方法同管道。

材质：低压碳钢管件（包括焊接钢管管件、无缝钢管管件）、不锈钢管件、合金钢管件、铸铁管件（一般铸铁、球墨铸铁、硅铁等）、铜管管件、铝管管件、塑料管件等。

连接方式：螺纹连接、焊接（氧乙炔焊、电弧焊、氩弧焊、氢电联焊）、承插连接（膨胀水泥、石棉水泥、青铅）等。

型号及规格：碳钢管件、不锈钢管件、合金钢管件、预应力管件、玻璃钢管件、玻璃管件、铸铁管件按公称直径；铝管件、铜管件、塑料管件按管外径。

管件名称：弯头、三通、四通、异径管等。

3）管件压力试验、吹扫、清洗、脱脂、除锈、刷油、防腐、保温及其补口均包括在管道安装中，不需单列清单项目。

4）在主管上挖眼接管的三通和摔制异径管，均以主管径按管件安装项目设置工程量清单，不另设三通和摔制异径管制作的清单项目；挖眼接管的三通支线管径小于主管径 1/2 时，不计算管件安装工程量；在主管上挖眼接管的焊接接头等配件，按配件管径计算管件工程量。

5）三通、四通、异径管的规格均按大管径计算。

6）管件用法兰连接时，按法兰安装设置清单项目，管件本身安装不再另设清单项目。

7）半加热外套管摔口后焊接在内套管上，每处焊口按一个管件计算；外套碳钢管如焊接不锈钢内套管上时，焊口间需加不锈钢短管衬垫，每处焊口按两个管件计算。

2. 管件连接工程量清单项目设置及工程量计算规则

管件连接工程量清单项目设置及工程量计算规则见表 3-13 ~ 表 3-15。

表 3-13　低压管件（编码：030804）

项目编码	项目名称	项目特征	计量单位	工程量计算规则	工作内容
030804001	低压碳钢管件	1. 材质 2. 连接方式 3. 规格 4. 补强圈材质、规格	个	按设计图示数量计算 注： 1. 管件包括弯头、三通、四通、异径管、管接头、管上焊接管头、管帽、方形补偿器弯头、管道上仪表一次部件、仪表温度计扩大管制作安装等 2. 管件压力试验、吹扫、清洗、脱脂均包括在管道安装中 3. 在主管上挖眼接管的三通和摔制异径管，均以主管径按管件安装工程量计算，不另计制作费和主材费；挖眼接管的三通支线管径小于主管径 1/2 时，不计算管件安装工程量；在主管上挖眼接管的焊接接头、凸台等配件，按配件管径计算管件工程量 4. 三通、四通、异径管均按大管径计算 5. 管件用法兰连接时，按法兰安装，管件本身安装不再计算安装 6. 半加热外套管摔口后焊接在内套管上，每处焊口按一个管件计算；外套碳钢管如焊接不锈钢内套管上时，焊口间需加不锈钢短管衬垫，每处焊口按两个管件计算	1. 安装 2. 三通补强圈制作、安装
030804002	低压碳钢板卷管件				
030804003	低压不锈钢管件	1. 材质 2. 规格 3. 焊接方法 4. 补强圈材质、规格 5. 充氩保护方式			1. 安装 2. 三通补强圈制作、安装 3. 管口焊接内、外充氩保护
030804004	低压不锈钢板卷管件				
030804005	低压合金钢管件				
030804006	低压加热外套碳钢管件(两半)	1. 材质 2. 型号、规格			安装
030804007	低压加热外套不锈钢管件(两半)				
030804008	低压铝及铝合金管件	1. 材质 2. 规格 3. 焊接方法 4. 补强圈材质、规格			1. 安装 2. 焊口预热及后热 3. 三通补强圈制作、安装
030804009	低压铝及铝合金板卷管件				
0308040010	低压铜及铜合金管件	1. 材质 2. 规格 3. 焊接方法			安装
0308040011	低压钛及钛合金管件	1. 材质 2. 规格 3. 焊接方法 4. 充氩保护方式			1. 安装 2. 管口焊接管内、外充氩保护
0308040012	低压锆及锆合金管件				
0308040013	低压镍及镍合金管件				
0308040014	低压塑料管件	1. 材质 2. 连接方式 3. 接口材料 4. 规格			安装
0308040015	金属骨架复合管件				
0308040016	低压玻璃钢管件				
0308040017	低压铸铁管件				
0308040018	低压预应力混凝土转换件	1. 材质 2. 连接方式 3. 接口材料 4. 规格			

表 3-14 中压管件（编码：030805）

项目编码	项目名称	项目特征	计量单位	工程量计算规则	工作内容
030805001	中压碳钢管件	1. 材质 2. 规格 3. 焊接方法 4. 补强圈材质、规格	个	按设计图示数量计算	1. 安装 2. 三通补强圈制作、安装
030805002	中压螺旋卷管件				
030805003	中压不锈钢管件	1. 材质 2. 规格 3. 焊接方法 4. 充氩保护方式			1. 安装 2. 管道焊口接内、外充氩保护
030805004	中压合金钢管件	1. 材质 2. 规格 3. 焊接方法 4. 充氩保护方式 5. 补强圈材质、规格			1. 安装 2. 管口焊接管内、外充氩保护 3. 三通补强圈制作、安装
030805005	中压铜及铜合金管件	1. 材质 2. 规格 3. 焊接方法			安装
030805006	中压钛及钛合金管件	1. 材质 2. 规格 3. 焊接方法 4. 充氩保护方式			1. 安装 2. 管口焊接管内、外充氩保护
030805007	中压锆及锆合金管件				
030805008	中压镍及镍合金管件				

表 3-15 高压管件（编码：030806）

项目编码	项目名称	项目特征	计量单位	工程量计算规则	工作内容
030806001	高压碳钢管件	1. 材质 2. 规格 3. 焊接方法 4. 充氩保护方式	个	按设计图示数量计算	1. 安装 2. 管口焊接管内、外充氩保护
030806002	高压不锈钢管件				
030806003	高压合金钢管件				

3.3.3 阀门安装

1. 阀门安装工程量清单编制应注意问题

1）阀门安装，按压力、材质、规格、型号、连接形式及绝热、保护层等不同分别列项设置清单项目。

2）除方形补偿器外的各种形式补偿器、仪表流量计、可曲挠橡胶接头均按阀门安装设置清单项目。清单工程量按图示数量计算。

3）单体安装的减压器、疏水器，可按阀门安装设置清单项目，清单工程量按图示数量计算。减压阀直径按高压侧计算。

4）电动阀门包括电动机安装，电动机安装不需另设清单项目，但电动机检查接线工程量应另行设置清单项目。

5）各种法兰、阀门安装与配套法兰的安装，应分别设置清单项目，并分别计算清单工程量。

2. 阀门安装工程量清单项目设置及工程量计算规则

阀门安装工程量清单项目设置及工程量计算规则见表3-16～表3-18。

表3-16 低压阀门（编码：030807）

项目编码	项目名称	项目特征	计量单位	工程量计算规则	工作内容
030807001	低压螺纹阀门	1. 名称 2. 材质 3. 型号、规格 4. 连接形式 5. 焊接方法	个	按设计图示数量计算 注： 1. 减压阀直径按高压侧计算 2. 电动阀门包括电动机安装	1. 安装 2. 操纵装置安装 3. 壳体压力试验、解体检查及研磨 4. 调试
030807002	低压焊接阀门				
030807003	低压法兰阀门				
030807004	低压齿轮、液压传动、电动阀门				1. 安装 2. 壳体压力试验、解体检查及研磨 3. 调试
030807005	低压安全阀门				
030807006	低压调节阀门	1. 名称 2. 材质 3. 型号、规格 4. 连接形式			1. 安装 2. 临时短管装拆 3. 壳体压力试验、解体检查及研磨 4. 调试

表3-17 中压阀门（编码：030808）

项目编码	项目名称	项目特征	计量单位	工程量计算规则	工作内容
030808001	中压螺纹阀门	1. 名称 2. 型号、规格 3. 材质 4. 连接形式 5. 焊接方法	个	按设计图示数量计算	1. 安装 2. 操纵装置安装 3. 壳体压力试验、解体检查及研磨 4. 调试
030808002	中压焊接阀门				
030808003	中压法兰阀门				
030808004	中压齿轮、液压传动、电动阀门			按设计图示数量计算	1. 安装 2. 壳体压力试验、解体检查及研磨 3. 调试
030808005	中压安全阀门				
030808006	中压调节阀门	1. 名称 2. 型号、规格 3. 材质 4. 连接形式		按设计图示数量计算	1. 安装 2. 临时短管装拆 3. 壳体压力试验、解体检查及研磨 4. 调试

表3-18 高压阀门（编码：030809）

项目编码	项目名称	项目特征	计量单位	工程量计算规则	工作内容
030809001	高压螺纹阀门	1. 名称 2. 型号、规格 3. 材质 4. 连接形式 5. 法兰垫片材质	个	按设计图示数量计算	1. 安装 2. 壳体压力试验、解体检查及研磨
030809002	高压法兰阀门				

（续）

项目编码	项目名称	项目特征	计量单位	工程量计算规则	工作内容
030809003	高压焊接阀门	1. 名称 2. 型号、规格 3. 材质 4. 焊接方法 5. 充氩保护方式、部位	个	按设计图示数量计算	1. 安装 2. 焊口充氩保护 3. 壳体压力试验、解体检查及研磨

3.3.4 法兰安装

1. 法兰安装工程量清单编制应注意问题

1）法兰安装，按压力、材质、规格、型号、连接形式及绝热、保护层等不同分别列项编制清单项目。

2）单片法兰、焊接盲板和封头按法兰安装列项编制清单项目，但法兰盲板安装不需编制清单项目。

3）不锈钢、有色金属材质的焊环活动法兰按翻边活动法兰安装编制工程量清单。

4）用法兰连接的管道（管材本身带有法兰的除外，如法兰铸铁管）应按管道安装与法兰安装分别编制清单列项。

2. 法兰安装工程量清单项目设置及工程量计算规则

法兰安装工程量清单项目设置及工程量计算规则见表 3-19 ~ 表 3-21。

表 3-19 低压法兰（编码：030810）

<table>
<tr><th>项目编码</th><th>项目名称</th><th>项目特征</th><th>计量单位</th><th>工程量计算规则</th><th>工作内容</th></tr>
<tr><td>030810001</td><td>低压碳钢螺纹法兰</td><td>1. 材质
2. 结构形式
3. 型号、规格</td><td rowspan="10">副（片）</td><td rowspan="10">按设计图示数量计算</td><td rowspan="3">1. 安装
2. 翻边活动法兰短管制作</td></tr>
<tr><td>030810002</td><td>低压碳钢焊接法兰</td><td rowspan="2">1. 材质
2. 结构形式
3. 型号、规格
4. 连接形式
5. 焊接方法</td></tr>
<tr><td>030810003</td><td>低压铜及铜合金法兰</td></tr>
<tr><td>030810004</td><td>低压不锈钢法兰</td><td rowspan="6">1. 材质
2. 结构形式
3. 型号、规格
4. 连接形式
5. 焊接方法
6. 充氩保护方式</td><td rowspan="6">1. 安装
2. 翻边活动法兰短管制作
3. 管口焊接管内、外充氩保护</td></tr>
<tr><td>030810005</td><td>低压合金钢法兰</td></tr>
<tr><td>030810006</td><td>低压铝及铝合金法兰</td></tr>
<tr><td>030810007</td><td>低压钛及钛合金法兰</td></tr>
<tr><td>030810008</td><td>低压锆及锆合金法兰</td></tr>
<tr><td>030810009</td><td>低压镍及镍合金法兰</td></tr>
<tr><td>0308100010</td><td>钢骨架复合塑料法兰</td><td>1. 材质
2. 规格
3. 连接形式
4. 法兰垫片材质</td><td>安装</td></tr>
</table>

表 3-20　中压法兰（编码：030811）

项目编码	项目名称	项目特征	计量单位	工程量计算规则	工作内容
030811001	中压碳钢螺纹法兰	1. 材质 2. 结构形式 3. 型号、规格	副（片）	按设计图示数量计算	1. 安装 2. 翻边活动法兰短管制作
030811002	中压碳钢焊接法兰	1. 材质 2. 结构形式 3. 型号、规格 4. 连接形式 5. 焊接方法			
030811003	中压铜及铜合金法兰				
030811004	中压不锈钢法兰	1. 材质 2. 结构形式 3. 型号、规格 4. 连接形式 5. 焊接方法 6. 充氩保护方式			1. 安装 2. 焊口充氩保护 3. 翻边活动法兰短管制作
030811005	中压合金钢法兰				
030811006	中压钛及钛合金法兰				
030811007	中压锆及锆合金法兰				
030811008	中压镍及镍合金法兰				

表 3-21　高压法兰（编码：030812）

项目编码	项目名称	项目特征	计量单位	工程量计算规则	工作内容
030812001	高压碳钢螺纹法兰	1. 材质 2. 结构形式 3. 型号、规格 4. 法兰垫片材质	副（片）	按设计图示数量计算	安装
030812002	高压碳钢焊接法兰	1. 材质 2. 结构形式 3. 型号、规格 4. 焊接方法 5. 充氩保护方式 6. 法兰垫片材质			1. 安装 2. 焊口充氩保护
030812003	高压不锈钢焊接法兰				
030812004	高压合金钢焊接法兰				

3.3.5　板卷管与管件制作

1. 板卷管与管件制作工程量清单编制应注意问题

1）板卷管制作，按材质、规格（碳钢管、不锈钢管按公称直径表示，铝板管按管外径表示）、焊接形式、壁厚等不同分别列项设置清单项目。

2）管件制作，按管件压力、材质、焊接形式、规格、制作方式等不同分别列项设置清单项目。

3）异径管规格按大头口径计算，三通规格按主管口径计算。

4）若管件由现场制作，管件制作和管件安装分别编制工程量清单。

5）在主管上挖眼接管三通和摔制异径管，均以主管径按管件安装项目设置工程量清单，不另设三通和摔制异径管制作的清单项目；挖眼接管三通支线管径小于主管径 1/2 时，不计算管件安装工程量。

6）管件制作方式不同，清单工程量的计量单位不同。用板卷管制作时，其计量单位是“t”，用成品管材焊接或煨制时，其计量单位是“个”。

2. 板卷管与管件制作工程量清单项目设置及工程量计算规则

板卷管与管件制作工程量清单项目设置及工程量计算规则见表3-22～表3-23。

表3-22 板卷管制作（编码：030813）

项目编码	项目名称	项目特征	计量单位	工程量计算规则	工作内容
030813001	碳钢板直管制作	1. 材质 2. 规格 3. 焊接方法	t	按设计图示质量计算	1. 制作 2. 卷筒式板材开卷及平直
030813002	不锈钢板直管制作	1. 材质 2. 规格 3. 焊接方法 4. 充氩保护方式			1. 制作 2. 焊口充氩保护
030813003	铝及铝合金板直管制作				

表3-23 管件制作（编码：030814）

项目编码	项目名称	项目特征	计量单位	工程量计算规则	工作内容
030814001	碳钢板管件制作	1. 材质 2. 规格 3. 焊接方法	t	按设计图示质量计算	1. 制作 2. 卷筒式板材开卷及平直
030814002	不锈钢板管件制作	1. 材质 2. 规格 3. 焊接方法 4. 充氩保护方式			1. 制作 2. 焊口充氩保护
030814003	铝及铝合金板管件制作	1. 材质 2. 规格 3. 焊接方法			制作
030814004	碳钢管虾体弯制作	1. 材质 2. 规格 3. 焊接方法	个	按设计图示数量计算 注：管件包括弯头、三通、异径管；异径管按大头口径计算，三通按主管口径计算	制作
030814005	中压螺旋卷管虾体弯制作				
030814006	不锈钢管虾体弯制作	1. 材质 2. 规格 3. 焊接方法 4. 充氩保护方式			1. 制作 2. 焊口充氩保护
030814007	铝及铝合金管虾体弯制作	1. 材质 2. 焊接方法 3. 规格			制作
030814008	铜及铜合金管虾体弯制作				
030814009	管道机械煨弯	1. 压力 2. 材质 3. 型号、规格			煨弯
030814010	管道中频煨弯				
030814011	塑料管煨弯	1. 材质 2. 型号、规格			

3.3.6　管架制作

管架制作适用于工业管道的管架制作安装，不适用于生活用给排水、采暖、燃气管道，也不适用于消防管道。

在编制管架制作安装工程量清单时，应按管架的材质、形式不同列项，支架衬垫需注明采用何种衬垫，如防腐木垫、不锈钢衬垫、铝衬垫等。管架的形式有：一般管架、木垫式管架、弹簧式管架。

单件支架质量有100kg以下和100kg以上时，应分别列项。

管架制作安装工程量清单项目设置及工程量计算规则见表3-24。

表3-24　管架制作（编码：030815）

项目编码	项目名称	项目特征	计量单位	工程量计算规则	工作内容
030815001	管架制作安装	1. 单件支架质量 2. 材质 3. 管架形式 4. 支架衬垫材质 5. 减震器形式及做法	kg	按设计图示质量计算	1. 制作，安装 2. 弹簧管架物理性试验

3.3.7　管材表面及焊缝无损探伤

管材表面及焊缝无损探伤工程量清单编制，应按探伤的种类、探伤的管材规格或底片规格及壁厚等不同特征分别列项设置工程量清单。管材表面及焊缝无损探伤按规范设计技术要求进行。

管材表面及焊缝无损探伤工程量清单项目设置及工程量计算规则见表3-25。

表3-25　无损探伤与热处理（编码：030816）

<table>
<tr><th>项目编码</th><th>项目名称</th><th>项目特征</th><th>计量单位</th><th>工程量计算规则</th><th>工作内容</th></tr>
<tr><td>030816001</td><td>管材表面超声波探伤</td><td rowspan="2">1. 名称
2. 规格</td><td rowspan="2">1. m
2. m^2</td><td rowspan="2">1. 按管材无损探伤长度计算
2. 按管材表面探伤检测面积计算</td><td rowspan="4">探伤</td></tr>
<tr><td>030816002</td><td>管材表面磁粉探伤</td></tr>
<tr><td>030816003</td><td>焊缝X射线探伤</td><td rowspan="2">1. 名称
2. 底片规格
3. 管壁厚度</td><td rowspan="2">张（口）</td><td rowspan="7">按规范或设计技术要求计算</td></tr>
<tr><td>030816004</td><td>焊缝γ射线探伤</td></tr>
<tr><td>030816005</td><td>焊缝超声波探伤</td><td>1. 名称
2. 管道规格
3. 对比试块设计要求</td><td rowspan="5">口</td><td>1. 探伤
2. 对比试块的制作</td></tr>
<tr><td>030816006</td><td>焊缝磁粉探伤</td><td rowspan="2">1. 名称
2. 管道规格</td><td rowspan="2">探伤</td></tr>
<tr><td>030816007</td><td>焊缝渗透探伤</td></tr>
<tr><td>030816008</td><td>焊前预热、后热处理</td><td rowspan="2">1. 材质
2. 规格及管壁厚
3. 压力等级
4. 热处理方法
5. 硬度测定设计要求</td><td rowspan="2">1. 热处理
2. 硬度测定</td></tr>
<tr><td>030816009</td><td>焊口热处理</td></tr>
</table>

3.3.8 其他清单项目设置

其他项目制作安装工程量清单，按各自的项目特征列项设置清单项目，按各自的工程量计算规则确定清单工程量。

若蒸汽气缸、集气罐为成品，确定蒸汽气缸、集气罐制作安装清单综合单价时，则不综合蒸汽气缸、集气罐制作费用。钢制排水漏斗制作安装，其口径规格应按下口公称直径计算。其他清单项目工程量清单设置及计算规则见表 3-26。

表 3-26 其他项目制作安装（编码：030817）

<table>
<tr><th>项目编码</th><th>项目名称</th><th>项目特征</th><th>计量单位</th><th>工程量计算规则</th><th>工作内容</th></tr>
<tr><td>030817001</td><td>冷排管制作安装</td><td>1. 排管形式
2. 组合长度</td><td>m</td><td>按设计图示以长度计算</td><td>1. 制作、安装
2. 钢带退火
3. 加氨
4. 冲套翅片</td></tr>
<tr><td>030817002</td><td>分、集汽(水)缸制作安装</td><td>1. 质量
2. 材质、规格
3. 安装方式</td><td>台</td><td rowspan="7">按设计图示数量计算</td><td rowspan="2">1. 制作
2. 安装</td></tr>
<tr><td>030817003</td><td>空气分气筒制作安装</td><td rowspan="2">1. 材质
2. 规格</td><td rowspan="2">组</td></tr>
<tr><td>030817004</td><td>空气调节喷雾管安装</td><td>安装</td></tr>
<tr><td>030817005</td><td>钢制排水漏斗制作安装</td><td>1. 形式、材质
2. 口径规格</td><td>个</td><td>1. 制作
2. 安装</td></tr>
<tr><td>030817006</td><td>水位计安装</td><td rowspan="2">1. 规格
2. 型号</td><td>组</td><td>安装</td></tr>
<tr><td>030817007</td><td>手摇泵安装</td><td>个</td><td>1. 安装
2. 调试</td></tr>
<tr><td>030817008</td><td>套管制作安装</td><td>1. 类型
2. 材质
3. 规格
4. 填料材质</td><td>台</td><td>1. 制作
2. 安装
3. 除锈、刷油</td></tr>
</table>

思 考 题

1. 《工业管道工程》定额适用范围如何界定？
2. 管道压力等级是如何划分的？
3. 管件的含义及内容是什么？
4. 管道安装定额子目中，每安装 10m 工程量而主材用量却低于 10m，如何理解？
5. 方形补偿器如何使用定额？
6. 定额中管道压力试验与泄漏性试验有何区别？
7. 阀门安装是否包括壳体压力试验和密封试验？
8. 钢板卷管及管件制作主材用量如何计算？
9. 管件有哪些种类？如何使用定额？
10. 管道安装项目中，是否包括配合无损探伤用工？

第4章 室内给排水及水灭火系统工程施工图预算编制

给排水工程由给水工程和排水工程两大部分组成。给水工程分为建筑内部给水和室外给水两部分，其任务是从水源取水，按照用户对水质的要求进行处理，以符合要求的水质和水压，将水输送到用户区，并向用户供水，满足人们生活和生产的需要。排水工程也分为建筑内部排水和室外排水两部分，其任务是将污、废水等收集起来并及时输送至适当地点，妥善处理后排放或再利用。

室外给水工程是指向民用和工业生产部门提供用水而建造的构筑物和输配水管网等工程设施，一般包括取水构筑物、水处理构筑物、泵站、输水管渠和管网及调节构筑物；室外排水工程是指把室内排出的生活污水、生产废水及雨水和冰雪融化水等，按一定系统组织起来，经过处理，达到排放标准后再排入天然水体，一般包括排水设备、检查井、管渠、水泵站、污水处理构筑物等。

本章只介绍室内给水系统与排水系统内容。

4.1 室内给排水系统施工图预算的编制

4.1.1 室内给排水工程概述

1. 室内给排水系统分类

室内给水系统的任务是在满足各用水点对水量、水压和水质的要求下，将城镇给水管网或自备水源给水管网的水引入室内，经配水管送至生活、生产和消防用水设备。按其供水对象的不同，室内给水系统可分为三类：

1）生活给水系统：供生活、洗涤用水。

2）生产给水系统：供生产设备所需用水。

3）消防给水系统：供消防设备用水。

室内排水系统是将建筑内部人们在日常生活和工业生产中使用过的水以及屋面上的雨、雪水加以收集，及时排到室外。按其所排除污水的性质不同，室内排水系统可分为四类：

1）生活污（废）水的排水系统 排除居住建筑、公共建筑及工厂生活间的污废水。

2）生产污（废）水的排水系统 排除工艺生产过程中产生的污废水。

3）雨水排水系统 收集排除降落到多跨工业厂房、大屋面建筑和高层建筑屋面上的雨雪水。

2. 室内给排水系统的组成

（1）室内给水系统 见图4-1，室内给水系统一般由以下几部分组成：

1）引入管。引入管是指由建筑物外第一个给水阀门引至室内给水总阀门或室内进户总水表之间的管段，是室外给水管网与室内给水管网之间的联络管段，也称进户管。它多埋设于室内外地面以下。

2）水表节点。水表节点是指引入管上装设的水表及在其前后设置的阀门、泄水装置、旁通管等的总称。水表节点有设有旁通管水表节点和不设旁通管的水表节点，见图4-2和图4-3。

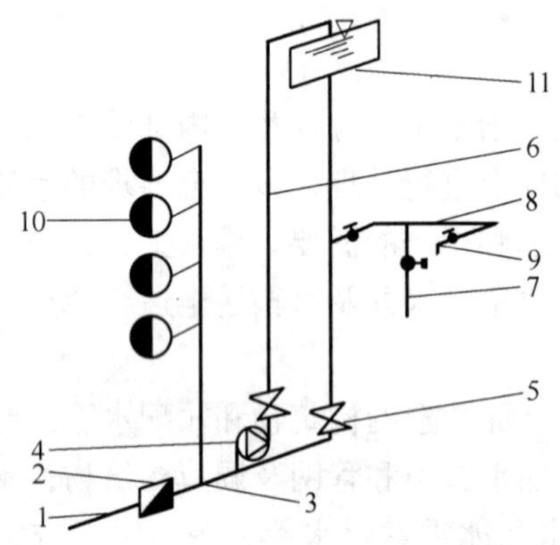

图4-1 建筑给水系统组成示意图

1—引入管 2—水表节点 3—给水干管 4—水泵 5—阀门 6—给水立管 7—大便器冲洗管 8—给水横管 9—水龙头 10—室内消火栓 11—水箱

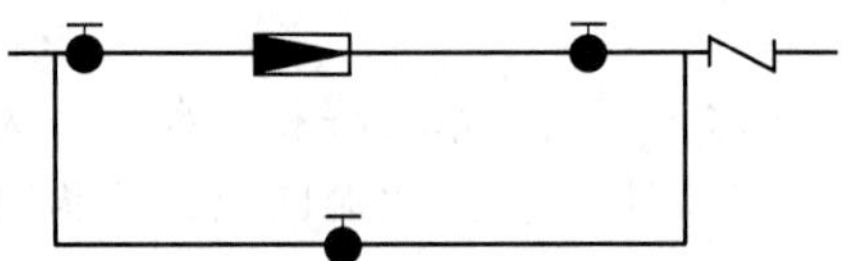

图4-2 设有旁通管的水表节点

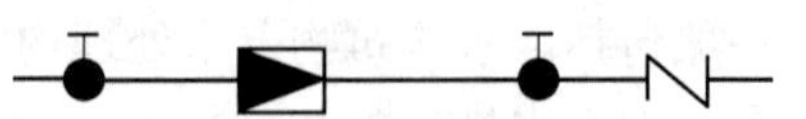

图4-3 不设旁通管的水表节点

3）给水管道系统。室内给水管道系统由水平的或垂直的干管、立管及横支管等组成。

4）给水附件。给水附件是指给水管道系统上装设的阀门、止回阀、消火栓及各式配水龙头等。它主要用于控制管道中的水流，以满足用户的使用要求。

5）升压和贮水设备。当用户对水压的稳定性和供水的可靠性要求较高时，室内给水系统中通常还需要设置水池、水泵、水箱、气压给水装置等。

（2）室内排水系统 见图4-4，室内排水系统一般由以下几部分组成：

1）污水收集设备。常见的污水收集设备主要为卫生器具。

2）排水管道系统。它主要由排出管、排水立管、排水横管组成。

3）通气装置。通气装置通常由通气管、透气帽等组成。一般建筑物内只设普通通气管，即排水立管向上延伸出建筑物屋面。透气帽设置在通气管顶端，防止杂物落入管中。

4）清通设备。清通设备主要有检查口、清扫口及检查井等。清扫口的主要形式有两种，即地面清扫口和横管丝堵清扫口。

5）排水管附件。主要有排水栓、存水弯等。排

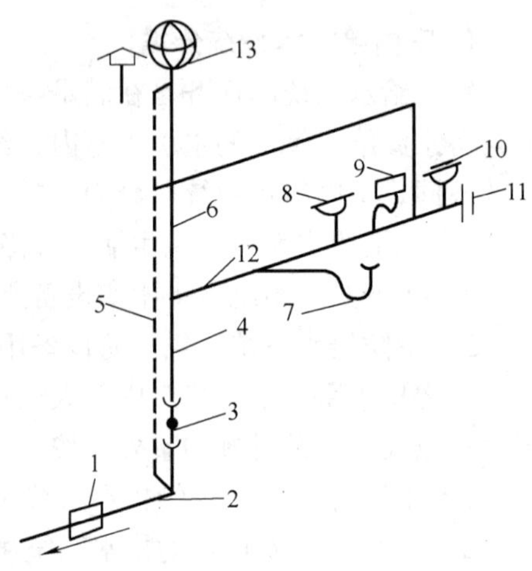

图4-4 室内排水系统组成示意图

1—室外排水检查井 2—排出管 3—检查口 4—排水立管 5—主通气立管 6—伸顶通气立管 7、8、9、10—卫生器具排水支管 11—清扫口 12—排水横管 13—通气帽

水栓一般设在盥洗槽、污水盆的下水口处，防止大颗粒的污染物堵塞管道。存水弯一般设在排水支立管上，防止管道内的污浊空气进入室内。

3. 给排水工程常用管材、管件及附件

（1）管材、管件及附件的公称直径　为了使管道、管件和阀门之间具有互换性，而规定的一种通用直径，称其为公称直径，用 DN 表示，单位是 mm。公称直径是控制管材设计及制造规格的一种标准直径，管材的公称直径与管内径相接近，但它既不等于管道或配件的实际内径，也不等于管道或配件的外径，而只是一种公认的称呼直径。不论管道或配件的内径和外径为多大，只要公称直径一样，就能相互连接，且具有互换性。

（2）管材、管件及附件的压力　管道及其管件的压力可分为公称压力、试验压力和工作压力三种。

1）公称压力。一般以介质温度 20℃时，管道或附件所能承受的压力作为耐压强度标准，称为公称压力，记为"P_g"，压力单位为兆帕（MPa）。管道公称压力按等级不同可划分为低压管道（≤1.6 MPa）、中压管道（1.6～10 MPa）和高压管道（>10 MPa）。

2）试验压力。试验压力是对管道进行水压或严密性试验而规定的压力，记为"P_s"。试验压力又分为水压试验和气压试验两种。

水压试验：P_s = 设计工作压力 × 试验的安全系数（安装规范为 1.5 倍）

气压试验：P_s = 设计工作压力 × 试验的安全系数（安装规范为 1.25 倍）

3）工作压力。工作压力是表明管材质量的一种参数，是根据管道输送介质的各级温度所规定的最大压力。工作压力用"P"表示，并在 P 的右下角注明介质最高温度数值，其数值是以 10 除以介质最高温度所得的整数。例如，介质最高温度为 250℃，则工作压力记为 P_{25}。

（3）室内给水工程常用管材、管件及附件　给水管道常用的管材按制造材质分，可分为钢管、铸铁管和塑料管；按制造方法分，可分为有缝管和无缝管。一般生产、工艺用水管道常用无缝钢管，或者使用在自动喷水灭火系统的给水管上。

1）有缝钢管，又称为焊接钢管，分为镀锌钢管（白铁管）和非镀锌钢管（黑铁管）两种。镀锌钢管和非镀锌钢管相比，具有耐腐蚀、不易生锈、使用寿命长等特点。生活给水管管径≥150mm 时，应采用热浸锌工艺生产的镀锌钢管；生产、消防公用给水系统应采用镀锌钢管。

钢管连接方法有螺纹连接、焊接和法兰连接，为避免焊接时锌层破坏，镀锌钢管必须用螺纹连接。

2）给水铸铁管。与钢管相比，其优点是耐腐蚀，使用寿命长，价格较低。多用于室外给水工程和室内的给水管道。例如，管径大于 150mm 的生活给水管，可采用给水铸铁管；埋地管管径≥75mm 时，宜采用给水铸铁管；生产和消火栓给水系统可采用非镀锌钢管和给水铸铁管。给水铸铁管按其连接方式可分为承插式和法兰式两种，接口材料有石棉水泥接口、膨胀水泥接口、青铅接口等。给水铸铁管的配件有承插渐缩管、三承三通、三承四通、双盘三通、双盘四通等。

3）给水塑料管。常用的给水塑料管有硬聚氯乙烯管、聚乙烯管、聚丙烯管和聚丁烯管等。塑料管具有耐化学腐蚀性强，水流阻力小，质量轻，运输安装方便等优点。

4）管道附件。可分为配水附件和控制附件。配水附件是指装在给水支管末端，供给各类卫生器具和用水设备的配水龙头和生产、消防等用水设备。控制附件是指控制水流方向，调节水量、水压以及关断水流，便于管道、仪表和设备检修的各类阀门。

（4）室内排水工程常用管材、管件及附件　排水管道常用的管材主要有排水铸铁管、排水塑料管、带釉陶土管等。排水铸铁管的管壁较薄，不能承受高压，主要作为生活污水、雨水以及一般工业废水管用。目前建筑内广泛使用的排水塑料管是硬聚氯乙烯塑料管（简称 UPVC 管）。具有光滑、质量轻、耐腐蚀、加工方便、便于安装等特点。为使排水管道排水畅通，需在横支管上设清扫口或带清扫门的 90℃ 弯头和三通，在立管上设检查口，在室内埋地横干管上设检查口井。

4. 给排水施工图的组成及识读

室内给排水施工图通常由施工及设计说明、施工平面图（总平面图或底层平面图、标准层平面图、顶层平面图）、给排水系统图（轴测图）、大样图或详图及标准图组成。

（1）施工及设计说明　主要包括工程概况，所用设备、材料品种及要求，工程做法，卫生器具种类和型号，采用的标准图集名称、代号、编号和图例等内容。

（2）平面图 室内给排水平面图是以建筑物各层平面为依据绘制的，是施工图样中最基本和最重要的图样，常用的比例有 1∶100 和 1∶50 两种。平面图主要表明管道在各楼层的平面位置及编号，管道和设备器具的规格型号，以及给水引入管和排水出户管与室外给排水管网的关系。这种图样上的线条都是示意性的，管配件（如管箍、活接头等）不直接画在图纸上。

1）查明卫生器具、用水设备及升压设备的类型、数量、安装位置、定位尺寸。卫生设备和其他设备通常用图例表示，只能说明器具和设备的类型，不能表示各部分的具体结构和外部尺寸。所以，必须参考技术资料和有关详图，将其构造、配管方式、安装尺寸等弄清，便于准确地计算工程量和施工。

2）查明给水引入管和污水排出管的平面位置、走向、定位尺寸、管径、坡度以及与室外管网的连接方式等。给水引入管上一般都装设阀门，若阀门设在室外阀门井中，在平面图上就能表示出来，要查明阀门的规格型号及离建筑物的距离。污水排出管与室外排水管的连接，是通过检查井来实现的，要了解排出管的管径、埋深及离建筑物的距离。

3）查明给水排水干管、立管、支管的平面位置、走向、管径及立管编号。平面图上的管线虽然是示意性的，但是它还是按照一定比例绘制的，因此，在计算平面图的工程量时，可以结合详图，图注尺寸或用比例尺进行计算。在计算时，每一个立管都要进行编号，且要与引入（出）管的编号统一。

4）消防给水管道则要查明消火栓的布置、口径大小及消防箱的形式与安装位置。若图中设有自动喷水消防系统或水幕灭火系统，则要查明喷头的型号、构造、安装方式及安装要求。

5）查明水表的安装位置、型号、水表前后阀门的设置情况，以及所采用的安装标准图号。

6）室内排水管道要查明检查井进出管的连接方向以及清通口、清扫口的布置情况；对于雨水管道，要查明雨水斗的型号、数量及布置情况，结合详图弄清雨水斗与天沟的连接方式。

（3）系统图　室内管道系统图是用轴测投影的方法绘制，主要反映管道在室内空间的走向和标高位置，系统中各管道和设备器具的上下、左右、前后之间的空间位置及相互连接关系，在系统图中标注有管道的直径尺寸、立管的编号、管道的标高和排水管的坡度。

1）明确各部分给水管道的空间走向、标高、管道直径及其变化情况，阀门的设置位置和规格、数量，引入管、干管和各支管的标高。识读时，可按引入管→干管→支管→给水配件及附件的顺序进行阅读和计算。

2）明确各部分排水管道的空间走向、管路分支情况、管道直径及其变化情况，弄清横管的坡度、管道各部分的标高、存水弯的形式、清通设施的设置情况。识读时，可按卫生设备器具→卫生器具排水管→排水横支管→立管→出户管的顺序进行阅读计算。

一般来说，识读给排水施工图时，应首先查看设计及施工说明，明确设计要求，然后将给水和排水分开阅读，把平面图和系统图对照起来看，最后阅读详图和标准图。

在给排水施工图上一般不表示管道支架，但在识图时要按照有关规定，确定其数量和位置。给水管道支架一般采用管卡、钩钉、吊环和角钢托架；铸铁排水立管通常用铸铁立管卡子，固定在承口下面，排水横管上则采用吊卡，一般为每根管一个，最多不超过2m。

（4）详图　又称为大样图，是为了详细标明用水设备、器具和管道节点的详细构造、尺寸与安装要求的图样，详图分为标准详图与非标准详图。详图是用正投影法绘制的，图中标注的尺寸可供计算工程量时使用。

4.1.2　给排水工程定额应用

《全国统一安装工程预算定额》第八册《给排水、采暖、燃气工程》适用于新建、扩建项目中的生活用给水、排水、燃气、采暖热源管道以及附件配件安装，小型容器制作安装。对于工业管道、生产生活共用的管道、锅炉房和泵类配管以及高层建筑物内加压泵间的管道执行《全国统一安装工程预算定额》第六册《工业管道工程》相应项目。刷油、防腐蚀、绝热工程执行《全国统一安装工程预算定额》第十一册《刷油、防腐蚀、绝热工程》相应项目。

1. 定额的划分界线

第八册《给排水、采暖、燃气工程》定额中给排水管道的划分界线为：

1）给水管道：室内外界线以建筑物外墙皮1.5m为界；入口外设阀门者以阀门为界；与市政管道界线以水表井为界；无水表井者，以与市政管道碰头点为界。

2）排水管道：室内外以出户第一个排水检查井为界；室外管道与市政管道以室外管道与市政管道碰头井为界。

2. 主要取费规定

定额中对于各项费用的规定主要包括：

1）脚手架搭拆费按人工费的5%计算，其中人工工资占25%。

2）设置于管道间、管廊内的管道、阀门、法兰、支架安装，人工乘以系数1.3。

3）主体结构为现场浇注采用钢模施工的工程，内外浇注的人工乘以系数1.05，内浇外砌的人工乘以系数1.03。

3. 定额的主要项目设置

《江西省安装工程消耗量定额及单位估价表》(2004 年)设置了如下项目:

① 管道安装(包括:室外管道安装、室内管道安装、法兰安装、伸缩器制作安装、管道消毒冲洗、管道压力试验)。

② 阀门、水位标尺安装(包括:阀门安装、浮标液面计、水塔及水池浮漂水位标尺制作安装)。

③ 低压器具、水表组成与安装(包括:减压器组成安装、疏水器组成安装带旁通管及旁通阀、水表组成、安装)。

④ 卫生器具制作安装。

⑤ 供暖器具安装。

⑥ 小型容器制作安装。

⑦ 燃气管道附件器具安装共七节。

(1) 第一章“管道安装” 适用于室内外生活用给水、排水、雨水、采暖热源管道、法兰、套管、伸缩器等的安装。

该章定额包括以下工作内容:①管道及接头零件安装;②水压试验或灌水试验;③室内DN32 以内钢管包括管卡及托钩制作安装,该管道如需要安装支架,允许换算;④钢管包括弯管制作与安装(伸缩器除外),无论是现场煨制或成品弯管均不得换算;⑤铸铁排水管、雨水管及塑料排水管均包括管卡及托吊支架、臭气帽、雨水漏斗制作安装;⑥穿墙及过楼板铁皮套管安装人工。

该章定额不包括以下工作内容:①管道安装中不包括法兰,阀门及伸缩器的制作安装,执行定额时按相应项目另计;②室内外给水、雨水铸铁管包括接头零件所需的人工,但接头零件价格应另行计算;③DN32 以上的钢管支架按本章管道支架另行计算;④过楼板及穿墙的一般钢套管的制作、安装套用第六册《工业管道工程》一般穿墙套管制作安装项目。

(2) 第二章“阀门、水位标尺安装” 该章定额中的螺纹阀门安装适用于各种内外螺纹连接的阀门安装;法兰阀门安装适用于各种法兰阀门的安装,如仅为一侧法兰连接时,定额中的法兰、带螺母(帽)螺栓及钢垫圈数量减半;各种法兰连接用垫片均按石棉橡胶板计算。如用其他材料,不做调整。

(3) 第三章“低压器具、水表组成与安装” 法兰水表安装是按《全国通用给水排水标准图集》S145 编制的。定额内包括旁通管及止回阀,如实际安装形式与此不同时,阀门及止回阀可按实际调整,其余不变。

(4) 第四章“卫生器具制作安装” 该章所有卫生器具安装项目,均参照《全国通用给水排水标准图集》中有关标准图集计算,设计无特殊要求均不作调整。

需注意以下几点:①成组安装的卫生器具,定额均已按标准图计算了与给水、排水管道连接的人工和材料;②浴盆安装适用于各种型号的浴盆,但浴盆支座和浴盆周边的砌砖、瓷砖粘贴应另行计算;洗脸盆、洗手盆、洗涤盆适用于各种型号;③洗脸盆肘式开关安装不分单双把均执行同一项目;④脚踏开关安装包括弯管和喷头的安装人工和材料;⑤淋浴器铜制品安装适用于各种成品淋浴器安装;⑥小便槽冲洗管制作安装定额中,不包括阀门安装,可按相应项目另行计算。大、小便槽水箱托架安装已按标准图集计算在定额内，不得另行计算。

（5）第六章“小型容器制作安装”　该章参照《全国通用给水排水标准图集》S151、S342 及《全国通用采暖通风空调标准图集》T905、T906 编制，适用于给排水、采暖系统中一般低压碳钢容器的制作和安装。

需注意以下几点：①各种水箱连接管，均未包括在定额内，可执行室内管道安装的相应项目；②各类水箱均未包括支架制作安装，如为型钢支架，执行该册定额“一般管道支架”项目，混凝土或砖支座可按土建相应项目执行；③水箱制作包括水箱本身及人孔的质量。水位计、内外人梯均未包括在定额内，如发生时，可另行计算。

4.1.3　给排水工程清单项目设置与工程量计算

GB 50500—2013《建设工程工程量清单计价规范》附录 K（给排水、采暖、燃气工程）中设置了 K.1 给排水、采暖、燃气管道、K.2 支架及其他、K.3 管道附件、K.4（卫生器具）、K.5（供暖器具）、K.6（采暖、给排水设备）、K.7（燃气器具及其他）、K.8（医疗气体设备及附件）、K.9（采暖、空调水工程系统调试）共 101 个项目。

GB 50856—2013《通用安装工程工程量计算规范》（以下简称“新规范”）与 GB 50500—2008《建设工程工程量清单计价规范》（以下简称“08 版规范”）相比较，在给排水工程部分的主要变化在于：

1）新增 K.6 采暖、给排水设备与 K.8 医疗气体设备及附件。

2）取消水龙头、地漏、排水栓、地面扫出口等项目，合并为给排水附（配）件项目，取消钢制闭式、板式、壁板式、柱式散热器等项目，合并为钢制散热器项目。一方面简化了项目设置，同时也解决了清单项目缺项，需自行补充许多项目的情况。

3）原承插铸铁管、柔性抗振铸铁管项目合并为铸铁管项目，适用于承插铸铁管、球墨铸铁管、柔性抗振铸铁管。

4）原塑料复合管改为复合管，适用于钢塑复合管、铝塑复合管、钢骨架复合管等复合型管道安装。

5）对于室外埋设管道要求描述警示带铺设内容。

6）调整阀门安装项目。取消按名称设置的项目，按连接方式设置了螺纹连接、螺纹法兰连接、焊接法兰连接等项目，项目特征增加对压力等级、焊接方法的描述。

7）管道及设备的刷油、防腐、绝热以及支架刷油、防腐等均执行附录 L 刷油、防腐蚀、绝热工程。

室内给排水工程各个清单项目的计量单位及计算规则，与相应定额子目的计量单位及计算规则相同。因此，下面按照清单工程量项目设置顺序，介绍给排水工程的工程量计算及定额应用。

1. 给排水管道工程量计算

按 GB 50500—2013《建设工程工程量清单计价规范》规定，其清单工程量项目设置及清单工程量计算要求详见表 4-1。

表 4-1 K.1 给排水、采暖、燃气管道（编码：031001）

项目编码	项目名称	项目特征	计量单位	工程量计算规则	工作内容
031001001	镀锌钢管	1. 安装部位 2. 输送介质 3. 规格、压力等级 4. 连接形式 5. 压力试验及吹、洗设计要求 6. 警示带形式	m	按设计图示管道中心线长度以延长米计算	1. 管道安装 2. 管件制作、安装 3. 压力试验 4. 吹扫、冲洗 5. 警示带铺设
031001002	钢管				
031001003	不锈钢管				
031001004	铜管				
031001005	铸铁管	1. 安装部位 2. 输送介质 3. 材质、规格 4. 连接形式 5. 接口材料 6. 压力试验及吹、洗设计要求 7. 警示带形式		按设计图示管道中心线长度以延长米计算 注： 不扣除阀门、管件(包括减压器、疏水器、水表、伸缩器等组成安装)及附属构筑物所占长度；方形补偿器以其所占长度列入管道安装工程量	1. 管道安装 2. 管件安装 3. 压力试验 4. 吹扫、冲洗 5. 警示带铺设
031001006	塑料管	1. 安装部位 2. 输送介质 3. 材质、规格 4. 连接形式 5. 阻火圈设计要求 6. 压力试验及吹、洗设计要求 7. 警示带形式			1. 管道安装 2. 管件安装 3. 塑料卡固定 4. 阻火圈安装 5. 压力试验 6. 吹扫、冲洗 7. 警示带铺设
031001007	复合管	1. 安装部位 2. 输送介质 3. 材质、规格 4. 连接形式 5. 压力试验及吹、洗设计要求 6. 警示带形式			1. 管道安装 2. 管件安装 3. 塑料卡固定 4. 压力试验 5. 吹扫、冲洗 6. 警示带铺设
031001008	直埋式预制保温管	1. 埋设深度 2. 介质 3. 管道材质、规格 4. 连接形式 5. 接口保温材料 6. 压力试验及吹、洗设计要求 7. 警示带形式			1. 管道安装 2. 管件安装 3. 接口保温 4. 压力试验 5. 吹扫、冲洗 6. 警示带铺设
031001009	承插陶瓷缸瓦管	1. 埋设深度 2. 规格 3. 接口方式及材料 4. 压力试验及吹、洗设计要求 5. 警示带形式			1. 管道安装 2. 管件安装 3. 压力试验 4. 吹扫、冲洗 5. 警示带铺设
031001010	承插水泥管				

（续）

项目编码	项目名称	项目特征	计量单位	工程量计算规则	工作内容
031001011	室外管道碰头	1. 介质 2. 碰头形式 3. 材质、规格 4. 连接形式 5. 防腐、绝热设计要求	处	按设计图示以处计算	1. 挖填工作坑或暖气沟拆除及修复 2. 碰头 3. 接口处防腐 4. 接口处绝热及保护层

表 4-1 中的有关术语说明如下："安装部位"指管道安装在室内、室外；"输送介质"包括给水、排水、中水、雨水、热媒体、燃气、空调水等；方形补偿器制作安装含在管道安装综合单价中；铸铁管安装项目适用于承插铸铁管、球墨铸铁管、柔性抗振铸铁管等；塑料管安装项目适用于 UPVC、PVC、PP-C、PP-R、PE、PB 管等；塑料管安装的项目特征应描述是否设置阻火圈或止水环；复合管安装适用于钢塑复合管、铝塑复合管、钢骨架复合管等；排水管道安装包括立管检查口、透气帽。

凡涉及管沟及井类的土石方开挖、垫层、基础、砌筑、井盖板预制安装、回填、管道支墩等，应按《房屋建筑与装饰工程计量规范》相关项目编码列项。凡涉及管道热处理、无损探伤的工作内容，按工业管道工程相关项目编码列项。医疗气体管道及附件，按工业管道工程相关项目编码列项。凡涉及管道、设备及支架除锈、刷油、保温的工作内容除注明者外，均按刷油、防腐蚀、绝热工程相关项目编码列项。凿槽（沟）、打洞项目，应按电气设备安装工程相关项目编码列项。

给排水管道清单项目包括如下计价内容：

（1）管道工程量计算及定额应用　各种管道均以施工图所示中心长度，以"m"为计量单位，不扣除阀门、管件（包括减压器、疏水器、水表、伸缩器等组成安装）所占的长度。

1）管道长度的确定：水平管道以施工平面图所注尺寸计算，可用比例尺度量；垂直管道，按系统图上管道标高差计算。计算各种规格管道长度时，要注意管道的变径点（一般在三通处）。一般按立管的编号顺序计算，不容易漏项。

2）当施工图标注不全时，给水支管按 0.1m 计算，排水支管按 0.4～0.5m 计算。

3）依据《全国统一安装工程预算定额》（2004）规定，管道安装区分管道材质（镀锌钢管、PPR 管、UPVC 管、铝塑复合管等）、连接方式（螺纹、焊接、法兰连接等）、安装部位（室内、室外）分类，以管径规格大小分档套用第八册《给排水、采暖、燃气工程》中相应定额子目。

4）管道安装的未计价材料是管材，应按下式计算其价值：

管材未计价价值 = 按施工图计算的工程量 × 管材定额消耗量 × 相应的管材单价

（2）管件工程量计算及定额应用　依据定额组成，不同材质的管道其管件的计算和计价是不同的。归纳如下：

1）镀锌钢管、给水 PVC 管的管道安装定额基价中已包含其管件的数量和价格，故不另计算其管件的费用。

2）PPR 管的嵌铜管件、铝塑复合管、不锈钢管、铜管的全部管件要按施工图计算数量和按市场价计算主材费，但不用计算其管件的安装费，因为管道安装定额基价中已包含管件的安装费。

3）消防镀锌钢管沟槽式卡箍连接管件，需按施工图计算其不同管件的数量，套用第七册《消防工程》补充定额中相应子目计算安装费，并按市场价计算其未计价材料费。

4）法兰安装，可按不同材质（铸铁、碳钢）、连接方式（螺纹、焊接）、管道公称直径，分别以“副”为单位计量，执行《全国统一安装工程预算定额》第八册《给排水、采暖、燃气工程》中法兰安装定额子目。

（3）套管工程量计算及定额应用　管道在穿越建筑物基础、楼板、屋面板和防水墙体，应设置一般钢套管或刚性防水套管、柔性防水套管（按设计要求分类计算）。

1）上述三类套管均执行《全国统一安装工程预算定额》第六册《工业管道工程》第八章相应子目。

2）钢套管的管径比其穿越管道的管径大两号，计量单位为“个”。

3）镀锌薄钢板套管制作以“个”为计量单位，其安装已包括在管道安装定额内，不得另行计算。

（4）管道除锈、刷油、防腐工程量计算及定额应用　钢管按管道展开外表面积计算工程量，以“m^2”为计量。

套用定额时，按设计图纸要求刷漆种类和遍数，执行《全国统一安装工程预算定额》第十四册《刷油、防腐蚀、绝热工程》相应子目。若设计中无明确要求刷漆种类和遍数时，一般明装钢管刷防锈底漆两遍，调和漆或银粉漆面漆两遍；埋地或暗装钢管刷沥青漆两遍。

（5）管道绝热及保护层工程量计算及定额应用　管道绝热按保温层的体积计算，以“m^3”为计量单位。

1）绝热保护层以保温层外表面积计算，计量单位“m^2”。

2）该部分执行《全国统一安装工程预算定额》第十四册《刷油、防腐蚀、绝热工程》相应子目。

（6）给水管道的消毒、冲洗工程量及定额应用 室内给水管道的消毒、冲洗均按管道公称直径分档，以长度“m”为计量单位。工程量计算时不扣除阀门、管件所占长度。

执行《全国统一安装工程预算定额》第八册《给排水、采暖、燃气工程》中管道消毒、冲洗项目。

（7）给水管道的压力试验及定额应用　管道安装定额子目中已包括了压力试验，一般不执行该项目，只有当遇到特殊情况，如停工时间较长后再进行安装，或有特殊要求需进行二次打压试验时，才可执行第八册中相应子目。

其工程量计算同消毒冲洗工程量。

2. 管道支架工程量计算

按 GB 50500—2013《建设工程工程量清单计价规范》规定，其清单工程量项目设置及清单工程量计算要求详见表 4-2。

表 4-2　K.2 支架及其他（编码：031002）

项目编码	项目名称	项目特征	计量单位	工程量计算规则	工作内容
031002001	管道支架	1. 材质 2. 管架形式	1. kg 2. 套	1. 以千克计量，按设计图示质量计算 2. 以套计量，按设计图示数量计算	1. 制作 2. 安装
031002002	设备支架	1. 材质 2. 形式			
031002003	套管	1. 类型 2. 材质 3. 规格 4. 填料材质	个	按设计图示数量计算	1. 制作 2. 安装 3. 除锈、刷油

应用表 4-2 时注意，单件支架质量 100kg 以上的管道支吊架执行设备支吊架制作安装项目；成品支吊架安装执行相应项目，不再计取制作费，支吊架本身价值含在综合单价中；套管制作安装项目适用于穿基础、墙、楼板等部位的防水套管、填料套管、无填料套管及防火套管等，应分别列项。

管道支架清单项目包括如下计价内容：

（1）管道支架制作安装定额应用及工程量计算　应根据支架的结构形式、规格，以“kg”为计量单位，执行《全国统一安装工程预算定额》第八册《给排水、采暖、燃气工程》中管道支架制作、安装定额项目。

工程量计算公式为：

$$管道支架工程量 = \sum 某种结构形式单个支架的质量 \times 支架的个数$$

$$支架个数 = 某规格的管道长度 \div 该规格管道支架的间距$$

计算的得数有小数时，四舍五入取整。

单个支架的质量要区分管道的种类及安装部位、管道支架的间距均可参考设计要求或相应的规范要求。

（2）管道支架的除锈、油漆工程量及定额应用　同制作工程量，以“kg”为计量单位，并按照设计图样中要求的刷漆种类和遍数，套用《全国统一安装工程预算定额》第十四册《刷油、防腐蚀、绝热工程》相应子目。

3. 管道附件清单工程量计算

按 GB 50500—2013《建设工程工程量清单计价规范》规定，其清单工程量项目设置及清单工程量计算要求详见表 4-3。

表 4-3　K.3 管道附件（编码：031003）

项目编码	项目名称	项目特征	计量单位	工程量计算规则	工作内容
031003001	螺纹阀门	1. 类型 2. 材质 3. 规格、压力等级 4. 连接形式 5. 焊接方法	个	按设计图示数量计算	1. 安装 2. 电气接线 3. 调试
031003002	螺纹法兰阀门				
031003003	焊接法兰阀门				

（续）

项目编码	项目名称	项目特征	计量单位	工程量计算规则	工作内容
031003004	带短管甲乙阀门	1. 材质 2. 规格、压力等级 3. 连接形式 4. 接口方式及材质	个	按设计图示数量计算	1. 安装 2. 电气接线 3. 调试
031003005	塑料阀门	1. 规格 2. 连接形式			1. 安装 2. 调试
031003006	减压阀	1. 材质 2. 规格、压力等级 3. 连接形式 4. 附件名称、规格、数量	组		组装
031003007	疏水器				
031003008	除污器（过滤器）	1. 材质 2. 规格、压力等级 3. 连接形式			安装
031003009	补偿器	1. 类型 2. 材质 3 规格、压力等级 4. 连接形式	个		安装
031003010	软接头	1. 材质 2. 规格 3. 连接形式	个(组)		
031003011	法兰	1. 材质 2. 规格、压力等级 3. 连接形式	副(片)		
031003012	倒流防止器	1. 材质 2. 型号、规格 3. 连接形式	套		
031003013	水表	1. 安装部位（室内外） 2. 型号、规格 3. 连接形式 4. 附件名称、规格、数量	组(个)		组装
031003014	热量表	1. 类型 2 型号、规格 3. 连接形式	块		安装
031003015	塑料排水管消声器	1. 规格 2. 连接形式	个		
031003016	浮标液面计		组		
031003017	浮漂水位标尺	1. 用途 2. 规格	套		

（1）阀门安装工程量计算及定额应用　各种阀门安装工程量应按其不同类别、规格型号、公称直径和连接方式，分别以“个”为单位计算。法兰阀门安装包括法兰安装，不得另计；阀门安装如仅为一侧法兰连接时，应在项目特征中描述。

执行《全国统一安装工程预算定额》第八册相应定额子目时，以阀门的连接方式和规格大小的不同分别计算安装费，各种阀门为未计价材料。

（2）浮标液面计　水塔、水池浮漂水位标尺制作安装工程量及定额应用

浮标液面计的安装以“组”为单位计算。套用《全国统一安装工程预算定额》第八册相应定额，浮标液面计为未计价材料。

水塔、水池浮漂水位标尺制作安装均以“套”为单位计算。

（3）水表工程量计算及定额应用　水表是一种计量建筑物或设备用水量的仪表，定额根据连接方式及管道直径不同分为螺纹水表（见图4-5）及法兰水表（见图4-6）两种。

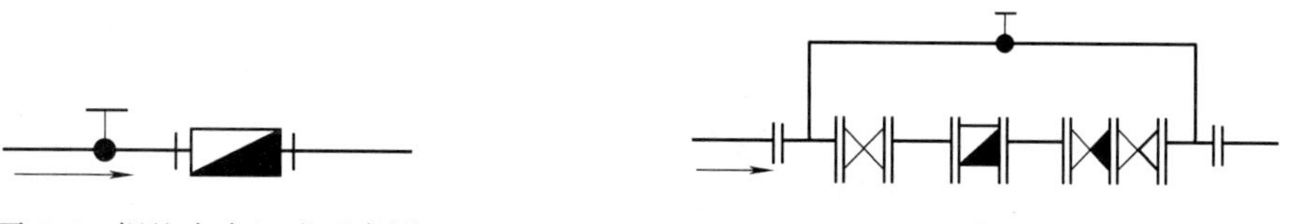

图4-5　螺纹水表组成示意图　　图4-6　法兰水表组成示意图

螺纹水表安装定额子目，不仅包括水表本身的安装，还包括水表前一个螺纹阀的安装和材料费。

法兰水表安装定额子目，不仅包括水表本身的安装，还包括水表前后三个闸阀和一个止回阀的安装和材料费，如实际组成与标准图集不同时按实调整阀门的数量，其他不变。

（4）减压阀组、疏水器组安装工程量　按其连接方式和公称直径的不同，以“组”为单位计算；减压阀按高压侧的直径计算。

当减压阀组、疏水器组的组成与定额含量不同时，可调整阀门与压力表的数量，其余不变。

（5）管道伸缩器制作安装　管道伸缩器包括螺纹连接法兰式套筒伸缩器、焊接法兰式套筒伸缩器、方形伸缩器的制作安装。各种伸缩器制作安装均按以“个”为单位。

方形伸缩器除按伸缩器部分计算外，还应把伸缩器所占长度计入管道安装长度内。

4. 卫生器具清单工程量计算

按GB 50500—2013《建设工程工程量清单计价规范》规定，其清单工程量项目设置及清单工程量计算要求详见表4-4。

表4-4　K.4 卫生器具（编码：031004）

项目编码	项目名称	项目特征	计量单位	工程量计算规则	工作内容
031004001	浴缸	1. 材质 2. 规格、类型 3. 组装形式 4. 附件名称、数量	组	按设计图示数量计算	1. 器具安装 2. 附件安装
031004002	净身盆				
031004003	洗脸盆				
031004004	洗涤盆				
031004005	化验盆				
031004006	大便器				
031004007	小便器				
031004008	其他成品卫生器具				
031004009	烘手器	1. 材质 2. 型号、规格	个		安装

（续）

项目编码	项目名称	项目特征	计量单位	工程量计算规则	工作内容
031004010	淋浴器	1. 材质、规格 2. 组装形式 3. 附件名称、数量	套	按设计图示数量计算	1. 器具安装 2. 附件安装
031004011	淋浴间				
031004012	桑拿浴房				
031004013	大、小便槽自动冲洗水箱	1. 材质、类型 2. 规格 3. 水箱配件 4. 支架形式及做法 5. 器具及支架除锈、刷油设计要求			1. 制作 2. 安装 3. 支架制作、安装 4. 除锈、刷油
031004014	给、排水附件	1. 材质 2. 型号、规格 3. 安装方式	个（组）		安装
031004015	小便槽冲洗管	1. 材质 2. 规格	m	按设计图示长度计算	1. 制作 2. 安装
031004016	蒸汽-水加热器	1. 类型 2. 型号、规格 3. 安装方式	套	按设计图示数量计算	
031004017	冷热水混合器				
031004018	饮水器				
031004019	隔油器	1. 类型 2. 型号、规格 3. 安装部位			安装

表4-4中的成品卫生器具项目中的附件安装，主要指给水附件包括水嘴、阀门、喷头等，排水配件包括存水弯、排水栓、下水口等以及配备的连接管。功能性浴缸不含电机接线和调试。给、排水附（配）件是指独立安装的水嘴、地漏、地面扫出口等。

（1）浴盆安装　浴盆安装的范围与管道系统分界点为：

1）给水的分界点为水平管与支管的交接处，水平管的安装高度按750mm考虑。若水平管的设计高度与其不符时，则需增加引下（上）管，该增加部分管的长度计入室内给水管道的安装中，以下类同。

2）排水的分界点为排水管道的存水弯处。具体安装范围见图4-7。

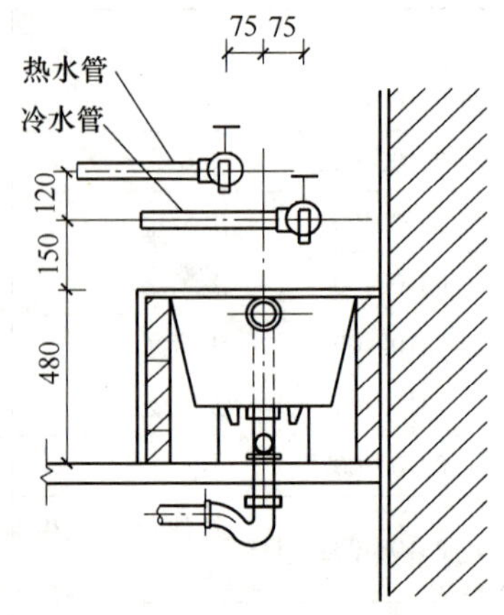

图4-7　浴盆安装范围示意图

3）浴盆本体、其配套的上下水材料、水嘴、喷头等为未计材料。

4）浴盆支架及浴盆周边的砌砖、粘贴瓷板，应执行土建项目。

（2）洗脸（手）盆安装　洗脸（手）盆安装的范围与管道系统分界点为：给水的分界点为水平管与支管的交接处，水平管的安装高度按530mm考虑。若水平管的设计高度与其不符时，则需增加引下（上）管，增加部分管的长度计入室内给水管道的安装中。排水的分界点为存水弯与排水支管（或短管交接处）。具体安装范围见图 4-8。

（3）洗涤盆安装　分界点的划分同浴盆，洗涤盆定额中水平管的安装高度按 900mm 考虑。安装工作包括上下水管的连接，试水、安装洗涤盆、盆托架。不包括地漏的安装。具体安装范围见图 4-9。

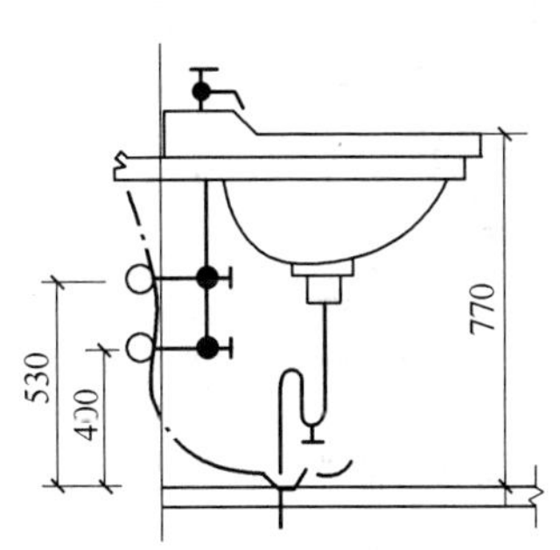

图 4-8　洗脸（手）盆安装范围示意图

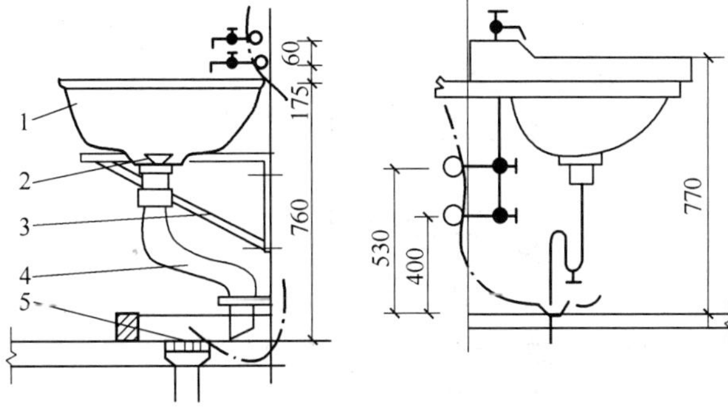

图 4-9　冷热洗涤盆、单冷洗涤盆安装范围示意图

（4）淋浴器的组成与安装　淋浴器组成与安装按钢管组成或钢管制品（成品）分冷水、冷热水。以“10 组”为计量单位。执行《全国统一安装工程预算定额》第八册第四章“淋浴器组成安装”定额子目。

给水的分界点为水平管与支管的交接处，定额中水平管的安装高度按 1000mm 考虑，如水平管的设计高度与其不符时，则需增加引上管，引上管的长度计入室内给水管道的安装工程量中，如图 4-10 所示。未计价材料为莲蓬喷头、单双管成品淋浴器。

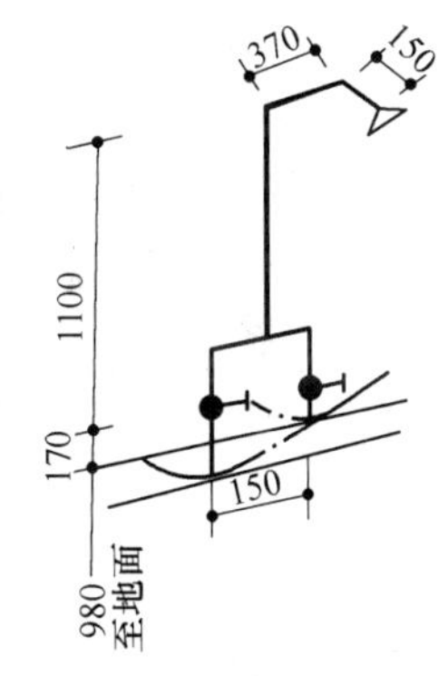

图 4-10　淋浴器安装范围示意图

（5）大便器安装 大便器安装按其形式（蹲式、坐式）、冲洗方式（瓷高水箱、瓷低水箱、普通冲洗阀、手压阀冲洗、脚踏阀冲洗、自闭冲洗阀）、接管材料等不同，以“套”为单位计算。

1）蹲式大便器。以冲洗方式划分子目，定额单位为“10 套”。给水的分界点为水平管与支管交接处，定额中考虑的水平管的安装高度为：高位水箱 2200mm，普通阀门冲洗交叉点标高为 1500mm，其余为 1000 mm。

“排水”计算到存水弯与排水支管交接处。蹲式大便器安装包括了固定大便器的垫砖，但不含蹲式大便器的砌筑。冲洗管式和高位水箱式安装示意图如图 4-11、图 4-12 所示。

2）坐式大便器。按冲洗方式划分子目，定额以“10 套”为计量单位。给水分界点为水平管与连接水箱支管交接处，定额中水平管安装高度按 250 mm 考虑。排水计算到坐式大便器存水弯与排水支管交接处，如图 4-13 所示。

（6）小便器安装　小便器安装根据其形式（挂斗式、立式）、冲洗方式（普通冲洗、自动冲洗）、联数（一联、二联、三联）不同，分别以“套”为单位计算。安装范围分界点为水平管与支管交接处，其水平管高度 1200 mm，自动冲洗水箱的水平管为 2000 mm，如图 4-14 ~ 图 4-16 所示。

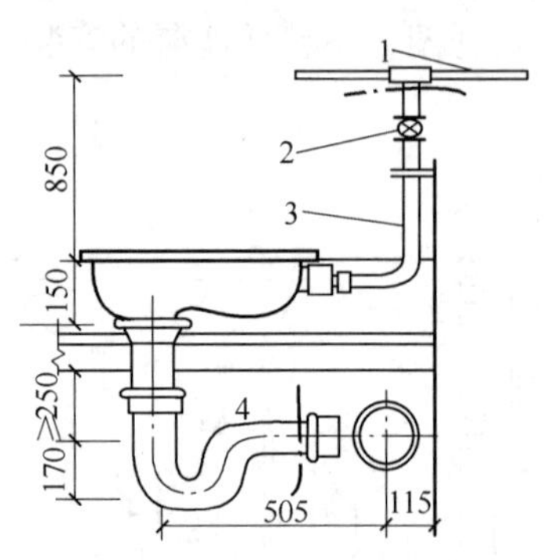

图 4-11 蹲式大便器（冲洗管式）安装范围示意图

1—水平支管 2—冲洗阀 3—冲洗管 4—存水弯

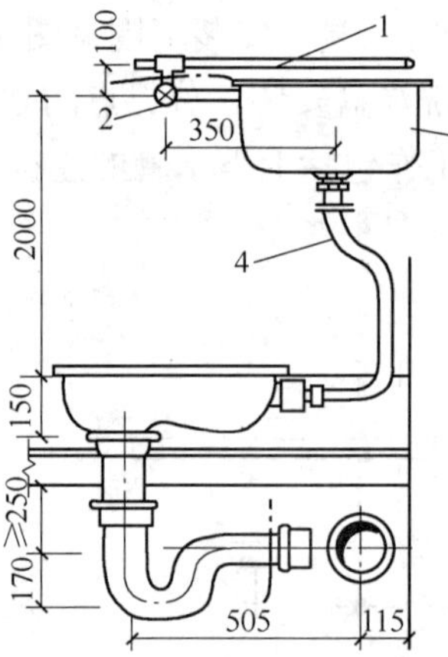

图 4-12 蹲式大便器（高位水箱冲洗）安装范围示意图

1—水平支管 2—进水阀 3—高位水箱 4—冲洗管

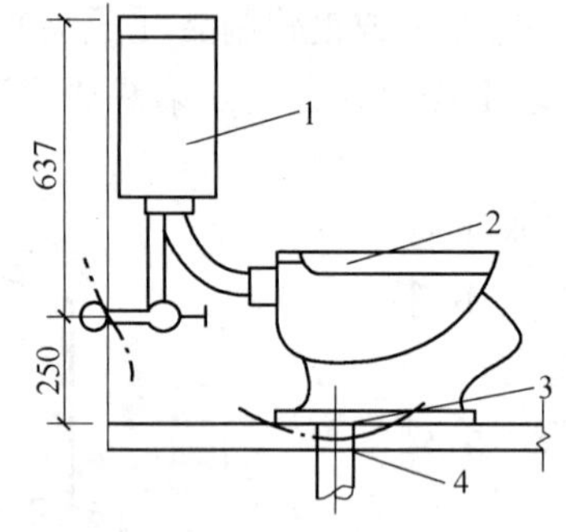

图 4-13 坐式大便器（低水箱式）安装范围示意图

1—低水箱管 2—坐便器 3—接口 4—排水管

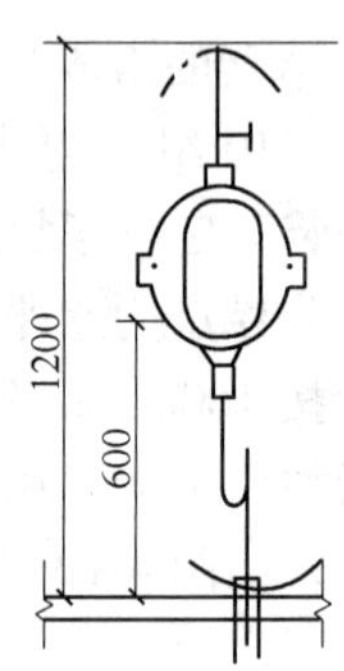

图 4-14 挂斗式小便器

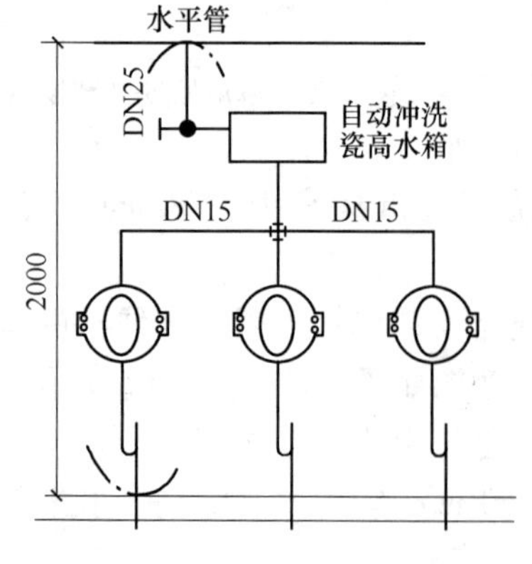

图 4-15 高水箱三联挂式小便器

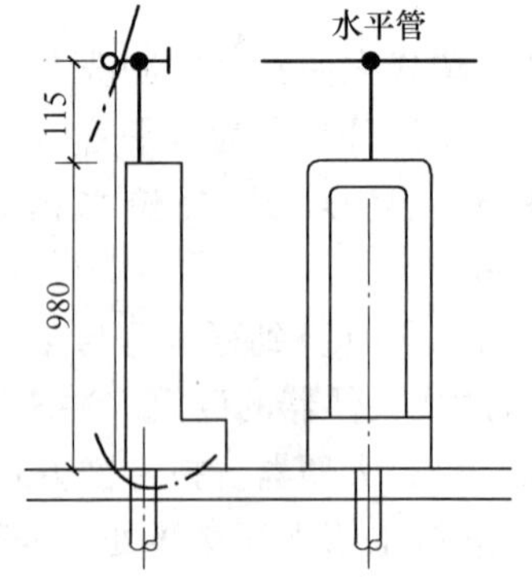

图 4-16 立式小便器安装范围示意图

（7）其他安装项目 主要包括以下几个内容：

1）大便槽、小便槽自动冲洗水箱安装。定额均以“10 套”为计量单位，未计价材料为钢板制自动冲洗水箱，但定额已包括了自动冲洗阀门及水箱托架制作、安装。

2）小便槽冲洗管制作、安装。定额以“10m”为计量单位。定额中不包括阀门安装，其工程量按相应定额另行计算。

3）水龙头安装。按公称直径，以“个”为单位计算。

4）地漏安装。根据其公称直径的不同，分别以“个”为计量单位，地漏为未计价材料。

5）地面扫除口安装。按规格以“个”为计量单位，未计价材为扫除口。

6）排水栓安装。定额中排水栓分带存水弯和不带存水弯两项，按规格（直径）划分子目，以“组”为计量单位，排水拴带链堵为未计价材料。盥洗池、槽执行土建预算定额。

7）冷热水混合器安装以“套”为计量单位，未计价材为冷热水混合器。

8）蒸气—水加热器安装以“台”为计量单位，包括蓬头安装，未计价材料为蒸汽式水加热器。

9）容积式换热器安装以“台”为计量单位，未计价材为容器式水加热器。

10）电热水器、电开水炉安装以“台”为计量单位，未计价材料为电热器。

11）饮水器安装以“台”为计量单位，未计价材为饮水器。

12）钢板水箱制作：定额根据水箱的不同形式（圆形或矩形）及箱质量不同划分子目。钢板水箱制作工程量按施工图所示尺寸，不扣除人孔、手孔质量，以“kg”为单位。

13）钢板水箱安装：按国家标准图集水箱容量，执行《全国统一安装工程预算定额》第八册第五章“水箱安装”定额子目。各种小箱安装均以“个”为计量单位。

4.1.4　室内给排水工程量清单及计价预算实例

【例4-1】　某办公楼给排水工程施工图及定额计价如下：

1. 某办公楼给排水工程施工图

建筑给排水设计说明：

（1）给水部分

1）生活供水方式：市政管网直接供给。

2）管材：采用PP-R给水管，热熔连接，管道承压不小于1.0MPa。

3）室外给水管埋设在非车行道下时，管顶覆土不小于500mm；埋设在车行道下时，管顶覆土不小于800mm。

室内给水管管顶覆土不小于300mm。

（2）排水部分

1）生活污水经化粪池处理达标后排入市政下水道。

2）排水管管材采用UPVC排水管，严格执行其现行规范。

3）卫生洁具及配件为优质卫生洁具和配件，颜色与建筑物相协调，卫生间采用普通地漏。

该建筑给排水工程施工图样见图4-17～图4-21。

雨水排水见建施。

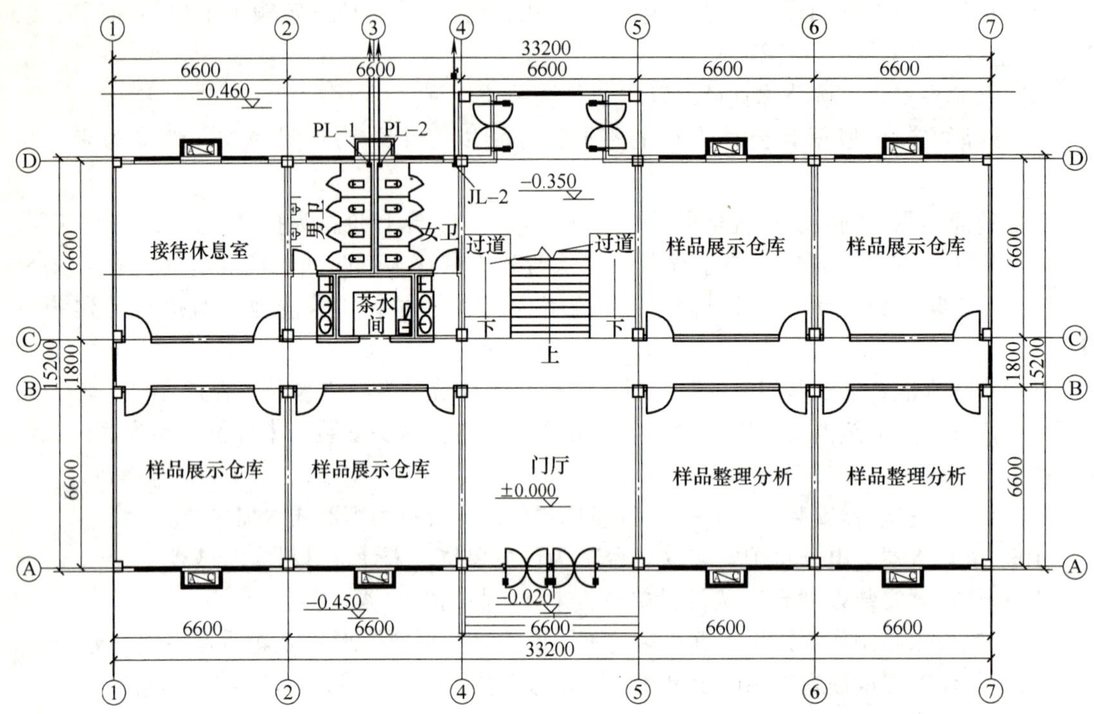

图 4-17　一层给排水平面图

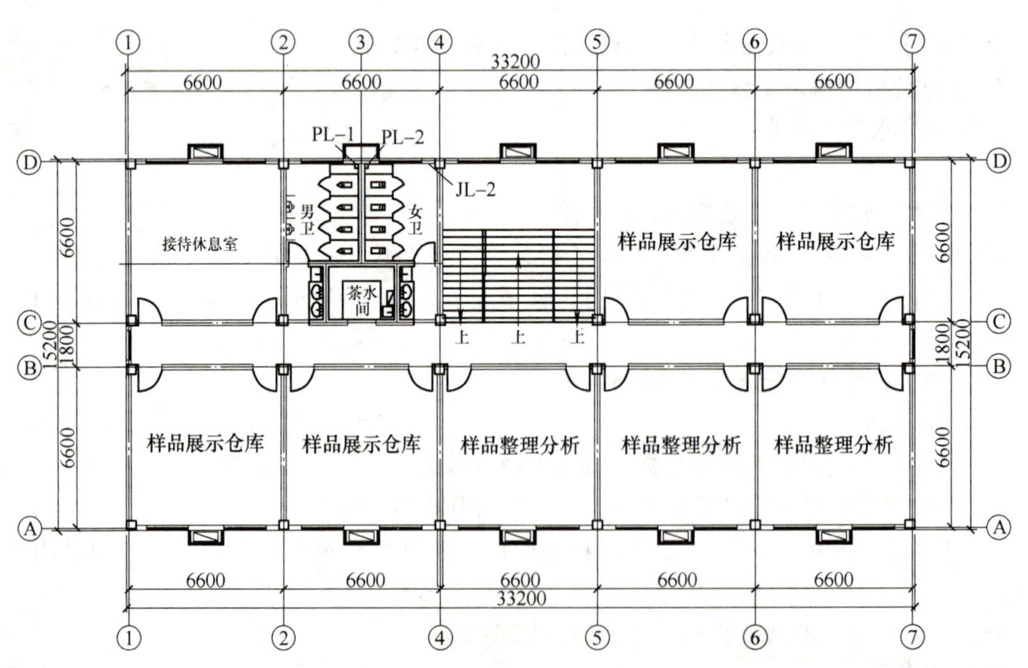

图 4-18　二层给排水平面图

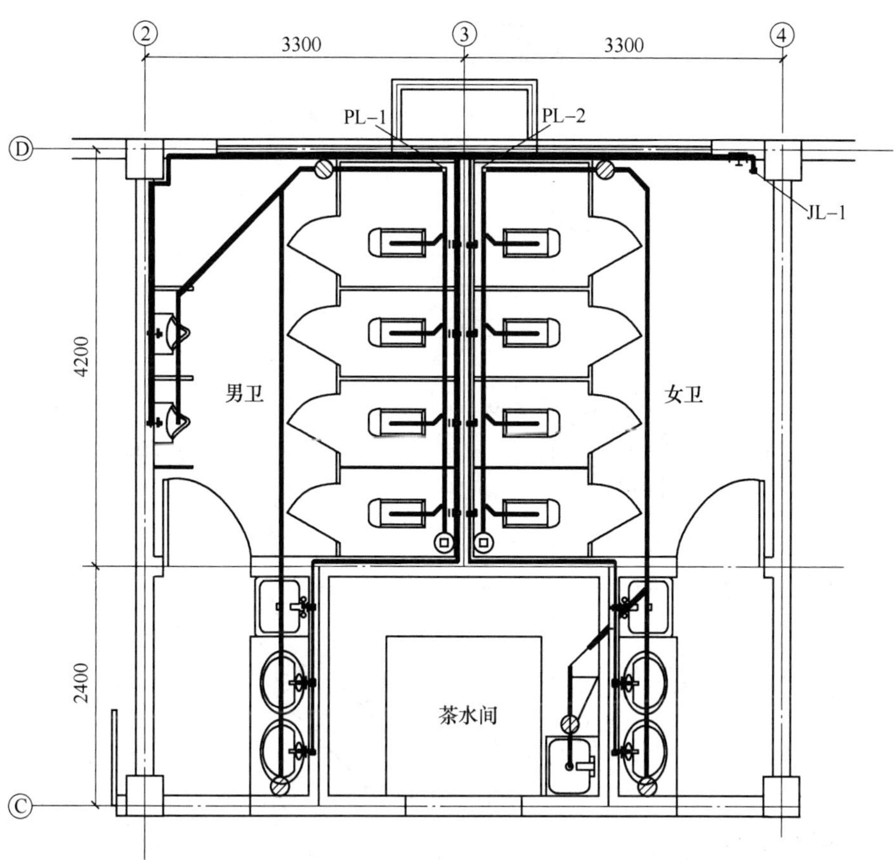

图 4-19　卫生间给排水大样图

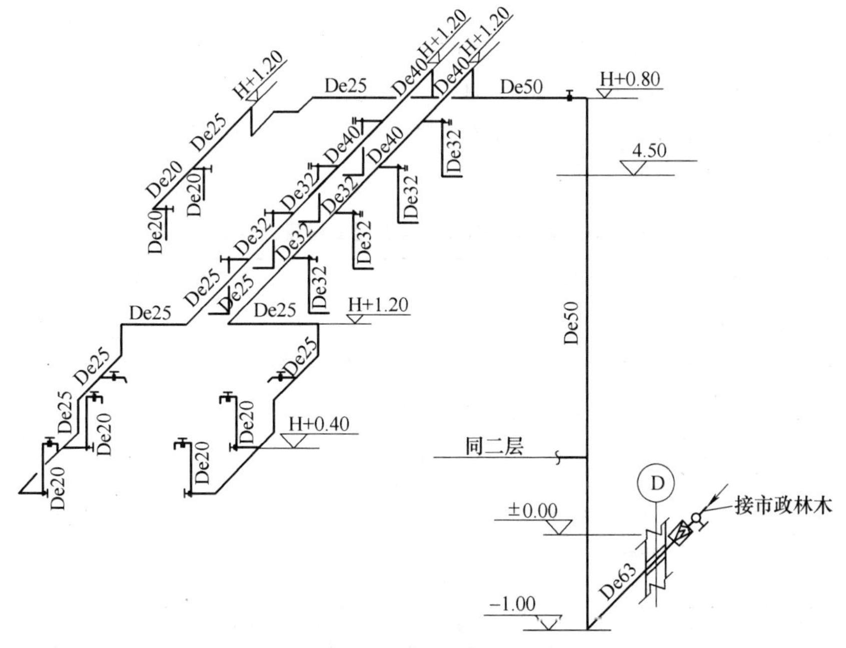

图 4-20　给排水系统图 1

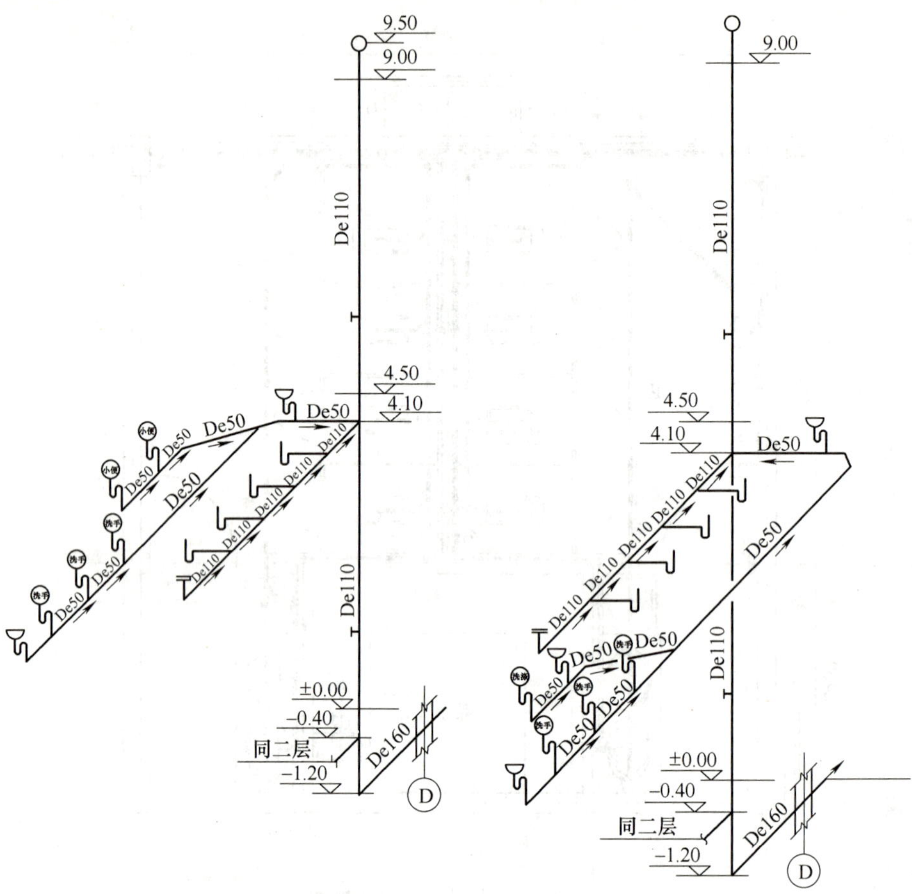

图 4-21　给排水系统图 2

2. 该办公楼给排水工程施工图工程量计算

依据该工程设计施工图、GB 50500—2013《建设工程工程量清单计价规范》、《江西省安装工程消耗量定额及单位估价表》（2004 年版）中工程量计算规则、工作内容及定额解释等，该工程的工程量计算式详见表 4-5。

表 4-5　某办公楼给排水工程工程量计算式

序　号	项 目 名 称	单　位	工程量计算式
一	室内给水管道		
1	PP-R 给水管 De63	m	引入管(1.5 +0.24 +0.1) + 立管(1 +0.8) =3.64
	PP-R 嵌铜件 De63	个	连接水表的内螺纹管件：1 ×2 =2
	PP-R 给水管 De63 穿基础等钢性防水套管 DN80	个	1 + 1 =2
2	PP-R 给水管 De50	m	立管：4.5 + 横管：［0.2 + (3.3 −0.3 +0.1) ×2 层］ =10.9
	PP-R 给水管 De50 穿楼板钢性防水套管 DN65	个	1
3	PP-R 给水管 De40	m	横管：［(1.2 −0.8) +1.95］ ×2 侧 ×2 层 =9.4
4	PP-R 给水管 De32	m	横管：1.8 ×2 侧 ×2 层 + 蹲便器支管：0.1 ×16 个 =8.8

（续）

序 号	项目名称	单 位	工程量计算式
	PP-R 嵌铜件 De32	个	连接蹲便器的内螺纹管件：4×2×2=16
5	PP-R 给水管 De25	m	连接蹲便器横管：［0.4+1.5+（1.2-0.4）+1.2］×2侧×2层+连接小便器横管［3+（1.2-0.8）+1.8］×2层=26
6	PP-R 给水管 De20	m	横管：［0.6×2侧+1］×2层+卫生器具支管：0.1×16个=6
	PP-R 嵌铜件 De20	个	连接洗脸盆/洗涤盆/小便器的内螺纹管件：4+4+8=16
	注：管道消毒冲洗工程量同相应管径的工程量；PP-R 给水管无油漆、绝热保温措施，故不计。		
二	给水附件		
1	螺纹水表 DN50	套	引入管处：1
2	PP-R 截止阀 De50	个	1×2层=2
三	室内排水管道		
1	UPVC 排水塑料管 DN50	m	PL-1：支管：0.4×7×2层+横管：（1.5+2+6+1.4）×2层=27.4 PL-2：支管：0.4×7×2层+横管：（1+1.1+6.3+1.7）×2层=25.8 小计：27.4+25.8=53.2
2	UPVC 排水塑料管 DN100	m	PL-1、PL-2相同：支管：［（0.4+0.5）×4个+0.4×1个］×2侧×2层=16 横管：3.8×2侧×2层=15.2 立管：（9.5+1.2）×2根=21.4 小计：16+15.2+21.4=52.6
	UPVC 排水塑料管 DN100 穿楼板刚性防水套管 DN150	个	1×3层×2根=6
3	UPVC 排水塑料管 DN160	m	排出管：3×2根=6
	UPVC 排水塑料管 DN160 穿基础钢性防水套管 DN200	个	1×2根=2
四	卫生器具		
1	洗脸盆（单冷）	套	4×2层=8
2	洗涤盆	套	2×2层=4
3	蹲便器（自闭式冲洗阀 DN25）	套	8×2层=16
4	立式小便器（自闭式冲洗阀 DN15）	套	2×2层=4
5	不锈钢地漏 DN50	个	5×2=10
6	地面扫除口 DN100	个	2×2层=4

注：室内给排水工程各个清单项目的计量单位及计算规则，与相应定额子目的计量单位及计算规则相同。

3. 该办公楼室内给排水工程定额计价

根据《江西省安装工程消耗量定额及单位估价表》（2004年版）及其配套的费用定额，及上节计算的工程量，编制该办公楼给排水定额计价文件如下：

（1）封面　见表4-6。

表4-6　封面

工 程 预 算 书
工程名称：某办公楼给排水工程预算（定额计价）
预算造价（大写）：贰万零叁佰玖拾肆元叁角壹分 （小写）：20394.31元
法定代表人或其授权人：＿＿＿＿＿＿＿＿ （签字或盖章）
编　制　人：＿＿＿＿＿＿＿＿＿＿＿ （造价人员签字盖专用章）
编制时间：　×年　×月　×日

（2）编制说明　见表4-7。

表4-7　编制说明

工程名称：某办公楼给排水工程（定额计价）

编 制 说 明
1. 工程概况：该项目为一栋二层办公楼公共卫生间的给排水工程。 2. 本工程的工程量依据该工程设计施工图样和《江西省安装工程消耗量定额及单位估价表》（2004年版）及其配套的费用定额编制。 3. 本工程按安装三类工程取费；主要材料价格按南昌市建设工程造价信息2010－10期的材料信息价计取，信息价中没列出的主材单价按市场中档材料价格计取。 4. 考虑到施工中可能发生的设计或价格变更，本预算预留金为2000元。 5. 其他未尽事宜详见该工程设计施工图及附后的工程预算书。

（3）安装工程预算表　见表4-8。

（4）人工费调差表　见表4-9。

表 4-8　安装工程预算表

序号	定额编号	项目名称及规格	单位	数量	单价 基价/元	单价 其中 工资/元	总价 基价/元	总价 其中 工资/元	主材设备 名称	单位	数量	单价/元	主材设备费/元
1	C8B-62	室内聚丙烯塑料给水管安装 De63	10m	0.364	103.52	36.43	37.68	13.26	给水聚丙烯塑料管 De63	m	3.713	26.1	96.9
2	C8B-61	室内聚丙烯塑料给水管安装 De50	10m	1.09	84.58	30.79	92.19	33.56	给水聚丙烯塑料管 De50	m	11.118	16.2	180.11
3	C8B-60	室内聚丙烯塑料给水管安装 De40	10m	0.94	72.01	30.79	67.69	28.94	给水聚丙烯塑料管 De40	m	9.588	11.4	109.3
4	C8B-59	室内聚丙烯塑料给水管安装 De32	10m	0.88	63.02	27.03	55.46	23.79	给水聚丙烯塑料管 De32	m	8.976	7.7	69.12
5	C8B-58	室内聚丙烯塑料给水管安装 De25	10m	2.6	63.88	27.03	166.09	70.28	给水聚丙烯塑料管 De25	m	26.52	5.19	137.64
6	C8B-58	室内聚丙烯塑料给水管安装 De20	10m	0.6	63.88	27.03	38.33	16.22	给水聚丙烯塑料管 De20	m	6.12	3.09	18.91
7	主材费	PP-R 嵌铜管件 De63	个	2					PP-R 嵌铜管件 De63	元	2	85	170
8	主材费	PP-R 嵌铜管件 De32	个	16					PP-R 嵌铜管件 De32	元	16	16.2	259.2
9	主材费	PP-R 嵌铜管件 De20	个	16					PP-R 嵌铜管件 De20	元	16	7.7	123.2
10	C8-230	管道消毒、冲洗，DN50	100m	0.647	22.38	12.22	14.48	7.91					
11	C8-158	承插塑料排水管（零件粘接）安装，DN150	10m	0.6	114.15	76.85	68.49	46.11	承插塑料排水管 DN150	m	5.682	28.3	160.8
									承插塑料排水管件 DN150	个	4.188	22	92.14
12	C8-157	承插塑料排水管（零件粘接）安装，DN100	10m	5.26	97.88	54.52	514.85	286.78	承插塑料排水管 DN100	m	44.815	14.6	654.3
									承插塑料排水管件 DN100	个	59.859	10.2	610.56
13	C8-155	承插塑料排水管（零件粘接）安装，DN50	10m	5.32	54.42	35.96	289.51	191.31	承插塑料排水管 DN50	m	51.444	5.6	288.09

（续）

序号	定额编号	项目名称及规格	单位	数量	单价 基价/元	单价 其中 工资/元	总价 基价/元	总价 其中 工资/元	主材设备 名称	单位	数量	单价/元	主材设备费/元
									承插塑料排水管件 DN50	个	47.986	1.8	86.38
14	C6-2950	刚性防水套管制作，DN200 以内	个	2	150.76	36.9	301.52	73.8	焊接钢管	kg	27.56	4.8	132.29
15	C6-2964	刚性防水套管安装，DN200 以内	个	2	58.72	23.74	117.44	47.48					
16	C6-2949	刚性防水套管制作，DN150 以内	个	6	118.49	29.85	710.94	179.1	焊接钢管	kg	56.76	4.8	272.45
17	C6-2946	刚性防水套管制作，DN80	个	2	72.81	17.63	145.62	35.26	焊接钢管	kg	8.04	4.8	38.59
18	C6-2946	刚性防水套管制作，DN65	个	1	72.81	17.63	72.81	17.63	焊接钢管	kg	4.02	4.8	19.3
19	C6-2963	刚性防水套管安装，DN150 以内	个	9	46.41	17.16	417.69	154.44					
20	C8-246	螺纹阀安装 ，DN50	个	2	17.65	5.88	35.3	11.76	PP-R 螺纹截止阀 De50	个	2.02	65.8	132.92
21	C8-362	螺纹水表组成与安装，DN50	组	1	67.62	18.8	67.62	18.8	螺纹水表 DN50	个	1	112	112
22	C8-383	洗脸盆安装钢管组成冷水	10 组	0.8	859.87	124.08	687.9	99.26	洗脸盆	个	8.08	220	1777.6
23	C8-391	洗涤盆安装单嘴	10 组	0.4	587.87	101.76	235.15	40.7	洗涤盆	个	4.04	60	242.4
24	C8-413	蹲式大便器安装自闭式冲洗 25	10 套	1.6	578.45	169.44	925.52	271.1	瓷蹲式大便器	个	16.16	90	1454.4
									自闭式冲洗阀 DN25	个	16.16	72.78	1176.12
25	C8-418	挂斗式小便器安装普通式	10 套	0.4	870.9	78.96	348.36	31.58	挂斗式小便器	个	4.04	180	727.2
26	C8-447	地漏安装 ϕ50	10 个	1	54.92	37.6	54.92	37.6	不锈钢地漏 DN50	个	10	9.2	92
27	C8-453	地面扫除口安装 ϕ100	10 个	0.4	24.45	22.8	9.78	9.12	地面扫除口 DN100	个	4	7.6	30.4
28	B8001-1	脚手架搭拆费（第八册）	元	1	61.9	15.48	61.9	15.48					
		合　计					5537.24	1761.27					9264.31

表4-9　人工费调差表

工程名称：某办公楼给排水工程预算（定额计价）

序　号	定额编号	名　　称	单　　位	数　　量	定额价	市场价	价格差	合　　价
1	10	综合工日	工日	74.281	23.5	36.5	13	965.65
2	30	机械人工	工日	4.89	23.5	36.5	13	63.57
		合　　计						1029.22

（5）其他项目费表　见表4-10。

表4-10　其他项目费表

工程名称：某办公楼给排水工程预算（定额计价）

序　　号	项目名称	计量单位	金额/元	备　　注
1	预留金	项	2000	
	其他项目费合计		2000	

（6）单位工程取费表　见表4-11。

表4-11　单位工程取费表

工程名称：某办公楼给排水工程预算（定额计价）

序　号	费用名称	计　算　式	费率(%)	金额/元
	安装工程部分			
一	直接工程费	Σ工程量×消耗量定额基价		5475.34
1	其中：人工费	Σ(工日数×人工单价)		1745.79
二	技术措施费	Σ(工程量×消耗量定额基价)		61.9
2	其中：人工费	Σ(工日数×人工单价）或按人工费比例计算		15.48
三	未计价材	主材设备费		8711.95
四	组织措施费	(4)+(5)［不含环保安全文明费］		252.92
3	其中：人工费	(四)×费率	15	37.94
4	其中：临时设施费	［(1)+(2)］×费率	5.61	98.81
5	检验试验费等六项	［(1)+(2)］×费率	8.75	154.11
五	价　差	按有关规定计算		1029.22
六	企业管理费	［(1)+(2)+(3)］×费率	23.76	427.49
七	利　润	［(1)+(2)+(3)］×费率	20.52	369.2
八	估价部分	估价项目		552.4
6	社保等四项	［(1)+(2)+(3)］×费率	35.66	641.6
7	上级(行业)管理费	［(一)+(二)+(三)+(四)］×费率	0.6	87.01
AW	环保安全文明措施费	［(一)+(二)+(三)+(四)+(六)+(七)+(6)+(7)］×费率	0.7	112.19
FW	安全防护文明施工费	AW+(4)		211
九	规　费	(6)+(7)		728.61
十	其他项目费	其他项目费（预留金）		2000
十一	税　金	［(一)~(九)+(AW)+(十)］×费率	3.413	673.09
十二	工程费用	(一)~(十一)+(AW)		20394.31
	安装工程总造价	贰万零叁佰玖拾肆元叁角壹分		20394.31

【例4-2】　某办公楼给排水工程设计说明、施工图（见图4-22～图4-24）及工程量清单计价如下：

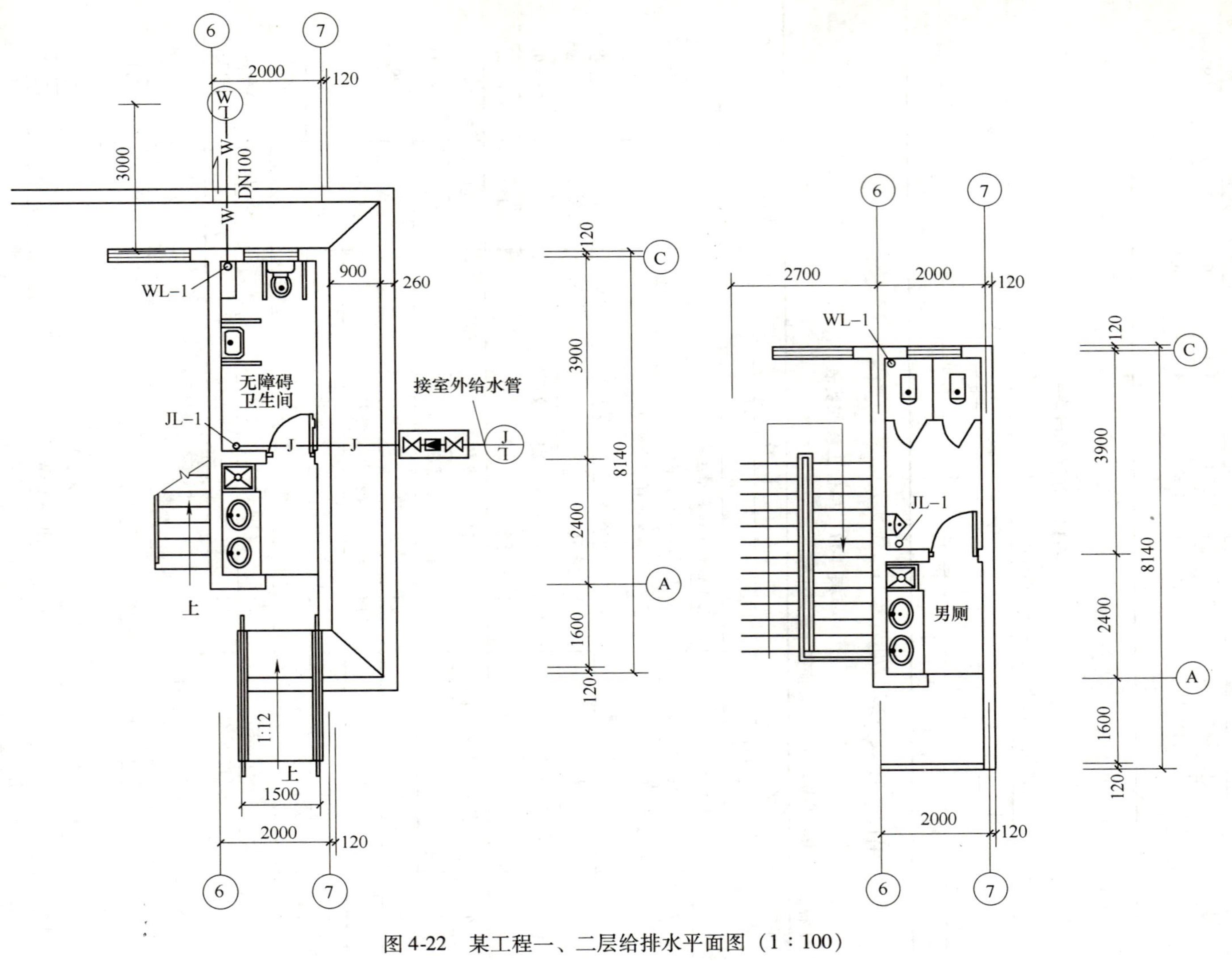

图 4-22　某工程一、二层给排水平面图（1：100）

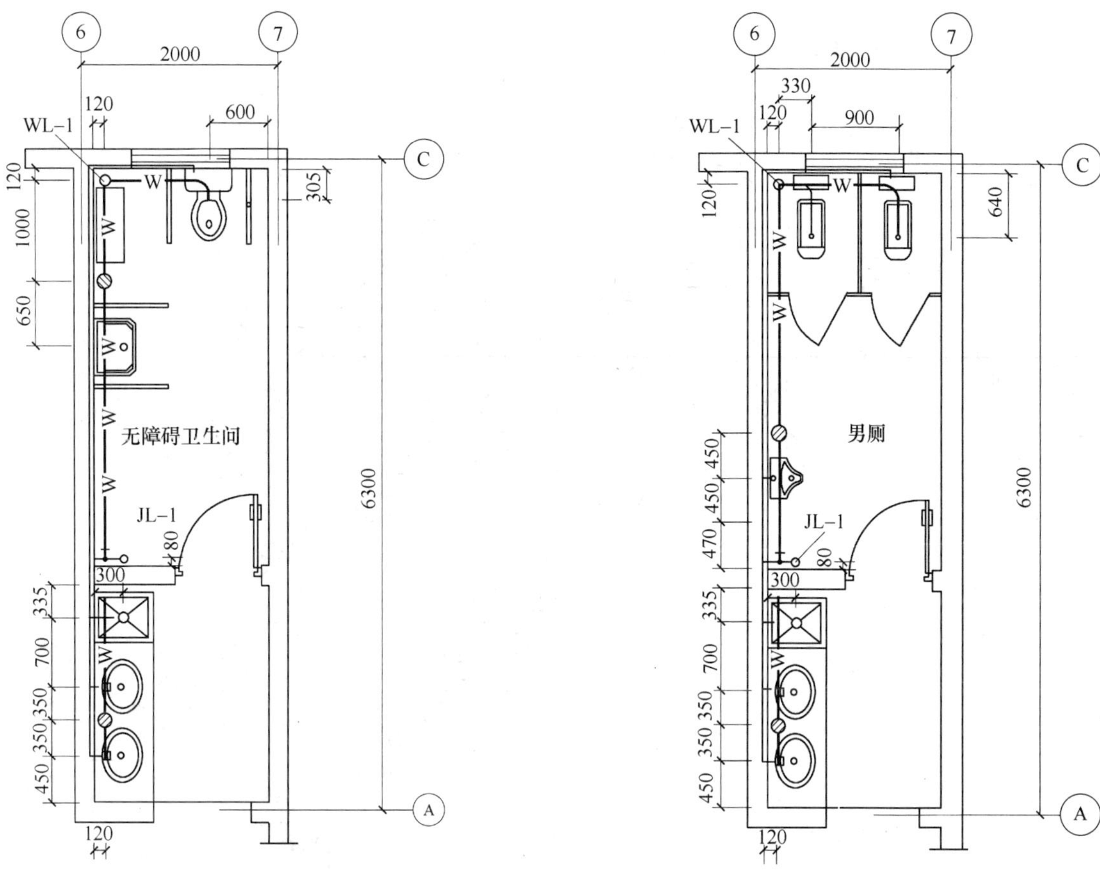

图4-23　某工程卫生间给排水管道布置大样图

1. 某办公楼给排水工程设计说明

（1）给水系统

1）给水采用小区室外管网直接供水，接口压力0.25MPa。室内给水管采用PP－R管，承插热熔连接，给水管材及管件采用公称压力不低于1.6 MPa，生活用水管安装参照国标给水塑料管安装（02SS405-1～02SS405-4）。

2）室内生活给水管采用暗装，暗装管道安装完毕分别经1.0 MPa试压合格后才能隐蔽。

3）暗装给水管道如墙里剔槽影响结构性能时，应加设厚60mm混凝土带或按结构要求处理。

（2）排水系统

1）本工程采用雨、污分流系统，生活排水排至室外化粪池，经初处理后排入市政污水管网。

2）排水管坡度除图中注明者外，均按标准坡度安装。地漏均低于相应完成地面5mm，存水弯和地漏水封深度不得小于50mm。

3）排水系统采用UPVC硬聚氯乙烯塑料管标准坡度，粘接安装见国标96S406。

4）UPVC排水管上的三通或四通，均为45°三通或四通，90°三通或四通；出户管立管底部转弯处和水平干管转90°弯处采用两个45°弯头连接。

5）蹲便器预留孔位置由便器型号决定，若型号未定则蹲便器预留孔距后墙0.64m，蹲便器周边均低于相应完成后地面5mm。

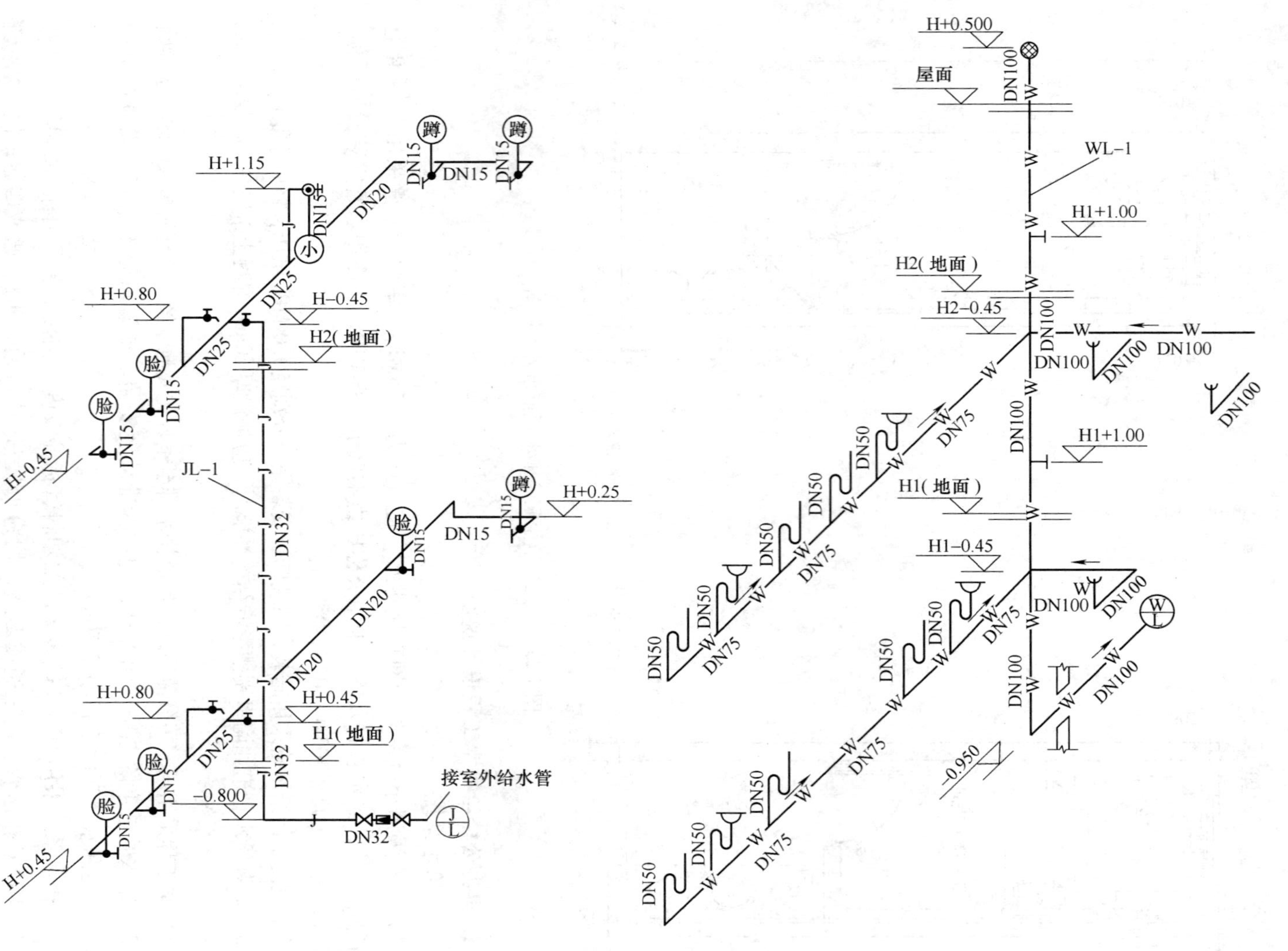

图 4-24　某工程给排水系统图

2. 某办公楼给排水工程工程量清单计价

（1）清单工程量计算　见表 4-12。

表 4-12　清单工程量计算表

工程名称：某工程（给排水安装工程）　　　　第　页　共　页

序　号	清单项目编码	清单项目名称	计　算　式	清单工程量	计量单位
1	031001006001	塑料管	给水：PPR DN15 无障碍厕所（一层）：$L=0.35+0.35+2.8+(0.45-0.25)+0.1+(0.8-0.45)=3.95$ 男厕（二层）：$L=0.35+0.35+0.9+0.1+(0.8-0.45)=2.05$	6	m
2	031001006002	塑料管	给水：PPR DN20 无障碍厕所（一层）：$L=2.1+0.7$ 男厕（二层）：$L=3.4+0.7$	6.9	
3	031001006003	塑料管	给水：PPR DN25 无障碍厕所（一层）：$L=0.3+0.6$ 男厕（二层）：$L=0.3+0.6+0.8$	2.6	
4	031001006004	塑料管	给水立管：PPR DN32 $L=3.3+0.45+0.8+4.1$	8.65	
5	031001006005	塑料管	排水：UPVC DN50 无障碍厕所（一层）：$L=0.45\times5$ 男厕（二层）：$L=0.45\times5$	4.5	
6	031001006006	塑料管	排水：UPVC DN75 无障碍厕所（一层）：$L=5.2$ 男厕（二层）：$L=5.2+0.35$	10.75	
7	031001006007	塑料管	排水：UPVC DN100 无障碍厕所（一层）：$L=1.2+0.45$ 男厕（二层）：$L=1+0.5+0.45\times2$ 立管：$L=0.95+3+3+0.5$	11.5	
8	031004006001	大便器	蹲式大便器 2	2	个
9	031004006002	大便器	座式大便器 1	1	
10	031004007001	小便器	挂式小便器 1	1	
11	031004003001	洗脸盆	台上式洗脸盆 2+2	4	
12	031004003002	洗脸盆	挂式洗脸盆 1	1	
13	031003011001	水表	DN32　1	1	组
14	031003001001	螺纹阀	DN32 J11W-16T　1+1+1	3	个
15	031004014001	水龙头	1+1	2	
16	031004014002	地漏	UPVC　DN50　2+2	4	
17	031002003001	穿楼板套管	DN50　1	1	
18	031002003002	刚性防水套管	DN50　1	1	
19	031002003003	刚性防水套管	DN100　1+1	2	

注：室内给水算至水表后阀门处。管沟土方不单列。

（2）分部分项工程和单价措施项目清单与计价 见表4-13。

表4-13 分部分项工程和单价措施项目清单与计价表

工程名称：某工程（给排水安装工程） 第 页 共 页

序号	项目编码	项目名称	项目特征描述	计量单位	工程数量	金额(元)			
						综合单价	合价	其中	
								人工费	暂估价
1	031001006001	塑料管	1. 安装部位：室内 2. 介质：给水 3. 材质规格：PPR DN15 4. 连接形式：热熔 5. 压力试验及吹洗设计要求：水压试验	m	6				
2	031001006002	塑料管	1. 安装部位：室内 2. 介质：给水 3. 材质规格：PPR DN20 4. 连接形式：热熔 5. 压力试验及吹洗设计要求：水压试验	m	6. 9				
3	031001006003	塑料管	1. 安装部位：室内 2. 介质：给水 3. 材质规格：PPR DN25 4. 连接形式：热熔 5. 压力试验及吹洗设计要求：水压试验	m	2. 6				
4	031001006004	塑料管	1. 安装部位：室内 2. 介质：给水 3. 材质规格：PPR DN32 4. 连接形式：热熔 5. 压力试验及吹洗设计要求：水压试验	m	8. 65				
5	031001006005	塑料管	1. 安装部位：室内 2. 介质：排水 3. 材质规格：UPVC DN50 4. 连接形式：粘接 5. 压力试验及吹洗设计要求：灌水、通水试验	m	4. 5				
6	031001006006	塑料管	1. 安装部位：室内 2. 介质：排水 3. 材质规格：UPVC DN75 4. 连接形式：粘接 5. 压力试验及吹洗设计要求：灌水、通水试验	m	10. 75				
7	031001006007	塑料管	1. 安装部位：室内 2. 介质：排水 3. 材质规格：UPVC DN100 4. 连接形式：粘接 5. 阻火圈设计要求：耐火极限/h≥2小时 6. 压力试验及吹洗设计要求：灌水、通水试验	m	11. 5				

（续）

序号	项目编码	项目名称	项目特征描述	计量单位	工程数量	金额(元)			
						综合单价	合价	其中	
								人工费	暂估价
8	031004006001	大便器	1. 材质：陶瓷 2. 规格类型：6202 3. 组装形式：蹲式（低水箱）自带水封 4. 附件名称、数量：角阀 DN15 一个	组	2				
9	031004006002	大便器	1. 材质：陶瓷 2. 规格类型：CP－2195 3. 组装形式：座式（联体水箱） 4. 附件名称、数量：角阀 DN15 一个	组	1				
10	031004007001	小便器	1. 材质：陶瓷 2. 规格类型：HD700 3. 组装形式：挂式 4. 附件名称、数量：自闭冲洗阀 DN15 一个，角阀 DN15 一个	组	1				
11	031004003001	洗脸盆	1. 材质：陶瓷 2. 规格类型：KC-2196－4 3. 组装形式：冷水 4. 附件名称、数量：镀铜铬水嘴 DN15 一个，角阀 DN15 一个	组	4				
12	031004003002	洗脸盆	1. 材质：陶瓷 2. 规格类型：M2212 3. 组装形式：冷水 4. 附件名称、数量：镀铜铬水嘴 DN15 一个，角阀 DN15 一个	组	1				
13	031003013001	水表	1. 安装部位：室内 2. 型号规格：DN32 3. 连接形式：螺纹连接 4. 附件配置：截止阀 T11W-16T DN32 一个	组	1				
14	031003001001	螺纹阀门	1. 类型：J11W－16T 截止阀 2. 材质：铜质 3. 规格压力等级：DN32 4. 连接形式：螺纹	个	3				
15	031004014001	水嘴	1. 材质：塑料水嘴 2. 型号规格：DN15 3. 安装方式：螺纹连接	个	2				
16	031004014002	地漏	1. 材质：塑料地漏 2. 型号规格：DN50 3. 安装方式：粘接	个	4				
17	031002003001	套管	1. 名称类型：穿楼板套管 2. 材质：碳钢 3. 规格：DN50 4. 填料材质：油麻	个	1				

（续）

序号	项目编码	项目名称	项目特征描述	计量单位	工程数量	金额（元）			
						综合单价	合价	其中	
								人工费	暂估价
18	031002003002	套管	1. 名称类型：刚性防水套管 2. 材质：碳钢 3. 规格：DN50 4. 填料材质：油麻	个	1				
19	031002003003	套管	1. 名称类型：刚性防水套管 2. 材质：碳钢 3. 规格：DN100 4. 填料材质：油麻	个	2				

【例4-3】 工程量清单综合单价分析。

表4-14～表4-19是某分部分项工程清单项目及技术措施项目的“工程量清单综合单价分析表”，供大家参考。

注：依据08清单计价规范编制。

表4-14 工程量清单综合单价分析表

工程名称：某办公楼给排水工程预算　　　　第1页　共17页

项目编码	030801005001	项目名称	塑料管（PP-R管）					计量单位	m	
清单综合单价组成明细表										
定额编号	定额名称	定额单位	数量	单价/元				合价/元		
				人工费	材料费	机械费	管理费和利润	人工费	材料费	机械费	管理费和利润
C8B-62	室内聚丙烯塑料给水管安装	10m	0.100	13.26	23.96	0.46	16.13	1.33	2.40	0.05	1.61
主材费	PP-R嵌铜管件De63	个	0.549		170.00				93.41		
C6-2946	刚性防水套管制作，DN80	个	0.549	35.26	72.12	38.28	7.81	19.37	39.63	21.03	4.29
C6-2963	刚性防水套管安装，DN150以内	个	0.549	34.32	58.52		7.60	18.86	32.15		4.17
C8-230	管道消毒、冲洗，DN50	100m	0.010	0.44	0.37		5.28	0.00	0.00		0.05
风险费用					53.20	635.69			14.62	174.64	
人工单价		小计						83.28	339.59	213.38	10.12
36.50元/工日		未计价材料费						37.23			
清单项目综合单价								184.77			

（续）

	主要材料名称、规格、型号	单位	数量	单价/元	合价/元	暂估单价/元	暂估合价/元
	给水聚丙烯塑料管 De63	m	1.020	26.10	26.62		
	焊接钢管	kg	2.209	4.80	10.60		
	水	m^3	0.049	2.00	0.10		
	其他材料费			——	287.65		
	材料费小计			——	324.97		

注：1. 如不使用省级或行业建设主管部门发布的计价依据，可不填定额项目、编号等。

2. 招标文件提供了暂估单价的材料，按暂估的单价填入表内“暂估单价”栏及“暂估合价”栏。

表 4-15　工程量清单综合单价分析表

工程名称：某办公楼给排水工程预算　　　　第 2 页　共 17 页

项目编码	030801005002	项目名称	塑料管(PP-R 管)						计量单位		m
清单综合单价组成明细表											
定额编号	定额名称	定额单位	数量	单价/元				合价/元			
				人工费	材料费	机械费	管理费和利润	人工费	材料费	机械费	管理费和利润
C8B-61	室内聚丙烯塑料给水管安装	10m	0.100	33.56	57.26	1.38	13.63	3.36	5.73	0.14	1.36
C6-2946	刚性防水套管制作，DN65	个	0.092	17.63	36.06	19.14	7.81	1.62	3.31	1.76	0.72
C6-2963	刚性防水套管安装，DN150 以内	个	0.092	17.16	29.26		7.60	1.57	2.68		0.70
C8-230	管道消毒、冲洗，DN50	100m	0.010	1.33	1.11		5.41	0.01	0.01		0.05
风险费用					42.12	455.42			3.86	41.78	
人工单价		小计						69.68	127.55	62.30	2.83
36.50 元/工日		未计价材料费						18.29			
清单项目综合单价								44.61			
	主要材料名称、规格、型号				单位	数量		单价/元	合价/元	暂估单价/元	暂估合价/元
	给水聚丙烯塑料管 De50				m	1.020		16.20	16.52		
	焊接钢管				kg	0.369		4.80	1.77		
	水				m^3	0.050		2.00	0.10		
	其他材料费							——	105.30		
	材料费小计							——	123.69		

注：1. 如不使用省级或行业建设主管部门发布的计价依据，可不填定额项目、编号等。

2. 招标文件提供了暂估单价的材料，按暂估的单价填入表内“暂估单价”栏及“暂估合价”栏。

表 4-16　工程量清单综合单价分析表

工程名称：某办公楼给排水工程预算　　　　第 7 页　共 17 页

项目编码	030801005007	项目名称		塑料管(UPVC 管)				计量单位		m	
清单综合单价组成明细表											
定额编号	定额名称	定额单位	数量	单价/元				合价/元			
				人工费	材料费	机械费	管理费和利润	人工费	材料费	机械费	管理费和利润
C8-155	承插塑料排水管(零件粘接)安装,DN50	10m	0.100	191.31	95.65	2.66	15.92	19.13	9.57	0.27	1.59
风险费用					106.68	770.77			2.01	14.49	
人工单价		小计						191.31	97.66	17.15	1.59
36.50 元/工日		未计价材料费						7.04			
清单项目综合单价								16.08			
	主要材料名称、规格、型号					单位	数量	单价/元	合价/元	暂估单价/元	暂估合价/元
	承插塑料排水管，DN50					m	0.967	5.60	5.42		
	承插塑料排水管件，DN50					个	0.902	1.80	1.62		
	水					m^3	0.016	2.00	0.03		
	其他材料费							——	88.58		
	材料费小计							——	95.65		

注：1. 如不使用省级或行业建设主管部门发布的计价依据，可不填定额项目、编号等。

2. 招标文件提供了暂估单价的材料，按暂估的单价填入表内“暂估单价”栏及“暂估合价”栏。

表 4-17　工程量清单综合单价分析表

工程名称：某办公楼给排水工程预算　　　　第 8 页　共 17 页

项目编码	030801005008	项目名称		塑料管(UPVC 管)				计量单位		m	
清单综合单价组成明细表											
定额编号	定额名称	定额单位	数量	单价/元				合价/元			
				人工费	材料费	机械费	管理费和利润	人工费	材料费	机械费	管理费和利润
C8-157	承插塑料排水管(零件粘接)安装,DN100	10m	0.100	286.78	225.55	2.63	24.14	28.68	22.56	0.26	2.41
C6-2949	刚性防水套管制作，DN150 以内	个	0.114	179.10	333.30	198.48	13.22	20.43	38.02	22.64	1.51
C6-2963	刚性防水套管安装，DN150 以内	个	0.114	102.96	175.56		7.60	11.74	20.03		0.87
风险费用					352.55	3394.24			6.70	64.53	
人工单价		小计						568.84	741.11	265.64	4.79
36.50 元/工日		未计价材料费						29.23			
清单项目综合单价								69.32			

（续）

	主要材料名称、规格、型号	单　位	数　量	单价/元	合价/元	暂估单价/元	暂估合价/元
	承插塑料排水管，DN100	m	0.852	14.60	12.44		
	承插塑料排水管件，DN50	个	1.138	10.20	11.61		
	焊接钢管	kg	1.079	4.80	5.18		
	水	m^3	0.031	2.00	0.06		
	其他材料费			——	705.12		
	材料费小计			——	734.41		

注：1. 如不使用省级或行业建设主管部门发布的计价依据，可不填定额项目、编号等。
2. 招标文件提供了暂估单价的材料，按暂估的单价填入表内“暂估单价”栏及“暂估合价”栏。

表 4-18　工程量清单综合单价分析表

工程名称：某办公楼给排水工程预算　　　　第 11 页　共 17 页

项目编码	030803010001	项目名称	水　表						计量单位	组	
清单综合单价组成明细表											
定额编号	定 额 名 称	定额单位	数量	单价/元				合价/元			
				人工费	材料费	机械费	管理费和利润	人工费	材料费	机械费	管理费和利润
C8-362	螺纹水表组成与安装，DN50	组	1.000	18.80	48.83		8.33	18.80	48.83		8.33
风险费用					10.40	190.03			10.40	190.03	
人工单价		小计						18.80	59.23	190.03	8.33
36.50 元/工日		未计价材料费						112.00			
清单项目综合单价								198.36			

	主要材料名称、规格、型号	单位	数量	单价/元	合价/元	暂估单价/元	暂估合价/元
	螺纹水表 DN50	个	1.000	112.00	112.00		
	其他材料费			——		——	
	材料费小计			——	48.83	——	

注：1. 如不使用省级或行业建设主管部门发布的计价依据，可不填定额项目、编号等。
2. 招标文件提供了暂估单价的材料，按暂估的单价填入表内“暂估单价”栏及“暂估合价”栏。

表 4-19　单价措施项目清单综合单价分析表

工程名称：某办公楼给排水工程预算　　　　第 1 页　共 1 页

项目编码	031302001001	项目名称	脚手架搭拆费［安装］	计量单位	项
清单综合单价组成明细表					

（续）

定额编号	定额名称	定额单位	数量	单价/元				合价/元			
				人工费	材料费	机械费	管理费和利润	人工费	材料费	机械费	管理费和利润
C8009-1	脚手架搭拆费（第八册）	元	1.000	15.48	46.43		6.86	15.48	46.43		6.86
风险费用						61.91				61.91	
人工单价		小计						15.48	46.43	61.91	6.86
36.50 元/工日		未计价材料费									
清单项目综合单价								68.77			
	主要材料名称、规格、型号					单位	数量	单价/元	合价/元	暂估单价/元	暂估合价/元
	其他材料费							——	46.43	——	
	材料费小计							——	46.43	——	

注：1. 如不使用省级或行业建设主管部门发布的计价依据，可不填定额项目、编号等。

2. 招标文件提供了暂估单价的材料，按暂估的单价填入表内“暂估单价”栏及“暂估合价”栏。

【例 4-4】 某工程为某公共卫生间，单层建筑其施工图见图 4-25 ~ 图 4-27。

设计说明如下：

1）该工程采用独立给排水系统。生活给水来自市政给水管网；排水系统污废合流，污水排入室外化粪池，经处理后排至市政污水管网。

2）卫生洁具采用节水型产品。坐便器采用连体式坐便器（用水量为 6L/次），蹲便器采用脚踏阀蹲式大便器，洗脸盆采用全自动感应水嘴立柱式洗面器盆，小便器采用自闭式冲洗阀立式小便器。

3）卫生间内设置水泥拖布池、铸铁地漏。

4）给水管道上设置阀门，采用 J11W-10T 截止阀。

施工要求如下：

1）给水干、立管采用镀锌钢管，螺纹连接；给水支管采用 PP-R 塑料管，热熔连接。

2）排水管道采用 A 型柔性排水铸铁管，法兰连接。

3）阀门连接方式同给水管道。

4）卫生洁具安装详见《建筑设备施工安装通用图集》91SB2-1。

5）卫生洁具连接管安装高度除图纸注明外，均按《建筑设备施工安装通用图集》91SB2-1 施工。

6）给水管道系统安装完毕，按规范要求应进行水压试验；系统投入使用前必须进行水冲洗。

7）排水管道系统安装完毕，按规范要求进行闭水试验；排水主立管及水平干管管道均应做通球试验，通球球径不小于排水管道管径 2/3，通球率必须达到 100%。

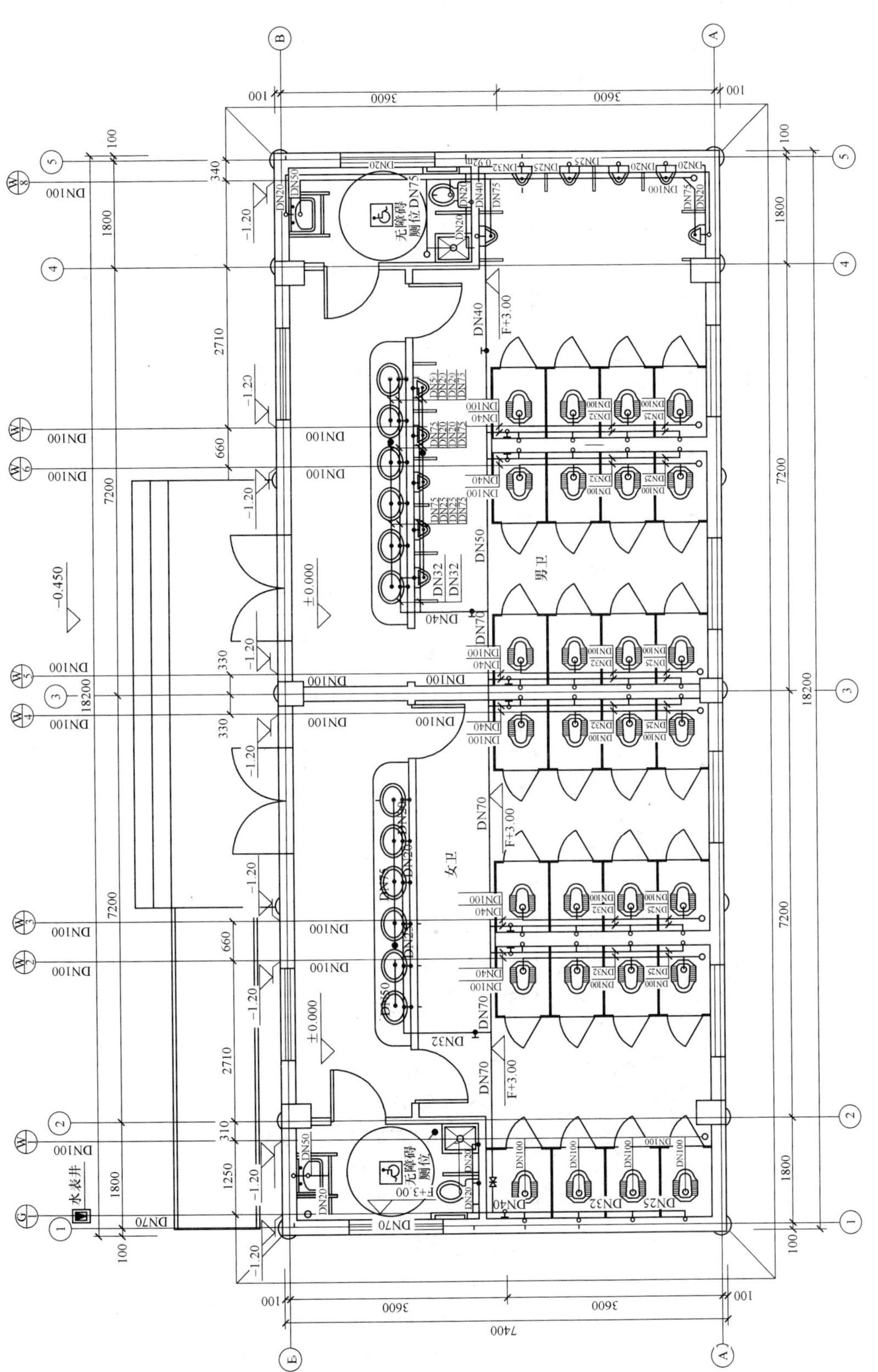

图 4-25　某工程公共厕所给排水大样图

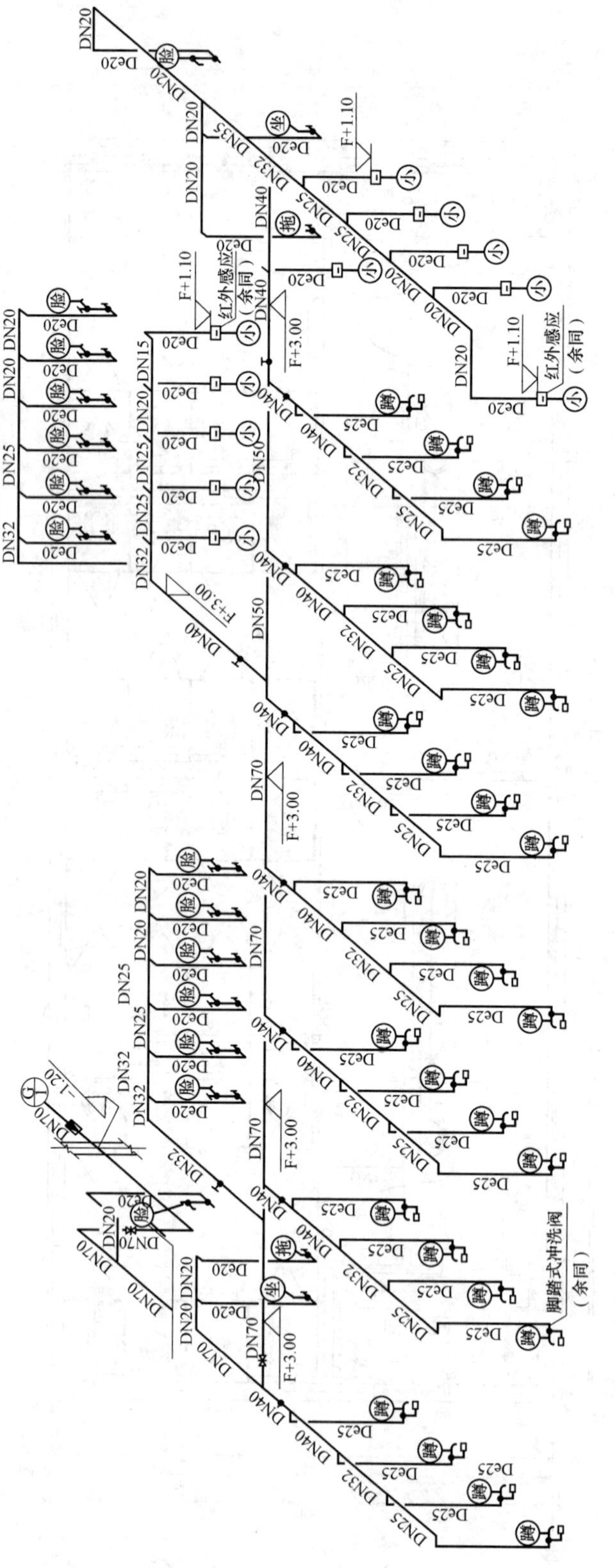

图 4-26　某工程卫生间给水系统图

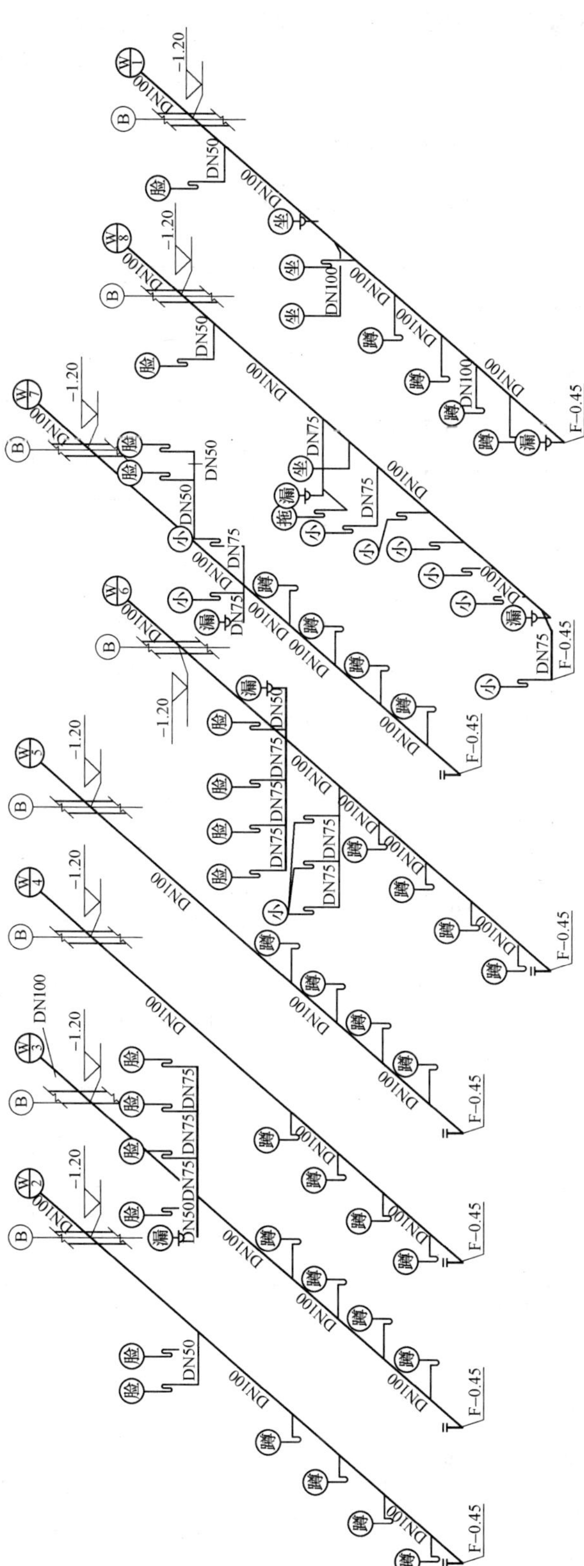

图 4-27　某工程卫生间排水系统图

根据以上背景资料及 GB 50500—2013《建设工程工程量清单计价规范》、GB 50856—2013《通用安装工程工程量计算规范》，列出该给排水工程分部分项工程量清单。详见表 4-20和表 4-21

注：设计说明及施工要求中未提及之处不计算。

表 4-20 清单工程量计算表

工程名称：某工程（给排水工程） 第 页 共 页

序 号	清单项目编码	清单项目名称	计 算 式	工程量合计	计量单位
1	031001001001	镀锌钢管给水管道 DN20	0. 8 ×14 +2	13. 2	m
2	031001001002	镀锌钢管给水管道 DN25	0. 8 ×16	12. 8	m
3	031001001003	镀锌钢管给水管道 DN32	0. 8 ×13 +1. 5	11. 9	m
4	031001001004	镀锌钢管给水管道 DN40	0. 8 ×14 +1. 5 +5	17. 7	m
5	031001001005	镀锌钢管给水管道 DN50	6	6	m
6	031001001006	镀锌钢管给水管道 DN70	1. 5 +1. 2 +3 +3. 6 +12 +21. 3	42. 6	m
7	031001006001	PP-R 塑料管给水管道 De20	(1. 9 +0. 2) ×(14 +2 +2 +11)	60. 9	m
8	031001006002	PP-R 塑料管给水管道 De25	1. 9 ×28 +0. 2 ×28	58. 8	m
9	031001005001	柔性排水铸铁管 DN50	14 × (1. 2 + 0. 45) + 2 × (1. 0 + 0. 45) +6 ×(0. 45 +0. 5)	31. 7	m
10	031001005002	柔性排水铸铁管 DN75	11 ×(0. 45 +0. 5) +1 ×0. 95	11. 4	m
11	031001005003	柔性排水铸铁管 DN100	28 ×0. 95 +6 ×0. 45 +2 ×(0. 45 + 0. 6) +8 ×(8 +1. 5)	107. 4	m
12	031002001001	型钢管道支架制作、安装	(13. 2 + 12. 8 + 11. 9 + 17. 7 +6 + 42. 6)/2. 5 ×0. 4 + (31. 7 + 11. 4)/2 ×0. 9 +107. 4/2. 5 ×1. 2	87. 62	kg
13	031003001001	螺纹截止阀 DN70	1 +1	2	个
14	031003001002	螺纹截止阀 DN40	1 ×9	9	个
15	031003001003	螺纹截止阀 DN32	1	1	个
16	031004003001	洗脸盆	6 +6 +2	14	组
17	031004006001	蹲便器	4 ×7	28	组
18	031004006002	连体式水箱坐便器	1 +1	2	组
19	031004007001	立式小便器	6 +5	11	组
20	031004014001	水嘴 DN15	1 +1	2	个
21	031004014002	带存水弯排水栓 DN50	1 +1	2	个
22	031004014003	地漏 DN50	1 ×6	6	个
23	031004014004	地漏 DN75	1	1	个
24	031004014005	地面清扫口 DN100	1 ×6	6	个

表 4-21　分部分项工程和单价措施项目清单与计价表

工程名称：某工程（给排水工程）　　　　第　页　共　页

序号	项目编码	项目名称	项目特征描述	计量单位	工程数量	金额/元			
						综合单价	合价	其中	
								人工费	暂估价
1	031001001001	镀锌钢管	1. 安装部位：室内 2. 介质：给水 3. 规格、压力等级：DN20 低压 4. 连接形式：螺纹连接 5. 压力试验、水冲洗：按规范要求	m	13.2				
2	031001001002	镀锌钢管	1. 安装部位：室内 2. 介质：给水 3. 规格、压力等级：DN25 低压 4. 连接形式：螺纹连接 5. 压力试验、水冲洗：按规范要求	m	12.8				
3	031001001003	镀锌钢管	1. 安装部位：室内 2. 介质：给水 3. 规格、压力等级：DN32 低压 4. 连接形式：螺纹连接 5. 压力试验、水冲洗：按规范要求	m	11.9				
4	031001001004	镀锌钢管	1. 安装部位：室内 2. 介质：给水 3. 规格、压力等级：DN40 低压 4. 连接形式：螺纹连接 5. 压力试验、水冲洗：按规范要求	m	17.7				
5	031001001005	镀锌钢管	1. 安装部位：室内 2. 介质：给水 3. 规格、压力等级：DN50 低压 4. 连接形式：螺纹连接 5. 压力试验、水冲洗：按规范要求	m	6				
6	031001001006	镀锌钢管	1. 安装部位：室内 2. 介质：给水 3. 规格、压力等级：DN70 低压 4. 连接形式：螺纹连接 5. 压力试验、水冲洗：按规范要求	m	42.6				
7	031001006001	塑料管	1. 安装部位：室内 2. 介质：给水 3. 规格、压力等级：PP-R，De20 4. 连接形式：热熔连接 5. 压力试验、水冲洗：按规范要求	m	60.9				

（续）

序号	项 目 编 码	项目名称	项目特征描述	计量单位	工程数量	金额/元			
						综合单价	合价	其中	
								人工费	暂估价
8	031001006002	塑料管	1. 安装部位：室内 2. 介质：给水 3. 规格、压力等级：PP-R，De25 4. 连接形式：热熔连接 5. 压力试验、水冲洗：按规范要求	m	58.8				
9	031001005001	铸铁管	1. 安装部位：室内 2. 介质：排水 3. 规格、压力等级：柔性排水铸铁管，DN50 4. 连接形式：柔性法兰连接 5. 压力试验、水冲洗：按规范要求	m	31.7				
10	031001005002	铸铁管	1. 安装部位：室内 2. 介质：排水 3. 规格、压力等级：柔性排水铸铁管，DN75 4. 连接形式：柔性法兰连接 5. 压力试验、水冲洗：按规范要求	m	11.4				
11	031001005003	铸铁管	1. 安装部位：室内 2. 介质：排水 3. 规格、压力等级：柔性排水铸铁管，DN100 4. 连接形式：柔性法兰连接 5. 压力试验、水冲洗：按规范要求	m	107.4				
12	031002001001	管道支架	1. 材质：型钢 2. 管架形式：一般管架	kg	87.62				
13	031003001001	螺纹阀门	1. 类型：J11W-10T 截止阀 2. 材质：铜 3. 规格、压力等级：DN70 低压 4. 连接形式：螺纹连接	个	2				
14	031003001002	螺纹阀门	1. 类型：J11W-10T 截止阀 2. 材质：铜 3. 规格、压力等级：DN40 低压 4. 连接形式：螺纹连接	个	9				
15	031003001003	螺纹阀门	1. 类型：J11W-10T 截止阀 2. 材质：铜 3. 规格、压力等级：DN32 低压 4. 连接形式：螺纹连接	个	1				

（续）

序号	项目编码	项目名称	项目特征描述	计量单位	工程数量	金额/元			
						综合单价	合价	其中	
								人工费	暂估价
16	031004003001	洗脸盆	1. 材质：陶瓷 2. 规格、类型：单孔、立柱式洗脸盆 3. 组装形式：感应水嘴 4. 附件：见 91SB2-1 P22 主材表	组	14				
17	031004006001	大便器	1. 材质：陶瓷 2. 规格、类型：蹲便器 3. 组装形式：脚踏阀冲水 4. 附件：见 91SB2-1 P151 主材表	组	28				
18	031004006002	大便器	1. 材质：陶瓷 2. 规格、类型：连体坐便器 3. 组装形式：直排水 4. 附件：见 91SB2-1 P161 主材表	组	2				
19	031004007001	小便器	1. 材质：陶瓷 2. 规格、类型：立式小便器 3. 组装形式：自闭阀冲洗、落地安装 4. 附件：见 91SB2-1 P128 主材表	组	11				
20	031004014001	水嘴	1. 材质：全铜 2. 型号、规格：陶瓷片密封水嘴 DN15	个	2				
21	031004014002	带存水弯排水栓	1. 材质：尼龙排水栓、PVC-U 存水弯 2. 规格：DN50 3. 安装方式：见 91SB2-1 P57	个	2				
22	031004014003	地漏	1. 材质：铸铁 2. 规格：DN50 3. 安装方式：见 91SB2-1 P222	个	6				
23	031004014004	地漏	1. 材质：铸铁 2. 规格：DN75 3. 安装方式：见 91SB2-1 P222	个	1				
24	031004014005	地面清扫口	1. 材质：铸铁 2. 规格：DN100 3. 安装方式：见 91SB2-1 P229	个	6				

4.2 水灭火系统工程的基础知识

消防工程按区域划分，可分为室外消防工程和室内消防工程两种。室外消防工程一般为环状供水，进户供水管有两根以上，消火栓的布置要充分考虑灭火半径范围，可分为地上式和地下式两种；室内消防系统根据使用灭火剂的种类和灭火方式，可分为水消防灭火系统和非水灭火剂系统。其中水消防灭火系统又分为消火栓给水系统和自动喷水灭火系统。

火灾统计资料表明，建筑物内发生的早期火灾，主要是用室内消防给水设备控制和扑灭的，也就是建筑物中设置的水灭火系统。

本节对应《全国统一安装工程预算定额》第七册《消防及安全防范设备安装工程》。

4.2.1 消火栓灭火系统

消火栓系统是把室外给水系统提供的水量，在外网压力满足不了需要时，经过加压输送到用于扑来建筑物内的火灾而设置的灭火系统。一般由水枪、水带消火栓、消防管道、消防水池、高位水箱、水泵接合器及增压水泵等组成。

室内消火栓给水系统在建筑物内使用广泛，在低层建筑中，主要用于扑灭初期火灾，在高层建筑中除扑灭初期火灾外，还要扑灭较大火灾。

1. 消火栓灭火系统的组成

消火栓灭火系统主要包括以下几个组成部分：

1）消防水源。由室外给水管网、天然水源或消防水池供给。

2）消防给水管道系统。包括进户管、干管、立管、横支管。

3）消火栓是一个带内螺纹接头的阀门，一端接消防管道，一端接水龙带。出水口直径为50mm或65mm（见图4-28）。

4）消防水龙带。两端带有消防接口，可与消火栓、消防泵（车）配套，用于输送水或其他液体灭火剂，长度有15m、20m 、25m和30m等规格。

5）消防水枪。产生灭火所需的充实水柱。喷口口径有13mm，16mm，19mm三种。口径13mm水枪，配50mm的水龙带和消火栓；口径16mm和19mm的水枪，配65mm的水龙带和消火栓。

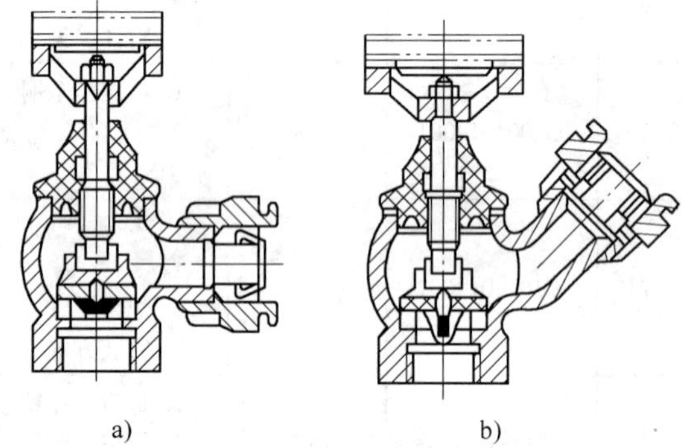

图4-28 单出口室内消火栓

a）直角单出口式 b）45°角单出口式

6）消火栓箱。安装在建筑物内的消防给水管道上，配置有室内消火栓、消防水龙带，消防水枪等设备，消火栓箱还设有直接启动消防水泵的按钮。具有给水、灭火、控制、报警等功能。

7）水泵接合器。连接消防车向室内消防给水系统加压供水。

2. 室内消火栓灭火系统的给水方式

根据建筑物高度，室外给水管网的水压和流量，以及室内消防管道对水压和流量的要求，室内消火栓灭火系统一般有以下几种给水方式：

（1）室外管网直接给水的室内消火栓给水系统　当室外给水管网的压力和流量在任何时候都能满足室内最不利配水点消火栓的设计水压和流量时，室内消火栓灭火系统宜设置室外管网直接给水的室内消火栓给水系统，如图4-29所示。

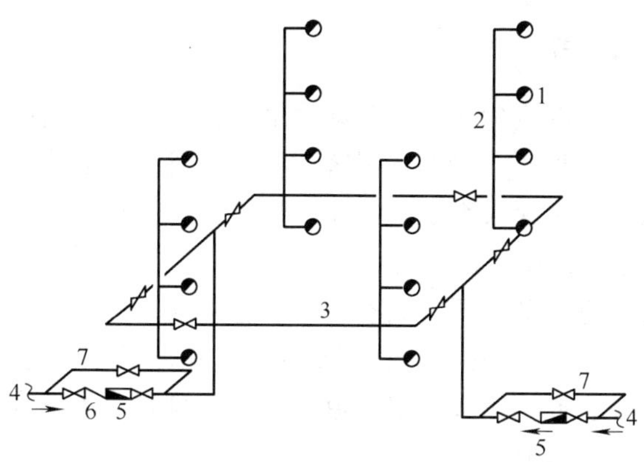

图 4-29　室外管网直接给水的室内消火栓给水系统

1—室内消火栓　2—消防立管　3—干管　4—进户管

5—水表　6—止回阀　7—旁通管及阀门

（2）设加压水泵和水箱的室内消火栓灭火系统　当室外管网的压力和流量经常不能满足室内消防灭火系统所需的水量水压时，宜设置设加压水泵和水箱的室内消火栓灭火系统，如图 4-30 所示。

（3）分区消火栓给水系统　建筑物高度超过 50m，消防车已难以协助灭火，室内消火栓给水系统应具有扑灭建筑物内大火的能力，当室内消火栓接口处的静水压力大于 1.0MPa 时，应采用分区的室内消火栓灭火系统，如图 4-31 所示。

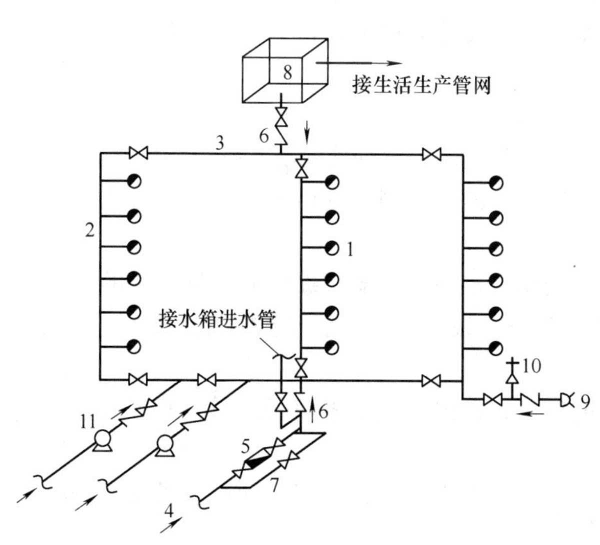

图 4-30　设加压水泵和水箱的室内消火栓灭火系统

1—室内消火栓　2—消防立管　3—干管　4—进户管

5—水表　6—旁通管及阀门　7—止回阀　8—水箱

9—水泵　10—水泵接合器　11—安全阀

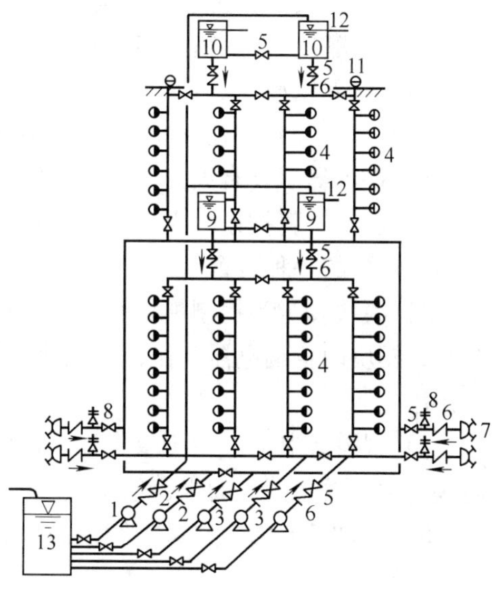

图 4-31　分区消火栓给水系统

4.2.2 自动喷水灭火系统

自动喷水灭火系统是能在发生火灾时自动喷水灭火，同时发出火警信号的灭火系统。一般由水源、加压贮水设备、喷头、管网、报警装置等组成。自动喷水灭火系统分为闭式自动喷水灭火系统和开式自动喷水灭火系统，在民用建筑中闭式自动喷水灭火系统使用最多。

1. 闭式自动喷水灭火系统的组成

（1）水系统　水系统包括以下几个部分：

1）消防水池。当生产、生活用水量达到最大时，市政给水管道、进水管或天然水源不能满足室内外消防用水量，或当市政给水管道为枝状或只有一条进水管，且消防用水量之和超过25L/s时，应设置消防水池。

2）消防水箱。消防水箱里的贮备水量用于扑救初期火灾，一般应贮存10min的室内消防供水量。

3）消防水泵。由消防控制中心启动消防水泵，为自动喷水灭火系统提供灭火所需的水量和水压。

4）报警阀。用于开启和关闭管道系统中的水流，同时将控制信号传递给控制系统，驱动水力警铃直接报警。闭式自动喷水灭火系统中报警阀有湿式报警阀、干式报警阀、干湿两用报警阀。

5）水流指示器。由管网内水流作用启动，将水流信号转换为电信号传至报警控制器或控制中心，指示火灾发生的区域，通常安装在各楼层的配水干管或支管上。

6）消防管网。管网布置成环状，进水管不少于两条，包括湿式自动喷水灭火系统管网、干式自动喷水灭火系统管网、干湿式自动喷水灭火系统管网。

7）闭式喷头。由喷头架、溅水盘、喷水口堵水支撑等组成，常见有易熔合金锁片支撑型与玻璃球支撑型。

（2）电控系统　用于报警、联动控制水系统，包括以下几个部分：

1）探测器。具有火灾信号功能的关键部位。常用的有感烟探测器和感温探测器。

2）手动报警按钮。人工确定火灾后手动操作向消防控制室发出火灾报警信号或直径启动消防水泵的一种装置。

3）模块。分为控制模块和报警模块。控制模块接到控制器以编码方式传送来的动作指令时，模块内置继电器动作，启动或关闭现场设备。报警模块不起控制作用，只能起监视报警作用。

4）报警控制器：用于收集探测器发出的信号，发出本地报警信号，同时通过通信网络向接警中心发送特定的报警信息。

5）联动控制器：以微控制器为核心，存储现场编程信息，可实现远程联机及多种联动控制逻辑。

6）报警联动一体机：将远程报警、对抗、救援、远程监控管理、家电遥控等各种功能集为一体。

2. 湿式自动喷水灭火系统

湿式自动喷水灭火系统如图4-32所示，平时系统内充满水，发生火灾时，温度达到喷头动作温度后，喷头爆裂向外喷水灭火，同时管网内的水流向开启喷头，水流指示器动作，湿式报警阀动作报警。

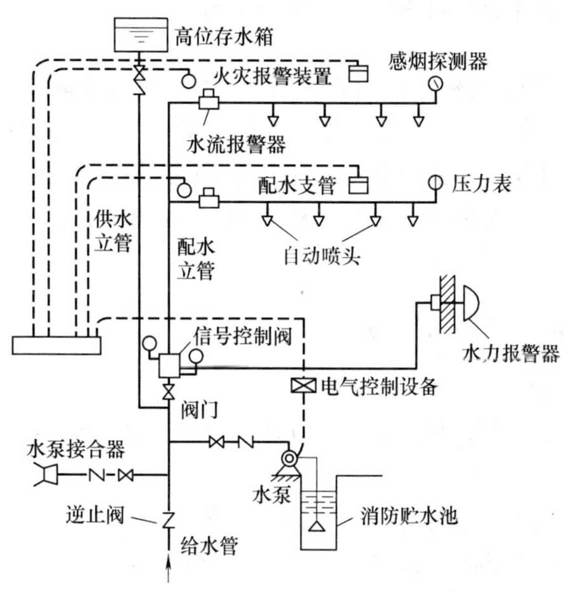

图 4-32　湿式自动喷水灭火系统

3. 干式自动喷水灭火系统

干式自动喷水灭火系统如图 4-33 所示，系统内平时充有压缩空气，只在报警阀前充满有压力的水，发生火灾时，喷头爆裂后打开，首先喷出压缩空气，配水管网内气压降低，利用压力差将干式报警阀打开，水流入配水管，再从喷头处喷出，同时水到达压力继电器令报警装置发出报警信号。

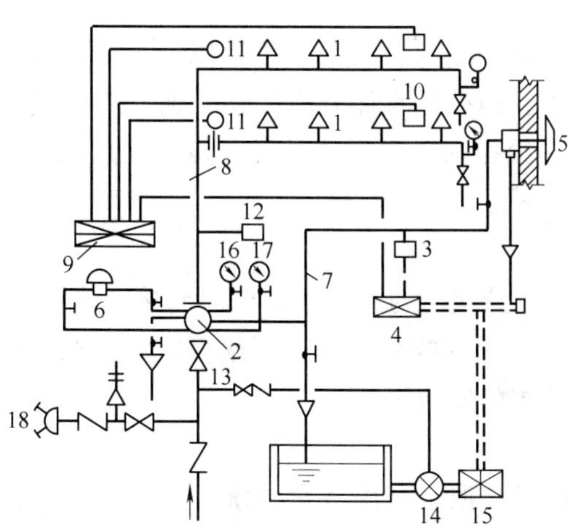

图 4-33　干式自动喷水灭火系统

1—闭式喷头　2—干式报警阀　3—压力继电器　4—电气自控箱　5—水力警铃　6—快开器　7—信号管　8—配水管　9—火灾收信机　10—感温感烟探测器　11—报警装置　12—气压保持器　13—阀门　14—消防水泵　15—电动机　16—阀后压力表　17—阀前压力表　18—水泵接合器

4.3 水灭火系统工程量计算及定额应用

《全国统一安装工程预算定额》第七册《消防及安全防范设备安装工程》适用于工业与民用建筑中新建、扩建和整体更新改造工程。该册定额共六章，包括：火灾自动报警系统安装、水灭火系统安装、气体灭火系统安装、泡沫灭火系统安装、消防系统调试、安全防范设备安装。本节仅介绍和水灭火系统相关的火灾自动报警系统安装、水灭火系统安装以及消防系统调试。

4.3.1 消火栓灭火系统工程量计算

1. 消火栓给水管道安装

(1) 界线划分　室内外管道界线划分：以建筑物外墙皮1.5m为界，入口处设阀门者以阀门为界。

(2) 消火栓给水管道工程量计算　管道以施工图所示管道中心线长度计，不扣除阀门及管件所占的长度。按管道材质（镀锌钢管、焊接钢管、承插铸铁给水管），接口方式（螺纹连接、焊接、承插接口、法兰接口）分类，以管径大小分档，以“10m”为计量单位

(3) 消火栓管道定额的使用　套用《全国统一安装工程预算定额》第八册《给排水、采暖、燃气安装工程》预算定额第一章管道安装中室内给水管道定额。

2. 管道支架制作安装

室内DN32以内的钢管包括管卡及托钩制作安装，DN32以上的，按支架设计图示质量计算，以“100kg”为计量单位。套用《全国统一安装工程预算定额》第八册《给排水、采暖、燃气安装工程》预算定额第一章室内管道安装中管道支架制作安装定额。

3. 法兰安装

法兰安装按法兰材质（铸铁法兰、碳钢法兰）以及法兰与管道或阀门等设备的连接方式（螺纹连接、焊接）分类，以公称直径分档，以“副”为计量单位。套用《全国统一安装工程预算定额》第八册《给排水、采暖、燃气安装工程》预算定额第一章室内管道安装中法兰安装定额。

4. 阀门安装

阀门安装工程量计算不区分阀门的种类，以阀门连接方式区分，按设计图示数量计算，以“个”为计量单位。套用《全国统一安装工程预算定额》第八册《给排水、采暖、燃气安装工程》预算定额第二章阀门安装定额。

5. 消火栓的安装

消火栓工程量以图示数量计取。套用《全国统一安装工程预算定额》第七册《消防及安全防范设备安装工程》第二章水灭火系统安装中消火栓安装定额。

(1) 室内消火栓安装　室内消火栓安装以公称直径DN65为准，分单栓和双栓，以“套”为计量单位。所带有消防按钮的安装另行计算。

(2) 室外消火栓安装　室外消火栓安装分地下式和地上式，以压力和浅型、深型分档，以“套”为计量单位。

6. 消防水泵接合器安装

消防水泵接合器安装按不同的安装形式（地下式，地上式，墙壁式），以公称直径分档，以“套”为计量单位。

4.3.2　自动喷水灭火系统工程量计算

1. 自动喷水管道安装

（1）界线划分 管道界线划分如下：

1）室内外管道界线划分：以建筑物外墙皮 1.5m 为界，入口处设阀门者以阀门为界。

2）设在高层建筑内的消防泵房管道与本章界线，以泵房外墙皮为界。

（2）自动喷水管道工程量计算　按图示管道中心线长度计算，不扣除阀门、管件及各种组件所占长度。以公称直径分档，以“10m”为计量单位。

（3）自动喷水管道定额的使用　套用《全国统一安装工程预算定额》第七册《消防及安全防范设备安装工程》预算定额第二章水灭火系统安装定额。该章定额适用于工业和民用建（构）筑物设置的自动喷水灭火系统的管道、各种组件、消火栓、气压水罐的安装及管道支吊架的制作、安装。项目设置了镀锌钢管（螺纹连接、法兰连接）安装；喷头、湿式报警装置、温感式水幕装置、水流指示器等系统组件安装；减压孔板、末端试水装置、集热板等其他组件安装；室内、室外消火栓、消防水泵接合器安装；隔膜式气压水罐；管道支吊架制作、安装；自动喷水灭火系统管网水冲洗。

管道安装定额，包括工序内一次性水压试验。镀锌钢管法兰连接定额，管件是按成品、弯头两端是按接短管焊法兰考虑的，定额中包括了直管、管件、法兰等全部安装工序内容，但管件、法兰及螺栓的主材数量应按设计规定另行计算。

定额也适用于镀锌无缝钢管的安装。

1）管道材质以镀锌钢管为主，DN100 以下用螺纹连接，DN100 以上用法兰连接。DN100 以下的螺纹连接管道，其管件为主要材料，主材数量应按定额用量计算，管件含量见表 4-22。

表 4-22　镀锌钢管（螺纹连接）管件含量表　　单位：10m

项　目	名　称	公称直径（mm 以内）						
		25	32	40	50	70	80	100
管件含量	四通	0.02	1.20	0.53	0.69	0.73	0.95	0.47
	三通	2.29	3.24	4.02	4.13	3.04	2.95	2.12
	弯头	4.92	0.98	1.69	1.78	1.87	1.47	1.16
	管箍		2.65	5.99	2.73	3.27	2.89	1.44
	小计	7.23	8.07	12.23	9.33	8.91	8.26	5.19

2）DN100 以上的法兰连接管道安装，其法兰、管件、弯头等均以成品为准，不考虑施工现场加工制作，所以法兰、螺栓、管件等为主要材料，其数量按设计图样数量计算，按市场价计算价值。

3）镀锌无缝钢管安装。因镀锌钢管用公称直径表示，而无缝钢管用外径表示，为了使用镀锌钢管安装定额子目，可按表 4-23 对应换算。

表4-23 对应关系表

公称直径/mm	15	20	25	32	40	50	70	80	100	150	200
无缝钢管外径/mm	20	25	32	38	45	57	76	89	108	159	219

4）管道支吊架制作、安装 套用《全国统一安装工程预算定额》第七册《消防及安全防范设备安装工程》预算定额子目，已综合支架、吊架及防晃支架的制作安装，均以“100kg”为计量单位。

2. 系统组件安装

（1）喷头安装 不分型号、规格和类型，以有吊顶与无吊顶分档，以“10个”为计量单位。

（2）室内消火栓安装 区分单栓和双栓以“套”为计量单位，所带有消防按钮的安装另行计算。

（3）室内消火栓组合卷盘安装 执行室内消火栓安装定额乘以系数1.2。

（4）消防水泵接合器安装 区分不同安装方式和规格以“套”为计量单位。如设计要求用短管时，其本身价值可另行计算，其余不变。

（5）湿式报警装置安装 以公称直径分档，以公称直径分档，以“组”为计量单位。

湿式报警装置为成套供应产品，组成部分中的湿式阀、蝶阀、装配管、供水压力表、装置压力表、试验阀、泄放试验管、试验管流量计、过滤器、延时器、水力警铃、报警截止阀、漏斗、压力开关等不需另外计算安装。

（6）水流指示器安装 按螺纹连接和法兰连接分，以公称直径分档，以“个”为计量单位。

（7）减压孔板安装 以公称直径分档，以“个”为计量单位。

（8）末端试水装置安装 在每个报警阀组控制的最不利配水喷头处，应设置末端试水装置。安装工程量以公称直径分档，以“组”为计量单位。

（9）集热板制作、安装 集热板是当高架仓库分层板上方有孔洞、缝隙时，在喷头上方设置。安装的工程量以“个”为计量单位。

（10）温感式水幕装置安装 按不同型号和规格以“组”为计量单位。但给水三通至喷头、阀门间管道的主材数量按设计管道中心长度另加损耗计算，喷头数量按设计数量另加损耗计算。

（11）隔膜式气压水罐安装 区分不同规格以“台”为计量单位。出入口法兰和螺栓按设计规定另行计算。地脚螺栓是按设备带有考虑的，定额中包括指导二次灌浆用工，但二次灌浆费用应按相应定额另行计算。

3. 自动喷水灭火系统管网水冲洗

自动喷水灭火系统管网水冲洗，区分不同规格、按管径分档，以“100m”为计量单位。定额只适用于自动喷水灭火系统。

4. 使用《全国统一安装工程预算定额》第七册《消防及安全防范设备安装工程》第二章水灭火系统安装定额时应注意的问题

1）阀门、法兰安装、各种套管的制作安装、泵房内管道安装及管道系统强度试验、严密性试验执行《全国统一安装工程预算定额》第六册《工业管道工程》相应定额。

2）消火栓管道、室外给水管道安装及水箱制作安装，执行《全国统一安装工程预算定额》第八册《给排水、采暖、燃气工程》相应定额。

3）各种消防泵、稳压泵等的安装及二次灌溉浆，执行《全国统一安装工程预算定额》第一册《机械设备安装》安装相应定额。

4）各种仪表的安装、带电讯信号的阀门、水流指示器、压力开关的接线、校线，执行《全国统一安装工程预算定额》第十册《自动化控制装置及仪表安装》相应定额。

5）各种设备支架的制作安装等，执行《全国统一安装工程预算定额》第五册《静置设备与工艺金属结构制作安装》相应定额。

6）管道、设备、支架、法兰焊口除锈刷油，执行《全国统一安装工程预算定额》第十一册《刷油、防腐蚀、绝热工程》相应定额。

7）系统调试执行第七册《消防及安全防范设备安装工程》第五章相应定额。

4.3.3 火灾自动报警系统工程量计算

第七册《消防及安全防范设备安装工程》的第一章是火灾自动报警系统，该章包括探测器、按钮、模块（接口）、报警控制器、联动控制器、报警联动一体机、重复显示器、警报装置、远程控制器、火灾事故广播、消防通信、报警备用电源安装等项目。

该章定额中均包括了校线、接线和本体调试，但不包括：设备支架、底座、基础的制作与安装、构件加工、制作、电动机检查、接线及调试、事故照明及疏散指示控制装置安装等内容。

该章定额中箱、机是以成套装置编制的；柜式及琴台式安装均执行落地式安装相应项目。

1. 探测器安装

（1）点型探测器　分为多线制和总线制，不分规格、型号、安装方式与位置，区别感烟、感温、红外光束、火焰、可燃气体，以“只”为计量单位。探测器安装包括探头和底座的安装及本体调试。

（2）线型探测器　按环绕、正弦及直线综合考虑，不分线制及保护形式，以“10m”为计量单位。定额中未包括探测器连接的一只模块和终端，其工程量应按相应定额另行计算。

（3）红外线探测器　以“对”为计量单位。红处线探测器是成对使用的，在计算时一对为两只。定额中包括了探头支架安装和探测器的调试、对中。

（4）火焰探测器、可燃气体探测器　按线制的不同分为多线制与总线制两种，计算时不分规格、型号，安装方式与位置，以“只”为计量单位。探测器安装包括了探头和底座的安装及本体调试。

2. 按钮安装

按钮包括消火栓按钮、手动报警按钮、气体灭火起/停按钮，以“只”为计量单位。按照在轻质墙体和硬质墙体上安装两种方式综合考虑，执行时不得因安装方式不同而调整。

3. 模块（接口）安装

分为控制模块（接口）和报警模块（接口）。

（1）控制模块（接口）　控制模块（接口）是指仅能起控制作用的模块（接口），也称为中继器，依据其给出控制信号的数量，分为单输出和多输出两种形式。执行时不分安装方式，按照输出数量，以“只”为计量单位。

（2）报警模块（接口）　报警模块（接口）不起控制作用，只能起监视、报警作用，执行时不分安装方式，以“只”为计量单位。

4. 报警控制器安装

报警控制器按线制的不同分为总线制和多线制，根据不同的安装方式（壁挂式和落地式），以控制“点”数分档，以“台”为计量单位。

多线制“点”是指报警控制器所带报警器件（探测器、报警按钮等）的数量。

总线制“点”是指报警控制器所带的有地址编码的报警器件（探测器、报警按钮、模块等）的数量。如果一个模块带数个探测器，则只能计为一点。

5. 联动控制器安装

按线制的不同分为多线制与总线制两种，其中又按其安装方式不同分为壁挂式和落地式。在不同线制、不同安装方式中按照“点”数的不同划分定额项目，以“台”为计量单位。

多线制“点”是指联动控制器所带联动设备的状态控制和状态显示的数量。

总线制“点”是指联动控制器所带的有控制模块（接口）的数量。

6. 报警联动一体机安装

报警联动一体机按其安装方式不同分为壁挂式和落地式。在不同安装方式中按照“点”数的不同划分定额项目，以“台”为计量单位。

“点”是指报警联动一体机所带的有地址编码的报警器件与控制模块（接口）的数量。

总线制“点”是指报警联动一体机所带的有地址编码的报警器件与控制模块（接口）的数量。

7. 重复显示器、警报装置、远程监控器安装

1）重复显示器以多线制和总线制分档，以“台”为计量单位。

2）警报装置以声光报警和警铃分档，以“台”为计量单位。

3）远程控制器以不同控制回路分档，以“台”为计量单位。

8. 火灾事故广播安装

分功率放大器、录音机、消防广播、吸顶式扬声器、壁挂式音响、广播分配器，以“台”为计量单位。

9. 消防通信、报警备用电源安装

1）电话交换机：以不同的门数分档，以“台”为计量单位。

2）电话分机以“部”为计量单位；电话插孔以“个”为计量单位。

3）消防报警备用电源以“台”为计量单位。

4.3.4 消防系统调试工程量计算

第七册《消防及安全防范设备安装工程》的第五章是消防系统调试，系统调试是指消防报警和灭火系统安装完毕且连通，并达到国家有关消防施工验收规范、标准所进行的全系统的检测、调整和试验。

该章包括自动报警系统装置调试，水灭火系统控制装置调试，火灾事故广播、消防通信、消防电梯系统装置调试，电动防火门、防火卷帘门、正压送风阀、排烟阀、防火阀控制系统装置调试，气体灭火系统装置调试等项目。

1. 自动报警系统装置调试

自动报警系统装置包括各种探测器、手动报警按钮和报警控制器。

工程量计算时，分别不同点数以“系统”为计量单位。其点数按多线制与总线制报警器的点数计算。

2. 水灭火系统控制装置调试

水灭火系统控制装置包括消火栓、自动喷水系统的控制装置。工程量计算时，按照不同点数以“系统”为计量单位，其点数按多线制与总线制联动控制器的点数计算。

3. 火灾事故广播、消防通信、消防电梯系统装置调试

1）广播喇叭及音响系统调试以“10 只”为计量单位。

2）通信分机及插孔系统调试以“10 只”为计量单位

3）消防电梯系统调试以“部”为计量单位。

4. 电动防火门、防火卷帘门、正压送风阀、排烟阀、防火阀控制系统装置调试

电动防火门、防火卷帘门、正压送风阀、排烟阀、防火阀控制系统调试，均以“10 处”为计量单位。每樘为一处。

4.4 消防工程的工程量清单项目设置及预算实例

4.4.1 消防工程清单项目设置

消防工程的工程量清单项目设置有：J.1 水灭火系统、J.2 气体灭火系统、J.3 泡沫灭火系统、J.4 火灾自动报警系统以及 J.5 消防系统调试 5 部分，共 51 个清单项目。

GB 50856—2013《通用安装工程工程量计算规范》（以下简称“新规范”）与 GB 50500—2008《建设工程工程量清单计价规范》（以下简称“08 版规范”）相比较，在消防工程部分的主要变化如下：

1）消防管道安装，取消套管制作安装工作内容，执行《通用安装工程工程量计算规范》附录 K 采暖、给排水、燃气工程；取消管道中除锈、刷油及防腐工作内容，执行附录 M 刷油、防腐蚀、绝热工程。

2）气体灭火系统、泡沫灭火系统中的不锈钢管、铜管安装项目不包括不锈钢管管件、铜管件，不锈钢管管件、铜管件单独设置清单项目计算。

3）消火栓安装分室内消火栓、室外消火栓。项目特征增加对消火栓配件材质、规格的描述。

4）取消阀门、法兰、水表、水箱、稳压装置等项目，执行《通用安装工程工程量计算规范》附录 K 采暖、给排水、燃气工程。

5）取消管道支架制作安装，执行《通用安装工程工程量计算规范》附录 K 采暖、给排水、燃气工程。

6）新增“无管网气体灭火装置”项目，无管网气体灭火系统由柜式预制灭火装置、火灾探测器、火灾自动报警灭火控制器等组成。无管网气体灭火装置安装，包括气瓶柜装置和自动报警控制装置两套装置的安装。

7）新增“报警联动一体机”清单项目。

8）水灭火控制装置调试，应按灭火系统不同分别列项计算。自动喷洒系统按水流指示器数量以点（支路）计算；消火栓系统按消火栓启泵按钮数量以点计算；消防水炮系统按水炮数量以点计算。

消防工程的工程量清单项目设置见表 4-24 ~ 表 4-28。

表 4-24 J.1 水灭火系统（030901）

<table>
<tr><th>项目编码</th><th>项目名称</th><th>项目特征</th><th>计量单位</th><th>工程量计算规则</th><th>工作内容</th></tr>
<tr><td>030901001</td><td>水喷淋钢管</td><td rowspan="2">1. 安装部位
2. 材质、规格
3. 连接形式
4. 钢管镀锌设计要求
5. 压力试验及冲洗设计要求
6. 管道标识设计要求</td><td rowspan="2">m</td><td rowspan="2">按设计图示管道中心线以长度计算</td><td rowspan="2">1. 管道及管件安装
2. 钢管镀锌
3. 压力试验
4. 冲洗
5. 管道标识</td></tr>
<tr><td>030901002</td><td>消火栓钢管</td></tr>
<tr><td>030901003</td><td>水喷淋（雾）喷头</td><td>1. 安装部位
2. 材质、型号、规格
3. 连接形式
4. 装饰盘材质、型号</td><td>个</td><td rowspan="12">按设计图示数量计算</td><td>1. 安装
2. 装饰盘安装
3. 严密性试验</td></tr>
<tr><td>030901004</td><td>报警装置</td><td>1. 名称
2. 型号、规格</td><td>组</td><td rowspan="5">1. 安装
2. 电气接线
3. 调试</td></tr>
<tr><td>030901005</td><td>温感式水幕装置</td><td>1. 型号、规格
2. 连接形式</td><td>组</td></tr>
<tr><td>030901006</td><td>水流指示器</td><td>1. 型号、规格
2. 连接形式</td><td rowspan="2">个</td></tr>
<tr><td>030901007</td><td>减压孔板</td><td>1. 材质、规格
2. 连接形式</td></tr>
<tr><td>030901008</td><td>末端试水装置</td><td>1. 规格
2. 组装形式</td><td>组</td></tr>
<tr><td>030901009</td><td>集热板制作安装</td><td>1. 材质
2. 支架形式</td><td>个</td><td>1. 制作、安装
2. 支架制作、安装</td></tr>
<tr><td>030901010</td><td>室内消火栓</td><td rowspan="2">1. 安装方式
2. 型号、规格
3. 附件材质、规格</td><td rowspan="3">套</td><td>1. 箱体及消火栓安装
2. 配件安装</td></tr>
<tr><td>030901011</td><td>室外消火栓</td><td>1. 安装
2. 配件安装</td></tr>
<tr><td>030901012</td><td>消防水泵接合器</td><td>1. 安装部位
2. 型号、规格
3. 附件材质、规格</td><td>1. 安装
2. 附件安装</td></tr>
<tr><td>030901013</td><td>灭火器</td><td>1. 形式
2. 型号、规格</td><td>具（组）</td><td>设置</td></tr>
<tr><td>030901014</td><td>消防水炮</td><td>1. 水炮类型
2. 压力等级
3. 保护半径</td><td>台</td><td>1. 本体安装
2. 调试</td></tr>
</table>

注：1. 水灭火管道工程量计算，不扣除阀门、管件及各种组件所占长度以延长米计算。

2. 报警装置适用于湿式报警装置、干湿两用报警装置、电动雨淋报警装置、预作用报警装置等报警装置安装。报警装置安装包括装配管（除水力警铃进水管）的安装，水力警铃水管并入消防管道工程量。

3. 温感式水幕装置，包括给水三通至喷头、阀门间的管道、管件、阀门、喷头等全部内容的安装。

4. 末端试水装置，包括压力表、控制阀等附件安装。末端试水装置安装中不含连接管及排水管安装，其工程量并入消防管道。

5. 室内消火栓，包括消火栓箱、消火栓、水枪、水龙头、水龙带接扣、自救卷盘、挂架、消防按钮；落地消火栓箱包括箱内手提灭火器。

6. 室外消火栓分地上式、地下式；地上式消火栓安装包括地上式消火栓、法兰接管、弯管底座；地下式消火栓安装包括地下式消火栓、法兰接管、弯管底座或消火栓三通。

7. 消防水泵接合器，包括法兰接管及弯头安装，接合器井内阀门、弯管底座、标牌等附件安装。

8. 减压孔板若在法兰盘内安装，其法兰计入组价中。

表 4-25　J. 2 气体灭火系统（030902）

项目编码	项目名称	项目特征	计量单位	工程量计算规则	工作内容
030902001	无缝钢管	1. 介质 2. 材质、压力等级 3. 规格 4. 焊接方法 5. 钢管镀锌设计要求 6. 压力试验及吹扫设计要求 7. 管道标识设计要求	m	按设计图示管道中心线以长度计算	1. 管道安装 2. 管件安装 3. 钢管镀锌及二次安装 4. 压力试验 5. 吹扫 6. 管道标识
030902002	不锈钢管	1. 材质、压力等级 2. 规格 3. 焊接方法 4. 充氩保护方式、部位 5. 压力试验及吹扫设计要求 6. 管道标识设计要求	m		1. 管道安装 2. 焊口充氩保护 3. 压力试验 4. 吹扫 5. 管道标识
030902003	不锈钢管件	1. 材质、压力等级 2. 规格 3. 焊接方法 4. 充氩保护方式、部位	个	按设计图示数量计算	1. 管件安装 2. 管件焊口充氩保护
030902004	气体驱动装置管道	1. 材质、压力等级 2. 规格 3. 焊接方法 4. 压力试验及吹扫设计要求 5. 管道标识设计要求	m	按设计图示管道中心线以长度计算	1. 管道安装 2. 压力试验 3. 吹扫 4. 管道标识
030902005	选择阀	1. 材质 2. 型号、规格 3. 连接形式	个	按设计图示数量计算	1. 安装 2. 压力试验
030902006	气体喷头	1. 材质 2. 型号、规格 3. 连接形式			喷头安装
030902007	贮存装置	1. 介质、类型 2. 型号、规格 3. 气体增压设计要求	套	按设计图示数量计算	1. 贮存装置安装 2. 系统组件安装 3. 气体增压
030902008	称重检漏装置	1. 型号 2. 规格			1. 安装 2. 调试
030902009	无管网气体灭火装置	1. 类型 2. 型号、规格 3. 安装部位 4. 调试要求			

表 4-26 J.3 泡沫灭火系统（030903）

项目编码	项目名称	项目特征	计量单位	工程量计算规则	工作内容
030903001	碳钢管	1. 材质、压力等级 2. 规格 3. 焊接方法 4. 无缝钢管镀锌设计要求 5. 压力试验、吹扫设计要求 6. 管道标识设计要求	m	按设计图示管道中心线以长度计算	1. 管道安装 2. 管件安装 3. 无缝钢管镀锌 4. 压力试验 5. 吹扫 6. 管道标识
030903002	不锈钢管	1. 材质、压力等级 2. 规格 3. 焊接方法 4. 充氩保护方式、部位 5. 压力试验、吹扫设计要求 6. 管道标识设计要求			1. 管道安装 2. 焊口充氩保护 3. 压力试验 4. 吹扫 5. 管道标识
030903003	铜管	1. 材质、压力等级 2. 规格 3. 焊接方法 4. 压力试验、吹扫设计要求 5. 管道标识设计要求			1. 管道安装 2. 压力试验 3. 吹扫 4. 管道标识
030903004	不锈钢管管件	1. 材质、压力等级 2. 规格 3. 焊接方法 4. 充氩保护方式、部位	个	按设计图示数量计算	1. 管件安装 2. 管件焊口充氩保护
030903005	铜管管件	1. 材质、压力等级 2. 规格 3. 焊接方法			管件安装
030903006	泡沫发生器	1. 类型 2. 型号、规格 3. 二次灌浆材料	台		1. 安装 2. 调试 3. 二次灌浆
030903007	泡沫比例混合器				
030903008	泡沫液贮罐	1. 质量/容量 2. 型号、规格 3. 二次灌浆材料			

表 4-27 J.4 火灾自动报警系统（030904）

项目编码	项目名称	项目特征	计量单位	工程量计算规则	工作内容
030904001	点型探测器	1. 名称 2. 规格 3. 线制 4. 类型	个	按设计图示数量计算	1. 探头安装 2. 底座安装 3. 校接线 4. 编码 5. 探测器调试

（续）

项目编码	项目名称	项目特征	计量单位	工程量计算规则	工作内容
030904002	线型探测器	1. 名称 2. 规格 3. 安装方式	m	按设计图示数量计算	1. 探测器安装 2. 接口模块安装 3. 报警终端安装 4. 校接线
030904003	按钮	1. 名称 2. 规格	个		1. 安装 2. 校接线 3. 编码 4. 调试
030904004	消防警铃				
030904005	声光报警器				
030904006	消防报警电话插孔（电话）	1. 名称 2. 规格 3. 安装方式	个（部）		
030904007	消防广播（扬声器）	1. 名称 2. 功率 3. 安装方式	个		
030904008	模块（模块箱）	1. 名称 2. 规格 3. 类型 4. 输出形式	个（台）		1. 安装 2. 校接线 3. 编码 4. 调试
030904009	区域报警控制箱	1. 多线制 2. 总线制 3. 安装方式 4. 控制点数量 5. 显示器类型	台		1. 本体安装 2. 校接线、测绝缘电阻 3. 排线、绑扎、导线标识 4. 显示器安装 5. 调试
030904010	联动控制箱				
030904011	远程控制箱（柜）	1. 规格 2. 控制回路			
030904012	火灾报警系统控制主机	1. 规格、线制 2. 控制回路 3. 安装方式	台		1. 安装 2. 校接线 3. 调试
030904013	联动控制主机				
030904014	消防广播及对讲电话主机（柜）				
030904015	火灾报警控制微机（CRT）	1. 规格 2. 安装方式	台		1. 安装 2. 调试
030904016	备用电源及电池主机（柜）	1. 名称 2. 容量 3. 安装方式	套		
030904017	报警联动一体机	1. 规格、线制 2. 控制回路 3. 安装方式	台		1. 安装 2. 校接线 3. 调试

注：1. 消防报警系统配管、配线、接线盒均应按附录D电气设备安装工程相关项目编码列项。
2. 消防广播及对讲电话主机包括功放、录音机、分配器、控制柜等设备。
3. 点型探测器包括火焰、烟感、温感、红外光束、可燃气体探测器等。

表 4-28 J.5 消防系统调试（030905）

项目编码	项目名称	项目特征	计量单位	工程量计算规则	工作内容
030905001	自动报警系统调试	1. 点数 2. 线制	系统	按系统计算	系统调试
030905002	水灭火控制装置调试	系统形式	点	按控制装置的点数计算	调试
030905003	防火控制装置调试	1. 名称 2. 类型	个（部）	按设计图示数量计算	
030905004	气体灭火系统装置调试	1. 试验容器规格 2. 气体试喷	点	按调试、检验和验收所消耗的试验容器总数计算	1. 模拟喷气试验 2. 备用灭火器贮存容器切换操作试验 3. 气体试喷

注：1. 自动报警系统，包括各种探测器、报警器、报警按钮、报警控制器、消防广播、消防电话等组成的报警系统；按不同点数以系统计算。

2. 水灭火控制装置，自动喷洒系统按水流指示器数量以点（支路）计算；消火栓系统按消火栓启泵按钮数量以点计算；消防水炮系统按水炮数量以点计算。

3. 防火控制装置，包括电动防火门、防火卷帘门、正压送风阀、排烟阀、防火控制阀、消防电梯等防火控制装置；电动防火门、防火卷帘门、正压送风阀、排烟阀、防火控制阀等调试以个计算，消防电梯以部计算。

4. 气体灭火系统调试，是由七氟丙烷、二氧化碳等组成的灭火系统；按气体灭火系统装置的瓶头阀以点计算。

4.4.2 消防工程清单计价实例

某工程为某公司办公楼，层高为4m，地上四层。办公楼消防工程包括室内消火栓系统、简易自动喷水灭火系统、火灾自动报警系统。详见图4-34～图4-43。

图例	名称	图例	名称
	感烟探测器		湿式报警阀
C	控制模块	L	水流指示器
	动力配电柜		遥控信号阀
	火灾报警控制器		手动报警装置
	组合声光报警装置	S	监视模块
	照明配电柜		应急照明配电柜

图 4-34 某工程火灾自动报警系统图

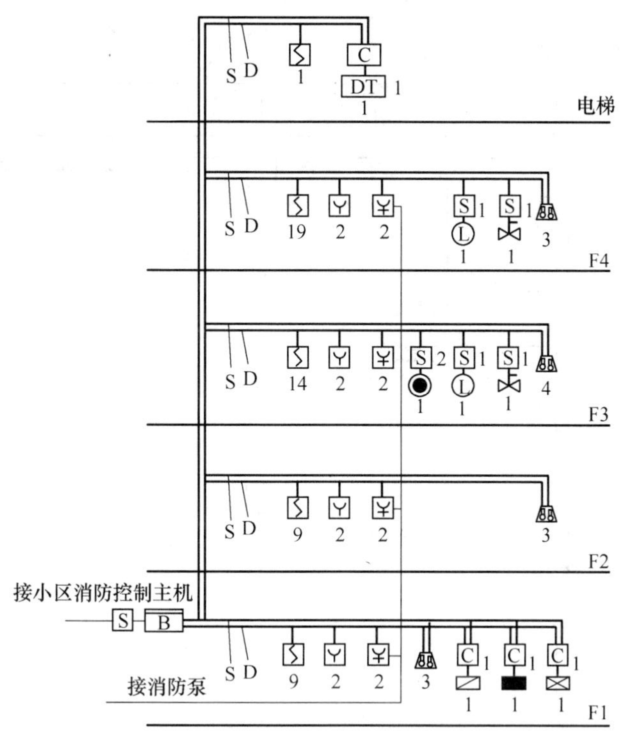

图 4-34　某工程火灾自动报警系统图（续）

设计说明如下：

1）室内消火栓系统：每层设置两组消火栓，消火栓采用 SN 系列单出口单阀消火栓，每个消防箱下均配备 MFZ/ABC1 手提式干粉灭火器 2 具。

2）简易自动喷水灭火系统：系统由消防水源、湿式报警阀、ZSJZ 型水流指示器、ZSTX-15A 快速响应洒水喷头、末端试水装置、管道、水泵接合器等设施组成。

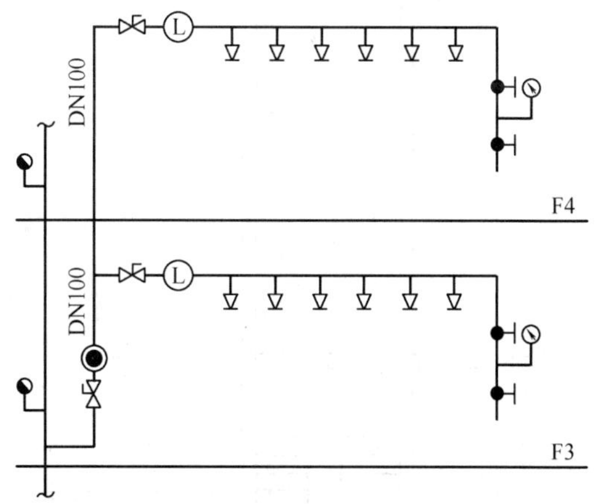

图 4-35　某工程简易自动喷水灭火系统示意图

3）火灾自动报警系统：本楼的火灾报警系统主机设在一层，当发生火灾时楼内的主机向小区内消防主机发出信号。在房间、走道等公共场所设置感烟探测器，在公共场所设有手动报警按钮、编码声光报警器。当探测器、手动报警按钮报火警时，自动切断相应层的生活用电，启动编码声光报警器，提醒人员有序疏散。水喷淋系统的水流指示器、信号阀和湿式报警阀处设置监视模块将水流报警信号送到消防报警主机。

施工要求：

1）水系统管道材料用内外热镀锌钢管，DN80 以内管道采用螺纹连接，DN80 以外采用沟槽件连接。

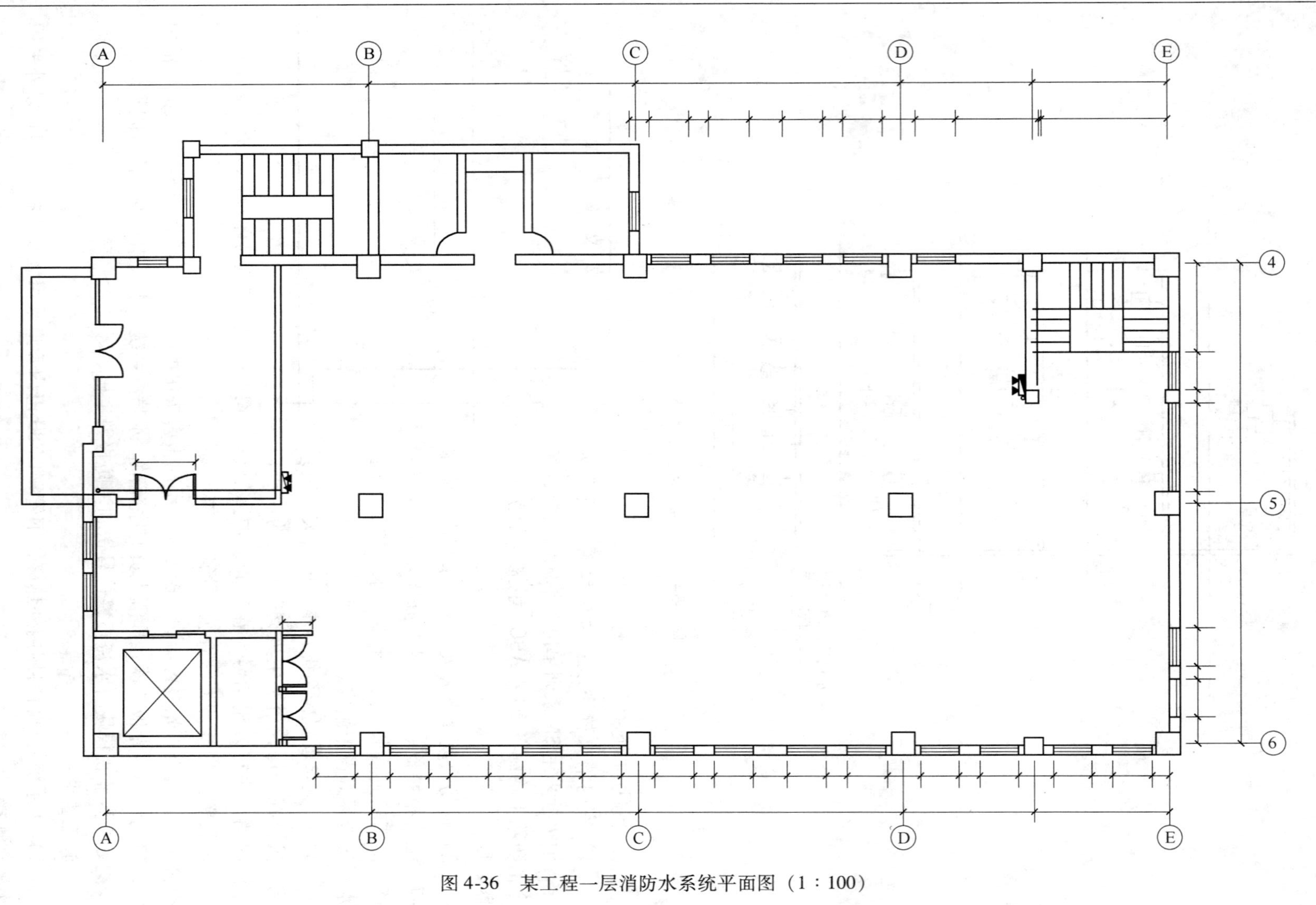

图 4-36 某工程一层消防水系统平面图（1：100）

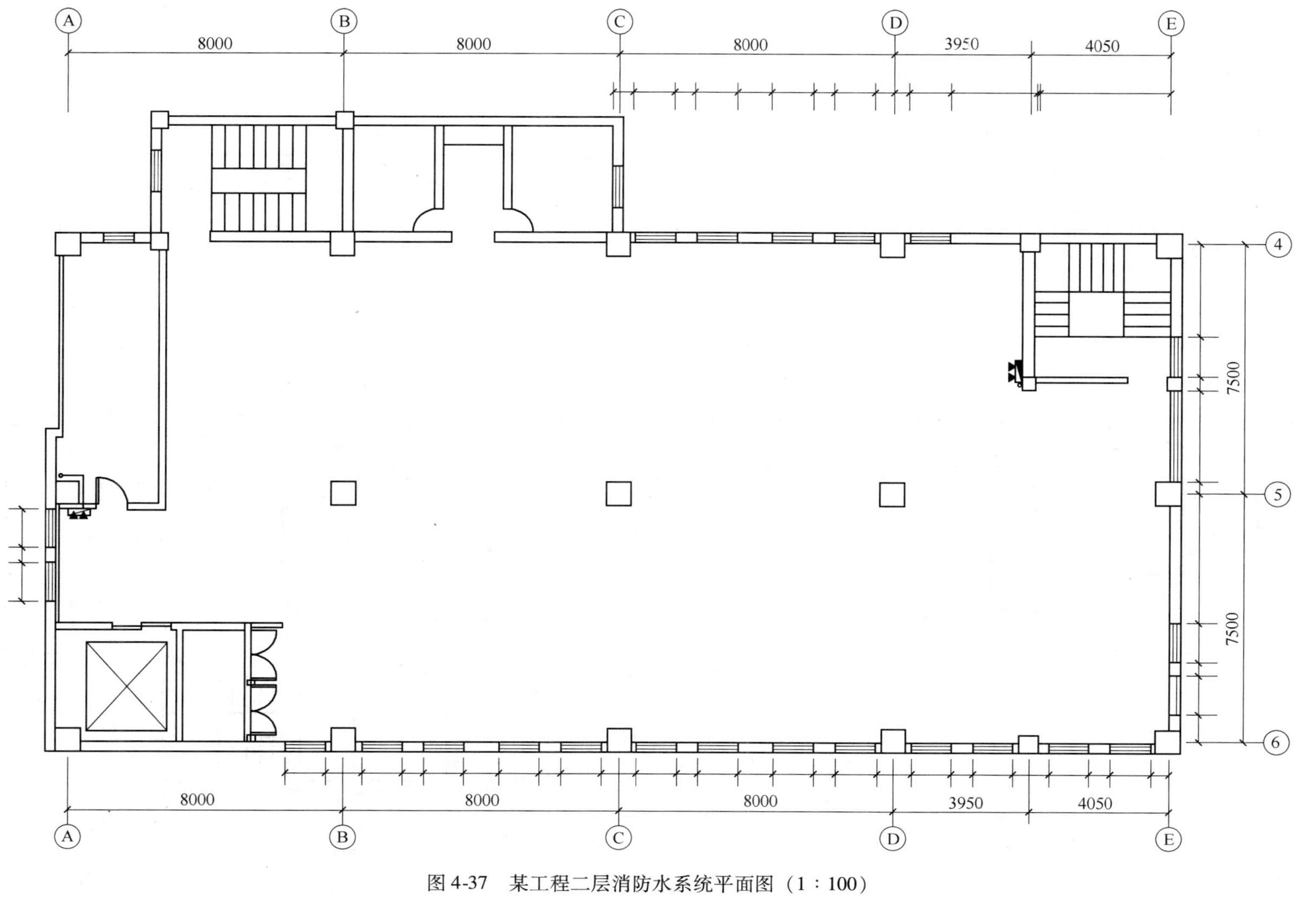

图 4-37　某工程二层消防水系统平面图（1：100）

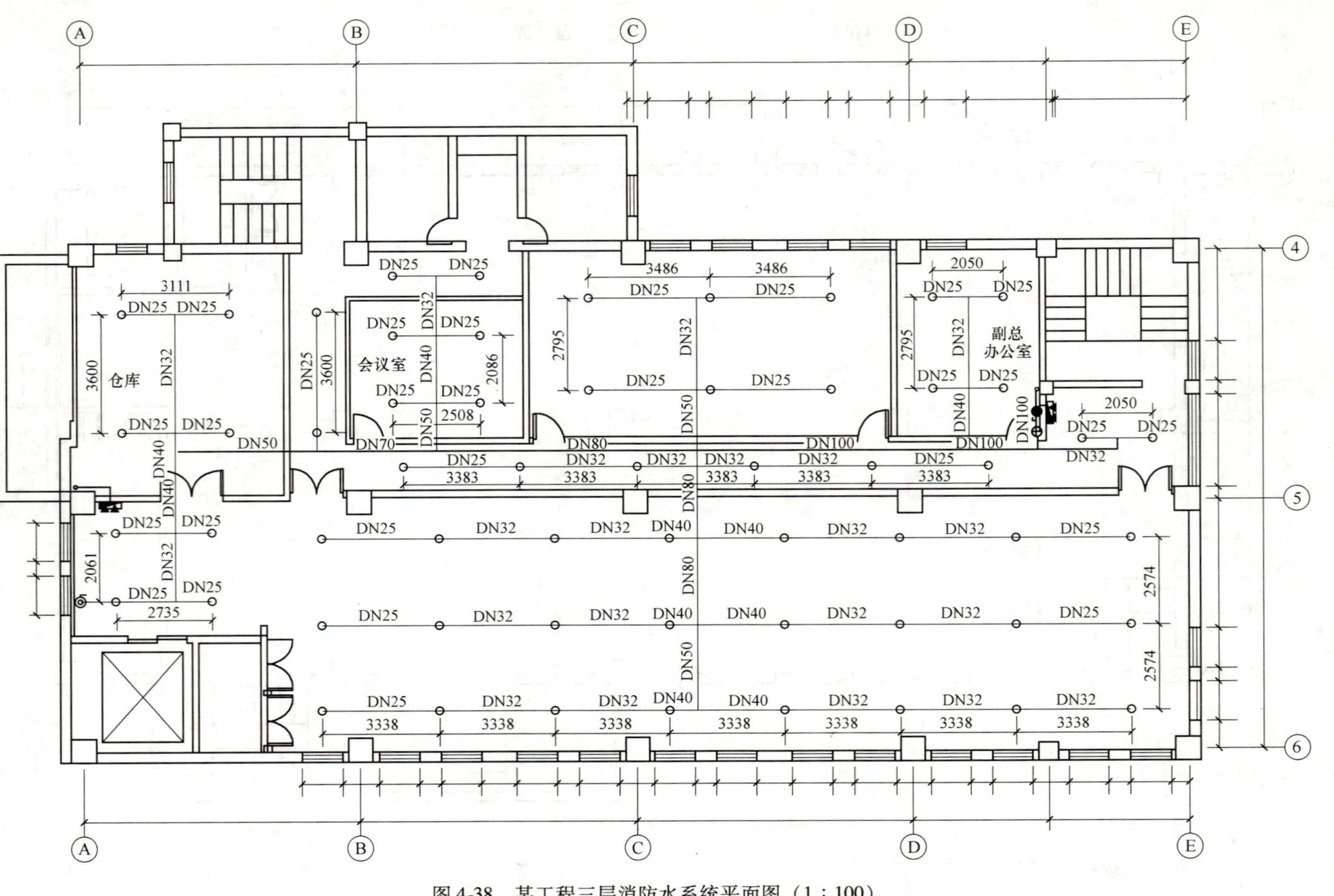

图 4-38 某工程三层消防水系统平面图（1：100）

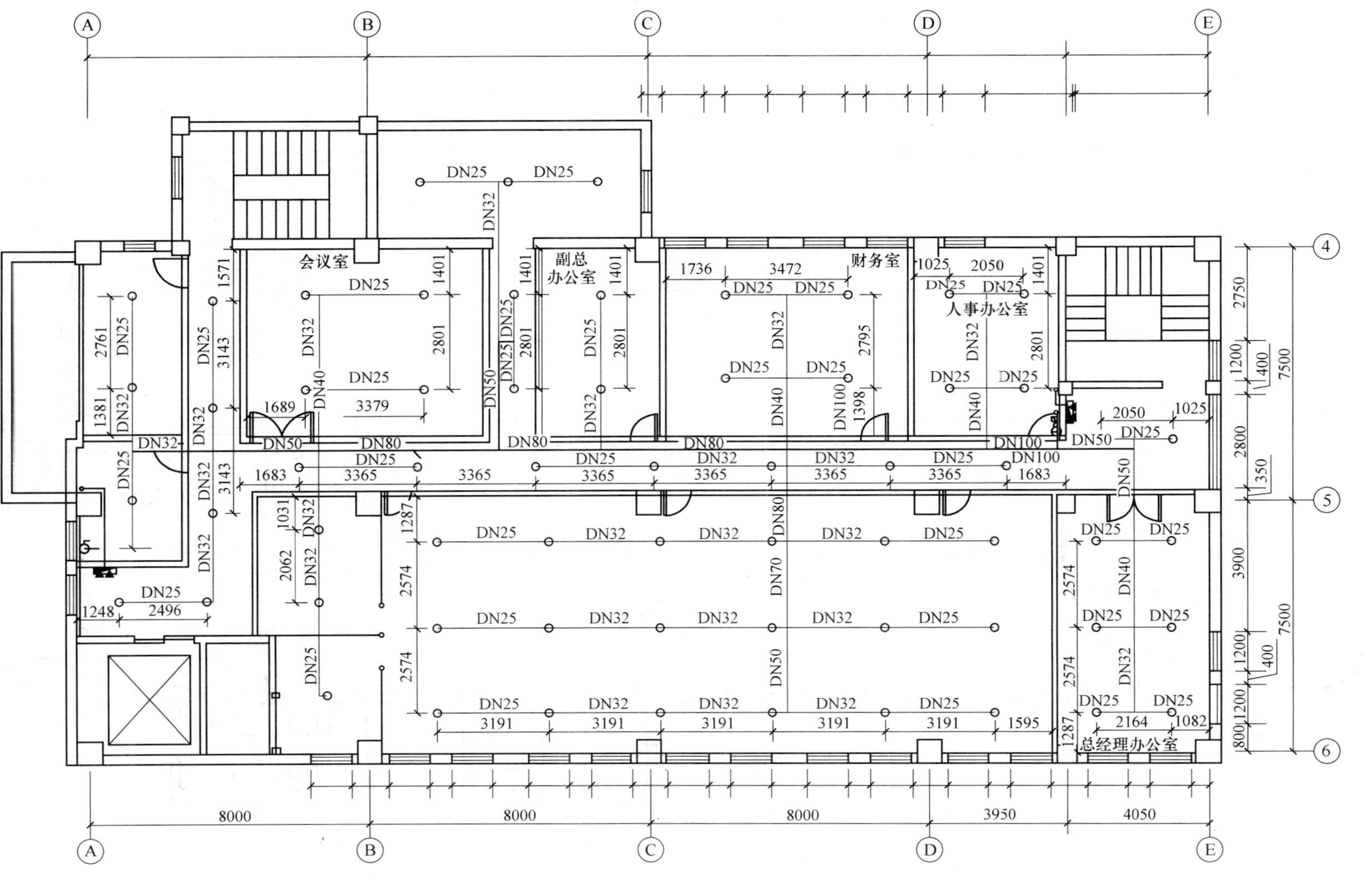

图 4-39　某工程四层消防水系统平面图（1：100）

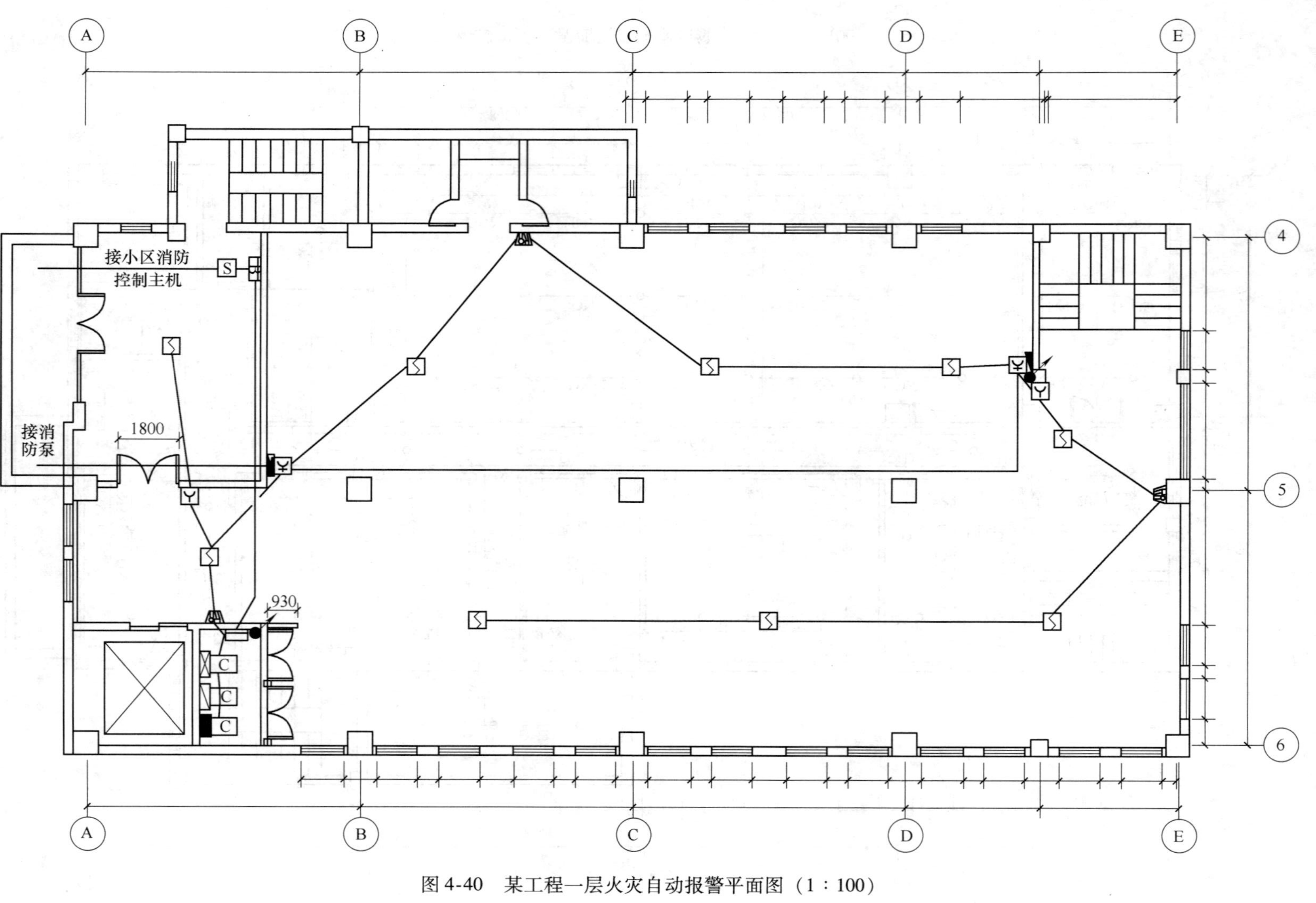

图4-40 某工程一层火灾自动报警平面图（1：100）

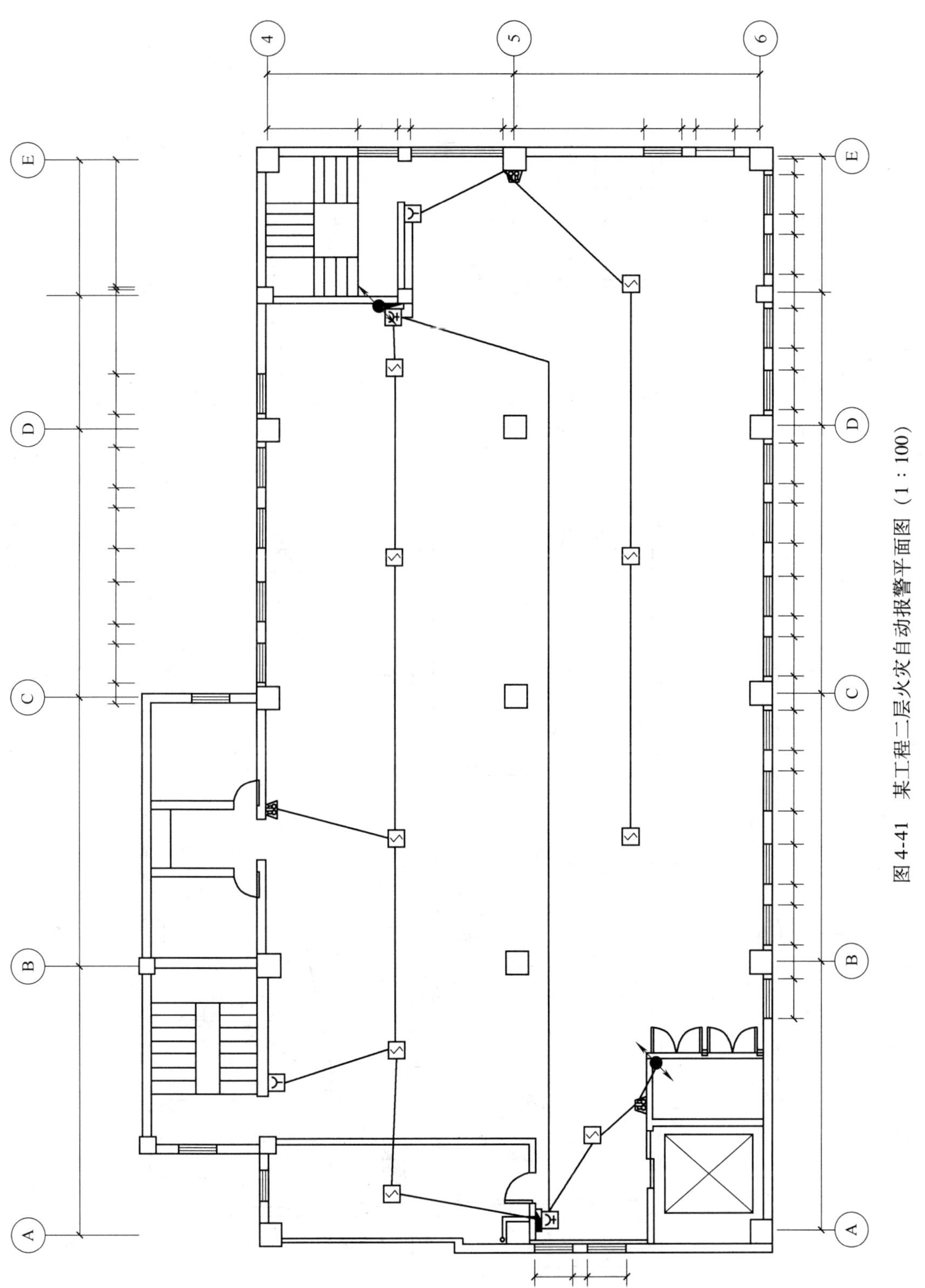

图 4-41　某工程二层火灾自动报警平面图（1：100）

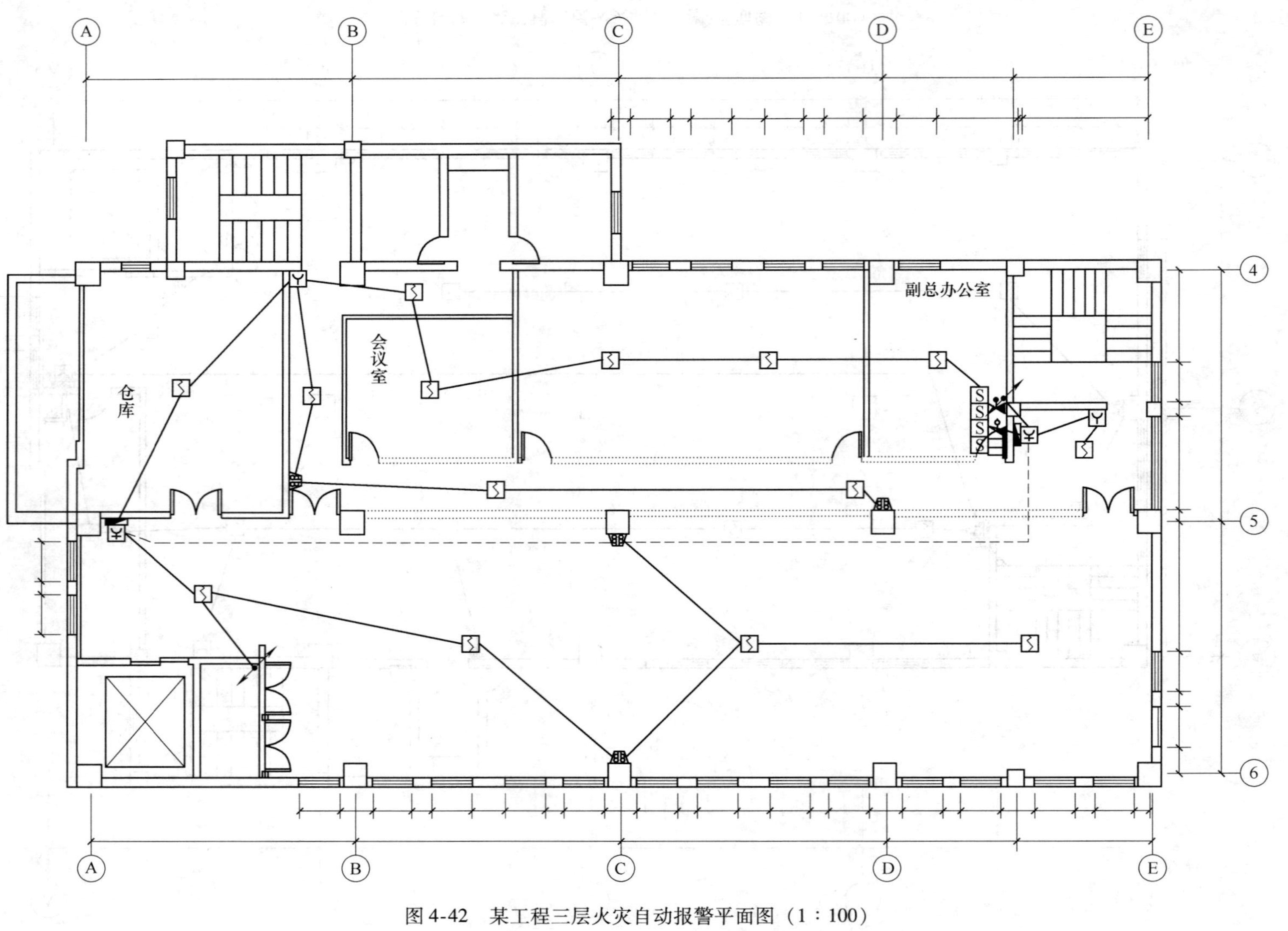

图 4-42　某工程三层火灾自动报警平面图（1：100）

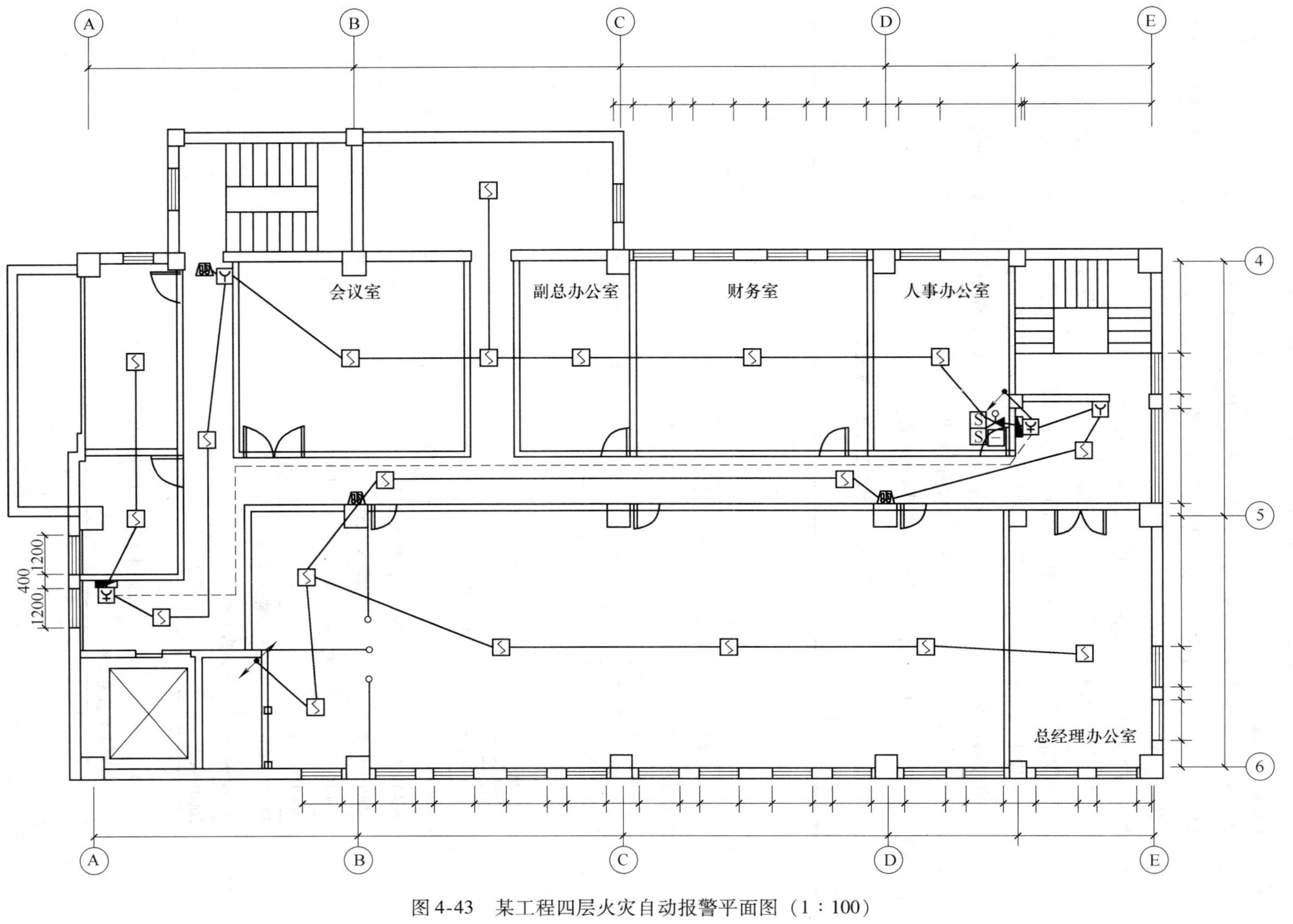

图 4-43　某工程四层火灾自动报警平面图（1：100）

2）管道冲洗合格后安装喷头，喷头在安装时距墙、柱、遮挡物的距离应严格按照施工验收规范要求进行。

3）消火栓安装，详见《建筑设备施工安装通用图集》91SB11-1（2007）。

4）自动喷水湿式报警阀组安装、湿式系统末端试水装置安装，详见《建筑设备施工安装通用图集》91SB12-1（2007）。

5）管网安装完毕后，应进行强度试验和严密性试验。

6）设备安装完后根据系统报警回路和联动要求进行火灾报警和联动功能调试。

根据以上背景资料及 GB 50500—2013《建设工程工程量清单计价规范》、GB 50856—2013《通用安装工程工程量计算规范》，列出该消防工程分部分项工程量清单。

注：消防报警系统配管、配线、接线盒按电气设备安装工程相关项目编码列项；支架及管道防腐按刷油、防腐蚀、绝热工程相关项目编码列项。工程量按延长米计算的为示意性数量。

该消防工程分部分项工程量清单见表 4-29 ~ 表 4-32。

表 4-29　清单工程量计算表 1

工程名称：某工程（消防水工程）　　　　第　页　共　页

序　号	清单项目编码	清单项目名称	计　算　式	工程量合计	计量单位
		消火栓系统			
1	030901002001	消火栓镀锌钢管 螺纹连接 DN70	13	13	m
2	030901002002	消火栓镀锌钢管 沟槽连接 DN100	20	20	m
3	030901010001	室内消火栓 DN70	8	8	套
4	030901013001	手提式干粉灭火器	8×2	16	具
		喷淋系统			
1	030901001001	水喷淋镀锌钢管 螺纹连接 DN25	221.74	221.74	m
2	030901001002	水喷淋镀锌钢管 螺纹连接 DN32	133.78	133.78	m
3	030901001003	水喷淋镀锌钢管 螺纹连接 DN40	27.18	27.18	m
4	030901001004	水喷淋镀锌钢管 螺纹连接 DN50	23.53	23.53	m
5	030901001005	水喷淋镀锌钢管 螺纹连接 DN70	6.51	6.51	m
6	030901001006	水喷淋镀锌钢管 螺纹连接 DN80	27.8	27.8	m
7	030901001007	水喷淋镀锌钢管 沟槽连接 DN100	27.52	27.52	m
8	030901003001	水喷淋喷头 DN15	121	121	个
9	030901004001	湿式报警装置 DN100	1	1	组
10	030901006001	水流指示器 DN100	2	2	个
11	030901008001	末端试水装置 DN25	2	2	组

表 4-30　清单工程量计算表 2

工程名称：某工程（消防报警工程）　　　　第　页　共　页

序　号	清单项目编码	清单项目名称	计　算　式	工程量合计	计量单位
1	030904001001	感烟探测器	51	51	个
2	030904003001	手动报警装置	8	8	个

（续）

序　号	清单项目编码	清单项目名称	计　算　式	工程量合计	计量单位
3	030904003002	消火栓启泵按钮	8	8	个
4	030904005001	组合声光报警装置	13	13	个
5	030904008001	监视模块（单输入）	6	6	个
6	030904008002	监视模块（多输入）	1	1	个
7	030904008003	控制模块	4	4	个
8	030904009001	火灾报警控制器	1	1	台
9	030905001001	自动报警系统调试	1	1	系统
10	030905002001	自动喷洒控制装置调试（水流指示器）	2	2	点
11	030905002002	消火栓控制装置调试（消火栓按钮）	8	8	点

表 4-31　分部分项工程和单价措施项目清单与计价表 1

工程名称：某工程（消防水工程）　　　　第　页　共　页

序号	项 目 编 码	项目名称	项目特征描述	计量单位	工程数量	金额/元			
						综合单价	合价	其中	
								人工费	暂估价
		消火栓系统							
1	030901002001	消火栓钢管	1. 安装部位：室内 2. 材质、规格：镀锌钢管、DN70 3. 连接形式：螺纹连接 4. 压力试验、水冲洗：按规范要求	m	13				
2	030901002002	消火栓钢管	1. 安装部位：室内 2. 材质、规格：镀锌钢管、DN100 3. 连接形式：沟槽连接 4. 压力试验、水冲洗：按规范要求	m	20				
3	030901010001	室内消火栓	1. 安装方式：挂墙明装 2. 型号、规格：SN 系列单出口单阀，DN70 消火栓，主要器材详见 91SB11-1 P11	套	8				
4	030901013001	灭火器	1. 形式：手提式干粉灭火器 2. 型号、规格：MFZ/ABC1	具	16				
		喷淋系统							
1	030901001001	水喷淋钢管	1. 安装部位：室内 2. 材质、规格：镀锌钢管、DN25 3. 连接形式：螺纹连接 4. 压力试验、水冲洗：按规范要求	m	221.74				
2	030901001002	水喷淋钢管	1. 安装部位：室内 2. 材质、规格：镀锌钢管、DN32 3. 连接形式：螺纹连接 4. 压力试验、水冲洗：按规范要求	m	133.78				

（续）

序号	项目编码	项目名称	项目特征描述	计量单位	工程数量	金额/元			
						综合单价	合价	其中	
								人工费	暂估价
		喷淋系统							
3	030901001003	水喷淋钢管	1. 安装部位：室内 2. 材质、规格：镀锌钢管、DN40 3. 连接形式：螺纹连接 4. 压力试验、水冲洗：按规范要求	m	27.18				
4	030901001004	水喷淋钢管	1. 安装部位：室内 2. 材质、规格：镀锌钢管、DN50 3. 连接形式：螺纹连接 4. 压力试验、水冲洗：按规范要求	m	23.53				
5	030901001005	水喷淋钢管	1. 安装部位：室内 2. 材质、规格：镀锌钢管、DN70 3. 连接形式：螺纹连接 4. 压力试验、水冲洗：按规范要求	m	6.51				
6	030901001006	水喷淋钢管	1. 安装部位：室内 2. 材质、规格：镀锌钢管、DN80 3. 连接形式：螺纹连接 4. 压力试验、水冲洗：按规范要求	m	27.8				
7	030901001007	水喷淋钢管	1. 安装部位：室内 2. 材质、规格：镀锌钢管、DN100 3. 连接形式：沟槽连接 4. 压力试验、水冲洗：按规范要求	m	27.52				
8	030901003001	水喷淋喷头 DN15	1. 安装部位：室内顶板下 2. 材质、规格、型号：ZSTX-15A 下垂型快速响应玻璃球洒水喷头 3. 连接形式：有吊顶	个	121				
9	030901004001	报警装置	1. 名称：自动喷水湿式报警阀组 2. 规格、型号：ZSFZ 系列，详见 91SB11-1 P6-7	组	1				
10	030901006001	水流指示器 DN100	1. 规格、型号：ZSJZ 型水流指示器 2. 连接形式：沟槽法兰连接	个	2				
11	030901008001	末端试水装置	1. 规格、型号：湿式系统末端试水装置试水阀 DN25 2. 组装形式：见 91SB12-1 P116	组	2				

表 4-32　分部分项工程和单价措施项目清单与计价表 2

工程名称：某工程（消防报警工程）　　　　第　页　共　页

序号	项目编码	项目名称	项目特征描述	计量单位	工程数量	金额/元			
						综合单价	合价	其中	
								人工费	暂估价
1	030904001001	点型探测器	1. 名称：感烟探测器 2. 线制：总线制 3. 类型：点型感烟探测器	个	51				

（续）

序号	项目编码	项目名称	项目特征描述	计量单位	工程数量	金额/元			
						综合单价	合价	其中	
								人工费	暂估价
2	030904003001	按钮	名称：手动报警装置	个	8				
3	030904003002	按钮	名称：消火栓启泵按钮	个	8				
4	030904005001	声光报警装置	名称：组合声光报警装置	个	13				
5	030904008001	模块	1. 名称：模块 2. 类型：监视模块 3. 输出形式：单输入	个	6				
6	030904008002	模块	1. 名称：模块 2. 类型：监视模块 3. 输出形式：多输入	个	1				
7	030904008003	模块	1. 名称：模块 2. 类型：控制模块 3. 输出形式：单输出	个	4				
8	030904009001	火灾报警控制器	1. 线制：总线制 2. 安装方式：壁挂式 3. 控制点数量：128 点以内	台	1				
9	030905001001	自动报警系统调试	1. 点数：128 点以内 2. 线制：总线制	系统	1				
10	030905002001	水灭火控制装置调试	系统形式：自动喷洒系统（水流指示器）	点	2				
11	030905002002	水灭火控制装置调试	系统形式：消火栓系统（消火栓按钮）	点	8				

思 考 题

1. 消防设备安装工程定额与其他有关定额的分界是如何划分的？
2. 消防系统调试的含义是什么？
3. 消防系统调试工程量如何计算？
4. 控制器安装项目的“点数”如何确定？
5. 若采用成品集热板应如何计算？
6. 室内组合卷盘式消火栓，如何执行定额？
7. 系统水压试验与管道安装定额中的水压试验有什么区别？如何计算？
8. 管网水冲洗定额适用范围是什么？
9. 铸铁排水管、雨水管及塑料排水管安装包括哪些内容？
10. 设计管道规格与定额子目规格不符时如何计算？
11. 透气帽制作与安装使用什么定额？
12. 减压器、疏水器单体的安装，使用什么项目？

第5章　采暖、室内燃气工程施工图预算的编制

5.1　采暖系统工程内容

5.1.1　采暖工程基本组成

1. 室内采暖系统

室内采暖系统根据室内供热管网输送的介质不同，可分为热水采暖系统、蒸汽采暖系统和热风采暖系统三大类。

（1）热水采暖系统　热水采暖系统是指以热水作为传媒介质的采暖系统。热水采暖系统按供水温度不同，可分为：一般热水采暖（供水温度95°C，回水温度70°C）和高温热水采暖（供水温度96 ~ 130°C，回水温度70°C）两种；按水在系统内循环的动力不同，可分为自然循环系统（靠水的重力进行循环）和机械循环系统（靠水泵力进行循环）两种，分别如图5-1和图5-2所示。

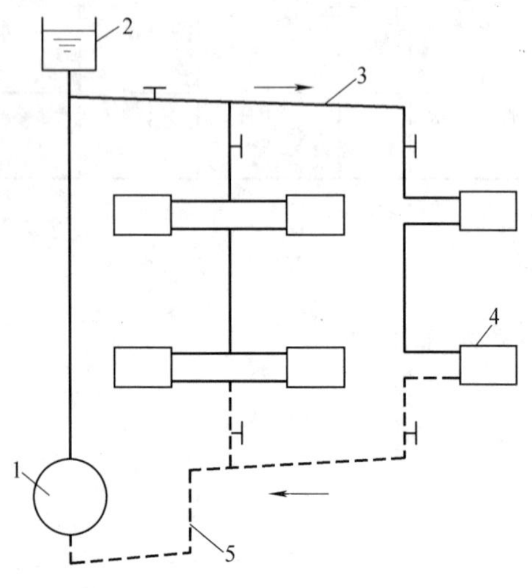

图5-1　自然循环上供式单管系统

1—锅炉　2—膨胀水箱　3—供水干管

4—散热器　5—回水干管

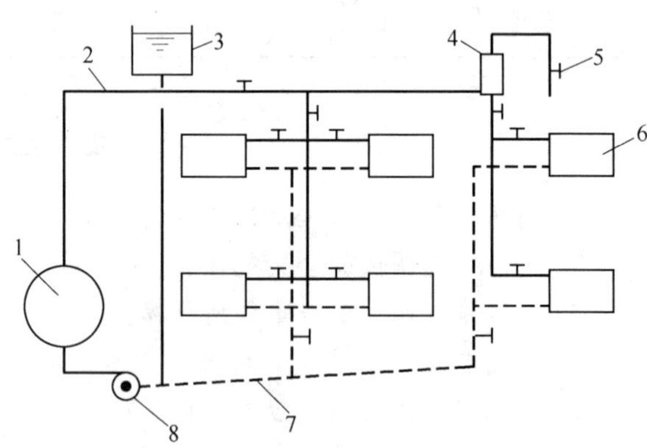

图5-2　机械循环上供式双管系统

1—锅炉　2—供水干管　3—膨胀水箱　4—集气罐

5—放气阀　6—散热器　7—回水干管　8—水泵

（2）蒸汽采暖系统　蒸汽采暖系统是指以蒸汽作为传媒介质的采暖系统。蒸汽采暖系统按压力不同，可分为低压蒸汽采暖（蒸汽工作压力≤0.07MPa）和高压蒸汽采暖（蒸汽工作压力>0.07MPa）两种；按凝结水回水方式不同，可分为重力回水式蒸汽采暖系统和机械

回水式蒸汽采暖系统两种，分别如图 5-3 和图 5-4 所示。

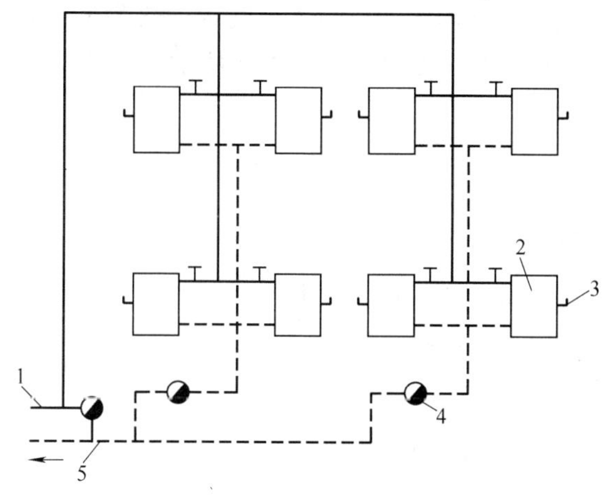

图 5-3　重力回水式蒸汽采暖系统
1—供汽干管　2—散热器　3—放气阀
4—疏水器　5—凝水干管

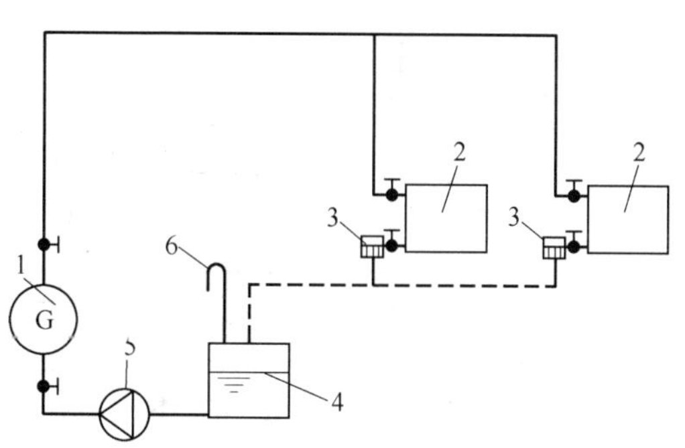

图 5-4　机械回水式蒸汽采暖系统
1—蒸汽锅炉　2—散热器　3—疏水器　4—凝结水箱
5—凝水泵　6—空气管

（3）热风采暖系统　热风采暖系统是以空气为热媒的采暖系统，根据送风加热装置安设位置的不同，分为集中送风系统和暖风机系统。

热风采暖是使用设在地下室内的暖风机将室外的冷空气加热后，经设在墙内的风管送到卧室、起居室，这部分空气分别再经过厨房、卫生间，排至室外，是有组织的通风系统。一般卧室、起居室换气次数为 2 次/小时，以保证人们在冬季拥有足够的新鲜空气。空气经卧室、起居室再排到厨房、卫生间，不致使有污染的空气回流到卧室、起居室。

2. 地面辐射供暖系统

地面辐射供暖按照供热方式的不同主要分为水暖和电暖，电暖又有发热电缆采暖和电热膜采暖之分。

（1）水暖　即低温热水地面辐射供暖是以温度不高于 60℃ 的热水为热媒，在加热管内循环流动，加热地板，通过地面以辐射和对流的传热方式向室内供热的供暖方式。

（2）发热电缆　地面辐射供暖是以低温发热电缆为热源，加热地板，通过地面以辐射和对流的传热方式向室内供热的供暖方式。常用发热电缆分为单芯电缆和双芯电缆。

（3）低温辐射电热膜　它是一种通电后能发热的半透明聚酯薄膜，由可导电的特制油墨、金属载流条经加工、热压在绝缘聚酯薄膜间制成。工作时以碳基油墨为发热体，将热量以辐射的形式送入空间，使人体得到温暖。

5.1.2　室内采暖系统的组成

室内采暖系统是由入口装置、室内管道、管道附件、散热器等组成。

1. 入口装置

室内采暖系统与室外供热管网相连接处的阀门、仪表和减压装置统称为采暖系统入口装置。

在采暖系统的入口处常设减压器与疏水器。减压器是靠阀孔的启闭对通过介质进行节流达到减压的，减压器的安装一般以阀组的形式出现。疏水器与减压阀相类似，一般是由疏水器和前后的控制阀、旁通装置、冲洗和检查装置等组成的阀组。但减压阀、疏水器、安全阀等根据需要也可单体安装。图 5-5 所示是热水采暖系统常用的调压板入口装置；图 5-6 所示是蒸汽采暖系统常用的减压阀的入口装置；图 5-7 所示是疏水器组；图 5-8 所示是单体安装的减压阀、疏水器、安全阀、压力表。

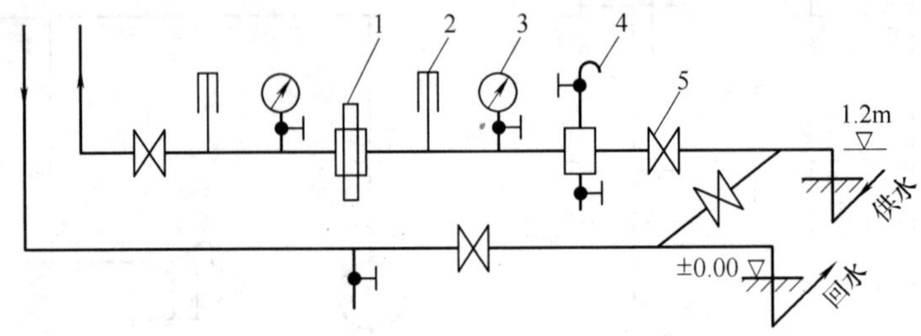

图 5-5　热水采暖系统设调压板的入口装置示意图

1—调压板　2—温度计　3—压力表　4—除污计　5—阀门

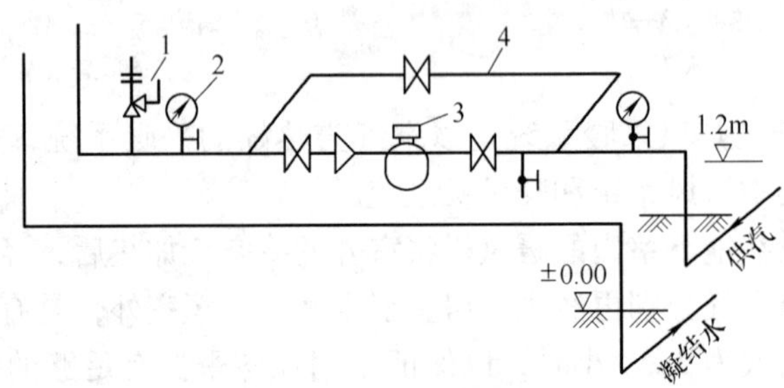

图 5-6　蒸汽采暖系统设减压阀的入口装置示意图

1—安全阀　2—压力表　3—减压阀　4—旁通管

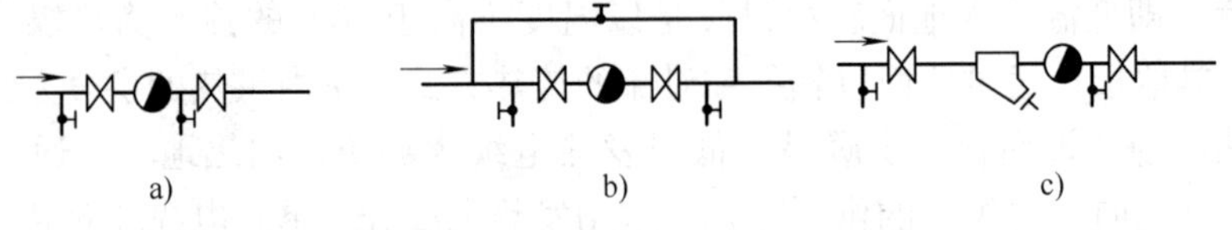

图 5-7　疏水器组

a）不带旁通管　b）带旁通管　c）带滤清器

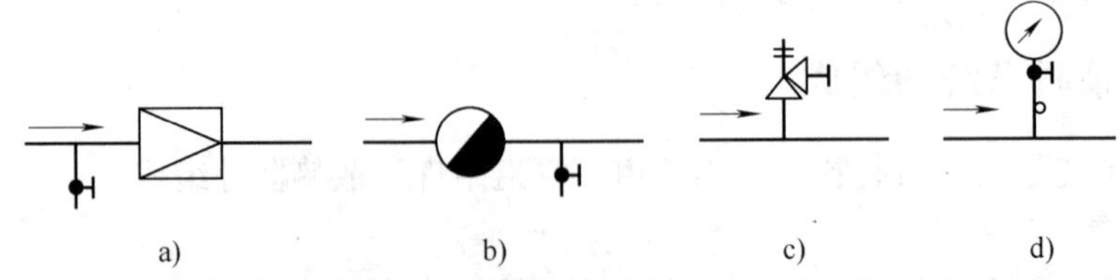

图 5-8　单体安装的减压阀等仪表

a）减压阀　b）疏水器　c）安全阀　d）压力表

2. 室内采暖管道

室内采暖管道是由供水（汽）干管、立管及支管组成的。其管道安装要求基本上同给水管道。

3. 管道附件

采暖管道上的附件有：阀门、放气阀、集气罐、膨胀水箱、伸缩器、分汽缸、集水器、分水器等。

采暖系统常用到的阀门主要有截止阀、闸阀（或闸板阀）、蝶阀、球阀、逆止阀（止回阀）等。

（1）集气罐　集气罐是热水供暖系统的排气装置之一。它是比与其连接管路断面大的闭封短管，一般可用厚4~5mm的钢板卷成或用DN100~DN250的钢管焊成，它分为立式和卧式两种。水流经集气罐时因断面扩大，流速降低，水中含有的空气便有机会与水分离，积聚在集气罐的顶部，定时通过罐顶装置的放气管和放气阀把空气排出。集气罐一般放在上部干管的最高点位置。

（2）自动排气阀　自动排气阀是采暖管网中的排气设备，自动排气阀设在系统的最高处，对热水采暖系统最好设在干管末端最高处。自动排气阀靠本体内的自动机构使系统中的空气自动排出系统外。自动排气阀型式较多，外形美观，体积较小，且管理方便。

（3）冷风阀　又称放气旋塞，也称手动放气阀，大多用在水平式和下供下回式系统中，它旋紧在散热器上部专设的螺纹孔上，以手动方式排除空气。

（4）膨胀水箱　也称为开式高位膨胀水箱，设置在采暖系统的最高点，通过膨胀管与系统连通。自然循环系统膨胀管接在供水总立管的顶端；机械循环系统一般多连接在系统循环水泵吸入口附近的回水总管上。当建筑物顶部设置高位水箱有困难时，可采用气压罐方式，称为闭式低位膨胀水箱。

膨胀水箱一般用钢板制作，通常是圆形或矩形。膨胀水箱上除了连接有膨胀管外，还有溢流管、信号管、泄水管及循环管。

（5）管道伸缩器（补偿器）　主要有管道的自然补偿及人工补偿。人工补偿是利用管道伸缩器（补偿器）来吸收热变形的补偿方式，常用的有方形伸缩器（补偿器）、波纹管伸缩器（补偿器）、套筒伸缩器（补偿器）等。

自然补偿是利用管路几何形状所具有的弹性来吸收热变形。最常见的管道自然补偿法是将管道两端以任意角度相接，多为两管道垂直相交。自然伸缩器（补偿器）分为L形和Z形两种，安装时应正确确定弯管两端固定支架的位置。

（6）分汽缸、分水器和集水器　当需从总管接出两个以上分支环路时，考虑各环路之间的压力平衡和流量分配及调节，宜用分汽缸、分水器和集水器。分汽缸用于供汽管路上，分水器用于供水管路上，集水器用于回水管路上。分汽缸、分水器、集水器一般应安装压力表和温度计，并应保温。分汽缸上应安装安全阀，其下应设置疏水装置。分汽缸、分水器、集水器按工程具体情况选用墙上或落地安装；一般直径较大时宜采用落地安装；当封头采用法兰堵板时，其位置应根据实际情况设于便于维修的一侧。

4. 散热器

散热器是将热水或蒸汽的热能散发到室内空间，使室内气温升高的设备。散热器的种类很多，常用的有铸铁散热器、钢串片式散热器、钢制板式散热器、光排管式散热器等。

（1）铸铁散热器　铸铁散热器分柱型和圆翼型、长翼型三种。柱型又有二柱、四柱、五柱和六柱等，如图5-9所示。

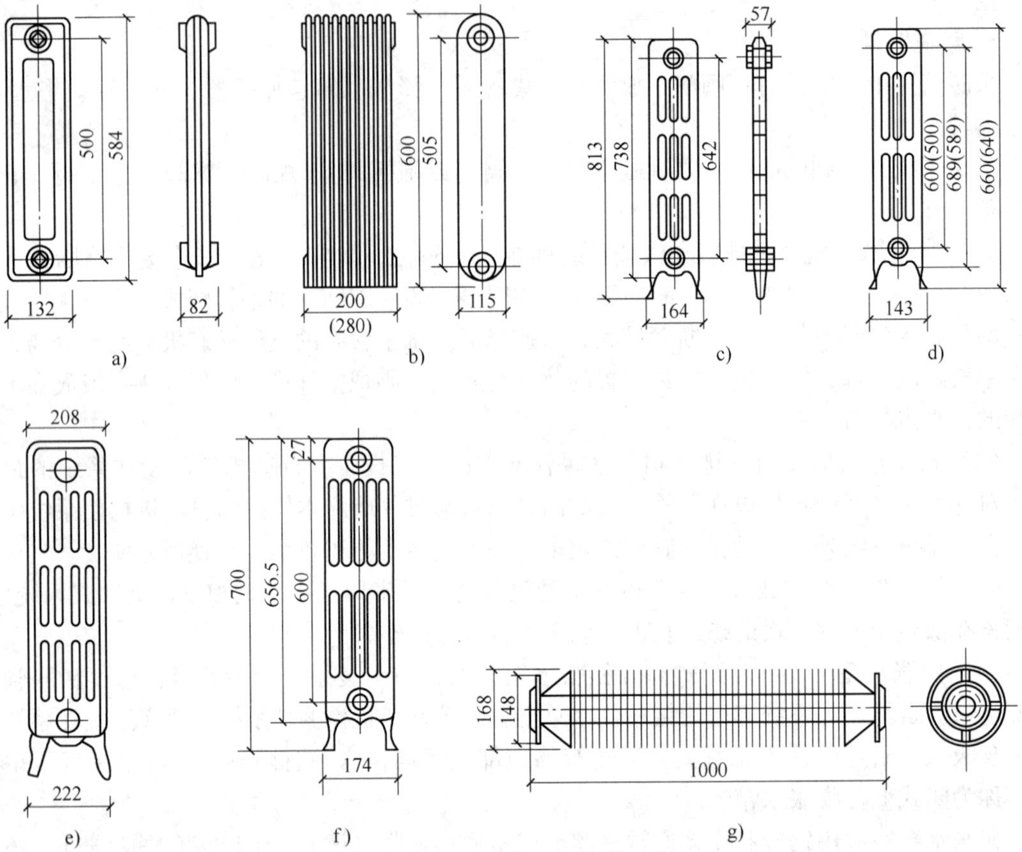

图5-9　铸铁散热器

a）M132型　b）长翼型　c）四柱813型　d）四柱760（640）型

e）五柱型　f）六细柱700型　g）圆翼型

二柱型散热器的规格以宽度表示，例如M-132型，其宽度为132mm。四柱、五柱、六柱型散热器的规格以高度来表示，分带足和不带足的两种，例如四柱813型，其高度为813mm。长翼形散热器是根据高度及翼片多少分为大60和小60两种，大60是指每片散热器长280mm，共14个翼片；小60是指每片散热器长200mm，共10个翼片，它们的高度均为600mm。圆翼型散热器按长度可分为1000mm、750mm两种。

柱型散热器每片的散热面积小，安装前应按照设计的规定，将数片散热器组对成一组散热器，然后进行水压试验。

（2）闭式钢串片式散热器　它是由钢管、钢串片、联箱、放气阀及管接头组成，如图5-10所示。

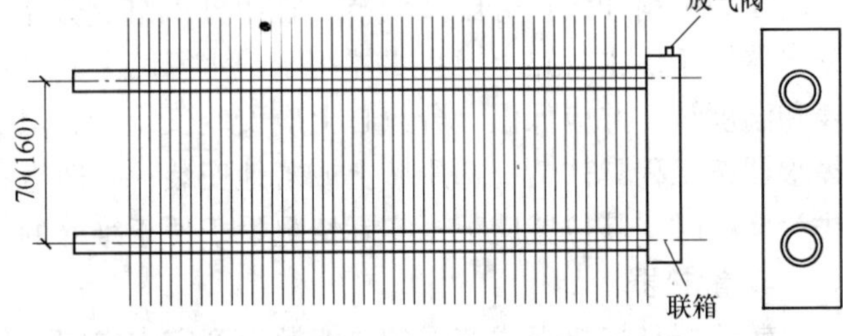

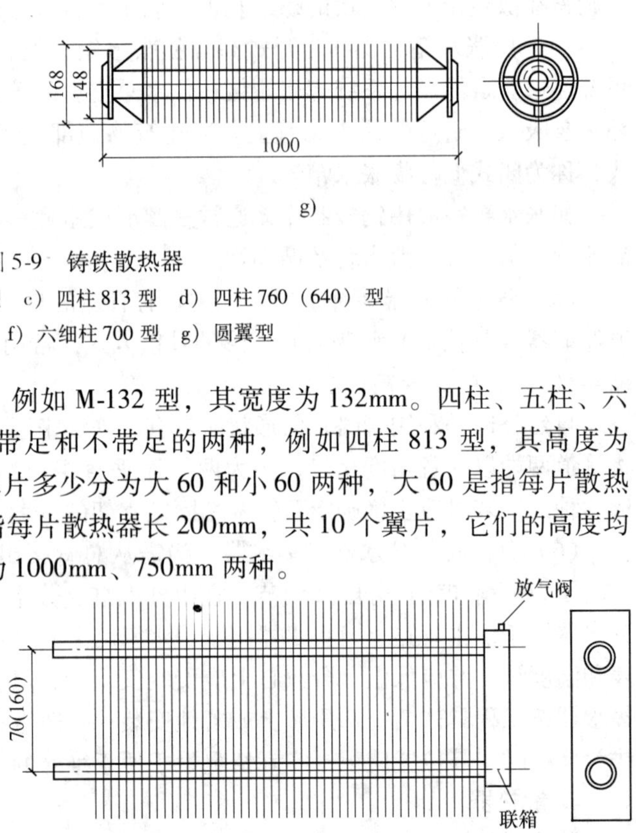

图5-10　闭式钢串片式散热器示意图

（3）钢制板式散热器　它由面板、背板、对流片和进出水管接头等部件组成。散热器高度有 380mm、480mm、580mm、680mm 等，长度有 600mm、800mm、1200mm、1400mm、1600mm 等，如图 5-11 所示。

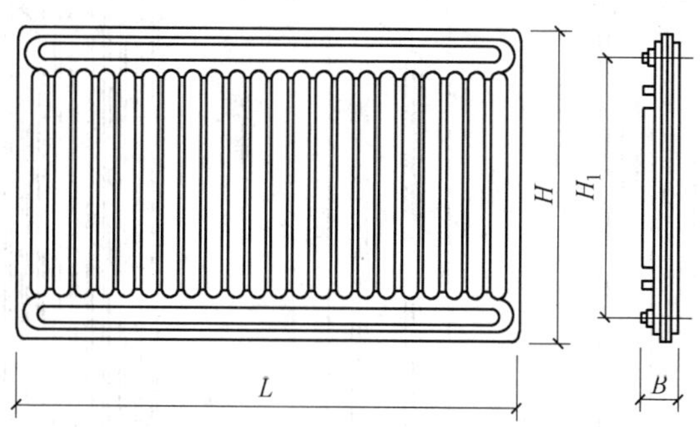

图 5-11　钢制板式散热器示意图

（4）钢制光排管式散热器　钢制光排管式散热器由焊接钢管焊制而成，依据不同管径区分不同规格，见图 5-12 所示（A、B 型）。

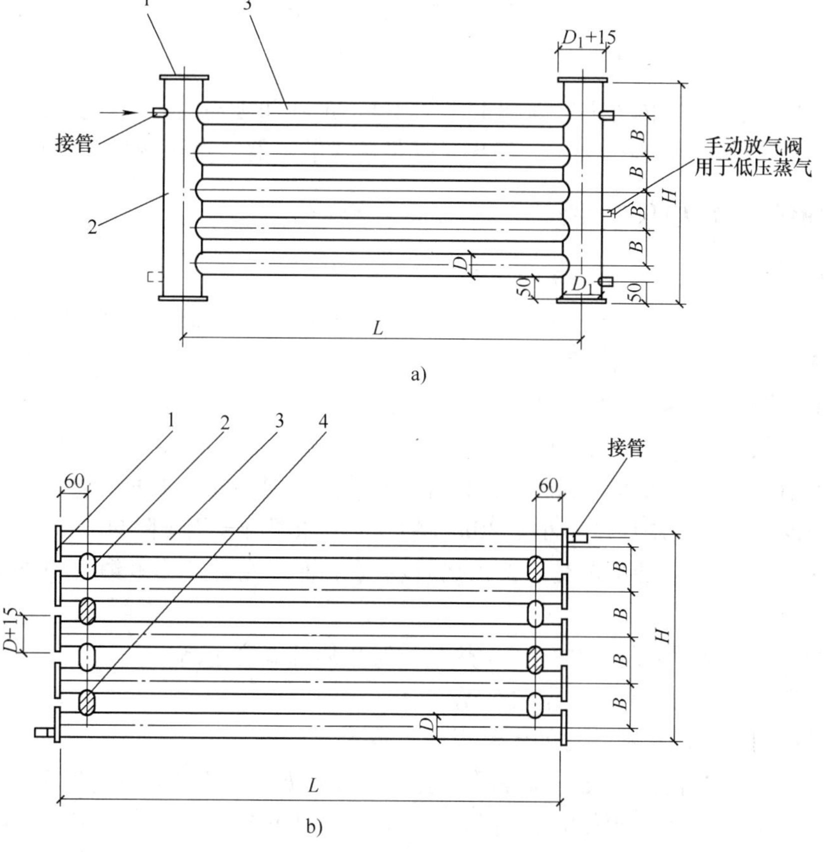

图 5-12　钢制光排管散热器示意图

1—堵板　2—立管　3—排管　4—支撑管

（5）钢制柱型散热器　钢制柱型散热器是仿铸铁散热器形状的钢制散热器。该散热器是将钢板冲压成所需的形状，再经焊接，组成散热器片，如图 5-13 所示。

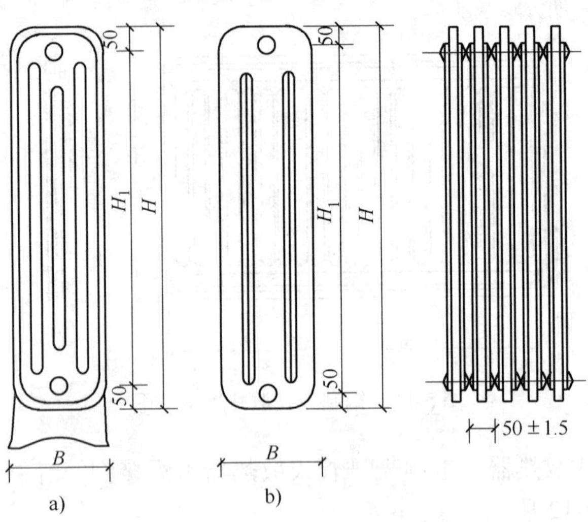

图 5-13　钢制柱型散热器
a）有足式　b）无足式

散热器通常安装在室内外墙的窗台下（居中）、走廊和楼梯间等处。安装一般先栽托架（钩），然后将散热器组挂在托架上，如果是带足柱式散热器，直接搁置在地面或楼面上。

5.1.3　地面热水辐射供暖系统

1. 低温热水地面辐射供暖系统的材料

XPAP（铝塑复合管）、PB（聚丁烯管）、PE-X（交联聚乙烯管）、PP-R（无规共聚聚丙烯管）、PP-B（嵌段共聚聚丙烯管）

2. 低温热水地面辐射供暖系统的组成

1）混凝土层：钢筋混凝土楼板。

2）热反射层：无纺布基铝箔材料，具有单向传热、保温和防水的功能。

3）保温层：一般要求厚度不小于 30mm 的 YX 泡沫混凝土用于隔热。

4）地热管线：分为 PEX-A 交联聚乙烯管材（水热）或者发热电缆（电热）两种不同的供热方式。

5）砂粒：固定地热管线，均匀辐射热量，避免局部温度过高。

6）水泥砂浆填充层，普通房屋的水泥地面。

7）铺地材料及防潮材料：比如木地板和瓷砖等。

地面采暖设置 YX 泡沫混凝土保温层，主要是为了防止和减少热量向地下散失，提高热利用率。设置 30mm 后 YX 泡沫混凝土保温层，热量损失可减少 80%，采用 50mmYX 泡沫混凝土保温层，热量损失可减少 90% 以上，因此，YX 泡沫混凝土保温层对提高室内温度具有重要作用。

5.2 室内采暖工程工程量计算及定额应用

5.2.1 采暖管道界线划分

采暖管道按所处位置，可分为室内采暖管道和室外采暖管道；按执行定额册不同可分为执行《全国统一安装工程预算定额》第八册定额的管道（生活管道）和执行第六册定额的管道（工业管道)。生产、生活共用的采暖管道、锅炉房和泵站房内的管道，以及高层建筑内加压泵房内的管道均属工业管道的范围。具体划分界线是：

1）室内外管道划分规定：以入口处阀门或建筑物外墙皮外1.5m为界。

2）生活管道与工业管道划分规定：以锅炉房或泵站外墙皮外1.5m为界。

3）工厂车间内采暖管道以车间采暖系统与工业管道碰头点为界。

4）设在高层建筑内的加压泵间管道以泵间外墙皮为界，泵间管道执行工业管道定额。

5.2.2 采暖管道安装

1. 工程量计算

（1）工程量计算规则　采暖管道工程量不分干管、支管，均按不同管材、公称直径、连接方法分别以“m”为单位计算。计算管道长度时，均以图示中心线的长度为准，不扣除阀门及管件所占长度。管道中成组成套的附件（如减压阀、疏水器等）、伸缩器所占长度，定额中已综合考虑，也不扣除。

采暖立、支管上如有缩墙、躲管的灯叉弯、半圆弯时（如图5-14所示)，其增加的工程量应计入管道工程量中。增加长度可参照表5-1中的数值计取。

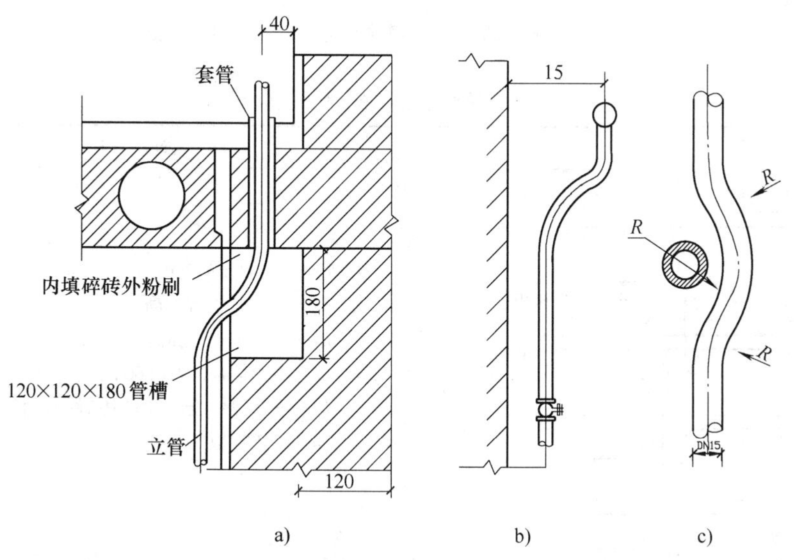

图5-14　缩墙、躲管的灯叉弯、半圆弯示意图

a）、b）缩墙　c）躲管

表 5-1 灯叉弯、半圆弯增加长度表

管　别	灯叉弯/mm	半圆弯/mm
支管	35	50
立管	60	60

（2）采暖管道立、支管工程量计算示例

1）立管 采暖系统立管应按管道系统图中的立管标高以及立管的布置形式（单管式、双管式）计算工程量。在施工图中，立管中间变径时，分别计算工程量。供水管变径点在散热器的进口处，回水管变径点在散热器的出口处。

① 单管顺流。图 5-15 所示是柱型散热器单管顺流式立、支管安装示意图。计算示例如表 5-2 所示（立管与支管有一段距离）。

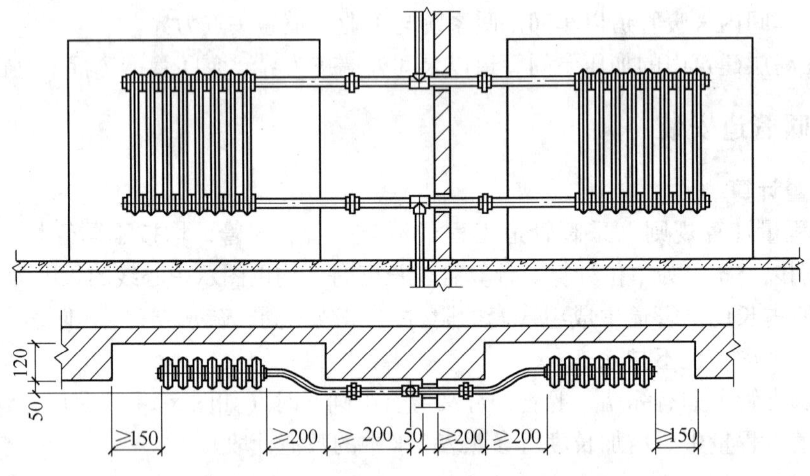

图 5-15 柱型散热器单管顺流式立、支管安装示意图

表 5-2 单管顺流式立管长度计算

图　示	计　算
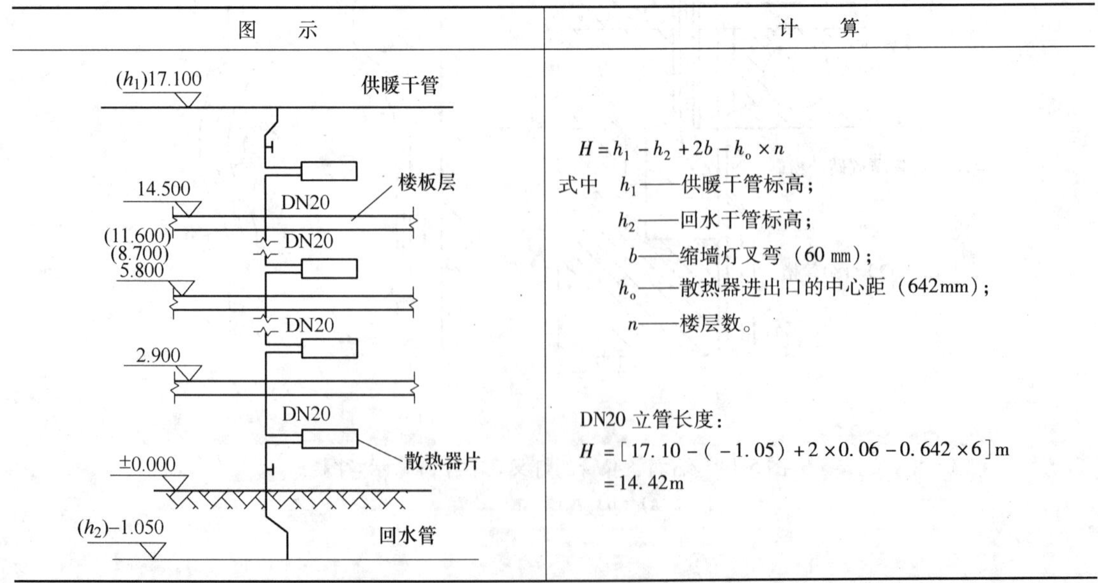	$H = h_1 - h_2 + 2b - h_o \times n$ 式中 h_1——供暖干管标高； h_2——回水干管标高； b——缩墙灯叉弯（60 ㎜）； h_o——散热器进出口的中心距（642mm）； n——楼层数。 DN20 立管长度： $H = [17.10 - (-1.05) + 2 \times 0.06 - 0.642 \times 6]$m $= 14.42$m

② 双管式。图 5-16 所示是柱型散热器双管式立、支管安装示意图。计算示例如表 5-3 所示。

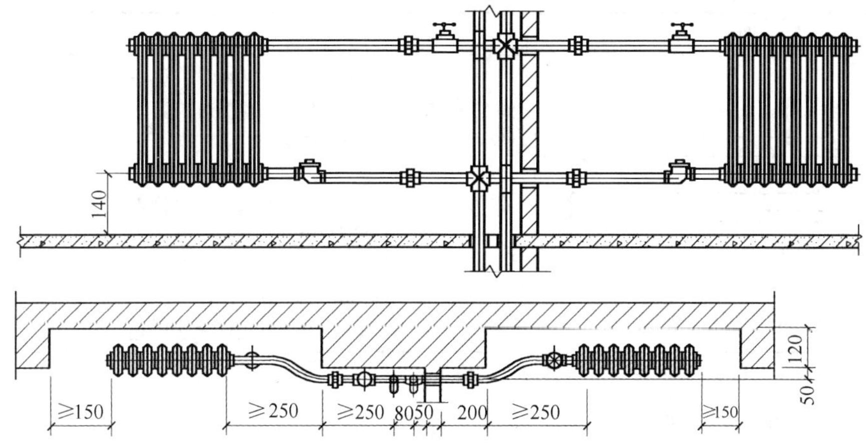

图 5-16　柱型散热器双管式立、支管安装示意图

表 5-3　双管式立管长度计算

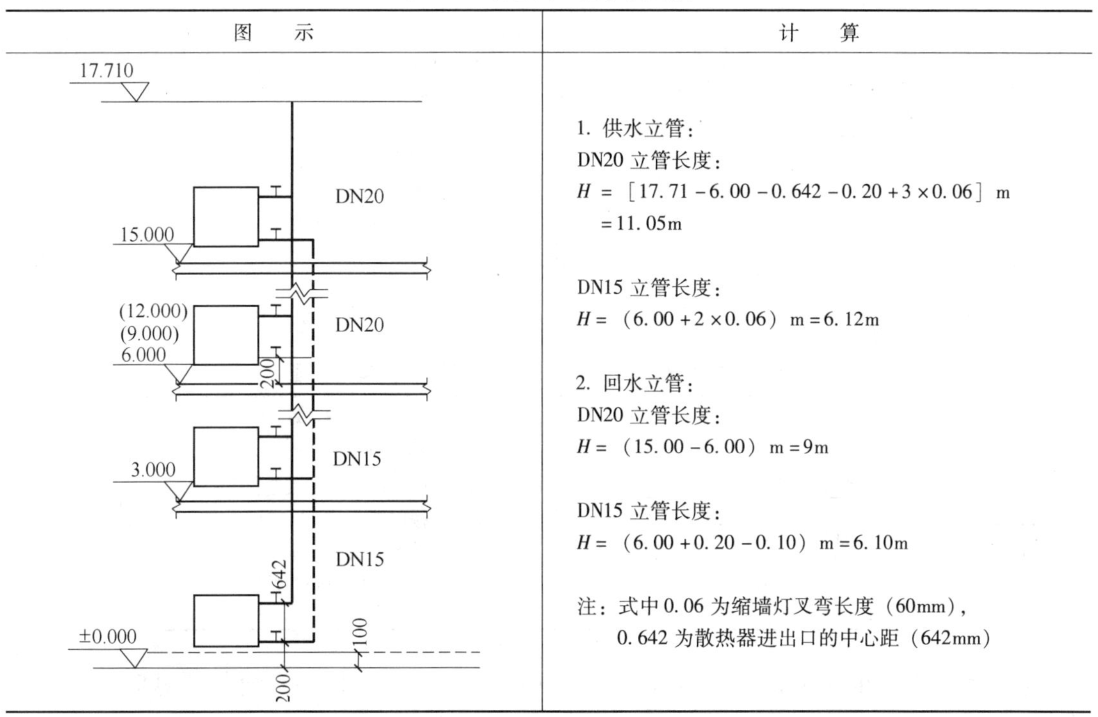

图　　示	计　　算
(图)	1. 供水立管： DN20 立管长度： H = ［17.71 − 6.00 − 0.642 − 0.20 + 3 × 0.06］m = 11.05m DN15 立管长度： H = （6.00 + 2 × 0.06）m = 6.12m 2. 回水立管： DN20 立管长度： H = （15.00 − 6.00）m = 9m DN15 立管长度： H = （6.00 + 0.20 − 0.10）m = 6.10m 注：式中 0.06 为缩墙灯叉弯长度（60mm）， 0.642 为散热器进出口的中心距（642mm）

注：如果回水管敷设在地沟中，由于地沟内管道的防腐和绝热与明敷设管道不同，为了套用定额方便，可按地下、地上分别列项，工程量计算时应以 ±0.000 为界。

2）支管　连接立管与散热器进、出口的水平管段称为采暖管道系统中的水平支管。水平支管的计算比较复杂，在采暖系统中，由于各房间散热器的大小不同、立管和散热器的安装位置不同，水平支管的计算就不同。为了使计算长度尽可能接近实际安装长度，水平支管的计算一般应按建筑平面图上各房间的细部尺寸，结合立管及散热器的安装位置分别进行。下面就双立管式中几种常见的布置形式计算支管工程量。

① 立管在墙角，散热器在窗中安装，如表 5-4 所示。

表 5-4　立管在墙角散热器在窗中安装的支管

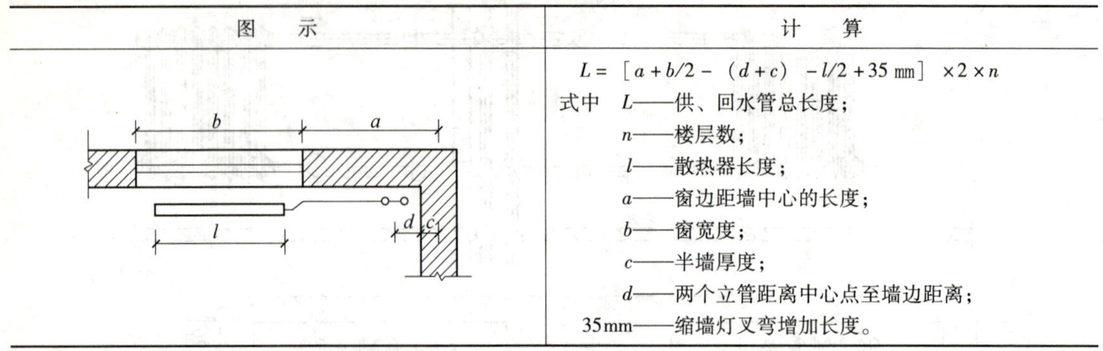

图　　示	计　　算
	$L=[a+b/2-(d+c)-l/2+35\text{mm}]\times 2\times n$ 式中　L——供、回水管总长度； n——楼层数； l——散热器长度； a——窗边距墙中心的长度； b——窗宽度； c——半墙厚度； d——两个立管距离中心点至墙边距离； 35mm——缩墙灯叉弯增加长度。

注：当散热器是若干片组成一组的，L = 每片厚度 × 总片数

② 立管在墙角，散热器在窗边安装，如表 5-5 所示。

表 5-5　立管在墙角散热器在窗边安装的支管

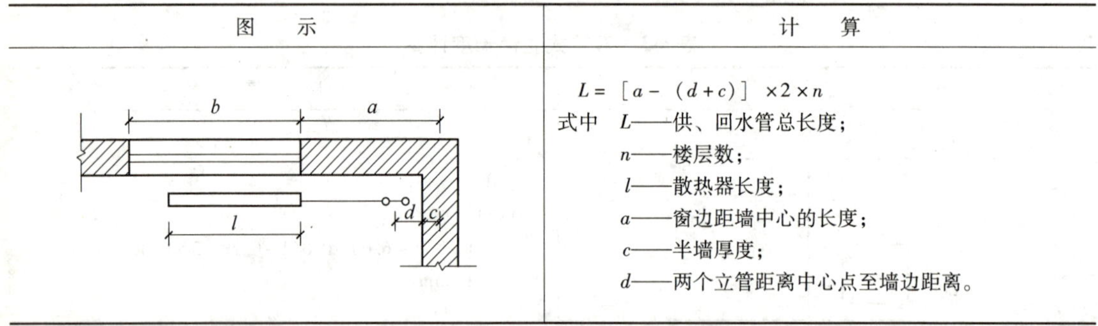

图　　示	计　　算
	$L=[a-(d+c)]\times 2\times n$ 式中　L——供、回水管总长度； n——楼层数； l——散热器长度； a——窗边距墙中心的长度； c——半墙厚度； d——两个立管距离中心点至墙边距离。

③ 立管在墙角，两边带散热器窗中安装，如表 5-6 所示。

表 5-6　立管在墙角两边带散热器在窗中安装的支管

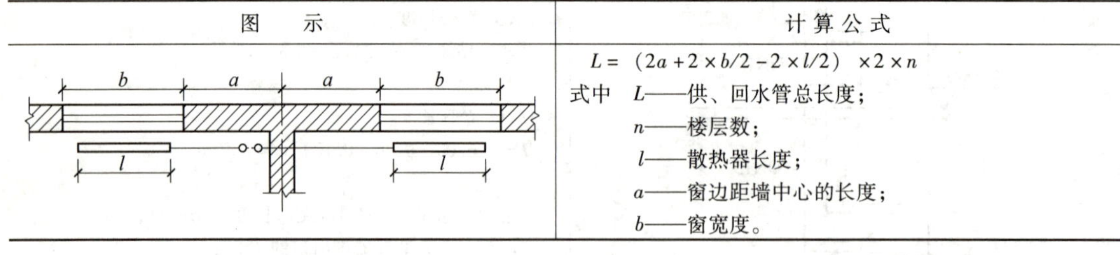

图　　示	计算公式
	$L=(2a+2\times b/2-2\times l/2)\times 2\times n$ 式中　L——供、回水管总长度； n——楼层数； l——散热器长度； a——窗边距墙中心的长度； b——窗宽度。

立管和支管的布置还有其他多种形式，这里就不再一一列举，编制预算时，应灵活掌握。

2. 定额套用

室内采暖系统管道和给水管道套用同样的定额项目，其定额套用规定和方法相同。

5.2.3　供暖设备与器具及附件安装

1. 工程量计算

（1）散热器　区分散热器不同类型，按以下规则进行计量。

1）铸铁散热器：长翼、圆翼、柱型铸铁散热器组成安装均以“片”为单位计算。

2）光排管散热器制作安装按光排管的长度以“单管延长米”为单位计算，联管作为计价材料已列入定额，其长度不得计入工程量内。

3）钢制散热器安装：钢制散热器根据不同种类，分别按下面规定进行计算：钢制闭式散热器按不同型号以“片”为单位计量；钢制板式散热器按不同型号以“组”为单位计算；钢制壁式散热器按不同质量（15kg以内，15kg以上）以“组”为单位计算；钢制柱式散热器按不同片数（6～8片，10～12片）以“组”为单位计算。

（2）管路组件组成与安装　成组的减压器、疏水器以“组”为单位计算，单体的减压阀和疏水阀以“个”为单位计算。

（3）管道伸缩器安装　伸缩器制作安装，定额按不同形式分法兰式套筒伸缩器安装（分螺纹连接和焊接）和方形伸缩器制作安装。

各种伸缩器制作安装均以“个”为单位计量。方形伸缩器两臂，按其臂长的两倍，加算在同管径的管道延长米内。

方形伸缩器（补偿器）按外伸垂直臂 H 和平行臂 B 的比值不同分成四类，如图5-17所示。

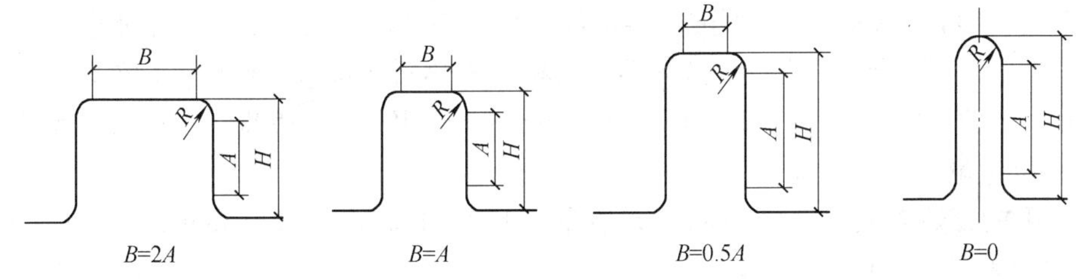

图5-17　方形伸缩器（补偿器）

螺纹法兰式套筒伸缩器安装为包括法兰及带螺母螺栓的费用，应另外计算。焊接法兰式套筒伸缩器已包括法兰、螺栓、螺母、垫片，不再另行计算。套筒伸缩器在计算管道长度时所占长度不扣除，套筒伸缩器为未计价材料。

（4）管道支架制作安装　管道支架制作和安装定额按一般管架编制。型钢支架套用一般支架定额。

支架定额中已包括制作和安装用的螺栓，螺母和垫片，不再另行计算。

管道支架制作安装，室内管道DN32以内的定额已包括在内，不再计算，DN32以上的按图示尺寸以“100kg”为单位计量。

管道支架的总质量＝Σ（某种规格的管道支架个数×该规格管道支架的每个质量）

水平管道支架间距同给水设置方法，垂直管道支架可按楼层每层设置一个。计算公式如下：

$$G_n = G_{理} \times L \times (1 + 损耗率)$$

式中　G_n——型钢的质量，kg；

$G_{理}$——型钢的理论质量，kg/m；

L——型钢的图示尺寸，m；

损耗率——一般为5%。

（5）套管制作安装　套管可分为柔性套管、刚性套管、钢管套管及铁皮套管。柔性及刚性套管适用于管道穿过建筑物时管道必须要密封的部位，如管道穿过屋面板、水池水箱壁、地下室壁、防暴车间的墙等需要安装套管。穿水池、地下室壁及屋面的刚性及柔性防水套管制作安装工程量以“个”为单位计量，执行《全国统一安装工程预算定额》第六册相应定额子目。

穿墙及过楼板钢套管的制作安装，按室外管道中钢管（焊接）项目计算，钢套管规格一般比管道直径大 1 ~2 号，工程量计算规定同给水管道部分。

镀锌薄钢板套管制作，以“个”为单位计量，其安装已包括在管道定额内，不另行计算。

（6）管道消毒冲洗　管道消毒冲洗按施工图说明或技术规范要求套用相应定额，工程量计算按管道公称直径不同，不扣除阀门、管件所占长度，以“m”为单位计量。

（7）其他管道附件及阀门　其他管道附件及阀门的计算规定同给水工程。

2. 定额套用

（1）散热设备　主要包括各种散热器、暖风机、太阳能集热器及热空气幕安装。

1）各种散热器。不分明装和暗装，按类型分别选用相应子目，柱型散热器若是无足支撑，需挂装时，可套用 M—132 型散热器定额子目；钢制闭式散热器定额中不包括托钩的价格；所有散热器安装子目中均不含散热器的价格，散热器应按未计价材进行处理。

2）暖风机安装。按暖风机不同质量（分 50kg、100kg、150kg、……、2000kg），以“台”为单位计量。

3）太阳能集热器安装。按不同单元质量（100 ~140kg、141 ~200kg、……、300kg 以上），以“个单元”为单位计量。

4）热空气幕安装。按空气幕的不同型号、不同质量（150kg、150 ~200kg、200kg 以上）以“台”为单位计量。

（2）其他内容套用

1）低温地面热水辐射供暖系统采暖管道按照图示尺寸，区分不同管径规格以“m”为单位计量。全国统一定额中并没有设置相应定额子目，各省市可以根据当地的安装预算定额中相应的子目计算。

2）地面辐射采暖管道安装时下设聚苯乙烯保温板及填充层混凝土浇筑，可使用土建工程中相应定额子目计算。

3）减压器、疏水器成组安装时，以“组”为单位套用定额。减压器、疏水器组成与安装是按 N108《采暖通风国家标准图集》编制的，如实际组成与此不同时，阀门和压力表数量可按实际调整，其余不变。

如果是单体安装，按阀门部分项目套用子目。

4）压力表、温度计以“个”为单位计量，套用《全国统一安装工程预算定额》第十册《自动化控制仪表安装工程》相应定额子目。

在套用定额时一定要注意定额中的未计价材料，按未计价材料的计算规定计算。

5）集气罐的制作与安装应按公称直径不同，以“个”为单位计量，套用《全国统一安装工程预算定额》第六册定额《工业管道》中相应的规定执行。

6）膨胀水箱安装工程量以水箱的总容量（m^3），以“个”为单位计量，制作工程量按图示尺寸以“kg”为单位计量，分别套用《全国统一安装工程预算定额》第八册小型容器制作安装中钢板水箱的相应子目计算其制作安装费。

7）分气缸（分水缸）制作按制作材料和质量的不同，以“100kg”为单位计量，其安装按质量，以“个”为单位计量。

8）分水器、集水器目前广泛应用于低温地面辐射供暖系统中，但是《全国统一安装工程预算定额》中并没有其相应定额子目，各省市定额中已经有了相应的补充，所以可按各省市自己的定额子目来执行。

5.2.4 管道、设备的除锈、刷油、绝热工程

室内采暖工程中，还应根据设计情况对采暖管道、金属支架、铸铁散热器片的除锈、刷油、保温费用进行计算。

1. 工程量计算规则

（1）除锈工程量计算

1）管道除锈工程按管道表面展开面积以“m^2”为单位计算，同给水管道计算方法。

2）金属支架除锈用人工和喷砂除锈时，以“kg”为单位计量；若用砂轮和化学除锈，以“m^2”为单位计量，可按金属结构每100kg折成7.25 m^2面积来计算。

3）散热器除锈工程量按散热器散热面积计算。常用铸铁散热器散热面积见表5-7。

表5-7 常用铸铁散热器散热面积表

散热器型号		外形尺寸/mm	散热器面积/mm
柱型	四柱813	813×164×57	0.28
	四柱760	760×116×51	0.235
	五柱813	813×208×57	0.37
	M132	584×132×200	0.24
长翼型	大60	600×115×280	1.17
	小60	600×132×200	0.80
圆翼型	D75	168×168×1000	1.80

（2）刷油工程量计算

1）管道表面刷油按管道表面积以“m^2”计量，工程量计算同除锈工程量。管道漆标志色环等零星刷油，执行相应定额子目，其人工乘以系数2.0。

2）金属支架刷油以“kg”为单位计算，按每“100kg”折算7.25 m^2计算。

3）铸铁散热器刷油工程量同散热器除锈工程量。

（3）绝热保温工程量计算

1）管道保温工程量按下式以“m^3”为单位计量，不扣除法兰、阀门所占长度。其计算公式为

$$V_{管} = L\pi(D+\delta+\delta\times3.3\%)(\delta+\delta\times3.3\%)$$

或

$$V_{管} = L\pi(D+1.033\delta)\times1.033\delta$$

式中 D——管道外径；

δ——保温层厚度；

3.3%——保温（冷）层偏差。

2）管道保温瓦块制作工程量按下式计算：

$$V_{制} = 瓦块安装工程量 \times (1 + 加工损耗率)$$

加工损耗率按5%～8%考虑。

3）绝热层各种材料的加工制作套用相应子目，但如为外购成品按地区商品价格计算。

4）阀门、法兰保温工程量以“个”计量，主材单价按实调整。

5）保温层的保护层制作工程量以“m^2”计量，其计算公式如下：

$$S = \pi(D + 2.1\delta + 0.082) \times L$$

式中 2.1——调整系数；

0.082——捆扎线直径或钢带厚；

D——管道外径；

δ——保护层厚度；

L——管道长度。

管道表面刷油按刷的遍数、油漆的种类及管道保温层表面的不同材料，套用相应子目。

2. 定额套用

1）定额中喷砂除锈按二级标准确定，如变更级别，一级按人工、材料、机械乘以系数1.1，三级、四级乘以系数0.9，具体级别划分标准见《全国统一安装工程预算定额》第十一册《刷油、防腐蚀、绝热工程》第一章说明。

2）定额不包括除微锈（标准氧化皮完全紧附，仅有少量锈点），微锈发生时按轻锈定额的人工、材料、机械乘以系数0.2。

3）因施工发生的二次除锈，其工程量另行计算。

4）定额按安装地点就地刷（喷）油漆考虑，如安装前集中刷油，人工乘以系数0.7（暖气片除外）。

5）定额中没有列第三遍刷油的子目，若同一种油漆，设计需刷第三遍油漆时，可套用刷第二遍油漆的子目。

6）管道绝热工程，除法兰、阀门外，均包括其他各种管件绝热。

① 阀门绝热工程量计算公式为

$$V = \pi(D + 1.033\delta) \times 2.5D \times 1.033\delta \times 1.05 \times N$$

式中 D——管道直径；

1.033——调整系数；

δ——绝热层厚度；

1.05——系数；

N——阀门个数。

② 法兰绝热工程量计算公式为

$$V = \pi(D + 1.033\delta) \times 1.5D \times 1.033\delta \times 1.05 \times N$$

式中符号含义与前式相同。

7）保温层厚度大于100 mm时，按两层施工计算工程量。

8）聚氨酯泡沫塑料发泡工程，是按现场直喷无模具考虑的，若采用有模具施工，其模具制作安装以施工方案另计。

9）设备、管道绝热均按现场先安装后绝热考虑，若先绝热后安装时，其人工乘以系数0.9。

5.2.5 其他费用的计算

（1）脚手架搭拆费 脚手架搭拆费按人工费的5%计算，其中人工工资占25%。

（2）采暖工程系统调试 采暖工程系统调整费按采暖工程人工费的15%计算，其中人工工资占20%。

（3）超高增加费 超高增加费的计算规定同给排水工程部分。

（4）高层建筑增加费 高层建筑增加费计算规定同给排水工程部分。

（5）安装与生产同时进行增加费及在有害身体健康的环境中施工降效增加费 当实际发生时均按有关规定的系数计取。

5.3 室内燃气工程工程量计算及定额应用

5.3.1 燃气工程概述

燃气是由可燃成分和不可燃成分组成的气体混合物。可燃成分有氢、一氧化碳、硫化氢、甲烷和少量的其他碳氢化合物等；不可燃成分主要有氮、二氧化碳、水蒸气及助燃气体氧等。

1. 燃气的分类

燃气按来源分为天然燃气和人工燃气，其中天然燃气又分为天然气和石油伴生气；人工燃气主要有干馏燃气、裂化燃气、气化燃气和液化燃气，现在很多城市使用的都是人工燃气，而随着对于环保的要求，我国实施了西气东输工程，使得很多城市使用上了天然气，天然气燃烧值要比人工燃气高，燃气中所含的杂质也少，所以天然气比人工燃气更加环保、更加经济，逐渐在我国得到广泛的推广和应用。

2. 燃气的性质

燃气的主要性质就是易燃、易爆、有毒。

城镇燃气供应方式主要有两种：管道输送和瓶装供应。本书只介绍管道输送方式的民用燃气室内管道系统的施工图预算编制。

燃气经净化后通过管网输送至城镇燃气管网系统。城镇管网系统常包括市政管网系统、室外管网系统及室内管道系统三部分。三部分的分界线是：室外管网和市政管网的分界点为两者的碰头点；室内管道和室外管网的分界有两种情况，一是由地下引入室内的管道以室内第一个阀门为界，如图5-18所示。二是由地上引入室内的管道以墙外三通为界，如图5-19所示。

地上引入适合温暖地区，而地下引入适用于寒冷地区，这样在温度较低的情况下，管道内的介质就不会因为温度低而冻结，导致燃气运行受阻。

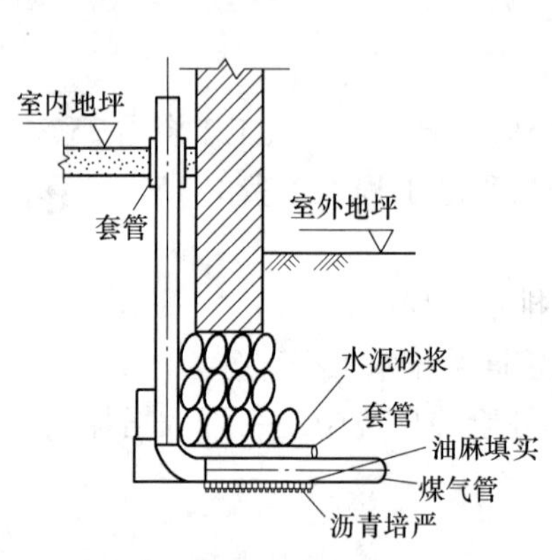

图 5-18 地下引入管道示意图

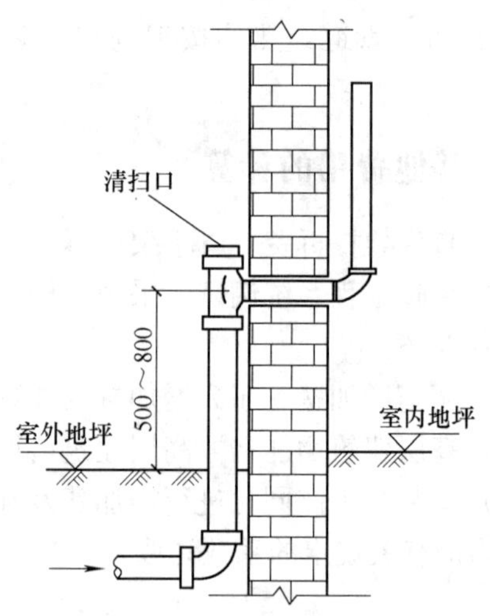

图 5-19 地上引入管道示意图

5.3.2 民用燃气管道、管道附件及常用燃气用具安装

室内民用燃气系统由进户管道（引入管）、室内管道（干管、立管、支管）、阀门、燃气计量表和燃气用具设备等五大部分组成，如图 5-20 所示。

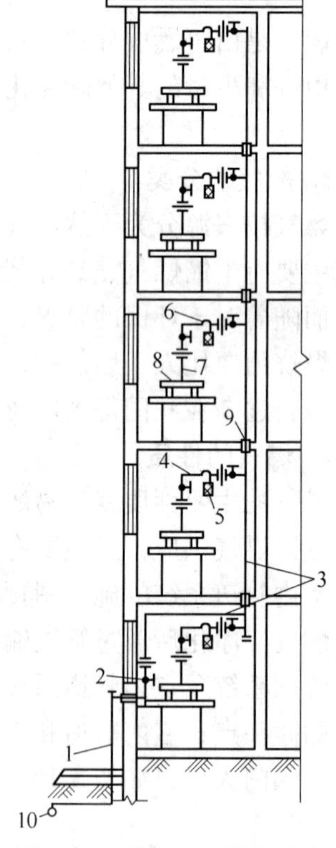

图 5-20 室内民用燃气系统的组成示意图

1—进户管道（引入管） 2—入口总阀门 3—水平干管及立管 4—用户支管 5—计量表 6—软管 7—用具连接管 8—燃气用具 9—套管 10—室外管网

1. 进户管道（引入管）

自室外管网至用户总阀门为止，这段管道称为进户管道（引入管）。

引入管直接引入用气房间（如厨房）内，但不得敷设在卧室、浴室、厕所。当引入管穿越房屋基础或管沟时，应预留孔洞，加套管，间隙用油麻、沥青或环氧树脂填塞；引入管应尽量在室外穿出地面，然后再穿墙进入室内。在立管上设三通、丝堵来代替弯头。

2. 室内管道

自用户总阀门起至燃气表或用气设备的管道称为室内管道。室内管道分为水平干管、立管、用户支管等。

（1）水平干管　引入管连接多根立管时，应设水平干管。水平干管可沿楼梯间或辅助房间的墙壁明敷设，管道经过的房间应有良好的通风。

（2）立管　立管是将燃气由水平干管（或引入管）分送到各层的管道。立管一般敷设在厨房、走廊或楼梯间内。立管通过各层楼层时应设套管。套管高出地面至少 50mm，套管与立管之间的间隙用油麻填堵，沥青封口。立管在一幢建筑中一般不改变管径，直通上面各层。

（3）用户支管　由立管引向各层单独用户计量表及

煤气用具的管道为用户支管，支管穿墙时也应有套管保护。

3. 常用管材及连接方式

埋地管道通常用铸铁管或焊接钢管，采用柔性机械咬口或焊接连接，室内明装管道采用镀锌钢管，螺纹连接；铝塑复合管，螺纹连接或者插接，以生料带或厚白漆为填料。不得使用麻丝做填料。

4. 阀门安装

进户总阀门安装时，管径在40～70mm时，选用球阀，螺纹连接，阀后加设活接头。管径大于80mm时，选用法兰闸阀。

燃气表前的阀门宜采用接口式旋塞阀。表前阀一般装在离地面2m左右的水平支管上。现在很多住宅小区已经把燃气表集中安装在建筑物外墙的燃气表箱内，这样便于集中管理，所以表前阀现在也大部分集中于燃气表箱内，这部分一般由燃气公司专业施工队伍进行安装，需要单独计量。

燃气灶前阀门一般采用接口式旋塞，如用胶管与灶具相连接时，可用单头或双头燃气嘴，燃气旋塞阀见图5-21。

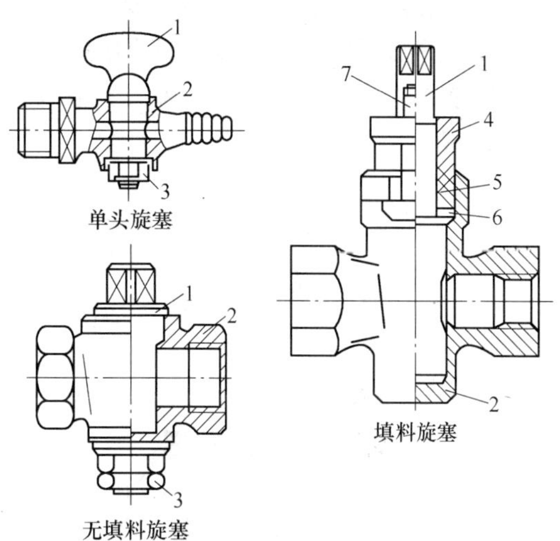

图5-21　燃气旋塞阀

1—阀芯　2—阀体　3—拉紧螺母　4—填料压盖　5—填料　6—垫圈　7—螺栓螺母

5. 燃气表安装

居民家庭用户应装一只燃气表。集体、企业、事业单位用户，每个单独核算的单位最少应装一只燃气表。目前居民家庭一般用皮膜式家用燃气表，工业建筑常用罗茨表，公共建筑用公商用燃气表等。计量民用室内燃气用量的燃气表一般属容积式计量。膜式燃气表是民用室内常用的容积式燃气表，气流量较小的为1.5～3m^3/h，对于公共建筑燃气用量较大的为6～57m^3/h，工业用的容积式罗茨燃气表气流量为100～1000 m^3/h等。

膜式燃气表分为单管和双管。双管是指燃气进口和出口管接头均分别从燃气表引出，单管是指进、出口都在此管接头上。

燃气表应设在便于安装、维修、抄表、清洁无湿气、无振动、并远离电气设备和远离明火的地方。

6. 燃气炉灶安装

燃气炉灶通常是放置在灶台上，灶台多用砖砌或者混凝土砌筑，随着技术的发展，采用整体橱柜将灶具嵌入到灶台上的做法也普遍使用，灶具的进气口与燃气表的出口（或出口短管）以橡胶软管连接。

7. 热水器安装

热水器通常安装在洗澡间外面的墙壁上，安装时，热水器的底部距地面约1.5～1.6 m。

热水器一般分为直排式和强排式，常用的为强排式，其利用热水器内部风机将未燃尽的燃气通过排烟管排出去，以利安全，排烟管伸出墙外。

冷水阀出口与热水器进口以及热水器出水口与莲蓬头进水口的管段，可采用胶管连接。热水器进气口的管段采用白铁管及胶管。

8. 燃气加热设备安装

定额中燃气加热设备安装有开水炉（JL—150 型、YL—150 型）；采暖炉型号有箱式、YHRQ 红外线、辐射采暖炉；沸水器型号有容积式、自动沸水器、消毒器；快速热水器型号有直排式、平衡式、烟道式等。

燃气加热设备，按不同用途规定型号，分别以“台”为单位计量。

9. 燃气工程安装接点大样示例图。

除前面内容中的入口做法外，穿墙及穿楼板、单管直联式燃气系统安装分别如图 5-22 ~ 图 5-24 所示。

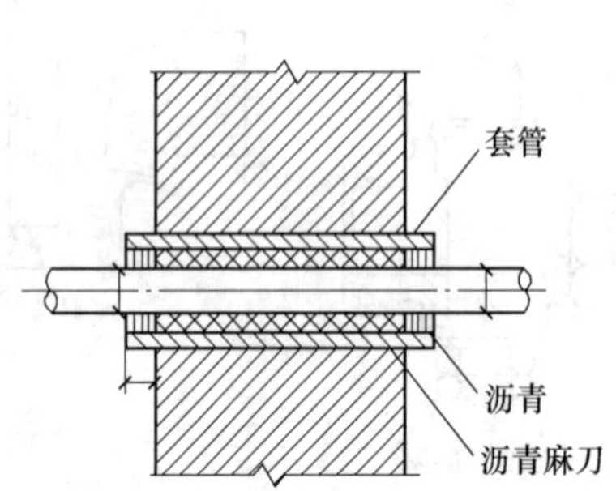

图 5-22 燃气管穿墙做法示意图

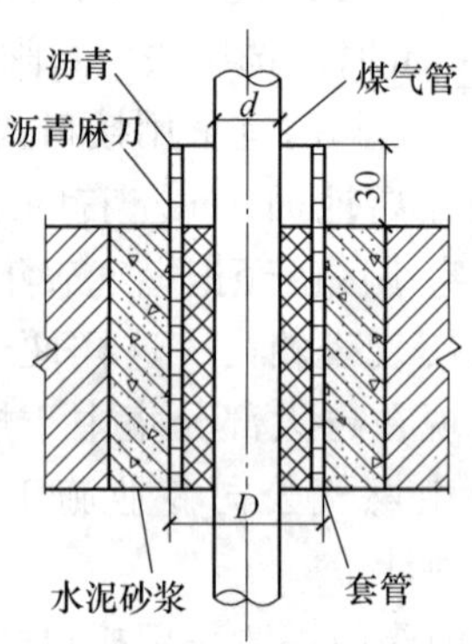

图 5-23 燃气管穿楼板做法示意图

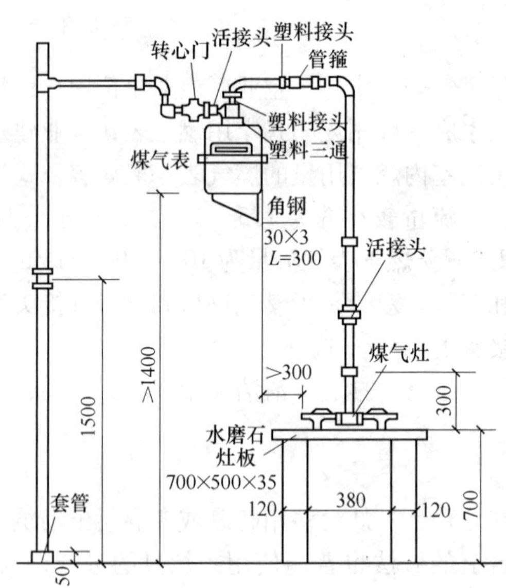

图 5-24 单管直联式燃气系统安装图

5.3.3 工程量计算及定额套用

1. 工程量计算

（1）室内外管道分界

1）地下引入室内的管道以室内第一个阀门为界。

2）地上引入室内的管道以墙外三通为界。

3）室外管道（包括生活用燃气管道、民用小区管网）和市政管道以两者的碰头点为界。

（2）管道安装　同给水管道部分，按管道的安装部位（室内或室外）、材质、连接方式和公称直径的不同分别列项计算。

（3）燃气热水器及其他加热设备　均以“台”为单位计量。

（4）燃气灶　以“台”为单位计量。燃气灶具按用途不同分为民用灶具和公用灶具安装，民用和公用又根据燃气性质不同分为天然气、煤气、石油液化气等。

（5）燃气计量表安装　区分民用燃气表、公商用燃气表及工业用罗茨表，根据不同规格、型号以“块”为单位计量，不包括表托、支架、表底基础。

（6）长距离管道中的附件　例如抽水缸、调长器，按公称直径不同均以“个”为单位计量。

（7）燃气管道钢套管制作安装　以“个”为单位计量，计算方法同采暖管道。燃气嘴安装以“个”为单位计量。钢套管及燃气嘴均为未计价材料，材料费另计。

2. 定额套用

（1）各种管道安装　套用《全国统一安装工程预算定额》第八册第七章燃气管道的定额项目，其内容包括：①管件制作（包括机械煨弯、三通、异径管）；②管道、管件安装；③室内托钩角钢卡制作安装。

定额项目中的钢管（焊接连接）适用于无缝钢管和焊接钢管。

（2）阀门、法兰安装　按第八册相应项目另行计算。

（3）穿墙套管　薄钢板套管按第八册相应项目计算；内墙用钢套管按室外钢管（焊接）定额计算；外墙钢套管按第六册《工业管道》定额相应项目执行。

（4）燃气计量表安装　区分民用燃气表、公商用燃气表及工业用罗茨表，根据不同规格、型号列项，定额中不包括表托、支架、表底基础，应套用其他定额项目计算。

（5）抽水缸安装　抽水缸是为了排除管道中的冷凝水和天然气管道中的轻质油而设置的燃气管道附属设备，定额中有铸铁抽水缸（0.005MPa 以内）、碳钢抽水缸（0.005MPa 以内）等项内容。对于铸铁抽水缸安装已包括缸体、抽水管安装；对于碳钢抽水缸安装还包括了下料、焊接及缸体与抽水立管组装。抽水缸安装工程量按管道直径不同，以“个”为单位计量。

（6）调长器安装　燃气调长器也称燃气波形补偿器，是采用普通碳钢的薄钢板经冷压或热压制成半波节，两段半波焊成波节，数波节与颈管、法兰、套管组对焊接而成波形补偿器，如图 5-25 所示。按其公称直径不同，按照图示和设计要求以“个”为单位计量，套用调长器安装定额，定额基价包括了调长器与管道连接的一副法兰安装。

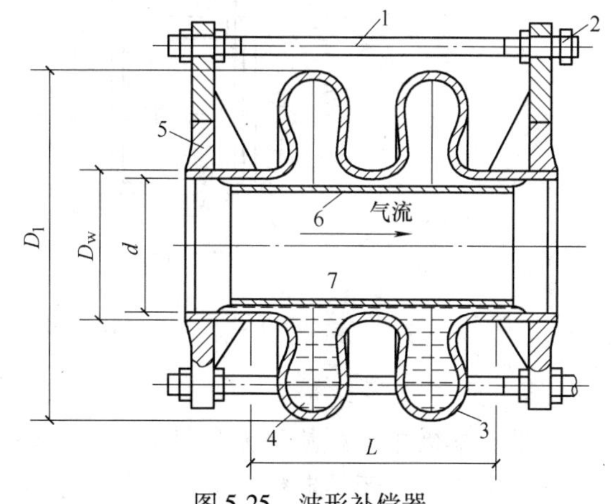

图 5-25　波形补偿器

1—螺杆　2—螺母　3—波节　4—石油沥青
5—法兰　6—套管　7—注油机

3. 工程量计算及应用定额时应注意的问题

定额中燃气灶按用途不同分为民用和公用燃气灶，又根据燃气性质不同分为人工煤气、液化石油气以及天然气灶具等。定额中燃气嘴根据型号不同分为XW15型和XN15型，每个类型又分为单嘴和双嘴。

1）燃气用具安装已考虑了与燃气用具前阀门连接的短管在内，不得重复计算。

2）室内管道安装定额中已包括了托钩、角钢管卡的制作与安装，不得另计。

3）阀门抹密封油、研磨已包括在管道安装中，不得另计。

4）调长器及调长器与阀门连接是将调长器一同安装在阀门井内，定额基价内包括了调长器安装，也包括了阀门按其接管直径不同安装，还包括了阀门、调长器与管道连接的一副法兰安装。

5）调长器及调长器与阀门连接，包括一副法兰安装，螺栓规格和数量以压力为0.6MPa的法兰装配，如压力不同时可按设计要求的数量、规格进行调整，其他不变。

6）定额中已包含燃气工程的气压试验，不再另行计算。

【例5-1】 某六层住宅厨房人工煤气管道平面图及系统图，如图5-26所示。管道采用镀锌钢管螺纹连接，明敷设。煤气表采用民用燃气表（双表头）$3m^3/h$，煤气灶为JZR—83自动点火灶，采用XW15型单嘴外螺纹气嘴，燃气管道采用旋塞阀门。管道距墙为40mm，连接燃气表支管长度为0.9m。试计算其定额直接费。

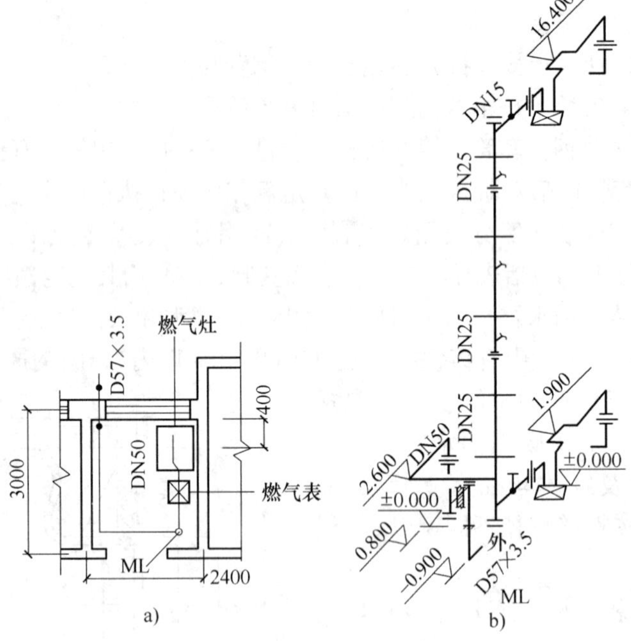

图5-26 某六层住宅厨房人工煤气管道平面图、系统图

a）平面图 b）系统图

解： 本例中工程量计算包括煤气管、煤气表、煤气灶、燃气嘴工程量。定额执行《全国统一安装工程预算定额》第八册相关子目。

1. 工程量计算

（1）管道工程量计算。本例中煤气管道的室内外分界线为进户三通。

1）DN50 镀锌钢管（进户管）：[0.04 +0.28 +0.04【穿墙管】+(2.6 −0.8)【竖管】+(3 −0.14 −0.08 −0.04 −0.04) +(2.4 −0.16 −0.08)]m =7.02m =0.702(10m)

2）DN25 镀锌钢管（立管）：(16.4 −1.9)m =14.5m =1.45(10m)

3）DN15 镀锌钢管（支管）：(3.0 −0.28 −0.04 −0.4 +0.9 ×2)m ×6 =24.48m =2.45(10m)

（2）燃气表：6 台

（3）燃气灶：6 台

（4）燃气嘴：6 个

（5）旋塞阀门：6 个

（6）钢套管：DN40　5 个 ×0.21m =1.05m

DN80　1 个 ×0.32m =0.32m

2. 定额直接费计算

定额直接费计算见表 5-8。

表 5-8　安装工程预算表

序　号	定额编号	项 目 名 称	单　位	数　量	单价/元	合价/元	其中工人费/元	
							单价	合价
1	8-589	DN15 镀锌钢管（螺纹连接）	10m	2.45	67.94	166.45	42.89	105.08
2	8-591	DN25 镀锌钢管（螺纹连接）	10m	1.45	84.67	122.77	50.97	73.91
3	8-594	DN50 镀锌钢管（螺纹连接）	10m	0.70	153.71	107.60	64.09	44.86
4	8-625	燃气表（$3m^3/h$ 双头表）	台	6	15.80	87.84	15.56	86.40
5	8-648	焦炉双眼灶 JZ-2 型	台	6	8.86	53.16	6.50	39.00
6	8-572	钢套管制作安装 DN40	10 m	0.105	23.54	2.47	18.34	1.93
7	8-574	钢套管制作安装 DN80	10 m	0.03	66.63	2.00	18.9	0.57
8	8-678	XW15 型单嘴外螺纹燃气嘴	个	6	13.68	82.08	13.00	78.00
9	8-241	DN15 旋塞阀门	个	6	4.43	26.58	2.32	13.92
		合　　计				650.95		443.67

5.3.4　采暖工程及室内燃气工程工程量清单计价

采暖工程、室内燃气工程使用的清单计价部分和给排水工程是同一分部，项目划分、项目特征、工作内容、工程量计算规则基本都是相同的，本章不再重复介绍。

不同于给排水工程的工程量清单计价部分的计算规则如下：

1）管道附件中自动排气阀、安全阀、减压器、疏水器、燃气表等根据不同的类型、规格型号以及连接方式等列项，按图示数量计算。

2）伸缩器根据不同的类型、材质、规格型号以及连接方式来列项计算；各种伸缩器以“个”为单位计量。

3）调长器、调长器与阀门连接根据型号和规格不同，以“个”为单位计量。

4）供暖器具根据规格型号不同，以及管径、质量、片数等分别列项计算，铸铁散热器工作内容包括安装、除锈和刷油；钢制散热器工作内容为安装；光排管散热器工作内容包括制作、安装、除锈和刷油；钢制壁板式散热器、钢制柱式散热器、暖风机、热空气幕工作内容为安装。以上供暖器具根据图示数量计算。

5）燃气器具项目包括燃气开水炉、燃气采暖炉、燃气快速热水器、燃气灶具、气嘴等，根据各自不同的规格型号、公用民用、材质以及连接方式不同分别列项，按图示数量来计算。

6）采暖工程系统调整费计算规则为按由采暖管道、管件、阀门、法兰、供暖器具组成的采暖工程系统计算，计量单位为“系统”。

5.4 室内采暖工程施工图预算编制示例

5.4.1 定额计价示例

1. 设计说明

某工程是一栋三层砖混结构办公楼，层高 3m，其采暖工程施工图如图 5-27 ~ 图 5-30 所示。

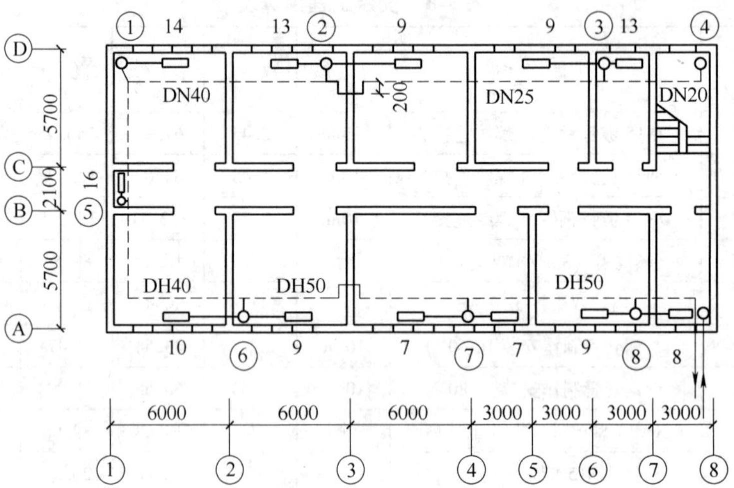

图 5-27 一层采暖平面图

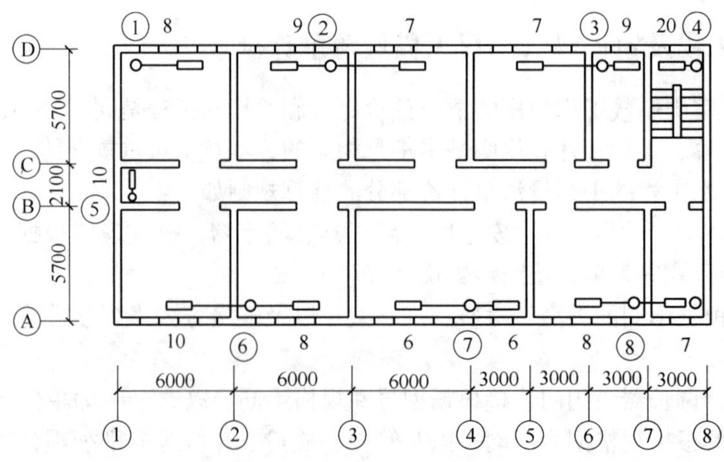

图 5-28 二层采暖平面图

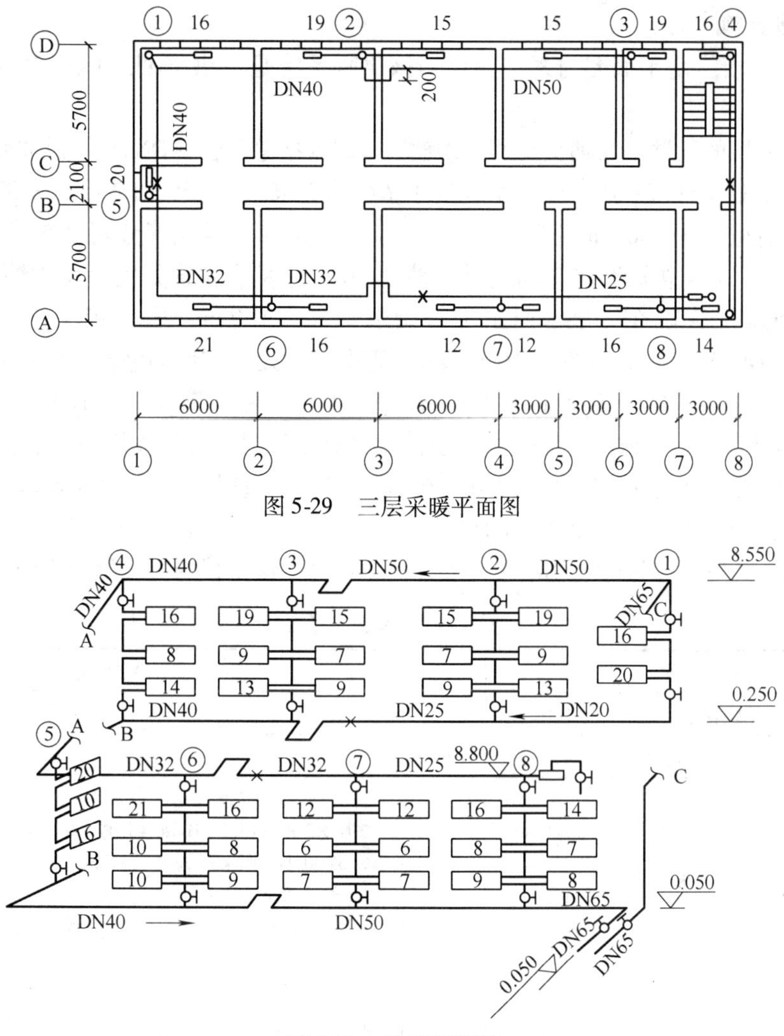

图5-29　三层采暖平面图

图5-30　采暖系统图

1）该工程室内采暖管道均采用普通焊接钢管。管径大于DN32时，采用焊接连接（管道与阀门连接采用螺纹连接）；管径小于或等于DN32时，采用螺纹连接。室内供热管道均先除锈后刷防锈漆一遍，银粉漆两遍。室内采暖管道均不考虑保温措施。

2）供暖系统中，1～8号立管管径为DN20，所有支管管径为DN15，其余管径见图中标注。

3）散热器采用铸铁四柱813型，散热器在外墙内侧在房间内居中安装，一层散热器为挂装，2、3层散热器立于地上。散热器除锈后均刷防锈漆一遍，银粉漆两遍。

4）集气罐采用2号（$D=150$mm），为成品安装，其放气管（管径为DN15）接至室外散水处。

5）阀门入口处采用螺纹闸阀Z15T—10；放气管阀门采用螺纹旋塞阀X11T—16；其余采用螺纹截止阀J11T—16。

6）管道采用角钢支架∠50×5，支架除锈后，均刷防锈漆一遍，银粉漆两遍。

7）穿墙及穿楼板套管选用镀锌薄钢板套管，规格比所穿管道大两个等级。

2. 工程量计算

（1）图样分析　由平面图与系统图可知该供暖系统是上供下回式单管垂直串联同程式系统。

引入管在一层的Ⓐ轴与⑧轴交叉处穿Ⓐ轴墙入室内接总立管（DN65）。总立管接供水干管在标高为8.55m处绕外墙一周，管径由大变小依次有DN65、DN50、DN40、DN32、DN25，供水干管末端设有管径为150mm的2号集气罐。1、2、3、4、号立管分别设在Ⓓ轴线上的⑧、⑥、③、①轴处，5号立管设在①轴线上Ⓑ轴处，6、7、8号立管分别设在Ⓐ轴线上②、④、⑦轴线处。回水干管设在一层，回水干管始端标高为0.25m，管径依次为DN20、DN25、DN40、DN50、DN65。沿Ⓐ轴和Ⓓ轴的供回水干管中部均设有方形伸缩器。四柱813型铸铁散热器的规格为：柱高（含足高75mm）813mm，进出口中心距642mm，每小片厚57mm。

（2）工程量计算　根据施工图，按分项依次计算工程量。建筑物墙厚（含抹灰层）取为280mm，管道中心到墙表面的安装距离取为65mm，散热器进出口中心距为642mm，穿墙及楼板的管道采用比管道直径大两个等级的镀锌铁皮套管。散热器表面除锈刷油工程量根据其型号，按散热面积计算，管道除锈刷油按其展开面积计算。该工程的工程量计算如表5-9所示。

表5-9　工程量计算表

序号	工程项目名称	单位	数量	计算公式
一	采暖管道			
1	焊接钢管安装 螺纹连接 DN15	m	163.33	
(1)	散热器支管		154.37	①号立管上支管： 2层×2根×(1.5－0.14半墙厚－0.065立管中心距墙)－(0.057每小片厚×36总片数)＝3.13 ②号立管上支管： [3层×2根×(1.5＋3)－(0.057每小片厚×72总片数)]＝22.896 ③号立管上支管： [3层×2根×(3＋3)－(0.057每小片厚×72总片数)]＝31.896 ④号立管上支管： [3层×2根×(3－0.14半墙厚－0.065立管中心距墙)－(0.057每小片厚×38总片数)]＝14.604 ⑤号立管上支管： [3层×2根×(1.05－0.14半墙厚－0.065立管中心距墙)－(0.057每小片厚×46总片数)]＝2.448 ⑥号立管上支管： [3层×2根×(3＋3)－(0.057每小片厚×74总片数)]＝31.782 ⑦号立管上支管： [3层×2根×(1.5＋3)－(0.057每小片厚×50总片数)]＝24.150 ⑧号立管上支管： [3层×2根×(1.5＋3)－(0.057每小片厚×62总片数)]＝23.466
(2)	放气管		8.96	0.28(墙厚)＋0.065×2(立管中心距墙)＋8.55(排至室外散水处)＝8.96

（续）

序号	工程项目名称	单位	数量	计算公式
一	采暖管道			
2	焊接钢管 螺纹连接 DN20	m	57.224	
(1)	①供水立管		7.016	(8.55－0.25)(立管上下端标高差)－0.642(散热器进出口中心距)×2＝7.016
(2)	②～⑧供水立管		44.618	[(8.55－0.25)(立管上下端标高差)－0.642(散热器进出口中心距)×3]×7(立管数量)＝44.618
(3)	回水干管		5.59	6.0(沿Ⓓ轴)－0.28(两个半墙厚)－0.065×2(立管中心距墙)＝5.59
3	焊接钢管 螺纹连接 DN25	m	22.45	
(1)	3 层Ⓐ轴供水干管		9.64	按在⑦号立管处变径考虑： 3.0＋3.0＋3.0＋0.14(半墙厚)＋0.5(集气罐安装长度)＝9.64
(2)	1 层Ⓓ轴回水干管		12.81	②、③号立管之间： 6.0＋3.0＋3.0＋0.28(两个半墙厚)＋0.065×2(立管中心距墙)＋0.2×2(伸缩器侧增长)＝12.81
4	焊接钢管 螺纹连接 DN32	m	23.90	
(1)	沿Ⓐ轴供水干管		18.20	6.0×3－0.14(半墙厚)－0.065(管中心距墙)0.2×2(伸缩器侧增长)＝18.20
(2)	沿①轴供水干管		5.70	5.70
5	焊接钢管 焊接 DN40	m	49.66	
(1)	沿①轴供水干管		7.39	5.7＋2.1－0.28(两个半墙厚)－0.065×2(立管中心距墙)＝7.39
(2)	沿Ⓓ轴供水干管		11.59	6.0＋6.0－0.28(两个半墙厚)－0.065×2(立管中心距墙)＝11.59
(3)	回水干管		30.68	6.0×2(沿Ⓓ轴)－0.28(两个半墙厚)－0.065×2(立管中心距墙)＋13.5(沿①轴)－0.28(两个半墙厚)－0.065×2(立管中心距墙)＋6.0(沿Ⓐ轴)＝30.68
6	焊接钢管 焊接 DN50	m	33.39	
(1)	沿Ⓓ轴供水干管		12.40	6.0＋6.0＋6.0＋0.2×2(伸缩器侧增长)＝12.40
(2)	回水干管		20.99	6.0×3＋3.0(沿Ⓐ轴)－0.28(两个半墙厚)－0.065×2(立管中心距墙)＋0.2×2(伸缩器侧增长)＝20.99
7	焊接钢管 焊接 DN65	m	26.78	
(1)	管道引入管		1.845	1.5(室内外供暖管道分界至外墙皮)＋0.28(墙厚)＋0.065(立管中心距墙)＝1.845
(2)	供暖总立管		8.50	8.55－0.05＝8.50(总立管上下端高差)
(3)	沿⑧轴总干管		13.09	13.5－0.28(墙厚)－0.065×2(立管中心距墙)＝13.09
(4)	回水干管、排出管		3.345	3.0＋0.065(立管中心距墙)＋0.28(墙厚)＋1.5(墙外皮至室内外分界点)＝3.345

（续）

序号	工程项目名称	单位	数量	计 算 公 式
二	散热器	片	450	
	四柱 813 型散热器安装			1 层为挂装 124 片，2 层 115 片，3 层 211 片。 合计挂装 124 片，立于地上 326 片。
三	阀门			
(1)	闸阀安装 Z15T-1.0，DN65	个	(2)	2 个(入出口处)
(2)	截止阀安装 J11T-1.6，DN20	个	16	2(立管上下端)×8(立管数)=16
(3)	旋塞阀安装 X11T-1.6，DN15	个	1	集气罐放气阀 1 个
四	套管制作			
(1)	镀锌薄钢板套管制作 DN25	个	12	散热器支管 DN15 穿墙 4 处×3 层×2 根=24
(2)	镀锌薄钢板套管制作 DN32	个	16	立管 DN20 穿楼板 8 处×2 层=16
(3)	镀锌薄钢板套管制作 DN32	个	1	回水干管 DN20 穿墙 1 处
(4)	镀锌薄钢板套管制作 DN40	个	5	供回水干管 DN25 穿墙 5 处
(5)	镀锌薄钢板套管制作 DN50	个	3	供回水干管 DN32 穿墙 3 处
(6)	镀锌薄钢板套管制作 DN65	个	6	供回水干管 DN40 穿墙 6 处
(7)	镀锌薄钢板套管制作 DN80	个	9	供回水干管 DN50、65 穿墙 9 处
(8)	镀锌铁皮套管制作 DN25	个	1	放气管 DN15 穿墙 1 处
五	其他			
(1)	集气罐制作安装 DN150	个	1	1
(2)	方形伸缩器制作 DN32	个	2	2
(3)	方形伸缩器制作 DN50	个	2	2
(4)	支架制作安装	kg	22.62	管径大于 DN32 的管道支架：供暖干管按 6 个，回水干管按 3 个，总立管按 3 个。 固定支架：3 个 15 个（数量）×0.4m（支架长度）×3.77kg/m（理论质量）=22.62
六	除锈刷油			
(1)	焊接钢管人工除轻锈	m^2	39.39	DN15：163.33×0.0213×3.14=10.92 DN20：57.224×0.0268×3.14=2.82 DN25：22.45×0.0335×3.14=2.36 DN32：23.9×0.0423×3.14=3.17 DN40：49.66×0.048×3.14=7.48 DN50：33.39×0.06×3.14=6.29 DN65：26.78×0.0755×3.14=6.35
(2)	柱型散热器除锈	m^2	126.00	0.28(每片散热面积)×450(总片数)=126.00
(3)	焊接钢管刷防锈漆第一遍	m^2	39.90	刷油面积=除锈面积=39.90
(4)	焊接钢管刷银粉漆第一遍	m^2	39.90	刷油面积=除锈面积=39.90
(5)	焊接钢管刷银粉漆第二遍	m^2	39.90	刷油面积=除锈面积=39.90
(6)	柱型散热器刷防锈漆第一遍	m^2	126.00	刷油面积=除锈面积=126.00
(7)	柱型散热器刷银粉漆第一遍	m^2	126.00	刷油面积=除锈面积=126.00

（续）

序号	工程项目名称	单位	数量	计算公式
六	除锈刷油			
(8)	柱型散热器刷银粉漆第二遍	m^2	126.00	刷油面积 = 除锈面积 = 126.00
(9)	角钢支架人工除轻锈	kg	22.62	除锈工程量 = 支架质量
(10)	角钢支架刷防锈漆第一遍	kg	22.62	刷油工程量 = 支架质量
(11)	角钢支架刷银粉漆第一遍	kg	22.62	刷油工程量 = 支架质量
(12)	角钢支架刷银粉漆第二遍	kg	22.62	刷油工程量 = 支架质量

3. 施工图预算

该工程的施工图预算书包括以下内容：

1）预算书封面，见表 5-10。

2）预算书编制说明，见表 5-11。

3）工程取费表，见表 5-12。

4）主材价格表，见表 5-13。

5）工程预算表，见表 5-14。

表 5-10　预算书封面

安装工程预算书

工程名称：某办公楼采暖工程

专业名称：室内采暖工程

结构类型：砖混结构

建筑面积：

工程造价：31637.82 元

单方造价：

施工单位：　　　　　　建设单位：

编制人：　　　　　　　审核人：

资格证号：　　　　　　资格证号：

年　　月　　日

表 5-11 预算书编制说明

编 制 说 明

一、编制依据

1. ××设计院设计的××办公楼室内采暖工程施工图以及有关设计说明。

2. 该工程地点在××市××区。

3.《河南省安装工程单位综合基价》(2003)第八册及第十一册。

4.《河南省安装工程计价办法》(2003)及相关规定。

5. 主要材料价格以工程所在地预算编制时市场价格综合取定。

二、主要材料来源

主要材料均由施工企业自行采购。

三、其他

施工时发生设计变更或其他问题涉及造价调整，双方根据施工协议书的约定进行调整。

表 5-12 工程取费表

安装工程费用汇总表

工程名称：某办公楼采暖工程

序 号	费用名称	取费基数	费 率	金 额
1	综合基价合计	Σ(分项工程量×分项子目综合基价)		10904.37
2	计价中人工费合计	Σ(分项工程量×分项子目综合基价中人工费)		2739.30
3	未计价材料费用	主材费合计		17717.00
4	施工措施费	[5]+[6]		
5	施工技术措施费	其费用包含在1中		
6	施工组织措施费	该工程不计算		
7	安全文明施工增加费	(人工费合计)×7%	7.00	191.75
8	差价	[9~11]		

（续）

序　号	费用名称	取费基数	费　率	金　额
9	人工费差价	不调整		
10	材料差价	不调整		
11	机械差价	不调整		
12	专项费用	[13]+[14]		931.36
13	社会保险费	([2])×33%	33.00	903.97
14	工程定额测定费	([2])×0%	0	0
15	工程成本	[1]+[3]+[4]+[8]+[12]		29552.73
16	利润	([2])×38%	38.00	1040.93
17	其他项目费	其他项目费		
18	税金	([15]+[16]+[17])×3.413%	3.41	1044.16
19	工程造价	[15~18]		31637.82
	含税工程造价：叁万壹仟陆佰叁拾柒元捌角贰分（小写 31637.82）			

表 5-13　主材价格表

单位工程主材表

工程名称：某办公楼采暖工程

序　号	名称及规格	单　位	数　量	预算价	合　计
1	集气罐	个	1.00	24.00	24.00
2	型钢 L50×5	kg	23.98	3.10	74.33
3	铸铁散热器 柱型	片	125.24	32.00	4007.68
4	铸铁散热器 柱型	片	225.27	32.00	7208.51
5	旋塞阀门 DN15	个	1.01	9.00	9.09
6	螺纹截止阀门 DN20	个	16.16	10.00	161.60
7	螺纹闸阀 DN65	个	2.02	70.00	141.40
8	焊接钢管 DN15	m	166.60	6.50	1082.88
9	焊接钢管 DN20	m	58.36	9.50	554.46
10	焊接钢管 DN25	m	22.90	13.00	297.69
11	焊接钢管 DN32	m	24.38	26.00	633.83
12	焊接钢管 DN40	m	50.65	24.50	1241.00
13	焊接钢管 DN50	m	34.06	27.00	919.56
14	焊接钢管 DN65	m	27.32	38.00	1037.99
15	酚醛防锈漆	kg	17.76	11.40	202.47
	合计				17716.96

表 5-14 工程预算表

序号	定额编号	子目名称或费用名称	工程量		定额直接费/元		其中：人工费/元		未计价材料				
			单位	工程量	基价	合价	基价	合价	材料名称	单位	材料用量	单价/元	合价/元
1	6-2901	集气罐安装 公称直径(150mm 以内)	个	1. 000	11. 31	11. 31	5. 67	5. 67	集气罐	个	1. 00	24. 00	24. 00
2	8-98	室内焊接钢管(螺纹连接) 公称直径(15mm 以内)	10m	16. 333	90. 26	1474. 22	38. 43	627. 68	焊接钢管 DN15	m	166. 60	6. 50	
3	8-99	室内焊接钢管(螺纹连接) 公称直径(20mm 以内)	10m	5. 722	96. 16	550. 23	38. 43	219. 90	焊接钢管 DN20	m	58. 36	9. 50	554. 46
4	8-100	室内焊接钢管(螺纹连接) 公称直径(25mm 以内)	10m	2. 245	121. 76	273. 36	46. 20	103. 72	焊接钢管 DN25	m	22. 90	13. 00	297. 69
5	8-101	室内焊接钢管(螺纹连接) 公称直径(32mm 以内)	10m	2. 390	127. 29	304. 22	46. 20	110. 42	焊接钢管 DN32	m	24. 38	26. 00	633. 83
6	8-110	室内钢管(焊接) 公称直径(40mm 以内)	10m	4. 966	88. 37	438. 84	38. 01	188. 76	焊接钢管 DN40	m	50. 65	24. 50	1241. 00
7	8-111	室内钢管(焊接) 公称直径(50mm 以内)	10m	3. 339	101. 08	337. 52	41. 79	139. 54	焊接钢管 DN50	m	34. 06	27. 00	919. 56
8	8-112	室内钢管(焊接) 公称直径(65mm 以内)	10m	2. 678	155. 74	417. 07	47. 04	125. 97	焊接钢管 DN65	m	27. 32	38. 00	1037. 99
9	8-169	室内镀锌薄钢板套管制作 公称直径(25mm 以内)	个	25. 000	2. 23	55. 75	0. 63	15. 75					
10	8-170	室内镀锌薄钢板套管制作 公称直径(32mm 以内)	个	17. 000	3. 97	67. 49	1. 26	21. 42					
11	8-171	室内镀锌薄钢板套管制作 公称直径(40mm 以内)	个	5. 000	3. 97	19. 85	1. 26	6. 30					
12	8-172	室内镀锌薄钢板套管制作 公称直径(50mm 以内)	个	3. 000	3. 97	11. 91	1. 26	3. 78					
13	8-173	室内镀锌薄钢板套管制作 公称直径(65mm 以内)	个	6. 000	5. 95	35. 70	1. 89	11. 34					
14	8-174	室内镀锌薄钢板套管制作 公称直径(80mm 以内)	个	9. 000	5. 95	53. 55	1. 89	17. 01					
15	8-178	管道支架制作安装一般管架	100kg	0. 226	847. 39	191. 68	212. 94	48. 17	型钢 L50×5	kg	23. 98	3. 10	74. 33
16	8-217	方形伸缩器制作安装 公称直径(32mm 以内)	个	2. 000	49. 92	99. 84	12. 81	25. 62					
17	8-219	方形伸缩器制作安装 公称直径(50mm 以内)	个	2. 000	80. 42	160. 84	20. 16	40. 32					
18	8-241	螺纹阀 公称直径(15mm 以内)	个	1. 000	6. 8	6. 80	2. 10	2. 10	旋塞阀门 DN15	个	1. 01	9. 00	9. 09

（续）

序号	定额编号	子目名称或费用名称	工程量		定额直接费/元		其中：人工费/元		未计价材料				
			单位	工程量	基价	合价	基价	合价	材料名称	单位	材料用量	单价/元	合价/元
19	8-242	螺纹阀 公称直径(20mm 以内)	个	16.000	8.2	131.20	2.10	33.60	螺纹截止阀门 DN20	个	16.16	10.00	161.60
20	8-247	螺纹阀 公称直径(65mm 以内)	个	2.000	33.39	66.78	7.77	15.54	螺纹闸阀 DN65	个	2.02	70.00	141.40
21	8-490	铸铁散热器组成安装	10 片	45.000	59.78	741.27	12.81	158.84	铸铁散热器 M132	片	125.24	32.00	4007.68
22	8-491	柱型铸铁散热器组成安装	10 片	32.600	118.24	3854.62	8.69	283.29	铸铁散热器 柱型	片	225.27	32.00	7208.51
23	11-1	手工除锈 管道轻锈	$10m^2$	3.939	16.18	63.73	7.14	28.12					
24	11-7	手工除锈 角钢支架轻锈	100kg	0.226	22.25	5.05	7.14	1.62					
25	11-4	手工除锈 散热器轻锈	$10m^2$	12.600	17.02	214.45	7.56	95.26					
26	11-53	管道刷油 防锈漆第一遍	$10m^2$	3.939	12.44	49.00	5.67	22.33	酚醛防锈漆	kg	5.16	11.40	58.83
27	11-56	管道刷油 银粉漆第一遍	$10m^2$	3.939	16.28	64.12	5.88	23.16	酚醛清漆	kg	1.42	9.24	13.10
28	11-57	管道刷油 银粉漆第二遍	$10m^2$	3.939	15.44	60.82	5.67	22.33	酚醛清漆	kg	1.30	9.24	12.01
29	11-198	铸铁暖气片刷油 防锈漆一遍	$10m^2$	12.000	15.01	180.12	6.93	83.16	酚醛防锈漆	kg	12.60	11.40	143.64
30	11-200	铸铁暖气片刷油 银粉漆第一遍	$10m^2$	12.000	19.32	231.84	7.14	85.68	酚醛清漆	kg	5.40	9.24	49.90
31	11-201	铸铁暖气片刷油 银粉漆第二遍	$10m^2$	12.000	18.3	219.60	6.93	83.16	酚醛清漆	kg	4.92	9.24	45.46
32		系统调整费(《全国统一安装工程预算定额》第八册)	元	1.000	379.76	379.76	63.35	63.35					
33		脚手架搭拆费(《全国统一安装工程预算定额》第八册)	元	1.000	131.83	131.83	26.39	26.39					
		合计	元			10904.37		2739.30					17717.00

5.4.2 采暖工程工程量清单计价示例

某工程为某职工宿舍楼，层高3.6m，地上四层。

设计说明如下：

1. 该工程采用上供下回单管式热水采暖系统，供水干管敷设在四层楼板下，回水干管敷设在首层暖气沟内。

2. 采暖热媒为95℃/70℃低温热水，由室外供热管网供给。

3. 散热器采用T—750型辐射直翼对流铸铁散热器，工作压力$P=1.0$MPa，落地安装。

4. 供水干管末端设自动排气阀，采用ZP88—1型立式铸铜自动排气阀；回水干管末端设泄水阀。

5. 供回水干管阀门采用Z44T—16闸阀，工作压力$P=1.6$MPa；供回水立管、支管阀门及循环阀、泄水阀均采用Z15W—16T铜截止阀；顶层散热器上设置手动放风阀。

施工要求如下：

1. 采暖管道采用焊接钢管，DN32以内采用螺纹连接，大于DN32采用焊接。

2. 阀门连接方式同采暖管道。

3. 所有管道、管件、支架表面除锈后，刷防锈漆两道，明装不保湿部分再刷银粉漆两道。

4. 敷设以暖气沟内的管道均需保温，保温材料采用岩棉管壳，厚度40mm，外缠玻璃布保护层一道，具体做法见《建筑设备施工安装通用图集》91SB1-1。

5. 系统安装完毕按规范要求应进行分段和整体水压试验。

6. 系统投入使用前必须进行水冲洗。

根据以上背景资料及《建设工程工程量清单计价规范》(GB 50500)、《通用安装工程工程量计算规范》(GB 50856)，列出该采暖工程分部分项工程量清单。该工程采暖图见图5-31~图5-33。

注：设计说明及施工要求中未提及之处不计算。

该工程分部分项工程量清单见表5-15和表5-16。

表5-15 清单工程量计算表

工程名称：某工程（采暖工程） 第 页 共 页

序号	清单项目编码	清单项目名称	计算式	工程量合计	计量单位
1	031001002001	焊接钢管 采暖管道螺纹连接 DN20	0.5+3.2+3.3+(13.4−0.55×3+0.2+0.3+0.6)×6+1.6×2×4×7	173.7	m
2	031001002002	焊接钢管 采暖管道螺纹连接 DN25	4.4+4	8.4	m
3	031001002003	焊接钢管 采暖管道螺纹连接 DN32	6.8+7.5	14.3	m
4	031001002004	焊接钢管 采暖管道螺纹连接 DN40	6.5+6.5	13.0	m
5	031001002005	焊接钢管 采暖管道螺纹连接 DN50	16.7+0.6+1.5+1.5+1.2+2.5+13.4+15	52.4	m
6	031002001001	型钢管道支架制作、安装	18.2×1.1+12.07×0.8+4×0.7+24×0.3	39.67	kg

（续）

序号	清单项目编码	清单项目名称	计　算　式	工程量合计	计量单位
7	031003003001	焊接法兰闸阀 $P=1.6$MPa DN50	2 +1	3	个
8	031003001001	螺纹截止阀 DN20	1 +1 +2 ×6 +2 ×7	28	个
9	031003001002	自动排气阀 DN20	1	1	个
10	031003001003	手动放风阀 DN10	7	7	个
11	031005001001	辐射对流散热器落地安装	67 ×5 +62 +74	471	片
12	031201001001	管道刷防锈漆两遍	0.1885 × 52.4 + 0.1508 × 13 + 0.1329 × 14.3 + 0.1053 × 8.4 + 0.0842 ×173.7	29.25	m^2
13	031201001002	管道刷银粉漆两遍	0.1885 × 52.4 + 0.1508 × 13 + 0.1329 × 14.3 + 0.1053 × 8.4 + 0.0842 ×173.7	29.25	m^2
14	031208002001	管道岩棉管壳保温 δ40	（3.8 +0.9 ×6） ×0.0088 + 4.4 ×0.0097 +6.8 ×0.0109 +6.5 ×0.0116 +23 ×0.0132	0.577	m^3
15	031208007001	玻璃布保护层	（3.8 +0.9 ×6） ×0.3739 + 4.4 ×0.3949 +6.8 ×0.4225 +6.5 ×0.4405 +23 ×0.4782	21.912	m^2

表 5-16　分部分项工程和单价措施项目清单与计价表

工程名称：某工程（采暖工程）　　　　第　页 共　页

序号	项 目 编 码	项 目 名 称	项目特征描述	计量单位	工程数量	金额/元			
						综合单价	合价	其中	
								人工费	暂估价
1	031001002001	钢管	1. 安装部位：室内 2. 介质：热媒体 3. 规格：DN20 4. 连接形式：螺纹连接 5. 压力试验/水冲洗：按规范要求	m	173.7				
2	031001002002	钢管	1. 安装部位：室内 2. 介质：热媒体 3. 规格：DN25 4. 连接形式：螺纹连接 5. 压力试验/水冲洗：按规范要求	m	8.4				
3	031001002003	钢管	1. 安装部位：室内 2. 介质：热媒体 3. 规格：DN32 4. 连接形式：螺纹连接 5. 压力试验/水冲洗：按规范要求	m	14.3				
4	031001002004	钢管	1. 安装部位：室内 2. 介质：热媒体 3. 规格：DN40 4. 连接形式：螺纹连接 5. 压力试验/水冲洗：按规范要求	m	13.0				

（续）

序号	项目编码	项目名称	项目特征描述	计量单位	工程数量	金额/元			
						综合单价	合价	其中	
								人工费	暂估价
5	031001002005	钢管	1. 安装部位：室内 2. 介质：热媒体 3. 规格：DN50 4. 连接形式：螺纹连接 5. 压力试验/水冲洗：按规范要求	m	52.4				
6	031002001001	管道支架	1. 材质：型钢 2. 管架形式：一般管架	kg	39.67				
7	031003003001	焊接法兰阀门	1. 类型：Z44T-16 闸阀 2. 材质：碳钢 3. 规格：DN50 4. 压力：$P=1.6\text{MPa}$ 5. 焊接方法：平焊	个	3				
8	031003001001	螺纹阀门	1. 类型：Z15W-16T 截止阀 2. 材质：铜 3. 规格：DN20 4. 压力：$P=1.6\text{MPa}$ 5. 焊接方法：螺纹连接	个	28				
9	031003001002	螺纹阀门	1. 类型：ZP88-1 型立式铸铜自动排气阀 2. 材质：铜 3. 规格：DN20 4. 压力：$P=1.0\text{MPa}$ 5. 焊接方法：螺纹连接	个	1				
10	031003001003	螺纹阀门	1. 类型：手动放风阀 2. 材质：铜 3. 规格：DN10 4. 安装位置：散热器上	个	7				
11	031005001001	铸铁散热器	1. 型号、规格：T0750 型辐射直翼对流铸铁散热器 2. 安装方式：落地安装 3. 托架：厂配	片	471				
12	031201001001	管道刷油	1. 除锈级别：手工除微锈 2. 油漆品种：红丹防锈漆 3. 涂刷遍数：两遍	m^2	29.25				
13	031201001002	管道刷油	1. 除锈级别：手工除微锈 2. 油漆品种：银粉漆 3. 涂刷遍数：两遍	m^2	29.25				
14	031208002001	管道绝热	1. 绝热材料：岩棉管壳 2. 绝热厚度：40mm	m^3	0.577				
15	031208007001	保护层	1. 材料：玻璃布 2. 层数：一层	m^2	21.912				

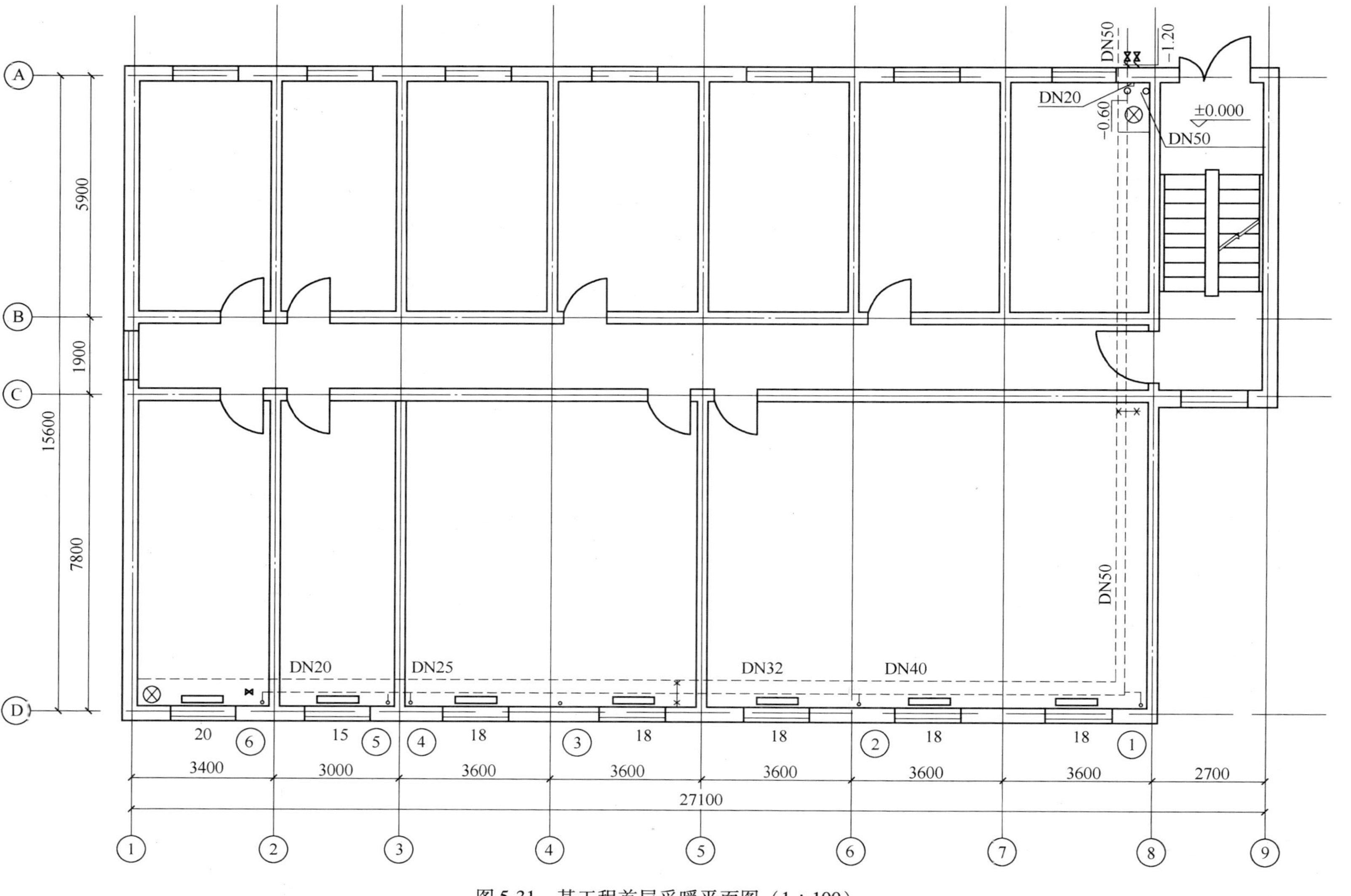

图 5-31　某工程首层采暖平面图（1：100）

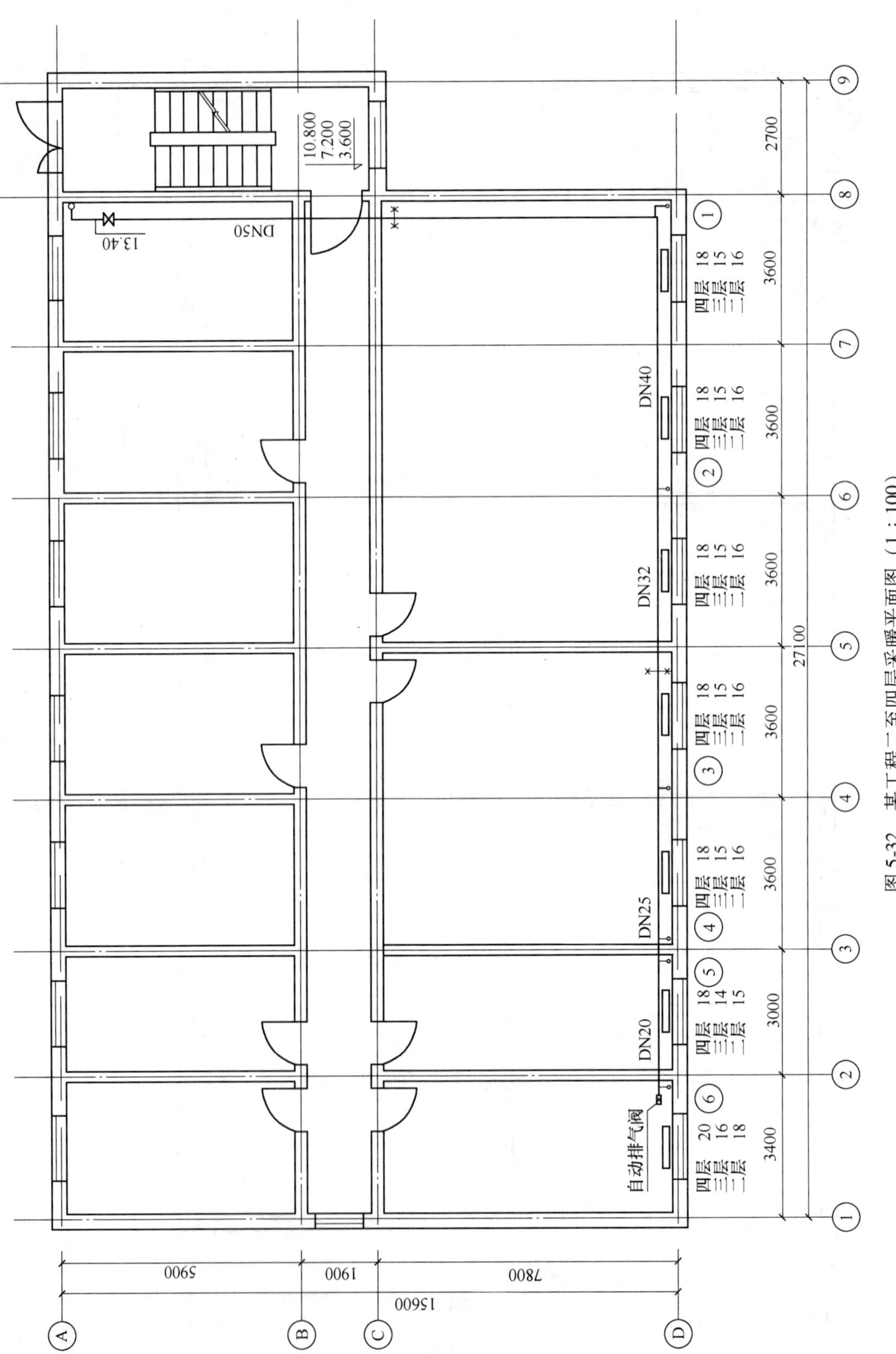

图5-32 某工程二至四层采暖平面图（1：100）

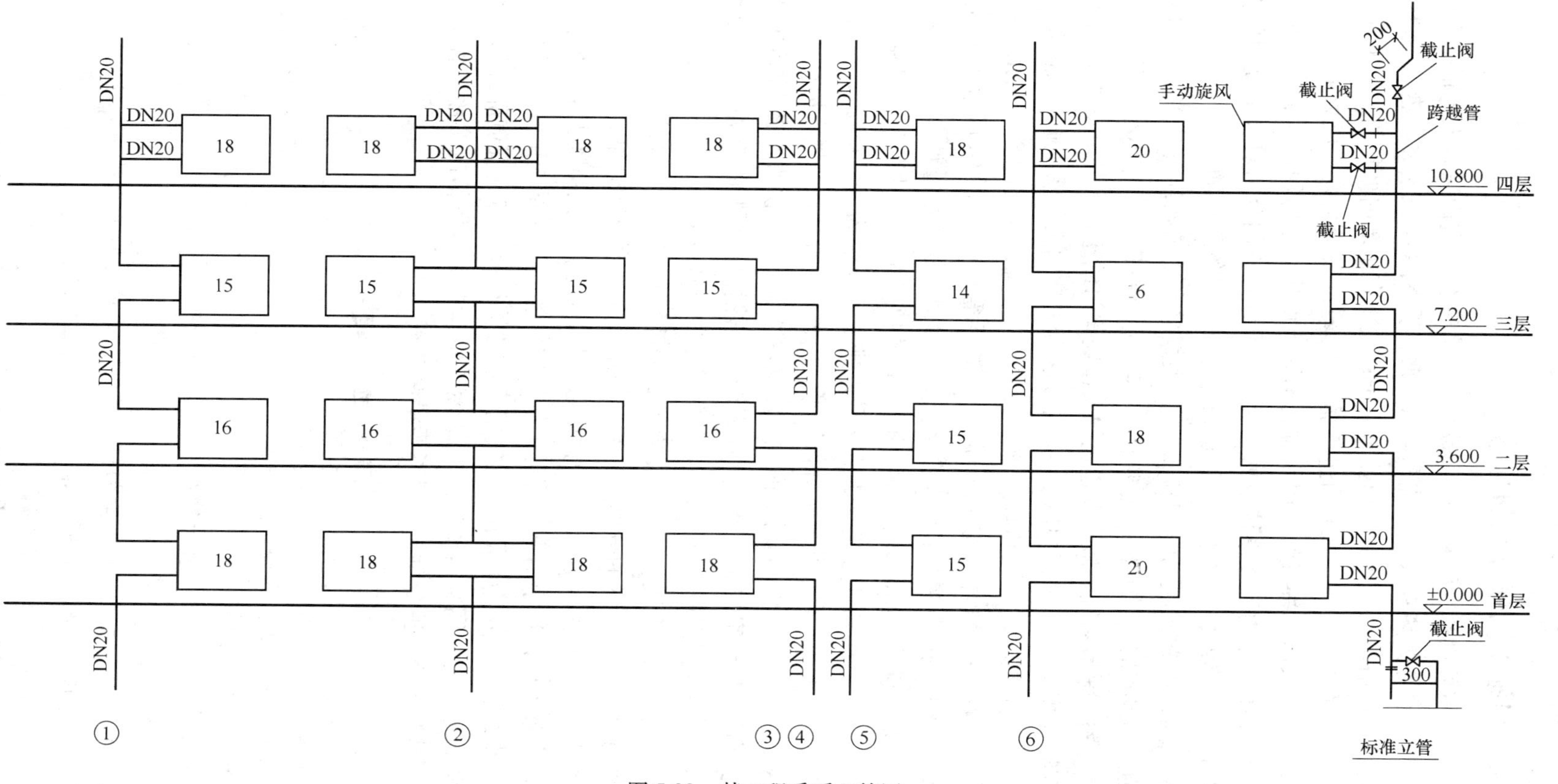

图 5-33　某工程采暖立管图

5.4.3 采暖工程施工图预算编制总结

采暖工程包括室外供热管网和室内采暖系统两大部分。室内采暖系统根据室内供热管网输送的介质不同，可分为热水采暖系统和蒸汽采暖、热风系统三大类。热水采暖系统按供水温度不同，可分为一般热水采暖和高温热水采暖；按水在系统内循环的动力不同，可分为自然循环系统和机械循环系统（靠水泵力进行循环）。蒸汽采暖系统按压力不同，可分为低压蒸汽采暖和高压蒸汽采暖；按凝结水回水方式不同，可分为重力回水式蒸汽采暖系统和机械回水式蒸汽采暖系统。室内采暖系统根据立管的敷设方式不同分为双管系统和单管系统。室内采暖系统是由入口装置、室内管道、管道附件、散热器等组成的。

在进行室内采暖系统施工图预算编制时，要根据采暖管道按所处位置（室内采暖管道和室外采暖管道）、定额册的范围（《全国统一安装工程预算定额》第八册定额、第六册定额）划分编制范围。室内采暖系统一般是以建筑物入口处阀门或建筑物外墙皮外1.5m为界，入口处阀门或建筑物外墙皮外1.5m以内属于室内采暖系统。室内采暖系统施工图预算编制内容有：管道部分、供暖设备与器具、管道附件、管道除锈、管道刷油及绝热等。管道工程量计算时，根据不同管材、公称直径、连接方法划分项目，以图示管道中心线的长度为准（不扣除阀门及管件所占长度），按照图中管道的具体布置情况计算。散热器工程量计算时，应区分不同材质分别列项计算，要注意散热器计量单位的不同，有的项目是以“片”为计量单位，有的则是以“组”为计量单位，而光排管式散热器又是以排管的长度为计量单位。除了散热器以外，还有一些管道附件，如疏水器、集气罐补偿器等，应根据工程量计算规定进行计算。管道、散热器等的除锈、刷油、绝热工程量计算时，应注意锈蚀等级、除锈的方法、刷油的种类及涂刷遍数等情况分别计算和套用定额，要特别注意铸铁散热器除锈刷油工程量是按散热面积计算的，散热面积可以根据国家规范或者是生产厂家给定的参数查取。

燃气管网系统常包括市政管网系统、室外管网系统及室内管道系统三部分。三部分的分界线是：室外管网和市政管网的分界点为两者的碰头点；室内管道和室外管网的分界有两种情况，一是由地下引入室内的管道以室内第一个阀门为界，二是由地上引入室内的管道以墙外三通为界，本章主要讲述室内燃气管道系统。室内燃气管道系统由室内管道（进户管道、户内干、立、支管道）、燃气计量表和燃气用具设备等组成。燃气管道部分的工程量计算方法基本和采暖管道系统相同，需要注意的是燃气用具根据具体情况按照工程量计算规定计算。定额中把燃气部分单独分章，注意不要错套定额。

思 考 题

1. 室内采暖系统如何分类？
2. 室内采暖系统由哪些部分组成？
3. 室内外采暖系统如何划分？
4. 室内采暖管道工程量如何计算？
5. 简述散热器工程量计算方法。
6. 管道、阀门、法兰保温工程量如何计算？其保护层的工程量如何计算？
7. 管道除锈、刷油工程量如何计算？
8. 简述室内民用燃气系统的组成。
9. 简述室内民用燃气部分项目套用定额时应注意的问题。

第 6 章　通风空调工程施工图预算的编制

6.1　概述

6.1.1　通风空调工程的概念

通风就是把室外的新鲜空气适当地处理后（如净化加热等）送进室内，把室内的废气（经消毒、除害）排至室外，从而保持室内空气的新鲜和洁净度。也就是送风、排风、除尘、气力输送以及防、排烟系统工程的统称。

空气调节工程是更高一级的通风，它不仅要保证送进室内空气的温度和洁净度，同时还要保持一定的干湿度和速度。

6.1.2　通风工程分类与组成

1. 通风工程分类

（1）按其作用范围分类　通风工程可划分为全面通风、局部通风、混合通风。

1）全面通风：就是对整个房间或设施进行全面空气交换。当有害气体在大范围内产生并扩散到整个房间或设施时就需要全面通风，排除有害气体或送入大量的新鲜空气，将有害气体的含量冲淡到允许的范围之内。

2）局部通风：就是将污浊空气或有害气体从产生处抽出以防止扩散，或将新鲜空气送到某一个局部范围，改善局部范围内的空气状况。一般的车间应优先考虑采用局部通风。

3）混合通风：采用全面送风和局部排风或全面排风和局部送风相结合的通风形式称为混合通风。

（2）按其动力不同分类　通风工程可以划分为自然通风和机械通风。

1）自然通风：是借助于风压和热压使室内外的空气进行交换，可分为有组织的自然通风、管道式通风和无组织的通风。它主要靠建筑物的门、窗、天窗、百叶窗、通风口或风帽来完成。一般当地下室面积小于 50m^2 或设外窗且走道长度小于 60m 以及虽不设外窗但通道长度小于 20m 时可考虑采用自然通风。

自然通风示意图如图 6-1 所示。

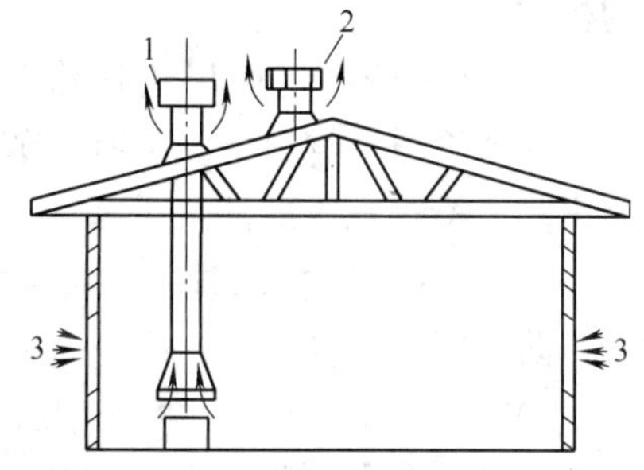

图 6-1　自然通风示意图

1—炉上风帽安装　2—屋顶上风帽安装
3—室外进气

自然通风又可分为：

① 无组织的自然通风，是指建筑物不设置任何通风装置，只依靠门窗及其缝隙进行通风。一般的建筑物应优先考虑采用这种通风方式以降低成本。

② 有组织的自然通风，是指建筑物在墙上、屋顶设

置可以自由启闭的侧窗、天窗或风帽以控制和调节排气的地点和数量进行有组织的通风。

2）机械通风：机械通风就是利用通风机产生的抽力和压力，借助通风管网进行室内外空气交换的通风方式。机械通风按作用范围不同可分为局部通风（包括局部排风和送风）和全面机械通风（包括全面排风和送风）两种。

机械通风示意图如图 6-2 所示。

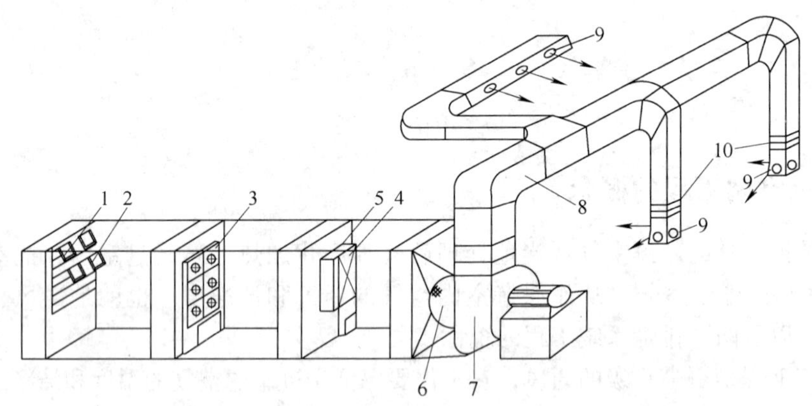

图 6-2　机械通风系统

1—百叶窗　2—保温阀　3—过滤器　4—空气加热器　5—旁通阀　6—起动阀　7—风机　8—风道　9—送风口　10—调节阀

（3）按通风系统的特征分类　可分为进气式通风和排气式通风。

2. 通风工程的组成

通风工程一般由送风系统和排风系统两部分组成。

（1）送风系统组成　送风系统组成如图 6-3 所示。包括新风口、空气处理室、通风机、送风管、回风管、送（出）风口、吸（回、排）风口、管道配件、管道部件等。

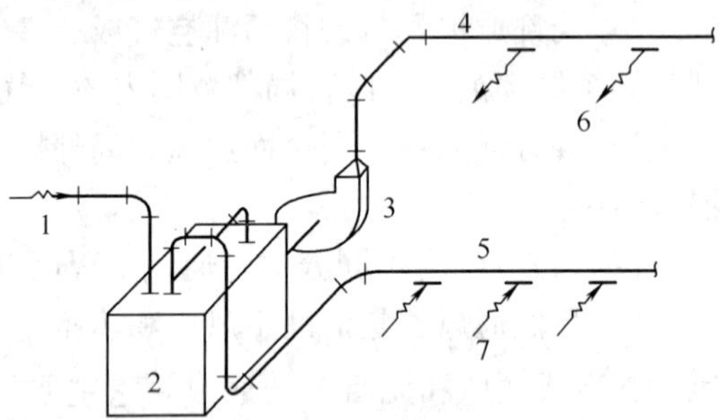

图 6-3　送风（J）系统组成示意图

1—新风口　2—空气处理室　3—通风机　4—送风管　5—回风管　6—送（出）风口　7—吸（回）风口

1）新风口：新鲜空气的入口。

2）空气处理室：进行空气过滤、加热、加湿等处理的设备。

3）通风机：将处理后的空气送入风管内的机械。

4）送风管：将通风机送来的空气送到各个房间的管道。管道上安装有调节阀、送风口、防火阀、检查孔等部件。

5）回风管（排风管）：将浊气吸入管内，再送回空气处理室的管道，管道上装有回风口、防火阀等部件。

6）送（出）风口：将处理后的空气均匀送入房间风口。

7）吸（回、排）风口：将房间内浊气吸入回风管道，送回空气处理室进行处理的风口。

8）管道配件（管件）：弯头、三通、四通、异径管、法兰盘、导流片、静压箱等。

静压箱是送风系统减少动压、增加静压、稳定气流和减少气流振动的一种必要的配件，它可使送风效果更加理想。静压箱可用来减少噪声，又可获得均匀的静压出风，减少动压损失。而且还有万能接头的作用。把静压箱很好地应用到通风系统中，可提高通风系统的综合性能。

9）管道部件：各种风口、阀门、排气罩、风帽、检查孔、测定孔及风管支架、吊托架等。

（2）排风系统组成　排风系统组成如图 6-4 所示。包括排风口、排风管、排风机、风帽、除尘器及其他管件和部件等。

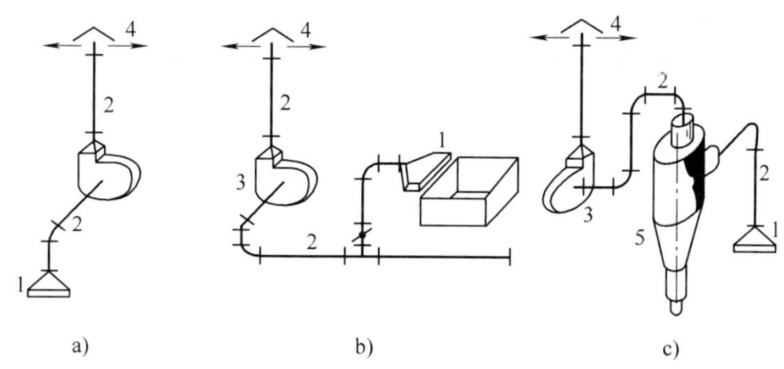

图 6-4　排风系统组成示意图

a）P 系统　b）侧吸罩 P 系统　c）除尘 P 系统

1—排风口（侧吸罩）　2—排风管　3—排风机　4—风帽　5—除尘器

1）排风口：将浊气吸入排风管内。有吸风口、排风口、侧吸罩、吸风罩等部件。

2）排风管：输送浊气的管道。

3）排风机：将浊气通过机械从排气管排出。

4）风帽：将浊气排入大气中，以防止空气倒灌并防止雨水灌入的部件。

5）除尘器：利用排风机的吸力将灰尘以及有害物质吸入除尘器中，再将尘粒集中排除。

6.1.3　空调系统工程分类及组成

1. 空调系统的分类

空调是将送入房间的空气进行净化，加热（冷却）、干燥、加湿等处理，使其“四度”（温度、湿度、洁净度、气流速度）保持在一定范围内，从而确保空气质量适应工作与生活的需要。空调系统一般按工艺要求可分为集中空调、局部空调、混合式空调三种形式。

（1）集中空调系统　将空气集中处理后由风机把空气输送到需要空气调节处理的房间。当系统的制冷量要求大时，因设备体积较大，可将所有空调设备集中安装在某个机房中，然后配以风管、风机、风口及各种配套阀门和控制设备。恒温恒湿集中式空调系统如图 6-5 所示。

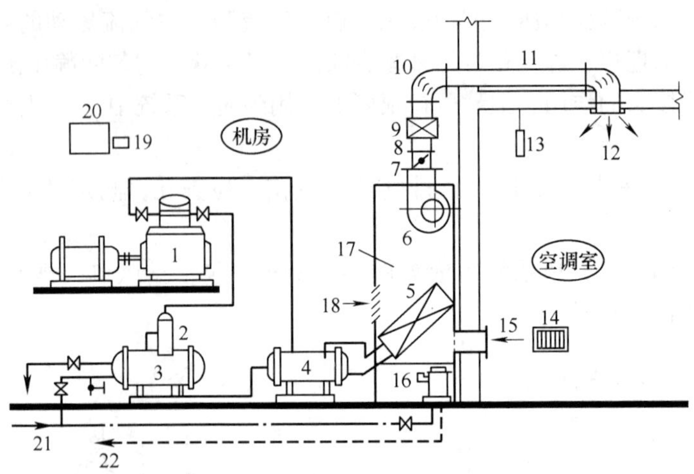

图 6-5 恒温恒湿集中式空调系统示意图

1—压缩机 2—油水分离器 3—冷凝器 4—换热器 5—蒸发器 6—风机 7—送风调节阀 8—帆布接头 9—电加热器 10—导流片 11—送风管 12—送风口 13—电接点温度计 14—排风口 15—回风口 16—电加湿器 17—空气处理室 18—新风口 19—电子仪控制器 20—电控箱 21—给水管 22—回水管

(2) 局部空调系统（分散式） 将空气设备直接或就近安装在需要空气调节的房间，就地调节空气。这类系统只要求局部实现空气调节，可直接采用空调机组。如柜式、壁挂式、窗式等，并在空调机上加新风口、电加热器、送风口及送风管等，如图 6-6 所示。

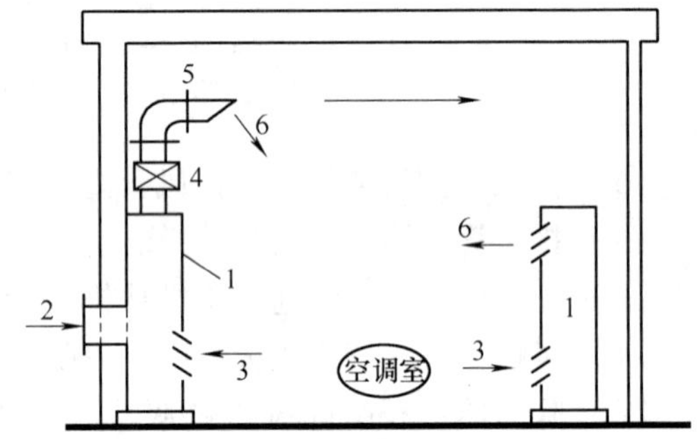

图 6-6 局部空调系统示意图

1—空调机组（柜式） 2—新风口 3—回风口 4—电加热器 5—送风管 6—送风口

(3) 混合式空调系统 既有集中处理，又有局部处理的空气调节，也称半集中式空调系统。这类系统是先通过集中式空调器对空气进行处理后，由风机和管道将处理过的空气（一次风）送至空调房间内的诱导器，空气经喷嘴以高速射出，在诱导器内形成负压，室内空气（二次风）被吸入诱导器，一、二次风相混合后由诱导器风口送出。

此外空调系统还可按对空气参数的不同要求，分为恒温恒湿空调系统、降湿空调系统；按空气循环利用方式不同分为直流式空调系统、一次循环（回风）系统、二次循环（回风）系统。

2. 空调系统的组成

空调系统多为定型设备，一般组成部分有百叶窗、保温阀、空气过滤器、一次加热器、调节阀、淋水室（喷淋室）、二次加热器。

1）百叶窗：百叶窗是用来防止雨雪和其他杂物等落入进气设备的防护装置，分为木制的与金属制的两种，叶片角度为30°或45°两种。一般情况下用30°的百叶窗，在风沙较大的地区，为了防止风沙、雨雪侵入，常采用45°百叶窗。

2）保温阀：当空调系统停止工作时，可防止室外空气进入。

3）空气过滤器：清除新鲜空气中的灰尘。

4）一次加热器：是安装在淋水室或冷却器前的加热器，用于提高空气温度和增加吸湿能力，一般只在冬天使用，如用循环空气和新鲜空气混合时，有时可不用。

5）调节阀：调节一、二次循环风量，使室内空气循环使用以节约冷（热）量。

6）淋水室（喷淋室）：可根据使用需要喷淋不同温度的水，对空气进行加热、加湿、冷却、减湿等处理。淋水室设置挡水板，挡水板是组成淋水室的部件之一，它是由多个直立的折板（呈锯齿形）组成。折板以一般可用 0.75 ~ 1.0mm 的镀锌钢板加工制成，也有的用玻璃条组成。挡水板的主要用途是防止悬浮在喷水室气流中的水滴被带走，同时还有使空气气流均匀的作用。

7）二次加热器：安装在淋水室或表面冷却器之间的加热器，用于加热淋水室的空气，以保证送入室内的空气具有一定的温度和相对湿度。

3. 风管常用材料与连接方式

通风与空调工程的风管和部件、配件所用的材料主要有镀锌薄钢板、普通薄钢板（又称黑铁皮）、玻璃钢板、复合钢板、不锈钢板、铝板、聚氯乙烯塑料板等，有时也用砖、混凝土、矿渣石膏板和木丝板。

通风与空调工程主要部件的连接方式有咬口、焊接和法兰连接三种。

风管应在适当的位置设置测温、测压、测风量等的仪表，在风管上还需安装检查孔，对水平或倾斜敷设的风管应设清扫口。输送含水蒸气或潮湿气体的排风管道，应有不小于 0.5% 坡度，并在风管最低点的通风机底部装水封及排水管。对输送有腐蚀性气体、蒸气和粉尘的风道，通风机及配件应作防腐处理。通风管应根据要求考虑是否采用保温、消声、减振等措施。

6.2　通风空调工程工程量计算与定额应用

6.2.1　通风空调工程定额及内容

1. 定额适用范围

《全国统一安装工程预算定额》第九册《通风空调工程》适用于工业与民用建筑的新建、扩建项目中的通风、空调工程。

2. 定额内容组成

《通风空调工程》定额共分十四章，有各类通风管道的制作与安装、通风管道部件的制作与安装、通风空调设备的安装、空调部件及设备支架的制作与安装、风帽的制作与安装、罩类的制作安装等部分。

通风空调管道、设备刷油及绝热工程使用第十一册《刷油、防腐蚀、绝热工程》。

（1）通风、空调管道与部件的制作与安装　通风、空调管道与部件的制作与安装定额包括薄钢板通风管道制作安装、净化通风管道及部件制作安装、不锈钢通风管道及部件制作安装、铝板通风管道及部件制作安装、塑料通风管道及部件制作安装、玻璃钢通风管道及部件安装等类。

1）薄钢板通风管道制作安装定额，根据薄钢板的材质、风管的断面形式、风管直径（或周长）、壁厚不同分别列出，包括镀锌薄钢板圆形风管、镀锌薄钢板矩形风管 、薄钢板圆形风管、薄钢板矩形风管等。定额中各种钢板为未计价材料。

除此之外，定额还列出了柔性软风管、柔性软风管阀门安装、弯头导流叶片、软管接口、风管检查孔、温度测定孔、风量测定孔等定额子目。其中柔性软风管、柔性软风管阀门为未计价材料。

2）净化通风管道及部件制作安装定额分别列有镀锌薄钢板矩形净化风管（咬口）、静压箱、铝制孔板风口、过滤器框架等制作安装及高、中、低效过滤器、净化工作台、风淋室安装等定额子目。其中优质镀锌钢板，高、中、低效过滤器、净化工作台、风淋室为未计价材料，其材料费应另行计入。

3）不锈钢板通风管道及部件制作安装。不锈钢圆形风管根据壁厚和直径不同分别列项，其接口形式为电焊连接，不锈钢板为未计价材料。部件制作安装包括不锈钢风口、圆形法兰、圆形蝶阀、吊托支架制作安装等项目。不锈钢风口定额中不锈钢丝网为未计价材料。

4）铝板通风管道制作安装定额包括铝板圆形风管、矩形风管，其中铝板为未计价材料，应另行计入。铝板通风管道部件制作安装包括圆伞形风帽、圆形法兰（气焊、手工氩弧焊）、矩形法兰（气焊、手工氩弧焊）、圆形蝶阀、矩形蝶阀（气焊）、风口等项目。

5）塑料通风管道及部件制作安装。塑料通风管道制作安装定额包括塑料圆形风管、矩形风管，根据风管直径或周长、壁厚不同分别列项，塑料板为未计价材料。塑料通风管道部件制作安装包括各种形式空气分布器、直片式散流器、插板式风口、各类阀门及各类风罩、风罩调节阀、风帽、柔性接口及伸缩节。

6）玻璃钢通风管道及部件安装。玻璃钢通风管道安装定额根据风管断面形式不同分为圆形风管、矩形风管两大类，又根据风管直径或周长、壁厚不同分别列项。其中玻璃钢风管为未计价材料，应另行计入。

玻璃钢通风管道部件安装定额包括各式阀门、电动机防雨罩、各式风口、散流器、风帽等子目。

（2）通风空调设备安装　通风空调设备安装定额包括空气加热器安装、冷却塔安装、离心式通风机安装、轴流式通风机安装、除尘设备安装、整体式空调机（冷风机）安装、窗式空调器安装、风机盘管安装、分段组装式空调器安装、玻璃冷却塔安装等九部分内容。

通风空调设备安装定额除分段组装式空调器安装以“100kg”为单位外，其余均以“台”为单位。

（3）调节阀、消声器制作安装　包括调节阀制作安装与消声器制作安装两部分。

1）调节阀制作安装。调节阀制作安装定额有十二大类，即空气加热器上（旁）通阀，圆形瓣式启动阀，圆形保温阀，方、矩形保温阀，圆形蝶阀，方、矩形蝶阀，圆形风管止回阀，方形风管止回阀，密闭式斜插板阀，矩形风管三通调节阀，对开多叶调节阀，风管防火阀的制作安装等。每一类又根据阀门的形状、单件质量分别列项。

2）消声器制作安装。定额包括：片式消声器、矿棉管式消声器、聚脂泡沫管式消声器、卡普隆纤维管式消声器、弧形声流式消声器、阻抗复合式消声器制作安装六个子目。

调节阀、消声器制作安装定额均以“100kg”为单位。

（4）风口、风帽、罩类制作安装

1）风口分为制作和安装两部分。①风口制作：根据风口形式不同分 21 类。钢百叶窗（J718—1）根据单件面积列项；风管插板风口（T208—1、2）制作安装定额，根据风口周长不同分别以“个”列出。风口制作定额中，钢百叶窗、活动金属百叶风口以“m^2”为单位，风管插板风口以“个”为单位，其余均以“100kg”为单位，计算工程量时应予以注意。②风口安装：定额除钢百叶窗是根据框内面积不同以“个”列出外，其余风口均根据其周长或直径不同以“个”列出。

2）风帽制作安装。定额根据风帽形状不同列出了圆伞形风帽、锥形风帽、筒形风帽三类，每一类又根据风帽单件质量不同分别列项。除此之外，定额还列出了筒形风帽滴水盘、风帽筝绳、风帽泛水。

风帽制作安装定额中，除了风帽泛水是以“m^2”为单位外，其余均以“100kg”为单位。

3）罩类制作安装。定额根据罩类形式、功能不同列出 13 类，均以“100kg”为单位。

（5）空调部件及设备支架制作安装 空调部件及设备支架制作安装定额包括七部分，其中金属空调器壳体、滤水器、溢水盘、电加热器外壳、设备支架等均以“100kg”为单位；钢板挡水板分三折曲板、六折曲板，又根据片距不同分别列项，以“m^2”为单位；钢板密闭门分带视孔、不带视孔两个子目，以个为单位。

（6）通风空调管道、设备刷油及绝热工程 通风空调管道、设备刷油及绝热工程分别套用第十一册《刷油、防腐蚀绝热工程》管道刷油、设备与矩形管道刷油、金属结构刷油及绝热工程等有关子目。

3. 通风空调管道和部件的制作与安装定额划分

通风空调管道和部件的定额中制作与安装是不分的。如果只安装成品，应按定额分册中制作安装划分表，划分后再套用相应定额子目。制作安装划分比例表如表 6-1 所示。

表 6-1　通风空调管道和部件的制作与安装比例划分

章　号	项　　目	制作比例(%)			安装比例(%)		
		人工费	材料费	机械费	人工费	材料费	机械费
第一章	薄钢板通风管道制作安装	60	95	95	40	5	5
第二章	调节阀制作安装	85	98	99	15	2	1
第三章	风口制作安装	85	98	99	15	2	1
第四章	风帽制作安装	75	80	99	25	20	1
第五章	罩类制作安装	78	98	95	22	2	5
第六章	消声器制作安装	91	98	99	9	2	1
第七章	空调部件及设备支架制作安装	86	98	95	14	2	5
第八章	通风空调设备制作安装	0	0	0	100	100	100
第九章	净化通风管道及部件制作安装	60	85	95	40	15	5
第十章	不锈钢通风管道及部件制作安装	72	95	95	28	5	5
第十一章	铝板通风管道及部件制作安装	68	95	95	32	5	5
第十二章	塑料板通风管道及部件制作安装	85	95	95	15	5	5
第十三章	玻璃钢通风管道及部件制作安装	0	0	0	100	100	100
第十四章	复合型风管制作安装	60	0	99	40	100	1

【例 6-1】 某通风管道采用的是 $D=660\mathrm{mm}$ 薄钢板风管 100m。风管由甲方供应，乙方负责安装，按定额规定乙方应计取多少安装工程费？

解：

（1）查定额知定额基价为 225.56 元，其中人工费 85.74 元，材料费 126.39 元，机械费 13.34 元。

（2）查表 6-1 可知，风管制作、安装费用划分比例为：人工安装费占 40%，材料费占 5%，机械费占 5%，则风管工程量为

$$3.14\times0.66\times100/10\ \mathrm{m}^2=20.72(10\mathrm{m}^2)$$

（3）定额直接安装费为

$$(85.74\times40\%+126.39\times5\%+13.43\times5\%)\times20.72\text{ 元}=855.83\text{ 元}$$

6.2.2 薄钢板通风管道制作与安装

通风管道种类很多，按风管截面形状分，有圆形风管和矩形风管；按材质不同分薄钢板风管、不锈钢板风管、铝板风管、塑料风管、玻璃钢风管和保温玻璃钢风管等。

通风管道的连接形式以通风管道制作方法分，有咬口连接和焊接两种形式，以通风管安装形式分为有法兰连接和无法兰连接。

在套用定额时应区分风管截面、材质及连接方式等分别套用相应定额子目。

1. 工程量计算

（1）管道工程量计算　风管制作安装按图示不同规格以展开面积计算。不扣除检查孔、测定孔、送风口、吸风口等所占面积。定额计量单位为“$10\mathrm{m}^2$”。

圆管

$$F=\pi DL$$

矩形风管

$$F=(\text{边宽}+\text{边宽})\times2\times L$$

式中 F——风管展开面积（m^2）；

D——圆形风管直径（m）；

L——管道中心线长度（m）。

在工程量计算时，风管长度一律以施工图中心线为准（立管与支管以其中心线交点划分），包括弯头、三通、四通、变径管、天圆地方等管件的长度，但不包括部件（如阀门）所占长度。直径和周长按图示尺寸为准展开，咬口重叠部分已包括在定额内，不得另行增加。

在计算风管长度时应扣除的部件长度（L）如下：

1）蝶阀：$L=150\mathrm{mm}$。

2）对开式多叶调节阀：$L=210\mathrm{mm}$。

3）圆形风管防火阀：$L=D+240\mathrm{mm}$。D 为风管直径

4）矩形风管防火阀：$L=B+240\mathrm{mm}$。B 为风管高度

5）止回阀：$L=300\mathrm{mm}$。

6）密闭式斜插板阀：$L=D+200\mathrm{mm}$。D 为风管直径

通风管道主管与支管是从其中心线交点处划分以确定中心线长度的，分别见图 6-7、

图 6-8和图 6-9。

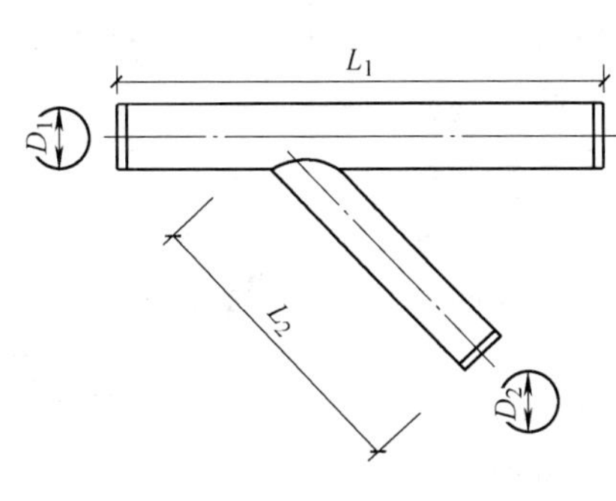

图 6-7　斜三通

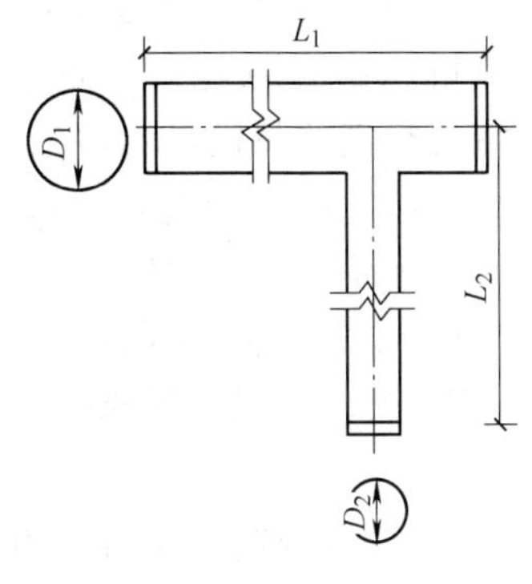

图 6-8　正三通

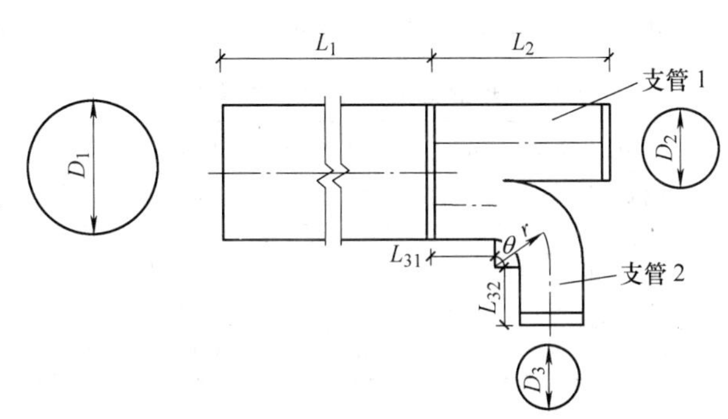

图 6-9　裤衩三通

在图 6-7 中，主管展开面积为

$$S_1 = \pi D_1 L_1$$

支管展开面积为

$$S_2 = \pi D_2 L_2$$

在图 6-8 中，主管展开面积为

$$S_1 = \pi D_1 L_1$$

支管展开面积为

$$S_2 = \pi D_2 L_2$$

在图 6-9 中，主管展开面积为

$$S_1 = \pi D_1 L_1$$

支管 1 展开面积为

$$S_2 = \pi D_2 L_2$$

支管 2 展开面积为

$$S_2 = \pi D_3 (L_{31} + L_{32} + 2\pi r\theta)$$

式中　θ——弧度，θ = 角度 ×0.01745，角度为中心线夹角；

r——弯曲半径。

（2）风管导流叶片工程量计算　导流叶片的作用是将从空气调节主机压出的通过交换的冷气顺着风管从风口排除，达到调节室内空气的目的。当冷气通过风管弯头处时，如果不对其进行导流，势必产生涡流影响冷气传导。因此，规范规定通风管道直径（或长边长）大于500mm的弯头必须安装导流叶片。管道高度≥1000mm时用双叶片，管道高度<1000mm时用单叶片。风管导流叶片工程量均按图示叶片面积计算。

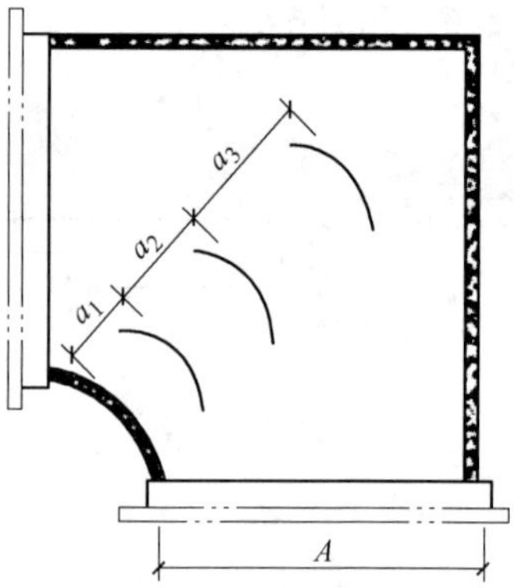

1）导流叶片的构造，如图6-10所示。

图6-10　导流叶片构造

2）导流叶片面积的计算。导流片的片数及单片面积与风管的边长有关。如设计无规定时，可执行GB 50243—1997《通风与空调工程施工及验收规范》的规定，先依据风管长边规格尺寸（*A*边）确定导流叶片的片数，再依据风管高度（*B*）确定相对应导流叶片的单片面积，详见表6-2。

表6-2　矩形弯头导流叶片面积计算表

风管弯头长/mm	750	830	1050	1250	1500	1850	2250				
风管*A*边(长)尺寸/mm	500	600	800	1000	1250	1600	2000				
导流叶片片数	4	4	6	7	8	10	12				
风管规格*B*/mm	200	250	320	400	500	630	800	1000	1250	1600	2000
导流片面积/(m^2/片)	0.075	0.091	0.114	0.14	0.17	0.216	0.273	0.425	0.502	0.623	0.755

（3）柔性软风管安装工程量计算　按图示管道中心线长度以“m”为单位计算，柔性软风管阀门安装以“个”为单位计算。

（4）软管（帆布接口）制作安装工程量计算　按图示尺寸以“m^2”为单位计算。

（5）风管检查孔工程量计算　按《全国统一安装工程预算定额》第九册附录“国际通风部件标准质量表”计算。

（6）风管测定孔制作安装工程量计算　按其型号以“个”为单位计算。

2. 定额的套用

1）整个通风系统设计采用渐缩管均匀送风时，圆形风管按平均直径，矩形风管按平均周长，套用相应规格子目，其人工应乘以系数2.5。

2）镀锌薄钢板风管子目中的板材是按镀锌薄钢板编制的，如不用镀锌薄钢板时，板材可以换算，其他不变。

3）软管接头使用人造革而不使用帆布时可以换算。

4）风管导流叶片不分单叶片、双叶片均使用同一子目。

5）如制作空气幕风管时，按矩形风管平均周长套用相应风管规格子目，其人工乘以系数3，其余不变。

6）镀锌薄钢板的制作安装中除包括上述管件中的制作安装还包括法兰、加固框、吊托支架的制作安装，但不包括跨风管落地支架，落地支架设备执行支架项目。

7）项目中法兰垫料如设计要求使用材料不同时可以换算但人工不变。使用泡沫者，每1kg橡胶板换算为泡沫塑料0.125kg；使用闭孔乳胶海绵时，每1kg橡胶板换算闭孔乳胶海绵 0.5kg。

8）柔性软风管适用于金属、涂塑化纤织物、聚酯乙烯、聚氯乙烯薄膜、铝箔等材料制成的软风管。柔性软风管与帆布接口的主要区别就是柔性软风管为成品安装，而帆布接口主要是现场制作安装。在套用定额时，柔性软风管如每根长度小于 3m 时，可直接套用定额；如每根长度大于 3m 时，可按 3m 一根折算，不足 3m 按 3m 计。

【例 6-2】 如图 6-11 所示，已知风管安装高度为 5.5m，材质为厚度为 0.5mm 的普通镀锌薄钢板圆形风管，采用咬口连接，风管尺寸如图，弯头的弯曲半径 $R=300$mm，弯曲度数为 60°、90°两种。试计算风管的定额直接费。

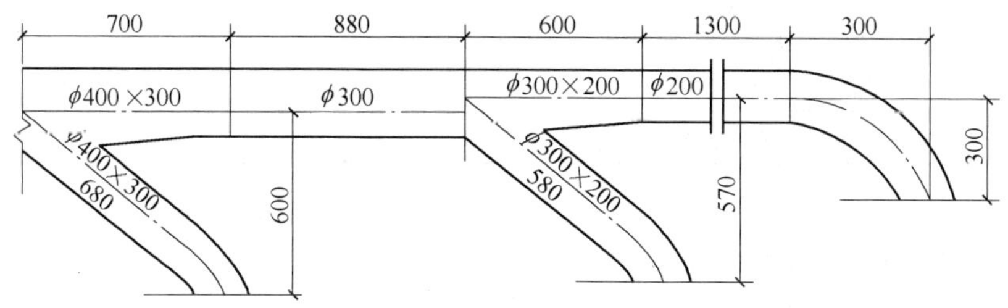

图 6-11　风管示意图

解：分析：根据镀锌钢板圆形风管薄钢板（$\delta=1.2$mm 以内、咬口）的定额项目，可知本题需划分两项计算风管面积。直径 200mm 以内（含 200mm）的套用定额子目 9-1；直径 500mm 以下套用定额子目 9-2。工程量计算时，风管的长度应按管道中心线展开长度计算（弯头处的中心线长度应根据弯曲半径 r 和圆心角度数 θ 来计算，即 $L=\frac{\theta\pi r}{180°}$）。渐缩管应按平均直径计算。

（1）工程量计算

ϕ200

$$F=\pi DL=3.14\times0.2\text{m}\times\left[1.3\text{m}+\frac{90°\times3.14\times0.3\text{m}}{180°}\right]$$
$$=3.14\times0.2\text{m}\times1.771\text{m}$$
$$=1.11\text{m}^2$$

ϕ300×200 渐缩管

$$F=\pi DL\ =3.14\times\ \ \times\left[0.6\text{m}+0.58\text{m}+\frac{60°\times3.14\times0.3\text{m}}{180°}\right]$$
$$=3.14\times0.25\text{m}\times1.494\text{m}$$
$$=1.17\ \text{m}^2$$

ϕ300

$$F=\pi DL=3.14\times0.3\text{m}\times0.88\text{m}=0.83\text{m}^2$$

ϕ400×300 渐缩管

$$F=\pi DL=3.14\times\frac{0.4\text{m}+0.3\text{m}}{2}\times\left[0.7\text{m}+0.68\text{m}+\frac{60°\times3.14\times0.3\text{m}}{180°}\right]$$
$$=3.14\times0.35\text{m}\times1.69\text{m}$$
$$=1.86\ \text{m}^2$$

工程量合计：直径200mm以内项目工程量为1.11 m^2；直径500mm以内项目工程量3.86 m^2。

(2) 定额直接费计算　见表6-3。

表6-3　定额直接费计算表

序号	定额编号	项目名称	单位	数量	基价/元	合价/元	其中人工费	
							单价/元	合价/元
1	9－1	镀锌簿钢板圆形风管(δ=1.2mm以内、咬口)直径200以下	$10m^2$	0.11	480.92	52.90	338.78	37.27
2	9－2	镀锌簿钢板圆形风管(δ=1.2mm以内、咬口)直径500以下	$10m^2$	0.39	378.10	147.46	208.75	81.42
		定额直接费小计				200.36		118.69

6.2.3　其他项目的定额应用

1. 调节阀、消声器制作安装

通风空调系统常用阀类有：空气加热器上旁通阀、圆形瓣式启动阀、圆形保温蝶阀、方形及矩形保温蝶阀、、圆形蝶阀、方形及矩形蝶阀、圆形及方形风管止回阀、密闭式斜插板阀、矩形风管三通调节阀、对开多叶调节阀、风管防火阀等。

(1) 调节阀的制作　调节阀的制作分标准设计和非标准设计，其工程量均按成品质量以“kg”为单位计算。如为标准设计，可根据设计型号、规格查阅标准图或查阅定额第九册附录二查出其成品质量；如为非标准设计，应按图示成品质量计算，套用调节阀的制作子目。

(2) 调节阀安装　安装工程量按图示规格尺寸（周长或直径）以“个”为单位计量，套用其相应的安装子目。

(3) 余压阀安装　套用止回阀定额子目（第八册）。

【例6-3】　某通风工程，按图样标示计算，共有$D=160$mm钢制蝶阀（T302-7）20个，$D=400$mm钢制蝶阀（T302-7）10个，请计算蝶阀制作、安装工程量。

解：首先查质量表知：$D=160$mm蝶阀2.81kg/个，$D=400$mm蝶阀8.86kg/个。

即ϕ160钢制蝶阀＝2.81kg/个×20个＝56.2kg

ϕ400钢制蝶阀＝8.86kg/个×10个＝88.6kg

根据定额规定可知，ϕ160和ϕ400均属于10kg以下子目，所以钢制蝶阀制作、安装工程量为：

$$(56.2+88.6)\text{kg}=144.8\text{kg}=1.45(100\text{kg})$$

(4) 消声器制作与安装　消声器通常有阻性和抗性、共振性、宽频带复合式消声器等。

消声器制作安装工程量按成品质量以“kg”为单位计算。如为标准设计，可根据设计型号、规格查阅标准图或查阅《全国统一安装工程预算定额》第九册附录二查出其成品质量；如为非标准设计，应按图示成品质量计算。消声器支架应另行列项计算，套用消声器的制作安装子目。

调节阀、消声器刷油、防腐执行《全国统一安装工程预算定额》第十一册《刷油、防腐蚀、绝热工程》定额子目。

2. 风口、风帽、罩类制作与安装

（1）风口制作与安装　分为风口制作与安装两项。

1）风口制作。钢百叶窗及活动金属百叶风口的制作，以“m^2”为计量单位。除此之外均按成品质量以“kg”为单位计算，如为标准设计，可根据设计型号、规格查阅标准图或查阅定额第九册附录二查出其成品质量；如为非标准设计，应按图示成品质量计算。套用风口制作的相应定额子目。

2）风口安装。风口安装均按规格尺寸以“个”为单位计算。套用风口安装相应子目。风口安装螺栓是以暗装考虑的，如螺栓为明装时，人工费乘以系数0.8，其余不变。

（2）风帽制作与安装　风帽的主要形状有伞形风帽、锥形风帽和筒形风帽等，风帽的制作安装区分不同形状以“kg”为单位计算，套用风帽制作安装相应子目。

风帽筝绳（牵引绳）制作安装按图所示规格、长度以“kg”为单位计算，套用风帽筝绳子目。

风帽泛水制作安装按图示尺寸展开面积，以“m^2”为单位计算，套用风帽泛水子目。

当通风管道穿出屋面时，为了防止雨水渗入，必须安装风帽泛水，尽管有时施工图没有标出，也必须安装，因此在计算工程量时必须予以考虑。

风帽泛水制作、安装分圆形和方形两种，其工程量计算应分不同规格，按展开面积计算，如图6-12所示。

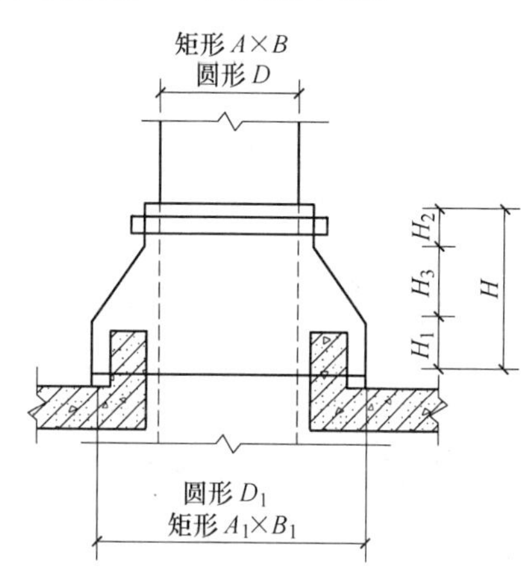

图6-12　风帽泛水

圆形展开为

$$F = \left(\frac{D_1 + D}{2}\right)\pi H_3 + D\pi H_2 + D_1\pi H_1$$

方、矩形展开为

$$F = [2(A+B) + 2(A_1+B_1)] \div 2H_3 + 2(A+B)H_2 + 2(A_1+B_1)H_1$$

式中　$H = D$或风管大边长；$H_1 \approx 100 \sim 150\text{mm}$；$H_2 \approx 50 \sim 150\text{mm}$。

（3）罩类制作与安装　罩类指通风空调系统中风机传动带防护罩、电动机防雨罩和倒吸罩、排气罩、吸式槽边罩、抽风罩、回转罩等，其制作安装根据规格、型号按质量以“kg”为单位计算，套用罩类制作安装相应定额子目。

以上风帽及罩类制作安装工程量如为标准设计时，其质量可查阅《全国统一安装工程预算定额》第九册定额附录中成品质量。

3. 空调部件及设备支架制作与安装

空调部件及设备支架制作与安装主要包括空调器金属壳体、滤水器、溢水盘、挡水板、密闭门、电加热器外壳及设备支架等的制作安装。

1）金属空调器壳体、滤水器、溢水盘，其工程量均按成品质量以“kg”为单位计算。如为标准设计，可根据设计型号、规格查阅标准图或查阅定额第九册附录二查出其成品质量；如为非标准设计，应按图示成品质量计算，套用相应的制作子目。

2）挡水板制作安装按空调器断面以“m^2”为单位计算，套用相应子目。如果是玻璃钢板挡水板，则执行钢挡水板相应项目，但其材料、机械均乘以系数0.45，人工不变。挡水板如图6-13所示。

挡水板面积 = 空调器断面面积 × 挡水板张数

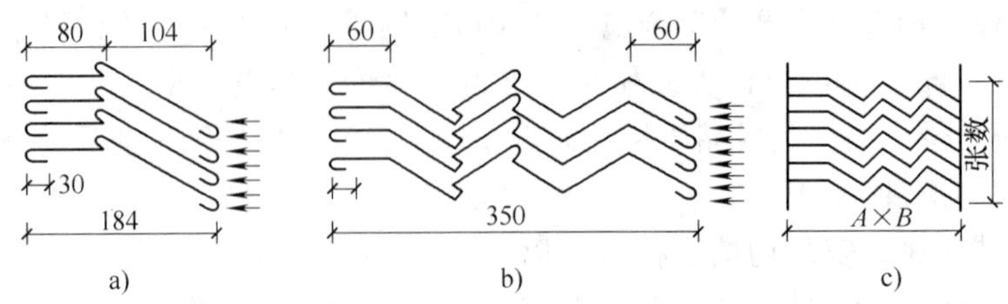

图6-13 挡水板示意图

a）前挡水板 b）后挡水板 c）工程量计算图

3）钢板密闭门制作安装区分带视孔和不带视孔，按其规格尺寸以“个”为计量单位，套用相应子目。如果是保温钢板密闭门，则执行钢板密闭门项目，其材料乘以系数0.5，机械乘以系数0.45，人工不变。

4）设备支架制作安装按图标尺寸以“kg”为单位计算，以不同质量档次套用相应定额子目。

5）电加热器外壳制作安装工程量按图示尺寸以“kg”为单位计算，套用相应子目。

4. 通风空调设备安装

通风空调设备包括通风除尘设备、空调设备、热冷空气幕、暖风机、制冷设备等。

（1）通风机 通风机按其作用和构造原理，可分为离心式通风机和轴流式通风机两种。其安装工程量按不同型号，以“台”为单位计算，套用相应定额子目。

轴流风机安装按悬吊式考虑，若采用落地式安装，其人工乘以系数0.85；箱体式风机安装按相应定额子目乘以系数1.2；混流风机、消防温风机的安装，套用轴流风机安装相应子目，人工乘以系数1.1。

（2）除尘器 除尘器安装按不同质量以“台”计算，套用相应子目。定额中不包括除尘器制作，其制作应另行计算；亦不包括支架制作与安装。

（3）空调器 空调器一般分：风机盘管空调器，装配式空调器、整体式空调器、窗式空调器等。

1）风机盘管空调器安装，不区分风量、冷量、风机功率的大小，根据落地式和吊顶式分别以“台”为单位计算，套用相应定额子目。风机盘管配管安装执行《全国统一安装工程预算定额》第八册《给排水、采暖、燃气工程》相应定额子目。

2）装配式空调器安装，按质量以“kg”为单位计算，套用“分段组装式空调器安装”子目。

3）整体式空调器安装，按吊顶式、落地式、墙上式，根据不同质量分档以“台”为单位计算，套用“整体式空调器安装”子目。

4）窗式空调器安装以“台”为计量单位。套用“窗式”定额子目。支架制作、除锈、刷油、密封料及其木框和防晒装置等不包含在定额内，需另行计算。

（4）空气加热器（冷却器） 加热及冷却器安装，按不同型号，以“台”为单位计算。根据不同质量分档套用相应子目。

（5）设备安装项目中的基价　设备安装项目中的基价不含设备费和应配备的地脚螺栓价值，应另行计算。设备费按成品价计算。

（6）空气幕　空气幕是通过贯流风轮产生的强大气流，形成一面无形的门帘，因此，亦称风帘机、风幕机、空气风幕机、风闸、空气门。用于制冷、空调、防尘、隔热的商场、剧院、厂房、宾馆、饭店等门口。空气幕根据其型号规格不同以“台”为单位计量。

（7）暖风机　主要由空气加热器和风机组成，空气加热器散热，然后风机送出，使室内空气温度得以调节。定额根据质量不同以“台”为单位计量。

5. 净化通风管道及部件制作安装

（1）管道　净化通风管道制作安装的工程量计算方法与普通薄钢板通风管道相同。定额套用时应注意以下几点：

1）净化风管制作安装项目中，包括弯头、三通、变径管、天圆地方等管件及法兰，加固框和支吊架的制作用工，不得另行计算。但不包括过跨风管落地支架，落地支架执行设备支架项目。

2）净化风管中的板材若设计厚度不同者可以换算，但人工、机械不变。

3）风管涂密封胶是按全部口缝外表面涂抹考虑的，若设计要求口缝不涂抹而只在法兰处涂抹时，每 $10m^2$ 风管应减去密封胶 1.5kg 和人工 0.37 工日。

4）本部分风管定额是按矩形截面考虑的，如遇圆形净化风管应套用矩形风管相应子目。

（2）过滤器、净化工作台、风淋室　过滤器、净化工作台、风淋室的安装工程量以“台”为单位计算。在套用子目时，风淋室安装子目是根据质量来划分的，应根据其质量的大小分别套用。过滤器框架另行按质量计算。

过滤器安装项目定额中包括试装，如设计不要求试装者，其人工、材料、机械也不调整。

（3）洁净室　洁净室安装按质量计算工程量，套用“分段组装式空调器”安装定额子目。

（4）风管部件　风管部件包括静压箱、风口。静压箱以“台”为单位计量，风口以质量计。定额项目中，型钢未包括镀锌费，如设计要求镀锌时，应另计镀锌费。

6. 不锈钢通风管道及部件制作与安装

不锈钢通风管道及部件的制作安装工程量计算方法与普通薄钢板管道和部件部分相同。套用定额时应注意下列问题：

1）不锈钢风管制作安装项目中包括管件，但不包括法兰和吊托支架。法兰和吊托支架可按质量以“kg”为单位计算，套用相应子目。

2）本部分风管定额是按圆形截面考虑的，如遇矩形风管套用圆形风管相应子目。

3）风管定额中按电焊考虑的，如需使用手工氩弧焊，其定额人工乘以系数 1.238，材料乘以系数 1.163，机械乘以系数 1.673。

4）风管中的板材如设计要求厚度不同者可以换算，人工、材料不变。

7. 铝板通风管道及部件制作安装

铝板通风管道及部件制作安装工程量计算方法与普通薄钢板风管及部件制作安装相同。套用定额时应注意：

1）风管制作安装中包括管件，但不含法兰和吊托支架。法兰和吊托支架应单独列项，以“kg”为单位计量，套用相应子目。

2）风管以电焊考虑的项目，如需使用手工氩弧焊，其人工乘以系数1.154，材料乘以系数0.852，机械乘以系数9.242。

3）风管中的板材如设计厚度要求不同时可以换算，但人工、机械不变。

8. 塑料通风管道及部件制作与安装

塑料风管及部件制作安装工作内容与工程量计算与薄钢板风管及部件相同，定额套用时应注意：

1）风管制作安装中包括管件、法兰、加固框，但不包括吊托支架。吊托支架以“kg”为计量单位另行计算。

2）塑料风管项目中，规格所表示的圆形风管直径为内径，矩形风管周长为内周长。

3）风管制作安装中的板材（指每$10m^2$定额用量为$11.6m^2$者），如设计要求厚度不同者可以换算，但人工、机械不变。

4）项目中的法兰垫料如设计要求使用品种不同时可以换算，但人工不变。

5）塑料通风管道部件制作的胎具摊销材料费，未包括在定额内，按以下规定另行计算：

① 风管工程量在$30m^2$以上的，每$10\ m^2$风管的胎具摊销木材为$0.06m^3$，按地区预算价格计算胎具材料摊销费；②风管工程量在$30\ m^2$以下的，每$10\ m^2$风管的胎具摊销木材为$0.09\ m^3$，按地区预算价格计算胎具材料摊销费。

9. 玻璃钢管通风管道及部件安装

玻璃钢管通风管道及部件安装工程量计算规则与普通薄钢板风管及部件的安装相同，套用定额时应注意：

1）玻璃钢管通风管道安装项目中包括弯头、三通、四通、变径管、天圆地方等管件的安装及法兰加固框和吊托架的制作安装，不包括跨风管落地支架，落地支架执行设备支架项目。

2）本定额按计算工程量加损耗外加工订作，其价格按实际价格，风管修补应由加工单位负责，其费用按实际发生价计算在主材内。

3）本定额未考虑预留铁件的制作与埋设，如果设计要求用膨胀螺栓安装吊托支架者，膨胀螺栓可按实际调整，其余不变。

10. 复合型风管制作安装

复合型风管是由复合型板材制作的风管，其制作安装工程量计算与普通薄钢板风管相同，定额套用时应注意：

1）风管项目中，规格所表示的直径为内径，周长为内周长。

2）风管制作安装项目中，已包括管件、法兰、加固框、吊托支架的制作安装。

11. 通风空调管道、设备筒体刷油及绝热工程

通风空调管道、设备筒体刷油及绝热工程应执行《全国统一安装工程预算定额》第十一册相应子目。

（1）管道、设备筒体的除锈、刷油　按以下规则进行工程量计算。

1）管道、设备筒体的除锈、刷油工程量以表面积“m^2”为单位计算。

2）通风空调部件和吊托支架的除锈、刷油工程量，以质量“kg”为单位计算。

3）各种管件、阀件及设备上人孔、管口凹凸部分的除锈、刷油已综合考虑在定额内，不另行计算。

（2）管道、设备筒体的防腐　按以下规则进行工程量计算。

1）管道、设备筒体的防腐工程量以表面积，以“m^2”为单位计算。

2）阀门、弯头、法兰的防腐工程量以表面积，以“m^2”为单位计算。

① 阀门表面积计算公式

$$S=\pi\times D\times 2.5D\times K\times N$$

式中　D——直径；

K——1.05；

N——阀门个数。

② 弯头表面积计算公式

$$S=\pi\times D\times 1.5D\times 2\pi\times N/B$$

式中　D——直径；

N——弯头个数；

B——90°弯头，$B=4$；45°弯头，$B=8$。

③ 法兰表面积计算公式

$$S=\pi\times D\times 1.5D\times K\times N$$

式中　D——直径；

K——1.05；

N——法兰个数。

④ 设备和管道法兰翻边工程量计算公式

$$S=\pi\times(D+A)\times A$$

式中　D——直径；

A——法兰翻边宽。

（3）设备筒体、管道及部件的绝热

1）设备筒体、管道及部件的绝热工程量，区分不同材质，按绝热层体积以“m^3”为单位计算；防潮层、保护层工程量按展开表面面积以“m^2”为单位计算。

2）工程量的计算公式为：

① 矩形风管保温层体积如图 6-14 所示。其公式

$$V=S\delta+4\delta L$$

式中　S——风管展开面积。

② 矩形风管外保护壳面积计算公式

$$S=[(A+B)\times 2+8\delta]L$$

③ 圆形风管及设备筒体保温层体积计算公式

$$V=\pi\times(D+1.033\delta)\times 1.033\delta\times L$$

④ 圆形风管及设备筒体防潮和保护层面积计算公式

$$S=\pi\times(D+\delta+0.0082)\times L$$

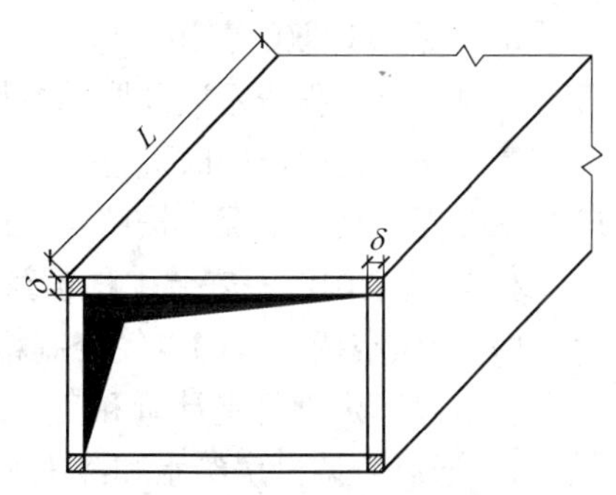

图 6-14　矩形风管保温示意图

式中 A、B——矩形风管截面尺寸（m）；

D——圆形风管直径（m）；

δ——保温材料厚度（m）；

L——风管或设备筒体长度（m）；

1.033——调整系数；

0.0082——捆扎线直径或钢带厚。

（4）使用定额应注意事项　主要包括以下几点：

1）金属面刷油不包括除锈费用，除锈费用套用人工除锈定额另计。

2）刷油定额是按安装地点就地刷（喷）油考虑的，如安装前集中刷油，人工乘以系数0.7。

3）矩形风管绝热量需要加防雨坡度时，其人工材料另计。

4）设备、管道绝热定额中均按现场先安装后绝热施工，若先绝热后安装时，其人工乘以系数0.9。

5）管道绝热工程除法兰、阀门外其他管件均已考虑在内；设备绝热工程除法兰、人孔外，其余封头已考虑在内。

6）镀锌铁皮保护层的规格是按1000mm×2000mm和900mm×1800mm、厚度0.8mm以下综合考虑的。若采用其他规格时，可按实际调整，厚度大于0.8mm时，其人工乘以系数1.2；卧式设备保护安装其人工乘以系数0.5；铝皮保护层主材可以换算。

7）采用不锈钢薄板作保护层安装时，执行金属保护层相应定额项目，其人工乘以系数1.25，钻头消耗量乘以系数2.0，机械乘以系数1.15。

8）薄钢板风管刷油，按其工程量套用《全国统一安装工程预算定额》第十一册《刷油、防腐蚀、绝热工程》有关子目。仅外（或内）面刷油时，基价乘以系数1.2，内外均刷油时，人工乘以系数1.1（其法兰加固框、吊托支架已包括在此系数内）。

9）绝热材料不需粘结时，套用有关子目，需减去其中的粘结材料，人工乘以系数0.5。

10）薄钢板部件刷油按其工程量套用金属结构刷油子目，基价乘系数1.15。

11）薄钢板风管、部件及单独列项的支架，其除锈不分锈蚀程度一律按其第一遍刷油的工程量执行定额。

6.2.4　通风空调工程册与其他分册的关系

1. 按系数计取的费用

通风空调工程按系数计取的费用有高层建筑增加费、超高增加费、脚手架搭拆费、系统调整费、安装与生产同时进行增加费、在有害身体健康环境中人工降效增加费等，这些费用应根据工程的具体情况，按照定额册说明中的有关规定计取。

2. 与《全国统一安装工程预算定额》其他分册的关系

1）通风空调工程的电气控制箱、电动机检查接线、配管配线等，应按第二册《电气设备安装工程》定额规定计量和套用定额。

2）通风空调机房给水和冷冻水管，冷却塔循环水管应按第六册《工艺管道工程》定额规定计量和套用定额。

3）通风管道的除锈、刷油、保温防腐工程，应按第十一册《刷油、防腐、绝热工程》

定额规定计量和套用定额。

4）通风空调工程所用仪表、温度计安装，应按第十册《自动化控制仪表安装工程》定额规定计量和套用定额。

5）制冷机组及附属设备安装，应按第一册《机械设备安装工程》定额规定计量和套用定额。

6）设备基础砌筑浇筑、风道砌筑及风道防腐应按土建相应定额执行。

6.3　通风空调管道工程工程量清单计价的计算规则

通风空调工程的工程量清单包括 G.1 通风空调设备及部件制作安装（030701）、G.2 通风管道制作安装（030702）、G.3 通风管道部件制作安装（030703）、G.4 通风工程检测、调试（030704）四个部分，共 52 个清单项目。

6.3.1　常见项目的工程量清单计算规则

1. 通风及空调设备及部件制作安装

1）空气加热器（冷却器）除尘设备安装依据不同的规格、质量，按设计图示数量计算，以“台”为计量单位。

2）通风机安装依据不同的形式、规格，按设计图示数量计算，以“台”为计量单位。

3）空调器安装依据不同形式、质量、安装位置，按设计图示数量计算，以“台”为计量单位。

4）风机盘管安装依据不同形式、安装位置，按设计图示数量计算，以“台”或“组”为计量单位。

5）密闭门制作安装依据不同型号、特征（带视孔或不带视孔），按设计图示数量计算，以“个”为计量单位。

6）挡水板制作安装依据不同材质，按设计图示按数量，以“个”为计量单位。

7）金属空调器壳体、滤水器、溢水盘制作安装依据不同特征、用途，按设计图示数量计算，以“个”为计量单位。

8）过滤器安装依据不同型号、过滤功效，按设计图示数量计算，以“台”为计量单位。

9）净化工作台安装依据不同类型，按设计图示数量计算，以“台”为计量单位。

10）风淋室、洁净室安装依据不同质量，按设计图示数量计算，以“台”为计量单位。

11）设备支架依据图示尺寸按质量计算，以“kg”为计量单位。

2. 通风管道制作安装

1）各种通风管道制作安装依据材质、形状、周长或直径、板材厚度、接口形式，按设计图示以展开面积计算，不扣除检查孔、测定孔、送风口、吸风口等所占面积；风管长度一律以设计图示中心线长度为准（主管与支管以其中心线交点划分）。包括弯头、三通、变径管、天圆地方等管件的长度。风管展开面积不包括风管、管口重叠部分面积。直径和周长按图注尺寸为准展开。整个通风系统设计采用渐缩管均匀送风者，圆形风管按平均直径、矩形风管按平均周长计算，以“m^2”为计量单位。

2）柔性软风管安装依据材质、规格和有无保温套管按设计图示中心线长度计算。包括弯头、三通、变径管、天圆地方等管件的长度。但不包括部件的长度，以“m”为计量单位。

3）风管导流叶片制作安装按图示叶片的面积计算，以“m^2”为计量单位。

4）风管检查孔制作安装按设计图示尺寸计算质量，以“kg”为计量单位。

5）温度、风量测定孔制作安装依据其型号，按设计图示数量计算，以“个”为计量单位。

通风管道制作安装（030702）部分的清单设置如表6-4所示。

表6-4　G.2 通风管道制作安装（030702）

<table>
<tr><th>项目编码</th><th>项目名称</th><th>项目特征</th><th>计量单位</th><th>工程量计算规则</th><th>工作内容</th></tr>
<tr><td>030702001</td><td>碳钢通风管道</td><td rowspan="2">1. 名称
2. 材质
3. 形状
4. 规格
5. 板材厚度
6. 管件、法兰等附件及支架设计要求
7. 接口形式</td><td rowspan="7">m²</td><td rowspan="5">按设计图示内径尺寸以展开面积计算</td><td rowspan="5">1. 风管、管件、法兰、零件、支吊架制作、安装
2. 过跨风管落地支架制作、安装</td></tr>
<tr><td>030702002</td><td>净化通风管</td></tr>
<tr><td>030702003</td><td>不锈钢板通风管道</td><td rowspan="3">1. 名称
2. 形状
3. 规格
4. 板材厚度
5. 管件、法兰等附件及支架设计要求
6. 接口形式</td></tr>
<tr><td>030702004</td><td>铝板通风管道</td></tr>
<tr><td>030702005</td><td>塑料通风管道</td></tr>
<tr><td>030702006</td><td>玻璃钢通风管道</td><td>1. 名称
2. 形状
3. 规格
4. 板材厚度
5. 支架形式、材质
6. 接口形式</td><td rowspan="2">按图示外径尺寸以展开面积计算</td><td rowspan="2">1. 风管、管件安装
2. 支吊架制作、安装
3. 过跨风管落地支架制作、安装</td></tr>
<tr><td>030702007</td><td>复合型风管</td><td>1. 名称
2. 材质
3. 形状
4. 规格
5. 板材厚度
6. 支架形式、材质
7. 接口形式</td></tr>
<tr><td>030702008</td><td>柔性软风管</td><td>1. 名称
2. 材质
3. 规格
4. 风管接头、支架形式、材质</td><td>1. m
2. 节</td><td>1. 以米计量，按设计图示中心线以长度计算
2. 以节计量，按设计图示数量计算</td><td>1. 风管安装
2. 风管接头安装
3. 支吊架制作、安装</td></tr>
<tr><td>030702009</td><td>弯头导流叶片</td><td>1. 名称
2. 材质
3. 规格
4. 形式</td><td>1. m²
2. 组</td><td>1. 按设计图示以展开面积计算
2. 按设计图示以组计算</td><td>1. 制作
2. 组装</td></tr>
</table>

（续）

项目编码	项目名称	项目特征	计量单位	工程量计算规则	工作内容
030702010	风管检查孔	1. 名称 2. 材质 3. 规格	1. kg 2. 个	1. 按风管检查孔质量以公斤计算 2. 按设计图示数量以个计算	1. 制作 2. 安装
030702011	温度、风量测定孔	1. 名称 2. 材质 3. 规格 4. 设计要求	个	按设计图示数量以个计算	1. 制作 2. 安装

注：穿墙套管按展开面积计算，计入通风管道工程量中。

3. 通风管道部件制作安装

1）各种调节阀制作安装应依据材质、类型、规格、周长、质量按设计图示数量计算，以“个”为计量单位。

2）各种风口、散流器制作安装应依据材质、类型、规格、形式、质量，按设计图示数量计算，以“个”为计量单位。

3）各种风帽制作安装应依据材质、类型、规格、形式、质量，按设计图示数量计算，以“个”为计量单位。

4）各种通风罩类制作安装应依据材质、类型，按设计图示数量计算，以“个”为计量单位。

5）柔性接口及伸缩节制作安装应依据材质、规格、有无法兰，按设计图示数量计算，以“m^2”为计量单位。

6）消声器制作安装应依据类型，按设计图示数量计算，以“个”为计量单位。

7）静压箱制作安装应依据材质、规格、形式，按展开面积计算，以“个”或“m^2”为计量单位。

4. 通风工程检测、调试

通风工程检测、调试应依据其系统大小，按由通风设备、管道及部件等组成的通风系统计算，以系统为计量单位。

5. 其他相关项目

1）设备支架依据图示尺寸按质量计算，以“kg”为计量单位。

2）软管（帆布接口）制作安装按图示尺寸以“m^2”为计量单位。

3）过滤器框架制作按图示尺寸计算质量，以“kg”为计量单位。

4）不锈钢板风管圆形法兰制作按设计图示尺寸计算质量，以“kg”为计量单位。

5）不锈钢板风管吊托支架制作按设计图示尺寸计算质量，以“kg”为计量单位。

6）铝板风管圆形、矩形法兰制作按设计图示尺寸计算质量，以“kg”为计量单位。

6.4 通风工程施工图预算编制示例

6.4.1 定额计价示例

图 6-15 ~ 图 6-19 是某学院实验楼排风工程施工图，实验楼共有 P1 ~ P44 个排风柜排风系统。4 个排风系统完全相同，故本施工图只绘制 P1 系统。

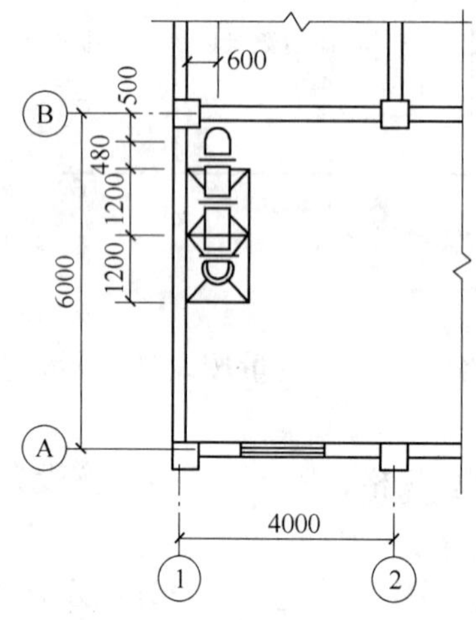

图 6-15 一 ~ 三层平面图

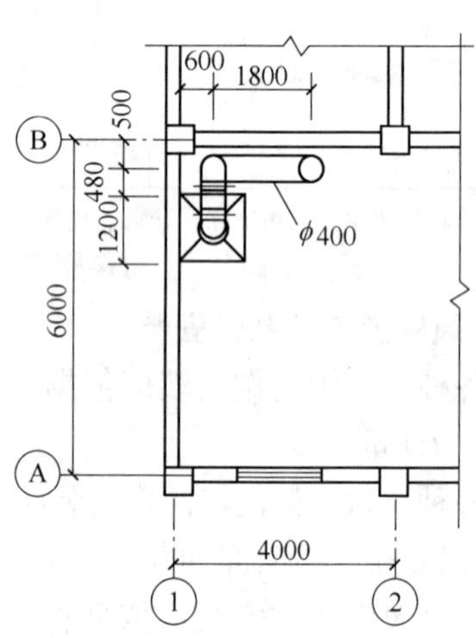

图 6-16 四层平面图

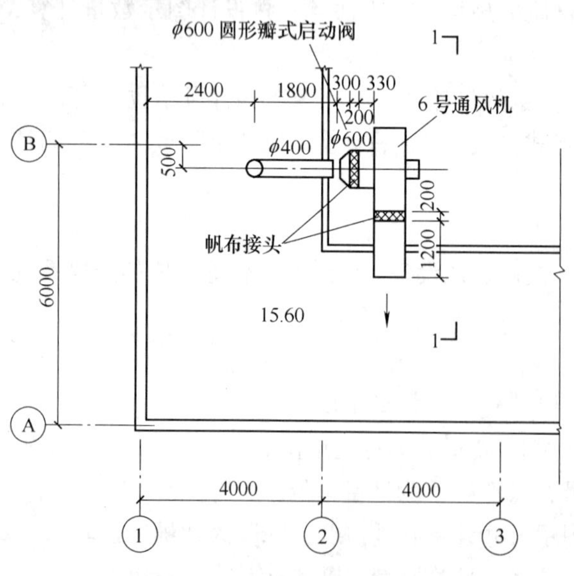

图 6-17 屋顶平面图

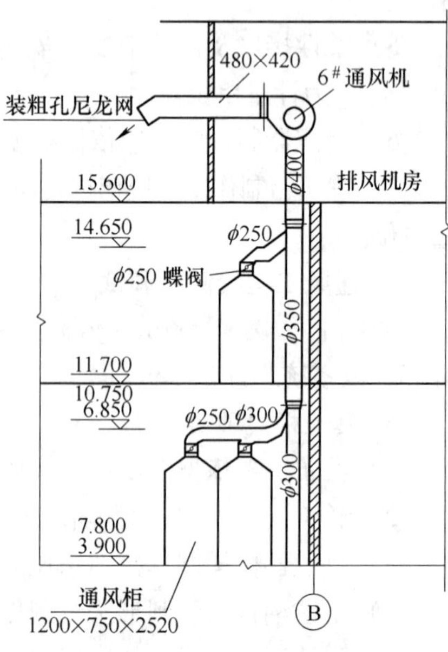

图 6-18 1—1 剖面图

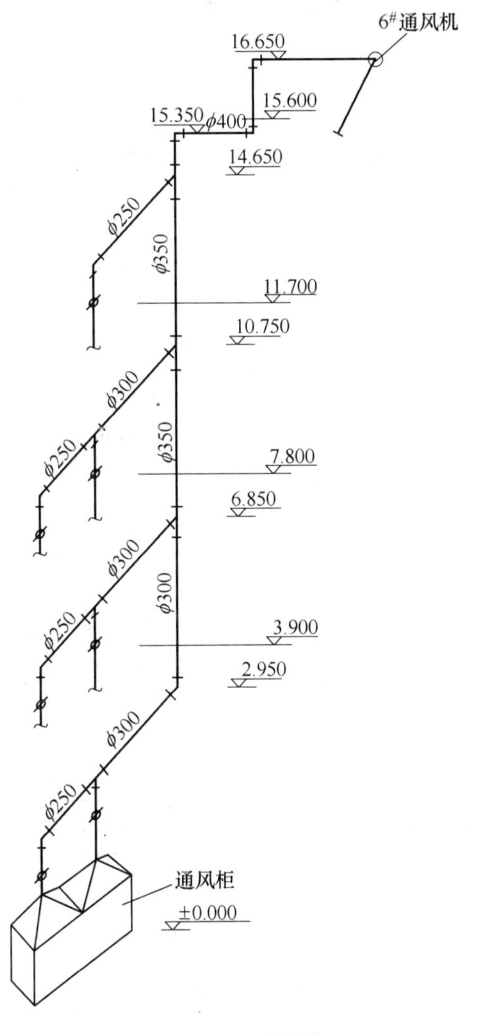

图 6-19　系统图

1. 设计说明

1）排风管采用厚度为 4mm 硬聚氯乙烯塑料板制成，在每个排风柜与风管连接处，安装 ϕ250 塑料蝶阀一个，在通风机进口处安装 ϕ600 塑料瓣式启动阀一个。

2）通风机采用 4—72 型离心式塑料通风机。

3）安装排风管支干管，要求平正垂直，绝不漏风。风管安装需与土建密切配合，做好楼板及墙上预留洞口。

4）管道吊支架设置：竖向管道，每层设置一个支架，支架的材料采用扁钢和角钢，固定在砖墙上；水平管道采用吊架，吊架采用圆钢和扁钢，1～3 层各设置两个，4 层设置四个，机房处设置 2 个，吊架固定在楼板。支架的大小和做法要根据施工现场管道的具体情况和重量确定。吊支架安装后刷防锈漆一道，银粉漆二道。

2. 工程量计算

工程量计算见表 6-5 所示。

表 6-5　工程量计算表

工程名称：某学院实验楼通风工程

序号	项目名称	单位	数量	计算公式
1	排风柜安装（1200×750×2520）	台	28.00	1～3 层各两台，4 层 1 台 共 7×4(4 个系统)=28 台
2	塑料圆形风管制安 ϕ250×4	m^2	21.29	[(1.2×3)1～3 层+(0.6+0.48)(4 层)+(0.3×7)剖面图]×0.25×3.14×4(4 个系统)=21.29 m^2
3	塑料圆形风管制安 ϕ300×4	m^2	26.90	[(0.6+0.48)×3(1～3 层)+(6.85－2.95)(系统图)]×0.30×3.14×4(4 个系统)=26.90m^2
4	塑料圆形风管制安 ϕ350×4	m^2	34.29	[(14.65－6.85)(系统图)]×0.35×3.14×4(4 个系统)=34.29 m^2
5	塑料圆形风管制安 ϕ400×4	m^2	28.13	[(15.35－14.65)+(16.65－15.35)(系统图)+1.8(4 层)+1.8(屋顶)]×0.40×3.14×4(4 个系统)=28.13 m^2
6	塑料圆形风管制安 ϕ600～400×4	m^2	1.88	[0.3(屋顶)]×0.50×3.14×4(4 个系统)=1.88 m^2
7	塑料矩形风管制安 480×420×4	m^2	8.64	[1.2(屋顶)]×(0.48+0.42)×2×4(4 个系统)=8.64 m^2
8	帆布连接管	m^2	2.95	[(0.2×0.6×3.14)圆形+0.2×(0.48+0.42)×2(矩形)]×4(4 个系统)=2.95 m^2
9	塑料圆形瓣式启动阀 ϕ600	个	4.00	1×4(4 个系统)=4 个
10	塑料圆形蝶阀 ϕ250	kg	65.80	[(2×3+1)(1～4 层)]×4(4 个系统)×2.35kg/个
11	离心式塑料通风机安装 6#	台	4.00	1×4(4 个系统)=4 台
12	粗尼龙网安装	m^2	0.80	0.48×0.42×4(4 个系统)=0.80 m^2
13	吊托支架制作安装	kg	160.00	[2×3+4+2+4]×4(4 个系统)=64 个 64 个×2.5kg/个=160kg
14	吊托支架人工除轻锈	kg	160.00	同上
15	吊托支架刷防锈漆一遍	kg	160.00	同上
16	吊托支架刷银粉漆两遍	kg	160.00	同上

3. 工程施工图预算书编制

该工程的施工图预算书包括以下部分：

1）预算书封面，见表 6-6。

2）预算书编制说明，见表 6-7。

3）工程取费，见表 6-8。

4）主材价格，见表 6-9。

5）工程预算表，见表 6-10。

表 6-6　预算书封面

安装工程预算书

工程名称：某学院实验楼

专业名称：通风工程

结构类型：框架结构

建筑面积：

工程造价：104813. 10 元

单方造价：

施工单位：	建设单位：
编制人：	审核人：
资格证号：	资格证号：

年　　月　　日

表 6-7　预算书编制说明

编 制 说 明

一、编制依据

1. ××设计院设计的××学院实验楼通风工程施工图以及有关设计说明。

2. 该工程地点在××市××区。

3. 《河南省安装工程单位综合基价》(2003)第九册及第十一册。

4. 《河南省安装工程计价办法》(2003)及相关规定。

5. 主要材料价格以工程所在地预算编制时市场价格综合取定。

二、主要材料来源

主要材料均由施工企业自行采购。

三、其他

施工时发生设计变更或其他问题涉及造价调整，双方根据施工协议书的约定进行调整。

表 6-8　工程取费表

安装工程费用汇总表

工程名称：某学院实验楼通风工程　　工程类别：三类

序号	费 用 名 称	取 费 基 数	费率	金额/元
1	综合基价合计	Σ(分项工程量×分项子目综合基价)		56，024.48
2	计价中人工费合计	Σ(分项工程量×分项子目综合基价中人工费)		20，608.50
3	未计价材料费用	主材费合计		30，491.28
4	施工措施费	[5]+[6]		
5	施工技术措施费	其费用包含在1中		
6	施工组织措施费	该工程不计算		
7	安全文明施工增加费	(人工费合计)×7%	7.00	1，442.60
8	差价	[9~11]		
9	人工费差价	不调整		
10	材料差价	不调整		
11	机械差价	不调整		
12	专项费用	[13]+[14]		7，006.90
13	社会保险费	([2])×33%	33.00	6，800.81
14	工程定额测定费	([2])×0%		
15	工程成本	[1]+[3]+[4]+[8]+[12]		93，522.66
16	利润	([2])×38%	38.00	7，831.23
17	其他项目费	其他项目费		
18	税金	([15]+[16]+[17])×3.413%	3.41	3，459.21
19	工程造价	[15~18]		104，813.10
	含税工程造价：壹拾万肆仟捌佰壹拾叁元壹角			小写104813.10

表 6-9　主材价格表

单位工程主材表

工程名称：某学院实验楼通风工程

序号	名称及规格	单　位	数　量	预算价/元	合计/元
1	硬聚氯乙烯板 δ4	m^2	184.83	8.90	1，645.03
2	硬聚氯乙烯板 δ4	m^2	55.90	8.90	497.51
3	离心式通风机	台	4.00	500.00	2，000.00
4	排风柜 1200×750×2520	台	28.00	920.00	25，760.00
5	酚醛防锈漆	kg	1.47	11.40	16.78
6	酚醛清漆	kg	0.77	9.24	7.10
7	圆形瓣式启动阀	个	4.00	130.00	520.00
8	粗尼龙网	10 m^2	0.80	56.00	44.81
	合计				30，491.28

表 6-10 工程预算表

序号	定额编号	子目名称或费用名称	工程量		定额直接费		其中:人工费		未计价材料				
			单位	工程量	基价	合价	基价	合价	材料名称	单位	材料用量	单价	合价
1	9-41	帆布软管接口	m^2	2.950	179.81	530.45	43.26	127.62					
2	9-68	圆形瓣式启动阀直径(ϕ600mm)	个	4.000	48.49	193.96	21.42	85.68	圆形瓣式启动阀	个	4.00	130.00	520.00
3	9-217	离心式通风机安装 6#	台	4.000	162.6	650.40	70.98	283.92	离心式通风机	台	4.00	500.00	2,000.00
4	9-238	排风柜安装 落地式质量(1.0t 以内)	台	28.000	572.66	16,034.48	285.60	7,996.80	排风柜 1200×750×2520	台	28.00	920.00	25,760.00
5	9-270	吊托支架	100kg	1.600	1055.39	1,688.62	165.90	265.44					
6	9-292	塑料圆形风管直径×壁厚(mm) ϕ250×4	10 m^2	2.129	1462.56	3,113.78	484.05	1,030.54	硬聚氯乙烯板 δ4	m^2	24.70	8.90	219.80
7	9-292	塑料圆形风管直径×壁厚(mm) ϕ300×4	10 m^2	2.690	1462.56	3,934.29	484.05	1,302.09	硬聚氯乙烯板 δ4	m^2	31.20	8.90	277.72
8	9-292	塑料圆形风管直径×壁厚(mm) ϕ350×4	10 m^2	3.429	1462.56	5,015.12	484.05	1,659.81	硬聚氯乙烯板 δ4	m^2	39.78	8.90	354.01
9	9-292	塑料圆形风管直径×壁厚(mm) ϕ400×4	10 m^2	2.813	1462.56	4,114.18	484.05	1,361.63	硬聚氯乙烯板 δ4	m^2	32.63	8.90	290.41
10	9-292	塑料圆形风管直径×壁厚(mm)ϕ600×4	10 m^2	0.188	1462.56	274.97	484.05	91.00	硬聚氯乙烯板 δ4	m^2	2.18	8.90	19.41
11	9-296	塑料矩形风管周长×壁厚(mm)600－400×4	10 m^2	8.640	1654.16	14,291.94	555.66	4，800.90	硬聚氯乙烯板 δ4	m^2	100.22	8.90	891.99
									粗尼龙网	10 m^2	0.80	56.00	44.81
12	9-296	塑料矩形风管周长×壁厚(mm)480×420×4	10 m^2	0.864	1654.16	1,429.20	555.66	480.09	硬聚氯乙烯板 δ4	m^2	10.02	8.90	89.20
13	9-311	蝶阀 T354—1 圆形	100kg	0.658	4400.71	2895.67	1127.70	742.03					
14	11－7	手工除锈 吊托支架除轻锈	100kg	1.600	22.25	35.59	7.14	11.42					
15	11－119	吊托支架 防锈漆第一遍	100kg	1.600	17.02	27.24	4.83	7.73	酚醛防锈漆	kg	1.47	11.40	16.78
16	11－122	吊托支架 银粉漆第一遍	100kg	1.600	19.49	31.18	4.62	7.39	酚醛清漆	kg	0.40	9.24	3.70
17	11－123	吊托支架 银粉漆第二遍	100kg	1.600	18.8	30.08	4.62	7.39	酚醛清漆	kg	0.37	9.24	3.40
18		系统调整费(《全国统一安装工程预算定额》第九册)	元	1.000	1408.32	1，408.32	281.95	281.95					
19		脚手架搭拆费(《全国统一安装工程预算定额》第九册)	元	1.000	325.01	325.01	65.07	65.07					
		合计				56,024.48		20,608.50					30,491.28

6.4.2 工程量清单计价示例

某工程为某首层电子零部件加工车间通风空调系统安装工程，层高为4m，首层通风空调平面图见图6-20。

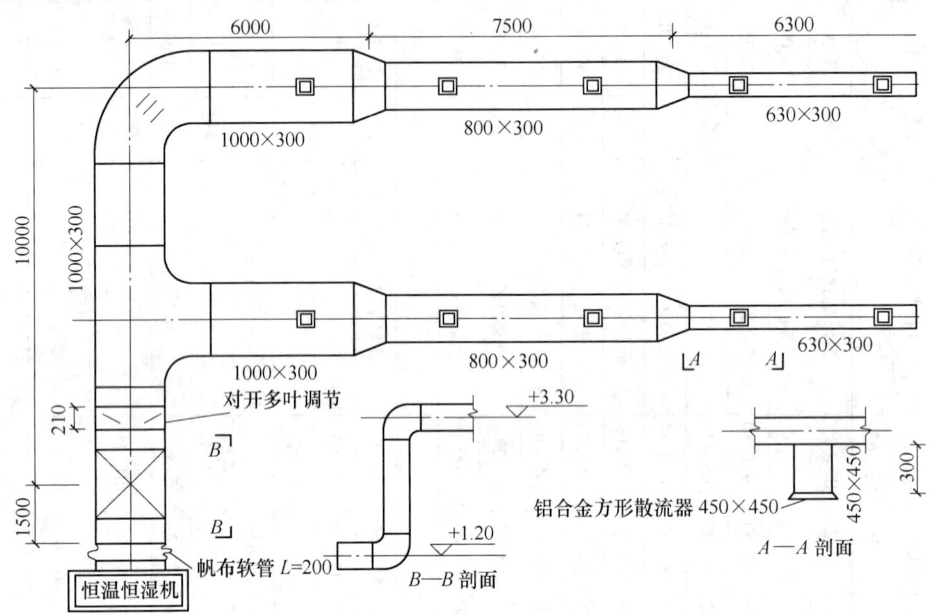

图6-20 某工程首层通风空调平面图

设计说明如下：

13. 本加工车间采用1台恒温恒湿机进行室内空气调节，并配合土建砌筑混凝土基础和预埋地脚螺栓安装，其型号为YSL—DHS—225，外形尺寸为1200mm×1100mm×1900mm。

14. 风管采用镀锌薄钢板矩形风管，法兰咬口连接，风管规格1000mm×300 mm，板厚δ1.20 mm；风管规格800mm×300 mm，板厚δ1.00 mm；风管规格630mm×300 mm，板厚δ1.00 mm；风管规格450mm×450 mm，板厚δ0.75 mm。

15. 对开多叶调节阀为成品购买，铝合金方形散流器规格为450mm×450 mm。

16. 风管采用橡塑玻璃棉保温，保温厚度为δ25 mm。

根据以上背景资料及GB 50500—2013《建设工程工程量清单计价规范》、GB 50856—2013《通用安装工程工程量计算规范》，列出该通风空调安装工程分部分项工程量清单。见表6-11、表6-12。

表6-11 清单工程量计算表

工程名称：某电子加工车间通风空调安装工程　　　　第　页　共　页

序号	清单项目特征	计 算 式	清单工程量	计量单位
1	碳钢通风管道	镀锌薄钢板矩形风管1000×300，δ1.20，法兰咬口连接 (1+0.3)×2×[1.5+(10−0.21)+(3.3−1.2)+6×2]	66	m^2
2	碳钢通风管道	镀锌薄钢板矩形风管800×300，δ1.00，法兰咬口连接 (0.8+0.3)×2×7.5×2	33	m^2

（续）

序号	清单项目特征	计　算　式	清单工程量	计量单位
3	碳钢通风管道	镀锌薄钢板矩形风管 630×300，δ1.00，法兰咬口连接 (0.63+0.3)×2×6.3×2	23.4	m^2
4	碳钢通风管道	镀锌薄钢板矩形风管 450×450，δ0.75，法兰咬口连接 (0.45+0.45)×2×(0.3+0.15)×10	8.1	m^2
5	柔性接口	帆布软管 1000×300，$L=200$ (1+0.3)×2×0.2	0.5	m^2
6	弯头导流叶片	单叶片镀锌薄钢板导流叶片，$H=300$，δ0.75 0.314×7	2.2	m^2
7	空调器	恒温恒湿机，型号 YSL-DHS-225，外形尺寸 1200×1100×1900，350kg，橡胶隔振垫，δ20，落地安装 1	1	台
8	碳钢阀门	对开多叶调节阀 1000×300，$L=210$ 1	1	个
9	铝及铝合金散流器	铝合金方形散流器 450×450 10	10	个
10	通风管道绝热	矩形风管橡塑玻璃棉保温 δ25 [2(1+0.3)+1.033×0.025]×1.033×0.025×25.39+[2(0.8+0.3)+1.033×0.025]×1.033×0.025×15+[2(0.63+0.3)+1.033×0.025]×1.033×0.025×12.6+[2(0.45+0.45)+1.033×0.025]×1.033×0.025×4.5	8.6	m^3
11	金属结构刷油	风管型钢人工除轻锈、刷红丹防锈漆 2 遍 37.81kg/10 m^2 ×(6.6+3.3)+38.92kg/10 m^2 ×(2.34+0.81)+26.651kg/m^2 ×0.5	510.43	kg
12	通风工程检测、调试	通风系统检测、调试 1	1	系统
13	风管漏光试验、漏风试验	矩形风管漏光试验、漏风试验 66+33+23.4+8.1+0.5	131	m^2

表 6-12　分部分项工程和单价措施项目清单与计价表

工程名称：某电子加工车间通风空调安装工程　　　　第　页　共　页

序号	项目编码	项目名称	项目特征描述	计量单位	工程数量	金额/元			
						综合单价	合价	其中	
								人工费	暂估价
1	030702001001	碳钢通风管道	1. 名称：薄钢板通风管道 2. 材质：镀锌 3. 形状：矩形 4. 规格：1000×300 5. 板材厚度：δ1.20 6. 接口形式：法兰咬口连接	m^2	66				

（续）

序号	项 目 编 码	项目名称	项目特征描述	计量单位	工程数量	金额/元			
						综合单价	合价	其中	
								人工费	暂估价
2	030702001002	碳钢通风管道	1. 名称：薄钢板通风管道 2. 材质：镀锌 3. 形状：矩形 4. 规格：800×300 5. 板材厚度：δ1.00 6. 接口形式：法兰咬口连接	m^2	33				
3	030702001003	碳钢通风管道	1. 名称：薄钢板通风管道 2. 材质：镀锌 3. 形状：矩形 4. 规格：630×300 5. 板材厚度：δ1.00 6. 接口形式：法兰咬口连接	m^2	23.4				
4	030702001004	碳钢通风管道	1. 名称：薄钢板通风管道 2. 材质：镀锌 3. 形状：矩形 4. 规格：450×450 5. 板材厚度：δ0.75 6. 接口形式：法兰咬口连接	m^2	8.1				
5	030703019001	柔性接口	1. 名称：软接口 2. 规格：1000×300，$L=200$ 3. 材质：帆布	m^2	0.5				
6	030702009001	弯头导流叶片	1. 名称：导流叶片 2. 材质：镀锌薄钢板 3. 规格：0.314 m^2 4. 形式：单叶片	m^2	2.2				
7	030701003001	空调器	1. 名称：恒温恒湿机 2. 型号：YSL-DHS-225 3. 规格：外形尺寸 1200×1100×1900 4. 安装形式：落地安装 5. 质量：350kg 6. 隔振垫（器）、支架形式、材质：橡胶隔振垫，δ20	台	1				
8	030703001001	碳钢阀门	1. 名称：对开多叶调节阀 2. 规格：1000×300，$L=210$	个	1				
9	030703011001	铝及铝合金散流器	1. 名称：铝合金方形散流器 2. 规格：450×450	个	10				
10	031208003001	通风管道绝热	1. 绝热材料品种：橡塑玻璃棉保温 2. 绝热厚度：δ25	m^3	8.6				

（续）

序号	项 目 编 码	项目名称	项目特征描述	计量单位	工程数量	金额/元			
						综合单价	合价	其中	
								人工费	暂估价
11	031201003001	金属结构刷油	1. 除锈级别：人工除轻锈 2. 油漆品种：红丹防锈漆 3. 结构类型：风管型钢 4. 涂刷遍数/漆膜厚度：2 遍	kg	510.43				
12	030704001001	通风工程检测、调试	风管工程量：通风系统	系统	1				
13	030704002001	风管漏光试验、漏风试验	漏光试验、漏风试验、设计要求：矩形风管漏光试验、漏风试验	m^2	131				

思 考 题

1. 通风系统如何分类？
2. 空调系统如何分类？
3. 简要说明空调系统的组成。
4. 机械通风系统由哪几个部分组成？
5. 装配式空调机安装工程量如何计算？
6. 圆形风管和矩形风管工程量计算公式是什么？
7. 渐缩管工程量如何计算？
8. 风管检查孔制作安装工程量如何计算？
9. 风管部件指哪些？其制作工程量如何计算？
10. 通风空调预算定额适用于哪些范围？
11. 风管的刷油和绝热执行什么定额？
12. 通风空调预算定额如何划分制作与安装？
13. 简述薄钢板通风管道工程量的计算规则。

第7章　电气设备安装工程施工图预算的编制

7.1　电气设备安装工程基础知识

工业与民用建筑中的电气设备安装工程主要包括：变配电设备，电机及电气控制设备，电缆，配管配线，照明器具，起重设备、电梯电气装置和电气调整等工程内容。

变配电设备是用来变换电压和分配电能的电气装置。它由变压器、高低压开关设备、保护电器、测量仪表、母线、蓄电池、整流器等组成。变配电设备分室内、室外两种，一般厂矿的变配电设备大多数安装在室内，但有些小功率终端式变配电设备也往往安装在室外。本章对变配电设备部分内容不加以介绍。

7.1.1　电机及电气控制设备

1. 电机

电机是发电机和电动机的统称，建设工程中所称的电机是指电动机。电动机种类较多，按照所供电源不同可分为直流电动机和交流电动机两类。

直流电动机主要用于调速要求较高或需要较大启动转矩的生产机械上。交流电动机用途广泛，按照所供电源不同分为单相电机和三相电动机。

同步电动机主要用于拖动功率较大或转速恒定的机械上。异步电动机按其构造又分为鼠笼型和绕线型两种。

按照规范的要求，电动机安装后必须进行检查，测试绝缘，如绝缘较低或不合格的电机必须进行干燥。电动机安装包括在设备安装中，这里仅指电动机检查接线。

2. 电气控制设备

电气控制是指安装在控制室、车间的动力配电控制设备。电气控制设备主要是低压盘（屏）、柜、箱的安装，以及各式开关、低压电气器具、盘柜、配线、接线端子等动力和照明工程常用的控制设备与低压电器的安装。

其中配电箱（盘）根据用途不同可分为电力配电箱（盘）和照明配电箱（盘）两种。根据安装方式可分为明装（悬挂式）和暗装（嵌入式），以及半明半暗装等。根据制作材质可分为铁制、木制及塑料制品，现场使用较多的是铁制配电箱。

配电箱（盘）按产品划分有定型产品（标准配电箱、盘）、非定型成套配电箱（非标准配电箱、盘）及现场制作组装的配电箱（盘）。标准配电箱（盘）是由工厂成套生产组装的；非标准配电箱（盘）是根据设计或实际需要订制或自行制作。如果设计为非标准配电箱（盘），一般需要用设计的配电系统图到工厂加工订做。

（1）电力配电箱　电力配电箱过去被称为动力配电箱，由于后一种名称不太确切，所以在新编制的各种国家标准和规范中，统一称为电力配电箱。

（2）照明配电箱　照明配电箱适用于工业及民用建筑在交流 50Hz、额定电压 500V 以下的照明和小动力控制回路中，作线路的过载、短路保护以及线路的正常转换之用。

由于国家只对照明配电箱用统一的技术标准进行审查和鉴定，而不作统一设计，且国内生产厂家繁多，故规格、型号很多。选用标准照明配电箱时，应查阅有关的产品目录和电气设计手册等书籍。

7.1.2　电缆

按照功能和用途，电缆可分为电力电缆、控制电缆、通信电缆等；按绝缘材料可分为纸绝缘电缆、塑料绝缘电缆和橡胶绝缘电缆；按导电材料可分为铜芯电缆、铝芯电缆、铁芯电缆；按电压可分为 500V、1kV、6kV、10kV 以及更高电压的电力电缆。

电力电缆是用来输送和分配大功率电能用的。根据电压等级高低、所采用绝缘材料和外护层或铠装不同，电力电缆有多种系列产品。如 VLV、VV 系列聚氯乙烯绝缘聚氯乙烯护套电力电缆；ZLQ、ZQ 系列油浸纸绝缘电力电缆；ZLL、ZL 系列油浸纸绝缘铝包电力电缆。一般来说，电力电缆多数是铝芯的。

由于聚氯乙烯绝缘电缆的生产工艺和施工工艺要比油浸纸绝缘电缆简单，且没有铅包或铝包，所以目前多采用聚氯乙烯绝缘电缆。

控制电缆是供交流 500V 或直流 1000V 及以下配电装置中传递操作电流、连接电气仪表、继电保护和控制自动回路用的。

由于电缆具有绝缘性能好，耐拉、耐压力强，敷设及维护方便，占位置小等优点，所以在厂内的电力、照明、控制、通信等多采用电缆。

电缆敷设方法有以下几种：

1. 埋地敷设

将电缆直接埋设在地下的敷设方法称为埋地敷设。埋地敷设的电缆必须使用铠装及防腐层保护的电缆，裸装电缆不允许埋地敷设。一般电缆沟深度不超过 0.9m，埋地敷设还需要铺砂及在上面盖砖或保护板。

2. 电缆沿支架敷设

电缆沿支架敷设一般在车间、厂房和电缆沟内，安装的支架上用卡子将电缆固定。

电力电缆支架之间的水平距离为 1m，控制电缆为 0.8m。电力电缆和控制电缆一般可以同沟敷设，电缆垂直敷设一般为卡设，电力电缆卡距为 1.5m，控制电缆为 1.8m。

3. 电缆穿保护管敷设

将保护管预先敷设好，再将电缆穿入管内，管道内径不应小于电缆外径的 1.5 倍。一般用钢管作为保护管。单芯电缆不允许穿钢管敷设。

4. 电缆桥架上敷设

电缆桥架是架设电缆的一种构架，通过电缆桥架把电缆从配电室或控制室送到用电设备。

电缆桥架的优点是制作工厂化、系列化，质量容易控制，安装方便，安装后的电缆桥架及支架整齐美观。

电缆桥架由托盘、梯架的直线段、弯通、附件以及支吊架等构成，是用以支承电缆的连续性刚性结构系统的总称。

7.1.3 配管配线

1. 配管配线简介

配管配线是指由配电箱接到用电器具的供电和控制线路的安装，分明配和暗配两种。导线沿墙壁、天花板、梁、柱等明敷，称为明配线；导线在顶棚内，用瓷夹或瓷瓶配线，称为暗配线。明配管是指将管子固定在墙壁、天花板、梁、柱、钢结构、支架上；暗配管是指配合土建施工，将管子预埋在墙壁、楼板或顶棚内。

根据线路用途和用电安全的要求，配线工程常用的敷设方式有瓷夹配线、塑料夹配线、瓷珠配线、瓷瓶配线、针式绝缘子配线、塑料槽板配线等。配管工程分为沿砖或混凝土结构明配、沿砖或混凝土结构暗配、钢结构支架配管、钢索配管等。

绝缘导线有聚氯乙烯绝缘导线、橡胶绝缘线等。其中各种绝缘导线又分为铜芯和铝芯。常用绝缘电线的型号、品种见表7-1。

表7-1 常用绝缘电线的型号、品种

类　别	型　号	名　称
聚氯乙烯塑料绝缘电线	BV	铜芯聚氯乙烯塑料绝缘电线
	BLV	铝芯聚氯乙烯塑料绝缘电线
	BVV	铜芯聚氯乙烯塑料绝缘护套电缆
	BLVV	铝芯聚氯乙烯塑料绝缘护套电缆
	BVR	铜芯聚氯乙烯塑料绝缘软线
	BLVR	铝芯聚氯乙烯塑料绝缘软线
	RVB	铜芯聚氯乙烯塑料绝缘平行软线
	RVS	铜芯聚氯乙烯塑料绝缘绞形软线
	RVV	铜芯聚氯乙烯塑料绝缘护套软线
橡胶绝缘电线	BX	铜芯橡皮线
	BLX	铝芯橡皮线
	BBX	铜芯玻璃丝织橡皮线
	BBLX	铝芯玻璃丝织橡皮线
	BXR	铜芯橡皮软线
	BXS	棉纱织双绞软线

各种配管管材有电线管、钢管、硬塑料管、半硬塑料管及金属软管等。钢管多用于动力线路或底层地墙内暗配管。电线管多用于照明配线。塑料管由于价格低，施工方便，近年来已在照明配线上广泛采用。重型硬塑料管多在化工厂有防腐蚀要求的场所使用。

2. 配管配线安装方法及要求

(1) 钢管、电线管敷设　管路敷设部位、结构不同，施工方法也有所不同。

沿建筑物表面敷设时，就要预埋或砌筑木砖，利用管卡子把管子固定在木砖上；也可在结构内预埋铁件，把支架焊在预埋件上，把管卡固定在支架上；支架的安装，有条件时也可采用胀管螺栓或射钉，也可采取砌筑。沿混凝土预制梁明敷时，需采用特制的吊卡，把管路吊卡在钢索上。

管路暗敷在墙体内，也有不同的施工做法。砖墙暗敷设时，如果是清水墙，必须在砌砖时把管路预埋在墙内；如果是混水墙，应尽量配合土建施工，将管砌入墙内，也可以剔槽埋设。在现浇混凝土墙内暗敷时，应在土建钢筋绑扎好后，将管路和接线盒固定在钢筋上；在现浇混凝土楼板内暗敷设时，应在土建模板支好后，进行配管和安装接线盒；在吊顶内配管，按照明配管的做法，把管路和接线盒卡固定在龙骨上或支架上。

（2）硬塑料管敷设　硬塑料管允许采用明配和暗配，施工方法大致与钢管、电线管相同。GB 50303—2002《建筑电气工程施工质量验收规范》规定，硬塑料管不得在高温和容易受机械损伤的场所敷设。暗敷设应预埋在砖墙内，如砖墙剔槽敷设时，必须用不小于 M10 水泥砂浆抹面保护，厚度不应小于 15mm。

（3）半硬塑料管敷设　流体管、阻燃管等都属于半硬塑料管。规范规定半硬塑料管只适用于民用建筑的照明工程暗敷设，不得在高温场所和顶棚内敷设。目前，半硬塑料管在一般宿舍楼、学校、商店、办公楼等的暗配照明管路中已经大量采用；同时，也应用于电话管路、电视天线管路和广播管路。

施工方法如下：砖墙内敷设，宜在砌砖时预埋管路和接线盒。现浇混凝土墙内敷设时，把管路绑扎在钢筋上。接线盒的安装方法不一，有的采用特制的钢筋或扁钢卡架固定好盒子，把卡架焊在墙体钢筋网上；有的把盒子用螺栓固定在钢模板上。现浇混凝土楼板配管时，要把管路绑扎在钢筋上。

（4）管内穿线　管内穿线的规范要求主要有：绝缘导线的额定电压不应低于 500V；不同回路、不同电压的交流与直流导线，不得穿入同一根管内；导线在管内不得有接头和扭结；管内导线总面积不应超过管子截面积的 40% 等。

（5）夹板配线　夹板分磁夹板和塑料夹板，固定方式分螺钉固定和粘结固定。线路交叉时，要在靠建筑物表面处加套绝缘管，导线穿墙时应预先下好绝缘套管。

（6）钢索配线　钢索配线应用于生产车间、锅炉房、试验室等室内较高的建筑物内照明配线。钢索可根据跨度和承重量采用圆钢或钢绞线。规范规定，跨度在 50m 以下时，可在一端装花篮螺栓；超过 50m 时，两端均应装花篮螺栓。

7.1.4　照明器具

1. 照明常识

（1）照明按系统分类　可分为：

1）一般照明：供整个场所需要的照明。

2）局部照明：仅供某一局部工作地点的照明。

3）混合照明：一般照明与局部照明混合使用的照明。

（2）按照明的种类分类　可分为：

1）工作照明：在正常情况下，保证应有明视条件的照明。

2）事故照明：在工作照明发生故障熄灭时保证明视条件，可供工作人员暂时继续工作及安全疏散的照明。事故照明常用在重要的车间或场所。

（3）照明按电光源分类　可分为：

1）热辐射光源：如白炽灯、卤素灯。

2）气体放电光源：如日光灯、紫外线杀菌灯、高压钠灯等。

（4）按照灯具的结构形式分类　可分为：

1）开敞式照明灯具：无封闭灯罩的灯具。

2）封闭式但非密封的照明灯具：有封闭灯罩，但其内外能自由出入空气的灯具。

3）完全封闭式照明灯具：空气较难进入灯罩内的灯具。

4）密闭式照明灯具：空气不能进入灯罩内的灯具。

5）防爆式照明灯具：密闭良好，能隔爆，并有坚固的金属罩加以保护的灯具。

（5）照明灯具按其安装方式分类　可分为吸顶灯、壁灯、吊灯等。

（6）按采用的电压分类　照明装置采用的电压有220V和36V两种。照明装置一般采用的电压为220V。在特殊情况下，如地下室、汽车修理处、特别潮湿的地方可用安全照明电压36V。

2. 照明灯具的安装方法与要求

（1）吊线灯　吊线灯是用电线吊装灯头，即从吊盒引出导线直接与灯头连接，导线起传导电流的作用，又起承受吊装灯头的作用。

（2）吊链灯　若灯头与灯罩比较重的灯具采用链子来吊，其引线则从吊盒引出传入链子而接到灯头。但吊盒必须牢靠地固定在顶棚上，链子必须结实，否则难以承受灯具质量。

（3）吸顶灯　吸顶灯分圆球吸顶灯、半圆球吸顶灯、方形吸顶灯等。安装时先将木台安装在顶棚板上，再在木台上装设灯头，外面安上玻璃圆球、半圆球或方形罩。

（4）壁灯　壁灯也称墙壁灯。大多数用于暗管配线，接线盒安装于墙内，灯支架固定于线盒上，多用于会议室、影剧院墙壁上或大门两旁。

（5）马路弯灯　马路弯灯安装在支架上，多用于电杆上或墙上。

（6）吊管灯　吊管灯用钢管代替吊链，多用于车间内部。

（7）吸顶日光灯　将组装成套的日光灯直接安装于天棚板上或嵌入天棚板内。

（8）吊链或吊管日光灯　将组装成套的日光灯用吊链或吊管固定于天棚板上或楼板上。

7.2 电气设备工程施工图的组成与识图

7.2.1 电气设备工程施工图的组成

电气设备工程施工图按照工程性质分类，可分为变配电工程施工图、动力工程施工图、照明工程施工图、防雷接地工程施工图等。

电气设备工程施工图按图样的表现内容分类，可分为基本图和详图两大类。各自包括的内容如下：

1. 基本图

电气设备工程施工图基本图包括图样目录、设计说明、系统图、平面图，立（剖）面图、控制原理图、设备材料表等。

（1）设计说明 在电气设备工程施工图中，设计说明一般包括供电方式、电压等级、主要线路敷设形式、在图中未能表达的各种电气安装高度、工程主要技术数据、施工和验收要求以及有关事项等。

设计说明根据工程规模及需要说明的内容多少，有的可单独编制说明书，有的因内容简短，可写在图样的空余处。

（2）主要设备材料表　设备材料表列出该项工程所需的各种主要设备、管材、导线等器材的名称、型号、规模、材质、数量，供订货、采购设备和材料时使用。设备材料表上所列主要材料的数量，由于与工程量的计算方法和要求不同，不能用于工程量编制预算，只能作为参考数量。

（3）系统图　系统图是根据用电量和配电方式绘制出来的。系统图是示意性地把整个工程的供电线路用单线连接方式表示的线路图，不表示空间位置关系。通过识读系统图可以了解以下内容：

整个变、配电所的连接方式，从主干线到各分支回路分几级控制，有多少个分支回路；主要变电设备、配电设备的名称、型号、规格及数量；主干线路的敷设方式、型号、规格。

（4）电气平面图　电气平面图一般分为变配电平面图、动力平面图、照明平面图等；在高层建筑中还有标准层平面图、干线布置图等。电气平面图的特点是将同一层内不同安装高度的电气设备及线路都放在同一平面上来表示。

通过电气平面图的识读，可以了解以下内容：建筑物的平面布置、轴线分布、尺寸及图样比例；各种变、配电设备的编号、名称，各种用电设备的名称、型号以及它们在平面图上的位置；各种配电线路的起点和终点、敷设方式、型号、规格、根数，以及在建筑物中的走向、平面和垂直位置。

（5）控制原理图　控制电器是指对用电设备进行控制和保护的电气设备。控制原理图是根据控制电器的工作原理，按规定的线路和图形符号绘制成的电路展开图，一般不表示各电气元件的控制位置。控制原理图不是每套图样都有，只有当工程需要时才绘制。

2. 详图

电气工程详图是指盘、柜的盘面布置图和某些电气部件的安装大样图。大样图的特点是对安装部件的各部位都注有详细尺寸，一般在没有标准图可选用并有特殊要求的情况下才绘制。

标准图是一种具有通用性质的详图，表示一组设备或部件的具体图形和详细尺寸，便于制作安装。但是，它一般不能作为单独进行施工的图，而只能作为某些施工图的一个组成部分。

7.2.2　电气设备工程施工图的识图

1. 识图特点

电气设备工程施工图主要是一些系统图、原理图和接线图。因为系统图、原理图和接线图都是用各种图形符号绘制的示意性图样，不表示平面与立体的实际情况，只表示各种电气设备、部件之间的连接关系。识读电气施工图必须按以下要求进行：

1）熟悉各种电气设备的图形符号。在此基础上，才能按施工图主要设备材料表中所列各项设备及主要材料分别研究其在施工图中的安装位置，以便对总体情况有一个概括了解。

2）对于控制原理图，要搞清主电路和辅助电路的相互关系和控制原理及作用。控制回路和保护回路是为主电路服务的，起对主电路的启动、停止、制动、保护等作用。

3）对于每一回路的识读应从电源端开始，顺电源线识读，依次通过每一电气元件时，都要弄清楚它们的变化，以及由于这些变化可能造成的连锁反应。

4）仅仅掌握电气制图规则及各种电气图形符号，对于理解电气图是远远不够的，必须具备有关电气的一般原理知识和电气施工图技术，才能真正达到看懂电气施工图的目的。

2. 识图方法

电气施工平面图是编制预算时计算工程量的主要依据。因为它比较全面地反映了工程的基本状况。电气工程所安装的电气设备、元件的种类、数量、安装位置，管线的敷设方式、走向、材质、型号、规格、数量等都可以在识读平面图过程中计算出来。为了在比较复杂的平面布置中搞清楚系统电气设备、元件间的连接关系，进而识读高、低压配电系统图，在理清电源的进出、分配情况以后，重点对控制原理图进行识读，就可以对电气施工图有进一步的理解。

一般电气施工图少则数十张，多则上百张，虽然每张图样都从不同方面反映了设计意图，但是对于编制预算而言，并不是都要用。预算人员识读电气施工图应该有所侧重。平面图和立面图是编制预算最主要的图样，应进行重点识读。识读平、立面图的主要目的，在于能够准确地计算工程量，为正确编制预算打好基础。但是识读平、立面施工图还要结合其他相关图纸相互对照识读，这样有利于加深对平、立面图的正确理解。

在切实掌握平、立面图以后，应该明确以下内容：

1）对整个单位工程所选用的各种电气设备的数量及其作用有全面的了解。

2）对采用的电压等级，高、低压电源进出回路及电力的具体分配情况有清楚的概念。

3）对电力拖动、控制及保护原理有大致的了解。

4）各种类型的电缆、管道、导线的根数、长度、起始位置、敷设方式有详细的了解。

5）对需要制作加工的非标准设备及非标准件的品种、规格、型号、数量等有精确的统计。

6）对需要进行调试、试验的设备系统，结合定额规定及项目划分，要有明确的数量概念。

7）防雷、接地装置的布置，材料的品种、规格、型号、数量要有清楚的了解。

8）对设计说明中的技术标准、施工要求以及与编制预算有关的各种数据，都已经掌握。

电气工程识图，仅仅停留在图面上是不够的，还必须与以下几方面结合起来，才能把施工吃透、算准。

1）在识图的全过程中要和熟悉预算定额结合起来。要把预算定额中的项目划分、包含工序、工程量的计算方法、计量单位等与施工图有机结合起来。

2）识读施工图，还必须进行认真、细致的调查了解工作。要深入现场，深入工人群众，了解实际情况，把在图面上表示不出的一些情况弄清楚。

3）识读施工图要结合有关的技术资料，如有关的规范、标准、通用图集以及施工组织设计、施工方案等一起识读，有利于弥补施工图中的不足之处。

4）要学习和掌握必要的电气技术基础知识和积累现场施工的实践经验。

7.3 电气设备工程量计算与定额应用

7.3.1 电气设备安装工程定额应用

1. 控制设备及低压电器

（1）控制设备及低压电器工程定额中有关问题的说明　主要包括以下几个方面：

1）定额编列电气控制设备、低压电器的安装，盘、柜配线，焊（压）接线端子，穿通板制作安装，基础槽、角钢及各种铁构件、支架制作安装。

2）控制设备安装，除限位开关及水位电气信号装置外，其他均未包括支架制作安装。发生时可执行本章相应定额。

3）屏上辅助设备安装，包括标签框、光字牌、信号灯、附加电阻、连接片等，但不包括屏上开孔工作。

4）设备的补充油按设备考虑。

5）各种铁构件制作，均不包括镀锌、镀锡、镀铬、喷塑等其他金属防护费用。发生时应另行计算。

6）轻型铁构件是指结构厚度在3mm以内的构件。

7）铁构件制作安装定额适用于本册范围内的各种支架、构件的制作与安装。

8）控制设备安装未包括的工作内容有：二次喷漆及喷字；电器及设备干燥；焊、压接线端子；端子板外部（二次）接线。

9）集装箱式低压配电室是指组合型低压配电装置，内装多台低压配电箱（屏），箱的两端开门，中间为通道。

10）闸流晶体管变频调速柜安装，按闸流晶体管相应定额人工乘以系数1.2计算。

11）蓄电池屏安装，未包括蓄电池的拆除与安装。

12）配电板制作安装，不包括板内设备元件安装及端子板外部接线。

13）刀开关、封闭式负荷开关（铁壳开关）、漏电开关、熔断器、控制器、接触器、启动器、电磁铁、自动快速开关、电阻器、变阻器等定额内均已包括接地端子，不得重复计算。

14）水位信号装置安装，未包括电气控制设备、继电器安装及水泵房至水塔、水箱的管线敷设。

（2）控制设备及低压电器工程量计算规则　主要包括以下几个内容：

1）控制、继电、模拟及配电屏安装工程量计算规则。

① 控制屏、继电（信号）屏、模拟屏及低压配电屏（开关柜子）等安装工程量均以“台”为计量单位计算。其中模拟显示屏则应区分屏面宽度，套用相应定额。

此外还有弱电控制返回屏，也称弱电回馈信号控制屏，安装工程量以“台”为计量单位计算。而集装箱式低压配电室为户内或户外组合封闭式成套低压配电装置，在箱体内装有各种控制配电屏，其安装工程量以“10t”为计量单位计算。

② 上述各种电气控制屏、柜安装均不包括基础槽钢、角钢的制作与安装。

2）配电箱、柜、板安装工程量计算规则。

① 成套配电箱/柜安装。不区分动力箱和照明箱，只区分安装方式（落地式和悬挂嵌入式）均以“台”为计量单位套用有关定额项目。对于悬挂式配电箱，还应区分半周长套用不同定额项目。半周长指配电箱“长+宽”的长度，如配电箱长为700mm，宽为400mm，其半周长为1100mm，在1000~1500 mm之间，则应套用上限半周长1500mm以内定额子目。插座箱、电表箱安装可按成套配电箱的安装定额执行。

计算时注意：成套配电箱安装所需要的基础槽钢或角钢制作与安装应另行计算，套相应定额；成套配电箱端子板外部接线或焊、压接线端子的工程量套用相应定额子日。

②木制配电箱制作及配电板制作、安装工程量计算时，木制配电箱制作应区分半周长，以

“套”为计量单位计算工程量。另外，木制配电箱制作定额不包括箱内配电板的制作和各种电气元件的安装及箱内配线等工作；木制配电箱制作定额已包括了主材费用，不得另行计算。

配电板制作区分不同材质（木板、塑料板、胶木板），按配电板图示外形尺寸，以“m^2”为计量单位。另外配电板制作定额中均已包括其主材费用，不得另外计算。配电板安装则区分半周长，以“块”为单位计算工程量。

3）控制开关、控制器、启动器、电阻器、变阻器类安装计算规则。

① 控制开关、熔断器、限位开关、按钮、电笛均区分不同类别，分别以“个”为计量单位套用定额子目。

② 控制器、接触器、启动器等安装。按不同类别分别以“台”为计量单位；

③ 电阻器、变阻器安装。分别以“箱/台”为计量单位计算工程量；

④ 水位电气信号装置安装。区分机械式、电子式、液位式，分别以“套”为计量单位套用定额子目。

4）盘、柜配线安装计算规则。

① 盘、柜配线是指盘、柜内组装电气元件间的连接导线，区分导线截面，以“10m”为计量单位计算工程量。盘、柜配线只适用于盘、柜内组装电气元件之间的连配线，不适用于工厂的修、配、改工程。可按下式计算工程量：

$$L=(B+H)\times n$$

式中 L——盘、柜配线总长度（m）；

B——盘、柜一边长（m）；

H——盘、柜一边宽（m）；

n——盘、柜配线回路数。

② 盘、箱、柜的外部进出线预留长度按表7-2计算。

表7-2 盘、箱、柜的外部进出线预留长度

序号	项 目	预留长度	说 明
1	各种箱、柜、盘、板、盒	高+宽	盘面尺寸
2	单独安装的封闭式负荷开关、自动开关、刀开关、启动器、箱式电阻器、变阻器	0.5m	从安装对象中心算起
3	继电器、控制开关、信号灯、按钮开关、熔断器等小电器	0.3m	从安装对象中心算起
4	分支接头	0.2m	分支线预留

5）端子板安装及外部接线端子板安装计算规则。

① 端子箱安装。所谓端子箱，是指箱体内只设有接线端子板，而无开关、熔断器、电能表等器件。端子箱安装应区分户内和户外两种形式，以“台”为单位计算工程量，主材费另计。

② 端子板安装及外部接线。端子板安装以“组”为计量单位，安装10个头为一组。端子板外部接线有端子和无端子两种形式，按照导线截面规格，以“10个”为单位套用有关定额子目。各种配电箱、盘安装均未包括端子板的外部接线工作内容，应根据设备盘、箱、柜、台的外部接线图上端子板的规格、数量，另套用“端子板外部接线”定额。

③ 焊接、压接线端子工程量。焊接、压接线端子是指截面$6mm^2$以上多股单芯导线与

设备或电源连接时必须加装的接线端子。接线端子按材质分为铜接线端子和铝接线端子，铜接线端子有焊接和压接两种形式，铝接线端子只有压接。工程量计算区分导线材质和导线截面积，分别以“个”为计量单位。接线端子（俗称接线鼻子）已经包括在定额内，不得另行计算。焊（压）接线端子定额只适用于导线。电缆终端头制作与安装定额中已包括压接线端子，不得重复计算。

6）铁构件制作安装及箱、盘、盒制作计算规则。

① 铁构件制作、安装工程量计算。铁构件按型钢厚度大小划分为一般铁构件（厚度3mm以上）和轻型铁构件（厚度3mm以下），并区分制作、安装，按施工图设计尺寸，以成品质量“100kg”为计量单位计算工程量。

铁构件制作、安装定额，适用于电气设备安装工程的各种支架的制作安装。

② 箱盒制作。箱盒制作以“100kg”为计量单位计算工程量，主材费另计。网门、保护网制作安装，按网门或保护网设计图示的外围尺寸，以“m^2”为计量单位计算。

7）基础槽钢和角钢制作安装工程量计算规则。高压开关柜、低压开关柜（屏）和控制屏、继电信号屏等，以及落地式动力、照明配电箱安装，均需设置在基础槽钢或角钢上。工程量计算区分基础槽钢和角钢，分别以“10m”为计量单位计算工程量。

2. 电缆工程

（1）电缆工程定额中有关问题的说明　主要包括以下几个方面：

1）电缆敷设定额适用于10kV以下的电力电缆和控制电缆敷设。

2）电缆在一般山区、丘陵地区敷设时，其定额人工乘以系数1.3。该地段所需的施工材料、加固定桩、夹具等按实际另计。

3）电缆敷设定额未考虑因波形敷设增加长度、弛度增加长度、电缆绕梁（柱）增加长度以及电缆与设备连接、电缆接头等必要的预留长度，该增加长度应计入工程量之内。

4）电力电缆敷设定额均按3芯（包括3芯连地）考虑，5芯电力电缆敷设定额乘以系数1.3，6芯电力电缆乘以系数1.6，每增加一芯定额增加30%，以此类推。单芯电力电缆敷设按同截面电缆定额乘以0.67。截面400mm^2以上至800 mm^2的单芯电力电缆敷设，按400mm^2电力电缆定额执行。

5）电缆沟挖填方定额也适用于电气管道沟等的挖填方工作。

6）移动盖板或揭或盖，定额均按一次考虑，如又揭又盖，则按两次计算。

7）直径ϕ100以下的电缆保护管敷设执行本册配管配线章有关定额。

8）本章电缆敷设是综合定额，已将裸包电缆、铠装电缆、屏蔽电缆等因素考虑在内，因此凡10kV以下的电力电缆和控制电缆均不分结构形式和型号，一律按相应的电缆截面和芯数执行定额。

9）电缆防火堵洞每处按0.25m^2以内考虑。电缆刷色相漆按一遍考虑。

10）桥架安装。

① 桥架安装包括运输、组合、螺栓或焊接固定，弯头制作，附件安装，切割口防腐，桥式或托板式开孔，上管件隔板安装，盖板及钢制梯式桥架盖板安装。

② 桥架支撑架定额适用于立柱、托臂及其他各种支撑架的安装。本定额已经综合考虑了采用螺栓、焊接和膨胀螺栓三种固定方式，实际施工中，不论采用何种固定方式，定额均不作调整。

③ 玻璃钢梯式桥架和铝合金梯式桥架定额均按不带盖考虑，如这两种桥架带盖，分别执行玻璃钢槽式桥架定额和铝合金槽式桥架定额。

④ 钢制桥架主结构设计厚度大于3mm 时，定额人工、机械乘以系数1.2。

⑤ 不锈钢桥架按本章钢制桥架定额乘以系数1.1 计算。

(2) 电缆工程工程量计算规则　主要包括以下几个方面：

1) 电缆长度及敷设工程量计算规则。

① 电缆长度计算。电缆敷设按单根延长米计算，如一个沟内（或架上）敷设三根各长100m 的电缆时，应按300m 计算，以此类推。

计算时注意：电缆敷设定额没有考虑因波形敷设增加长度、弛度增加长度、电缆绕梁（柱）增加长度以及电缆与设备连接、电缆接头等必要的预留长度，因此该长度也是电缆敷设长度的组成部分，其计算公式为：

每条电缆敷设长度 =（水平长度 + 垂直长度 + 预留长度）×（1 +2.5% 曲折弯余量）

式中　2.5%——电缆曲折弯余量系数。

电缆敷设长度应根据敷设路径的水平和垂直敷设长度，按表7-3 的规定增加预留长度。

表 7-3　电缆敷设的预留长度

序号	项　目	预留长度(附加)	说　明
1	电缆敷设坡度、坡形弯度、交叉	2.5%	按电缆全长计算
2	电缆进入建筑物	2.0m	规范规定最小值
3	电缆进入沟内或吊架时引上(下)	1.5m	规范规定最小值
4	变电所进线、出线	1.5m	规范规定最小值
5	电力电缆终端头	1.5m	检修余量最小值
6	电缆中间接头盒	两端各留2m	检修余量最小值
7	电缆进控制、保护屏及模拟盘、配电箱等	高 + 宽	按盘面尺寸
8	高压开关柜及低压配电盘、箱	2m	盘下进出线
9	电缆至电动机	0.5m	从电动机接线盒算起
10	厂用变压器	3m	从地坪算起
11	电缆绕过梁柱等增加长度	按实计算	按被绕物的断面情况计算增加长度
12	电梯电缆与电缆架固定点	每处0.5m	规范最小值

② 电缆敷设。电缆敷设区分敷设方式（直埋、穿管、沿竖直通道等其他敷设方式）和电缆线芯材质（是铜芯还是铝芯），均按照电缆截面规格大小，以“100m”为计量单位。

控制电缆敷设区分敷设方式（直埋、穿管、沿竖直通道等其他敷设方式）。按照电缆芯数，以“100m”为计量单位。主材应按电缆敷设量及其损耗量另行计算。

2) 电缆直埋时工程量计算规则。

① 电缆沟挖填及人工开挖路面。电缆沟挖填应区分一般土沟、含建筑垃圾土、泥水土、冻土和石方等，均以“m^3”为计量单位计算。直埋电缆的挖、填土（石）方工程量，除特殊要求外，可按表7-4 计算土方量。

表 7-4　直埋电缆沟的挖、填土（石）方量

项　　目	电缆根数	
	1 ~ 2	每增一根
每米沟长挖方量/m^3	0.45	0.153

② 电缆沟内铺砂、盖砖及移动盖板。定额子目区分“铺砂盖砖”和“铺砂盖保护板”，按照电缆沟内敷设“1 ~ 2 根”电缆作为基本定额子目，以“每增一根”电缆为辅助定额子目，以“100m”为计量单位计算。

电缆采用电缆沟敷设时，需要盖（或揭）电缆沟水泥盖板，应区分每块盖板的长度按每盖（或揭）一次，以延长米计算，计量单位为“100m”，但是如又揭又盖，则按两次计算。

3）电缆保护管敷设计算规则。电缆保护管敷设应按管道材质（铸铁管、混凝土管、石棉水泥管、钢管及塑料管）并区分管径大小的不同，分别以“10m”为计量单位计算。

电缆保护管长度，按设计规定长度计算外，遇有下列情况，应按表 7-5 的规定增加保护管长度。

表 7-5　电缆保护管增加长度

项　　目	增 加 长 度
横穿道路	路基宽度两端增加 2m
垂直敷设	管口距地面增加 2m
穿建筑物外墙	按基础外缘以外增加 1m
穿排水沟	按沟壁外缘以外增加 1m

4）电缆桥架安装工程量计算规则。常用桥架有钢制桥架、玻璃钢桥架、铝合金桥架和组合桥架 4 类。

① 钢制桥架、玻璃钢桥架、铝合金桥架安装，又分别有槽式桥架、梯式桥架和托盘式桥架三种，均区分桥架规格（宽 + 高），以“10m”为计量单位，不扣除弯头、三通、四通等所占长度。其中桥架、盖板和隔板的主材费另计。

② 组合桥架以每片长度 2m 为一个基型片，需要在施工现场将基型片进行组合成桥架，以“100 片”为计量单位计算，主材费另计。

③ 桥架支撑架以“100kg”为计量单位。适用于立柱、托臂及其他各种支撑架的安装。本定额已综合考虑了采用螺栓、焊接和膨胀螺栓三种固定方式，实际施工中，不论采用何种固定方式，定额均不作调整。

④ 桥架、托臂、立柱、隔板、盖板为外购件成品，连接用螺栓和连接件随桥架成套购买，计算质量可按桥架总质量的 7% 计算。

5）电缆终端头与中间头的制作与安装 。

① 电力电缆终端头及中间头均以“个”为计量单位。电力电缆和控制电缆均按一根电缆有两个终端头考虑。中间电缆头设计有图示的，按设计确定；设计没有规定的，按实际情况计算（或按平均 250m 一个中间头考虑）。

② 控制电缆头制作、安装按电缆“终端头”和“中间头”芯数 6、14、24、37 以内，

分别以“个”为计量单位计算。保护盒及套管另行计算。

6）电缆防火堵洞、阻燃槽盒安装及电缆防护工程量计算。

① 电缆防火堵洞每处按0.25平方米以内考虑；防火涂料以“10kg”为计量单位，防火隔板安装以“m^3”为计量单位，阻燃槽盒安装以“10m”为计量单位。

② 电缆防腐、缠石棉绳、刷漆、缠麻层、剥皮均以“10m”为计量单位。

7）电缆支架计算。电缆支架、吊架、槽架制作安装以“t”为计量单位计算，套用铁件制作安装定额。

3. 配管、配线工程

（1）配管、配线定额内有关问题说明

1）本定额包括电气工程中各种敷设形式的配管、配线、钢索架设、车间带型母线安装及其拉紧装置制作与安装，接线箱、盒安装以及地面刨沟、墙体剔槽等项目。

2）配管工程均未包括接线箱、盒及支架制作与安装，另执行相应项目。

3）钢管敷设、防爆钢管敷设中的接地跨接线，定额综合了焊接和采用专用接地卡子两种方式。

4）刚性阻燃管暗配定额是按切割墙体考虑的，其余暗配管均按配合土建预留、预埋考虑，如果设计或工艺要求需按切割墙体考虑的，则另套用墙体剔槽定额。

5）铜母线安装执行铜母线安装定额。

6）金属线槽安装定额亦适用于线槽在地面内暗敷设。

7）鼓形绝缘子（沿钢结构及钢索）、针式绝缘子、蝶式绝缘子的配线、金属线槽及车间带型母线的安装均已包括支架安装，支架制作另计。

8）连接设备导线预留长度应计入导线敷设工程量。其导线预留长度如表7-6所示。

表7-6 配线进入箱、柜、板的预留长度（每一根线）

序号	项　目	预留长度	说　明
1	各种开关箱、柜、板	高+宽	盘面尺寸
2	单独安装（无箱、盘）的封闭式负荷开关、刀开关、启动器、线槽进出线盒等	0.3m	从安装对象中心算起
3	由地坪管子出口引至动力接线箱	1.0m	以管口计算
4	电源与管内导线连接（管内穿线与软、硬母线接头）	1.5m	以管口计算
5	出户线	1.5m	以管口计算

（2）配管、配线工程量计算规则

1）配管工程量计算规则。

① 一般规定。各种配管应区别不同敷设方式（明敷设和暗敷设）、敷设位置、管材材质及规格，以“100m”为计量单位计算工程量，不扣除管路中间的接线箱（盒）、灯头盒、开关盒所占长度。各种配管工程均不包括管子本身的材料价值，应按施工图设计用量乘以定额规定消耗系数和工程所在地材料预算价格另行计算。

② 计算方法。配管计算的方法可采用顺序计算方法、分片划块计算方法、分层计算方法。

顺序计算方法：从起点到终点，从配电箱起按各个回路进行计算，即从配电箱（盘、板）到用电设备再加上规定预留长度。

分片划块计算方法：计算工程量时，按建筑平面形状特点及系统图的组成特点分片划块分别计算，然后分类汇总。

分层计算方法：在一个分项工程中，如遇有多层或高层建筑物时，可采用由底层至顶层分层计算的方法进行计算。

③ 计算配管工程时的注意事项。配管工程均未包括接线箱、盒及支架的制作与安装，发生时可按“铁钩件制作与安装”定额相关子目。

钢管、防爆钢管敷设中接地跨接按焊接盒采用专用接地卡子综合考虑。

钢索配管项目中未包括钢索架设及拉紧装置制作盒安装，接线盒安装，其工程量另行计算。

2）配管接线箱、盒安装工程量计算规则。接线箱为集中各种导线接头的箱子，将接头集中在接线箱内便于管理、维护。接线盒为集中安置各种导线接头的盒子，体积比接线箱小。

① 接线箱安装工程量。按接线箱半周长，以“10 个”为计量单位计算工程量。接线箱本身价值需另行计算，接线箱安装也适用等电位箱等的安装。

② 接线盒安装工程量。应区别安装形式（明装、暗装、钢索上）以及接线盒类型，以“个”为计量单位计算工程量。接线盒价值另行计算。

明装接线盒包括普通接线盒、防爆接线盒安装两个子目；暗装接线盒包括接线盒、开关盒安装两个子目。接线盒安装亦适用于插座底盒的安装。

3）管内穿线工程量计算规则

① 一般规定。管内穿线的工程量，应区别线路性质（照明线路和动力线路）、导线材质、导线截面，以单线“100m”为计量单位计算。导线价值另行计算。

② 管内穿线长度计算方法。管内穿线长度计算公式为

管内穿线长度 =（配管长度 + 导线预留长度）× 同截面导线根数

计算时注意：灯具、明暗开关、插座、按钮等的预留线，已分别综合在相应定额内，不另行计算；配线进入开关箱、柜、板的预留线，按表 7-6 规定的长度，分别计入相应的工程量。

4）线路敷设工程量计算规则

① 绝缘子配线工程量计算规则。绝缘子配线工程量应区别绝缘子形式（针式、鼓式、碟式）、绝缘子配线位置（沿屋架、梁、柱、墙，跨屋架、梁、柱、木结构、顶棚内、砖、混凝土结构，沿钢支架及钢索）以及导线截面积，以线路“100m”为计量单位计算。

其中：导线材料价值不包括在定额内，应另行计算；支架制作及其主材应按铁构件制作定额计算；钢索架设及拉紧装置的制作安装定额应按相应定额另行计算。

② 槽板配线工程量计算规则。槽板配线工程量应区别槽板材质配线位置（木结构、砖、混凝土）、导线截面和线式（二线、三线），以线路“100m”为计量单位计算。

其中：木制槽板执行塑料槽板配线；导线、木槽板、塑料槽板按设计用量乘以定额消耗指标另行计算。

③ 塑料护套线明敷设工程量计算规则。塑料护套线明敷设工程量，应区别导线截面、导线芯数（二芯、三芯）、敷设位置（木结构、钢结构、砖混结构、沿钢索），以单根线路“100m”为计量单位计算。

④ 线槽工程量计算规则。线槽安装工程量应区别不同的宽度，以“100m”为计量单位计算；线槽配线工程量应区别导线截面，以单根线路按“100m”为计量单位计算。

5）其他分项工程量计算规则。

① 钢索架设工程量规则。钢索架设工程量应区别圆钢、钢索直径（ϕ6mm、ϕ9mm），按图示墙（柱）内缘距离计算工程量，不扣除拉紧装置所占长度。

② 母线拉紧装置制作与安装规则。母线拉紧装置及钢索拉紧装置制作安装工程量，应区别母线截面、花篮螺栓直径（ϕ12mm、ϕ16mm、ϕ18mm）以“套”为计量单位计算。

③ 车间带型母线安装工程量规则。车间带型母线安装工程量，应区别母线材质（铝、钢）、母线截面、安装位置（沿屋架、梁、柱、墙，跨屋架、梁、柱）以“延长米”为计量单位计算。

④ 动力配管混凝土地面刨沟、剔槽工程量规则。动力配管混凝土地面刨沟工程量，应区别管子直径，以“延长米”为计量单位计算。

4. 照明灯具安装工程

照明工程量计算有如下要点：

1）照明工程量根据该项工程电气设计施工图的照明平面图、照明系统图以及设备材料表等进行计算。照明线路的工程量按施工图上标明的敷设方式和导线的型号、规格及比例尺寸量出其长度进行计算。照明设备、用电设备的安装工程量，是根据施工图上标明的图例、文字符号分别统计出来的。

2）为了准确计算照明线路工程量，不仅要熟悉照明的施工图，还应熟悉或查阅建筑施工图上的有关主要尺寸。因为一般电气施工图只有平面图，没有立面图，故需要根据建筑施工图的立面图和电气照明施工图的平面图配合计算。照明线路的工程量计算，一般先计算干线，后算支线，按不同的敷设方式、不同型号和规格的导线分别进行计算。

3）照明灯具工程量计算按如下程序。根据照明平面图和系统图，根据照明平面图和系统图，按进户线，总配电箱，向各照明分配电箱配线、经各照明配电箱配向灯具、用电器具的顺序逐项进行计算，这样既可以加快看图时间，提高计算速度，又可以避免漏算和重复计算。

4）照明灯具工程量计算方法。工程量的计算采用列表方式进行计算。照明工程量的计算、一般应按一定顺序自电源侧逐一向用电侧进行，要求列出简单明白的计算式，可以防止漏项、重复，以便于复核。

（1）照明灯具安装工程定额中有关问题说明

1）各种灯具的引导线、各种灯具元器件的配线，除另有注明外，均已综合考虑在定额内。

2）各型灯具的支架制作安装，除另有注明者外，均未考虑在定额内。

3）装饰灯具、路灯、投光灯、碘钨灯、氙气灯、烟囱或水塔指示灯，均已考虑了一般工程的高空作业因素，其他器具安装高度如超过5m，则应按册说明中规定的超高系数另行计算。

4）装饰灯具定额项目与示意图号配套使用。

5）风扇安装未包括风扇调速开关安装，可另外执行开关安装相应项目，吊风扇安装只预留吊钩时，人工乘以系数0.4，其余不变。

6）地面防水插座安装按暗插座相应定额人工乘以系数1.2，其接线盒执行防爆接线盒定额。

7）灯具安装定额内已经包括利用摇表测量绝缘及一般灯具的试亮工作。

（2）照明灯具安装工程量计算规则

1）普通灯具安装工程量计算规则。应区别灯具的种类、型号、规格，以“10套”为单位计算工程量。计算时注意：软线吊灯和链吊灯均不包括吊线盒价值，必须另行计算。其预算定额按吸顶灯具和其他普通灯具分类立项。

① 吸顶灯具安装。根据灯罩形状划分为圆球形、半圆球形、方形三种。圆球形、半圆球形按灯罩直径大小划分子目；方形吸顶灯具按灯罩形式（矩形罩、大口方罩）划分子目。

② 其他灯具安装。根据灯的用途及安装方式立项，分为软线吊灯、吊链灯、防水防尘灯、一般弯脖灯、一般壁灯、大平门灯、一般信号灯及座灯头项目。

2）装饰灯具安装的工程量计算规则。为了减少因为产品规格、型号不统一而发生争议，定额采用灯具彩色图片与定额子目对照方法编制，以便认定，给定额使用带来极大方便。

施工图设计的艺术装饰吊灯的头数与定额规定不相同时，可以按照插入法进行换算。装饰灯具包括下面几种：

① 吊式艺术装饰灯具。应根据装饰灯具示意图集所示，区别不同装饰物以及灯体直径和灯体垂吊长度，以“10套”为计量单位计算。灯体直径为装饰物的最大外缘直径，灯体垂吊长度为灯座底部到灯梢之间的总长度。

② 吸顶式艺术装饰灯具。应根据装饰灯具示意图集所示，区别不同装饰物、吸盘的几何形状、灯体直径、灯体半周长和灯体垂吊长度，以“10套”为计量单位计算。灯体直径为吸盘最大外缘直径；灯体半周长为矩形吸盘的半周长；吸顶式艺术装饰灯具的灯体垂吊长度为吸盘到灯梢之间的总长度。

③ 荧光艺术装饰灯具。应根据装饰灯具示意图集所示，区别不同安装形式和计量单位计算。

④ 几何形状组合艺术装饰灯具。应根据装饰灯具示意图集所示，区别不同安装形式及灯具的不同形式，以“10套”为计量单位计算。

⑤ 标志、诱导装饰灯具。应区别装饰灯具示意图集所示，区别不同安装形式（吸顶式、吊杆式、墙壁式、嵌入式），以“10套”为计量单位计算。

⑥ 水下艺术装饰灯。应根据装饰灯具示意图集所示，区别不同安装形式、不同灯具直径，以“10套”为计量单位计算。

⑦ 点光源艺术装饰灯具。应根据装饰灯具示意图集所示，区别不同安装形式、不同灯具直径，以“10套”为计量单位进行计算。

⑧ 草坪灯具。应根据装饰灯具示意图集所示，区别不同安装形式，以“10套”为计量单位计算。

⑨ 歌舞厅灯具。应根据装饰灯具示意图所示，区别不同灯具形式，分别以“10套”为计量单位计算。

3）荧光灯具安装工程量计算规则。应区别灯具的安装形式、灯具种类、灯管数量，以“10套”为计量单位计算。荧光灯具安装预算定额按组装型和成套型分项。凡采购来的灯具是分件的，安装时需要在现场组装的灯具称为组装型。凡不需要在现场组装的灯具称为成套型灯具。定额中的整套灯具均为未计价材料。

4）工厂其他灯具安装的工程量计算规则。应区别不同安装形式，以“10 套”为计量单位计算。

5）医院灯具安装的工程量。应区别灯具种类，以“10 套”为计量单位计算。

6）路灯安装工程量。立金属杆，按杆高，以“根”为计量单位。路灯挑灯架区别不同形式，按臂长以“10 套”为计量单位。

7）开关、按钮、插座安装的工程量计算规则。

① 开关、按钮安装工程量应区别开关、按钮安装形式，开关、按钮种类，开关极数以及单控与双控，以“10 套”为计量单位计算。

② 插座安装工程量应区别电源相数、额定电流、插座安装形式、插座插孔个数，以“10 套”为计量单位计算。

8）电铃、风扇安装工程量计算规则。

① 电铃、电铃号牌箱安装的工程量计算应区别电铃直径、电铃号牌箱规格（号），以“套”为计量单位计算。

② 门铃安装工程量计算应区别门铃安装形式，以“10 个”为计量单位计算。

③ 风扇安装的工程量计算应区别风扇种类，以“台”为计量单位计算。

9）其他电器安装工程量计算规则。

① 盘管风机三速开关、请勿打扰灯、须刨插座、钥匙取电器、自动干手装置、卫生洁具自动感应器安装的工程量，均以“10 套”为计量单位计算。

② 红外线浴霸安装的工程量，区分光源个数以“套”为计量单位计算。

7.3.2 电气设备安装工程清单项目设置

电气设备安装工程的工程量清单包括 D.1 变压器安装（030401）、D.2 配电装置安装（030402）、D.3 母线安装（030403）、D.4 控制设备及低压电器安装（030404）、D.5 蓄电池安装（030405）、D.6 电机检查接线及调试（030406）、D.7 滑触线装置安装（030407）、D.8 电缆安装（030408）、D.9 防雷及接地装置（030409）、D.10 10kV 以下架空配电线路（030410）、D.11 配管、配线（030411）、D.12 照明器具安装（030412）、D.13 附属工程（030413）、D.14 电气调整试验（030414）十四个部分，共计 148 个清单项目。

电气设备安装工程适用于 10kV 以下变配电设备及线路的安装工程、车间动力电气设备及电气照明、防雷及接地装置安装、配管配线、电气调试等。

1. 控制设备及低压电器安装

控制设备及低压电器安装工程量清单项目设置及工程量计算规则见表 7-7 所示与 08 版规范中的清单项目设置有较大差异。主要表现在：

1）原项目名称“低压开关柜”改为“低开关柜（屏）”。

2）电阻器的计量单位由“台”改为“箱”；分流器的计量单位由“台”改为“个”；小电器的计量单位由“个（套）”改为“个（套、台）”。

3）工作内容新增了“端子板安装”、“补刷（喷）油漆”、“接地”、“基础型钢制作、安装”、“基础浇筑”、“本体安装”；删除了“基础槽钢制作、安装”、“盘柜安装”、“屏（柜）安装”。

表 7-7　**D.4 控制设备及低压电器安装**（编码：030404）

<table>
<tr><th>项目编码</th><th>项目名称</th><th>项目特征</th><th>计量单位</th><th>工程量计算规则</th><th>工作内容</th></tr>
<tr><td>030404001</td><td>控制屏</td><td rowspan="5">1. 名称
2. 型号
3. 规格
4. 种类
5. 基础型钢形式、规格
6. 接线端子材质、规格
7. 端子板外部接线材质、规格
8. 小母线材质、规格
9. 屏边规格</td><td rowspan="5">台</td><td rowspan="11">按设计图示数量计算</td><td rowspan="3">1. 本体安装
2. 基础槽钢制作、安装
3. 端子板安装
4. 焊、压接线端子
5. 盘柜配线、端子接线
6. 小母线安装
7. 屏边安装
8. 补刷(喷)油漆
9. 接地</td></tr>
<tr><td>030404002</td><td>继电、信号屏</td></tr>
<tr><td>030404003</td><td>模拟屏</td></tr>
<tr><td>030404004</td><td>低压开关柜(屏)</td><td>1. 本体安装
2. 基础槽钢制作、安装
3. 端子板安装
4. 焊、压接线端子
5. 盘柜配线、端子接线
6. 屏边安装
7. 补刷(喷)油漆
8. 接地</td></tr>
<tr><td>030404005</td><td>弱电控制返回屏</td><td>1. 本体安装
2. 基础槽钢制作、安装
3. 端子板安装
4. 焊、压接线端子
5. 盘柜配线、端子接线
6. 小母线安装
7. 屏边安装
8. 补刷(喷)油漆
9. 接地</td></tr>
<tr><td>030404006</td><td>箱式配电室</td><td>1. 名称
2. 型号
3. 规格
4. 质量
5. 基础规格、浇筑材质
6. 基础型钢形式、规格</td><td>套</td><td>1. 本体安装
2. 基础槽钢制作、安装
3. 基础浇筑
4. 补刷(喷)油漆
5. 接地</td></tr>
<tr><td>030404007</td><td>硅整流柜</td><td>1. 名称
2. 型号
3. 规格
4. 容量(A)
5. 基础型钢形式、规格</td><td rowspan="5">台</td><td rowspan="2">1. 基础型钢制作、安装
2. 本体安装
3. 补刷(喷)油漆
4. 接地</td></tr>
<tr><td>030404008</td><td>可控硅柜（晶闸管柜）</td><td>1. 名称
2. 型号
3. 规格
4. 容量(kW)
5. 基础型钢形式、规格</td></tr>
<tr><td>030404009</td><td>低压电容器柜</td><td rowspan="3">1. 名称
2. 型号
3. 规格
4. 基础型钢形式、规格</td><td rowspan="3">1. 基础型钢制作、安装
2. 本体安装
3. 端子板安装
4. 焊、压接线端子</td></tr>
<tr><td>030404010</td><td>自动调节励磁屏</td></tr>
<tr><td>030404011</td><td>励磁灭磁屏</td></tr>
</table>

（续）

项目编码	项目名称	项目特征	计量单位	工程量计算规则	工作内容
030404012	蓄电池屏（柜）	5. 接线端子材质、规格 6. 端子板外部接线材质、规格 7. 小母线材质、规格 8. 屏边规格	台	按设计图示数量计算	5. 盘柜配线、端子接线 6. 小母线安装 7. 屏边安装 8. 补刷（喷）油漆 9. 接地
030404013	直流馈电屏				
030404014	事故照明切换屏				
030404015	控制台	1. 名称 2. 型号 3. 规格 4. 基础型钢形式、规格 5. 接线端子材质、规格 6. 端子板外部接线材质、规格 7. 小母线材质、规格			1. 基础型钢制作、安装 2. 本体安装 3. 端子板安装 4. 焊、压接线端子 5. 盘柜配线、端子接线 6. 小母线安装 7. 补刷（喷）油漆 8. 接地
030404016	控制箱	1. 名称 2. 型号 3. 规格 4. 基础型钢形式、规格 5. 接线端子材质、规格 6. 端子板外部接线材质、规格 7. 安装方式			1. 本体安装 2. 基础型钢制作、安装 3. 焊、压接线端子 4. 补刷（喷）油漆 5. 接地
030404017	配电箱				
030404018	插座箱	1. 名称 2. 型号 3. 规格 4. 安装方式			1. 本体安装 2. 接地
030404019	控制开关	1. 名称 2. 型号 3. 规格 4. 接线端子材质、规格 5. 额定电流（A）	个		1. 本体安装 2. 焊、压接线端子 3. 接线
030404020	低压熔断器	1. 名称 2. 型号 3. 规格 4. 接线端子材质、规格			
030404021	限位开关				
030404022	控制器		台		
030404023	接触器				
030404024	磁力启动器				
030404025	Y-△自耦减压启动器				
030404026	电磁铁（电磁制动器）				
030404027	快速自动开关				
030404028	电阻器		箱		
030404029	油浸频敏变阻器		台		

（续）

项目编码	项目名称	项目特征	计量单位	工程量计算规则	工作内容
030404030	分流器	1. 名称 2. 型号 3. 规格 4. 容量(A) 5. 接线端子材质、规格	个	按设计图示数量计算	1. 本体安装 2. 焊、压接线端子 3. 接线
030404031	小电器	1. 名称 2. 型号 3. 规格 4. 接线端子材质、规格	个(套、台)		
030404032	端子箱	1. 名称 2. 型号 3. 规格 4. 安装部位	台		1. 本体安装 2. 接线
030404033	风扇	1. 名称 2. 型号 3. 规格 4. 安装方式			1. 本体安装 2. 调速开关安装
030404034	照明开关	1. 名称 2. 材质 3. 规格 4. 安装方式	个		1. 开关安装 2. 接线
030404035	插座				1. 插座安装 2. 接线
030404036	其他电器	1. 名称 2. 规格 3. 安装方式	个(套、台)		1. 安装 2. 接线

表7-7中的控制开关包括：自动空气开关、刀开关、封闭式负荷开关、胶盖刀开关、组合控制开关、万能转换开关、风机盘管三速开关、漏电保护开关等；小电器包括按钮、电笛、电铃、水位电气信号装置、测量表计、继电器、电磁锁、屏上辅助设备、辅助电压互感器、小型安全变压器等。

2. 蓄电池安装

蓄电池安装工程量清单项目设置及工程量计算规则见表7-8。

表7-8　D.5蓄电池安装（编码：030405）

项目编码	项目名称	项目特征	计量单位	工程量计算规则	工作内容
030405001	蓄电池	1. 名称 2. 型号 3. 容量 4. 防震支架形式、材质 5. 充放电要求	个(组件)	按设计图示数量计算	1. 防震支架安装 2. 本体安装 3. 充放电
030405002	太阳能电池	1. 名称 2. 型号 3. 规格 4. 容量 5. 安装方式	组		1. 安装 2. 电池方阵铁架安装 3. 联调

3. 电机检查接线及调试

电机检查接线及调试工程量清单项目设置及工程量计算规则见表7-9。

表7-9　D.6 电机检查接线及调试（编码：030406）

项目编码	项目名称	项目特征	计量单位	工程量计算规则	工作内容
030406001	发电机	1. 名称 2. 型号 3. 容量(kW) 4. 接线端子材质、规格 5. 干燥要求	台	按设计图示数量计算	1. 检查接线 2. 接地 3. 干燥 4. 调试
030406002	调相机				
030406003	普通小型直流电动机				
030406004	可控硅调速直流电动机	1. 名称 2. 型号 3. 容量(kW) 4. 类型 5. 接线端子材质、规格 6. 干燥要求			1. 检查接线 2. 接地 3. 干燥 4. 系统调试
030406005	普通交流同步电动机	1. 名称 2. 型号 3. 容量(kW) 4. 启动方式 5. 电压等级(kV) 6. 接线端子材质、规格 7. 干燥要求			
030406006	低压交流异步电动机	1. 名称 2. 型号 3. 容量(kW) 4. 控制保护方式 5. 接线端子材质、规格 6. 干燥要求			
030406007	高压交流异步电动机	1. 名称 2. 型号 3. 容量(kW) 4. 保护类别 5. 接线端子材质、规格 6. 干燥要求			
030406008	交流变频调速电动机	1. 名称 2. 型号 3. 容量(kW) 4. 类别 5. 接线端子材质、规格 6. 干燥要求			
030406009	微型电机、电加热器	1. 名称 2. 型号 3. 规格 4. 接线端子材质、规格 5. 干燥要求			

（续）

项目编码	项目名称	项目特征	计量单位	工程量计算规则	工作内容
030406010	电动机组	1. 名称 2. 型号 3. 电动机台数 4. 联锁台数 5. 接线端子材质、规格 6. 干燥要求	组	按设计图示数量计算	1. 检查接线 2. 接地 3. 干燥 4. 系统调试
030406011	备用励磁机组	1. 名称 2. 型号 3. 接线端子材质、规格 4. 干燥要求			
030406012	励磁电阻器	1. 名称 2. 型号 3. 规格 4. 接线端子材质、规格 5. 干燥要求	台		1. 本体安装 2. 检查接线 3. 干燥

4. 滑触线装置安装

滑触线装置安装工程量清单项目设置及工程量计算规则见表 7-10。

表 7-10　D. 7 滑触线装置安装（编码：030407）

项目编码	项目名称	项目特征	计量单位	工程量计算规则	工作内容
030407001	滑触线	1. 名称 2. 型号 3. 规格 4. 材质 5. 支架形式、材质 6. 移动软电缆材质、规格、安装部位 7. 拉紧装置类型 8. 伸缩接头材质、规格	m	按设计图示单相长度计算（含预留长度）	1. 滑触线支架制作、安装 2. 滑触线安装 3. 拉紧装置及挂式支持器制作、安装 4. 移动软电缆安装 5. 伸缩接头制作、安装

5. 电缆安装

电缆安装工程量清单项目设置及工程量计算规则见表 7-11。

表 7-11　D. 8 电缆安装（编码：030408）

项目编码	项目名称	项目特征	计量单位	工程量计算规则	工作内容
030408001	电力电缆	1. 名称 2. 型号 3. 规格 4. 材质 5. 敷设方式、部位 6. 电压等级（kV） 7. 地形	m	按设计图示尺寸以长度计算（含预留长度及附加长度）	1. 揭（盖）盖板 2. 电缆敷设
030408002	控制电缆				

（续）

项目编码	项目名称	项目特征	计量单位	工程量计算规则	工作内容
030408003	电缆保护管	1. 名称 2. 材质 3. 规格 4. 敷设方式	m	按设计图示尺寸以长度计算	保护管敷设
030408004	电缆槽盒	1. 名称 2. 型号 3. 规格 4. 材质			槽盒安装
030408005	铺砂、盖保护板(砖)	1. 种类 2. 规格			1. 铺砂 2. 盖板(砖)
030408006	电力电缆头	1. 名称 2. 型号 3. 规格 4. 材质、类型 5. 安装部位 6. 电压等级(kV)	个	按设计图示数量计算	1. 电缆头制作 2. 电缆头安装 3. 接地
030408007	控制电缆头	1. 名称 2. 型号 3. 规格 4. 材质、类型 5. 安装方式			
030408008	防火堵洞	1. 名称 2. 材质 3. 方式 4. 部位	处	按设计图示数量计算	安装
030408009	防火隔板		m^2	按设计图示尺寸以面积计算	
030408010	防火涂料		kg	按设计图示尺寸以质量计算	
030408011	电缆分支箱	1. 名称 2. 型号 3. 规格 4. 基础形式、材质、规格	台	按设计图示数量计算	1. 本体安装 2. 基础制作、安装

注：电缆穿刺线夹按电缆头编码列项。

6. 配管、配线

配管、配线工程量清单项目设置及工程量计算规则见表7-12。表中的配管指电线管、钢管、防爆管、塑料管、软管、波纹管等；配线指管内穿线、瓷夹板配线、塑料夹配线、绝缘子配线、槽板配线、塑料护套配线、线槽配线、车间带形母线等。需注意的是，配管安装中不包括凿槽、刨沟的工作内容，应按《通用安装工程工程量计算规范》附录D13（附属工程）相关项目编码列项。

配线保护管遇到下列情况之一时，应增设管路接线盒和拉线盒：

① 管长度每超过30m，无弯曲。

② 管长度每超过20m，有1个弯曲。

③ 管长度每超过15m，有2个弯曲。

④ 管长度每超过8m，有3个弯曲。

垂直敷设的电线保护管遇到下列情况之一时，应增设固定导线用的拉线盒：

① 管内导线截面为 50mm^2 及以下，长度每超过 30m。

② 管内导线截面为 70 ~ 95mm^2，长度每超过 20m。

③ 管内导线截面为 120 ~ 240mm^2，长度每超过 18m。在配管清单项目计量时，设计无要求时上述规定可以作为计量接线盒、拉线盒的依据。

表 7-12　D. 11 配管、配线（编码：030411）

项目编码	项目名称	项目特征	计量单位	工程量计算规则	工作内容
030411001	配管	1. 名称 2. 材质 3. 规格 4. 配置形式 5. 接地要求 6. 钢索材质、规格	m	按设计图示尺寸以长度计算。不扣除管路中间的接线箱（盒）、灯头盒、开关盒所占长度	1. 电线管路敷设 2. 钢索架设（拉紧装置安装） 3. 预留沟槽 4. 接地
030411002	线槽	1. 名称 2. 材质 3. 规格			1. 本体安装 2. 补刷（喷）油漆
030411003	桥架	1. 名称 2. 材质 3. 规格 4. 型号 5. 类型 6. 接地方式			1. 本体安装 2. 接地
030411004	配线	1. 名称 2. 配线形式 3. 规格 4. 型号 5. 材质 6. 配线部位 7. 配线线制 8. 钢索材质、规格	m	按设计图示尺寸以单线长度计算（含预留长度）	1. 配线 2. 钢索架设（拉紧装置安装） 3. 支持体（夹板、绝缘子、槽板等）安装
030411005	接线箱	1. 名称 2. 材质 3. 规格 4. 安装形式	个	按设计图示数量计算	本体安装
030411006	接线盒				

7. 照明器具安装

照明器具安装工程量清单项目设置及工程量计算规则见表 7-13。表中的普通灯具包括：圆球吸顶灯、方形吸顶灯、软线吊灯、座灯头、吊链灯、防水吊灯、壁灯等。高度标志（障碍）灯包括：烟囱标志灯、高塔标志灯、高层建筑屋顶障碍指示灯等。装饰灯包括：吊式艺术装饰灯、点光源艺术灯、标志灯、诱导装饰灯、歌舞厅灯具、草坪灯具等。中杆灯是指安装高度≤19m 的灯杆上的照明器具；高杆灯是指安装在高度 > 19m 的灯杆上的照明器具。

表 7-13　D.12 照明器具安装（编码：030412）

项目编码	项目名称	项目特征	计量单位	工程量计算规则	工作内容
030412001	普通灯具	1. 名称 2. 型号 3. 规格 4. 类型	套	按设计图示数量计算	本体安装
030412002	工厂灯	1. 名称 2. 型号 3. 规格 4. 安装形式			
030412003	高度标志（障碍）灯	1. 名称 2. 型号 3. 规格 4. 安装部位 5. 安装高度			
030412004	装饰灯	1. 名称 2. 型号 3. 规格 4. 安装形式			
030412005	荧光灯				
030412006	医疗专用灯	1. 名称 2. 型号 3. 规格			
030412007	一般路灯	1. 名称 2. 型号 3. 规格 4. 灯杆材质、规格 5. 灯架形式及臂长 6. 附件配置要求 7. 灯杆形式（单、双） 8. 基础形式、砂浆配合比 9. 杆座材质、规格 10. 接线端子材质、规格 11. 编号、接地要求			1. 基础制作、安装 2. 立灯杆 3. 杆座安装 4. 灯架及灯具附件安装 5. 焊压接线端子 6. 补刷（喷）油漆 7. 灯杆编号 8. 接地
030412008	中杆灯	1. 名称 2. 灯杆的材质及高度 3. 灯架的型号、规格 4. 附件配置 5. 光源数量 6. 基础形式、浇筑材质 7. 杆座材质、规格 8. 接线端子材质、规格 9. 铁构件规格 10. 编号、接地要求 11. 灌浆配合比			1. 基础浇筑 2. 立灯杆 3. 杆座安装 4. 灯架及灯具附件安装 5. 焊压接线端子 6. 铁构件安装 7. 补刷（喷）油漆 8. 灯杆编号 9. 接地

（续）

项目编码	项目名称	项目特征	计量单位	工程量计算规则	工作内容
030412009	高杆灯	1. 名称 2. 灯杆高度 3. 灯架的型式（成套或组装、固定或升降） 4. 附件配置 5. 光源数量 6. 基础形式、浇筑材质 7. 杆座材质、规格 8. 接线端子材质、规格 9. 铁构件规格 10. 编号、接地要求 11. 灌浆配合比	套	按设计图示数量计算	1. 基础浇筑 2. 立灯杆 3. 杆座安装 4. 灯架及灯具附件安装 5. 焊压接线端子 6. 铁构件安装 7. 补刷（喷）油漆 8. 灯杆编号 9. 升降机构接线调试 10. 接地
030412010	桥栏杆灯	1. 名称 2. 型号 3. 规格 4. 安装形式			1. 补刷（喷）油漆 2. 灯具安装
030412011	地道涵洞灯				

8. 附属工程

附属工程的工程量清单项目设置及工程量计算规则见表 7-14。

表 7-14　D. 13 附属工程（编码：030413）

项目编码	项目名称	项目特征	计量单位	工程量计算规则	工作内容
030413001	铁构件	1. 名称 2. 材质 3. 规格	kg	按设计图示尺寸以质量计算	1. 制作 2. 安装 3. 补刷（喷）油漆
030413002	凿（压）槽	1. 名称 2. 类型 3. 规格 4. 填充（恢复）方式 5. 混凝土标准	m	按设计图示尺寸以长度计算	1. 开槽 2. 恢复处理
030413003	打洞（孔）	1. 名称 2. 类型 3. 规格 4. 填充（恢复）方式 5. 混凝土标准	个	按设计图示数量计算	1. 开孔、洞 2. 恢复处理
030413004	管道包封	1. 名称 2. 规格 3. 混凝土强度等级	m	按设计图示长度计算	1. 灌注 2. 养护
030413005	人（手）孔砌筑	1. 名称 2. 类型 3. 规格	个	按设计图示数量计算	砌筑
030413006	人（手）孔防水	1. 名称 2. 类型 3. 规格 4. 防水材质及做法	m^2	按设计图示防水面积计算	防水

注：电气铁构件适用于电气工程的各种支架、铁构件的制作安装。

9. 电气调整试验

电气调整试验的工程量清单项目设置及工程量计算规则见表7-15。

表7-15 D.14 电气调整试验（编码：030414）

项目编码	项目名称	项目特征	计量单位	工程量计算规则	工作内容
030414001	电力变压器系统	1. 名称 2. 型号 3. 容量（kV·A）	系统	按设计图示系统计算	系统调试
030414002	送配电装置系统	1. 名称 2. 型号 3. 电压等级（kV） 4. 类型			
030414003	特殊保护装置	1. 名称 2. 型号	台（套）	按设计图示数量计算	调试
030414004	自动投入装置		系统（台、套）		
030414005	中央信号装置	1. 名称 2. 型号	系统（台）		
030414006	事故照明切换装置		系统	按设计图示系统计算	
030414007	不间断电源	1. 名称 2. 型号 3. 容量			
030414008	母线	1. 名称 2. 电压等级（kV）	段	按设计图示数量计算	
030414009	避雷器		组		
030414010	电容器				
030414011	接地装置	1. 名称 2. 类别	1. 系统 2. 组	1. 按设计图示系统计算 2. 按设计图示数量计算	接地电阻测试
030414012	电抗器、消弧线圈		台	按设计图示数量计算	调试
030414013	电除尘器	1. 名称 2. 型号 3. 规格	组		
030414014	硅整流设备、可控硅整流装置	1. 名称 2. 类别 3. 电压 4. 电流	系统	按设计图示系统计算	
030414015	电缆试验	1. 名称 2. 电压等级（kV）	次（根、点）	按设计图示数量计算	试验

10. 附加长度的确定

13版规范中规定：电线、电缆、母线均按设计要求、规范、施工工艺规程规定的预留量及附加长度应计入工程量。盘、箱、柜的外部进出线预留，电缆敷设预留，以及配线进入箱、柜、板的预留分别见表7-2、表7-3和表7-6，其他预留长度表如表7-16所示。

表7-16　预留长度

硬母线配置安装预留长度　（单位：m/根）			
序　号	项　目	预留长度	说　明
1	带形、槽形母线终端	0.3m	从最后一个支持点算起
2	带形、槽形母线与分支线连接	0.5m	分支线预留
3	带形母线与设备连接	0.5m	从设备端子接口算起
4	多片重型母线与设备连接	1.0m	从设备端子接口算起
5	槽形母线与设备连接	0.5m	从设备端子接口算起
软母线安装预留长度　（单位：m/根）			
项　目	耐　张	跳　线	引下线、设备连接线
预留长度	2.5	0.8	0.6
接地母线、引下线、避雷网附加长度　（单位：m）			
序　号	项　目	附加长度	说　明
1	接地母线、引下线、避雷网附加长度	3.9%	按接地母线、引下线、避雷网全长计算
滑触线安装预留长度　（单位：m/根）			
序　号	项　目	预留长度	说　明
1	圆钢、铜母线与设备连接	0.2	从设备接线端子接口算起
2	圆钢、铜滑触线终端	0.5	从最后一个固定点算起
3	角钢滑触线终端	1.0	从最后一个支持点算起
4	扁钢滑触线终端	1.3	从最后一个固定点算起
5	扁钢母线分支	0.5	分支线预留
6	扁钢母线与设备连接	0.5	从设备接线端子接口算起
7	轻轨滑触线终端	0.8	从最后一个支持点算起
8	安全节能及其他滑触线终端	0.5	从最后一个固定点算起

7.4　工程量清单计价示例

某工程为某6层高办公楼电气系统安装工程，首层为车库，层高为4m，标准层2～6层为办公区，各层高均为3.3m，女儿墙高为1m。详见图7-1～图7-4。

设计说明如下：

①电源由室外高压开关房引入本办公楼低压配电房，采用三相四线制供电。

②从低压配电房出线柜至层间配电箱进线采用电缆沿电缆桥架敷设，各层用电分别由同层层间配电箱采用难燃铜芯双塑线穿镀锌电线管方式供给。所有镀锌电线管均需配合土建预埋。

③配电箱规格为MX1：300×200 mm；MX2：500×400 mm，离楼地面1.7m暗装；扳式开关离楼地面1.4m暗装；插座离楼地面0.3m暗装，插座配管暗敷设在同层地板内；所有灯具均为吸顶式安装。

④工程完工后接地电阻值不得大于4Ω。

根据以上背景资料及GB 50500《建设工程工程量清单计价规范》、GB 50856《通用安装工程工程量计算规范》，列出该电气安装工程分部分项工程量清单。见表7-17～表7-19。

表 7-17　清单工程量计算表

工程名称：某六层办公楼电气安装工程　　　　第　页 共　页

序号	清单项目特征	计　算　式	清单工程量	计量单位
		首层照明		
1	镀锌电线管 T20　$\delta=1.2$ 暗敷	N1：10+2.8+3.1+(4-1.7-0.2)	18	m
2	难燃铜芯双塑线 ZR-BVV-2.5mm^2 穿管	N1：[10+2.8+3.1+(4-1.7-0.2)]×3+(0.3+0.2)×3(预留)	55.5	m
3	镀锌电线管 T20　$\delta=1.2$ 暗敷	N2：15.1+3.9+(4-1.7-0.2)	21.1	m
4	难燃铜芯双塑线 ZR-BVV-2.5mm^2 穿管照明线路	N2：[15.1+3.9+(4-1.7-0.2)]×3+（0.3+0.2）×3（预留）	64.8	m
5	工厂罩灯 GCC-1×100 吸顶	3+4	7	套
6	照明配电箱 MX1 300×200 金属箱体暗装	1	1	台
7	镀锌灯头盒 86 型 暗装	3+4	7	个
		二~六层照明		
8	镀锌电线管 T20　$\delta=1.2$ 暗敷	N1：[(2.6+1.8)×3+2.6+2.5+4.5+(3.2-1.7-0.4)]×5	119.5	m
9	镀锌电线管 T25　$\delta=1.2$ 暗敷	N1：[2.6+2.5+2.6+1.2+(3.2-1.4)]×5	53.5	m
10	难燃铜芯双塑线 ZR-BVV-2.5mm^2 穿管照明线路	N1：[(2.6+1.8)×3×3+2.6×3+2.5×3+2.6×4+2.5×4+2.6×5+1.2×5+1.8×4+4.5×3+1.1×3]×5+(0.5+0.4)×3×5(预留)	605	m
11	格栅荧光灯盘 XD512-Y20×3 吸顶	12×5	60	套
12	单相单控三联暗开关 B53/1　86 型	1×5	5	套
13	镀锌灯头盒 86 型　暗装	4×3×5	60	个
14	镀锌开关盒 86 型　暗装	1×5	5	个
15	镀锌电线管 T20　$\delta=1.2$ 暗敷	N2：[(2.6+1.8)×3+2.6+2.5+3.6+(3.2-1.7-0.4)]×5	115	m
16	镀锌电线管 T25　$\delta=1.2$ 暗敷	N2：[2.6+2.5+2.6+1.2+(3.2-1.4)]×5	53.5	m
17	难燃铜芯双塑线 ZR-BVV-2.5mm^2 穿管照明线路	N2：[(2.6+1.8)×3×3+2.6×3+2.5×3+2.6×4+2.5×4+2.6×5+1.2×5+1.8×4+3.6×3+1.1×3]×5+(0.5+0.4)×3×5(预留)	591.5	m
18	格栅荧光灯盘 XD512-Y20×3 吸顶	12×5	60	套
19	单相单控三联暗开关 B53/1　86 型	1×5	5	套
20	镀锌灯头盒 86 型　暗装	4×3×5	60	个
21	镀锌开关盒 86 型　暗装	1×5	5	个
22	镀锌电线管 T20　$\delta=1.2$ 暗敷	N3：[15.3+1.6+1.1+1.5+2.5+1.9+1.3+0.8+(3.2-1.7-0.4)]×5	135.5	m
23	镀锌电线管 T25　$\delta=1.2$ 暗敷	N3：(2.3+1+1.8)×5	25.5	m
24	难燃铜芯双塑线 ZR-BVV-2.5mm^2 穿管照明线路	N3：[15.3×3+2.3×5+(1.6+1.1+1.5+2.5+1.9+1.3)×3+(1+1.8)×4+0.8×3+(3.2-1.7-0.4)]×3+[(0.5+0.4)×3(预留)]×5	533.5	m
25	半圆球吸顶灯 XD1448-1×60ϕ250	11×5	55	套
26	单相单控三联暗开关 B53/1　86 型	1×5	5	套
27	镀锌灯头盒 86 型　暗装	(5+3+3)×5	55	个
28	镀锌开关盒 86 型　暗装	1×5	5	个

（续）

序号	清单项目特征	计算式	清单工程量	计量单位
29	镀锌电线管 T20　δ=1.2 暗敷	N4:[5.2×2+1.8+2.1+(3.2-1.4)+1.6+1.1]×5	94	m
30	难燃铜芯双塑线 ZR-BVV-2.5mm^2 穿管照明线路	N4:(5.2×2+1.8+2.1+1.8+1.6+1.1)×3×5+(0.5+0.4)×3×5	295.5	m
31	单相单控双联暗开关 B52/1　86 型	1×5	5	套
32	格栅荧光灯盘 XD512-Y20×3 吸顶	6×5	30	套
33	照明配电箱 MX2~6　500×400 金属箱体暗装	1×5	5	台
34	镀锌灯头盒 86 型　暗装	3×2×5	30	个
35	镀锌开关盒 86 型　暗装	1×5	5	个
		二~六层插座		
36	镀锌电线管 T20　δ=1.2 暗敷	N5、N6:[(2.5+2.3+10+2.3+2.9+2.3+10)×2+4.8+1.75+1.4+2.3+1.75+0.35×21×2]×5	456.5	m
37	镀锌电线管 T20　δ=1.2 暗敷	N7:(2.7+2.9+3.3+3.9+2.9+2.2+1.75+0.35×11)×5	117.5	m
38	难燃铜芯双塑线 ZR-BVV-2.5mm^2 穿管照明线路	N5、N6:[(2.5+2.3+10+2.3+2.9+2.3+10)×2+4.8+1.75+1.4+2.3+1.75+0.35×21×2]×5×3+(0.5+0.4)×3×2×5(预留)	1423.5	m
39	难燃铜芯双塑线 ZR-BVV-2.5mm^2 穿管照明线路	N7:(2.7+2.9+3.3+3.9+2.9+2.2+1.75+0.35×11)×5×3+(0.5+0.4)×3×5(预留)	366	m
40	单相三极暗插座 B5/10S　86 型	(11×2+6)×5	140	套
41	镀锌插座盒 86 型　暗装	(11×2+6)×5	140	个
42	送配电系统调试 1kV 以下	1	1	系统
43	接地电阻测试 接地网	1	1	系统

表 7-18　清单工程量汇总表

工程名称：某六层办公楼电气安装工程　　　　第　页　共　页

序号	清单项目编码	清单项目名称	计算式	工程量合计	计量单位
1	030411001001	配管	镀锌电线管 T20 δ=1.2 暗敷 18+21.1+119.5+115+135.5+94+456.5+117.5	1077.1	m
2	030411001002	配管	镀锌电线管 T25 δ=1.2 暗敷 53.5+53.5+25.5	132.5	m
3	030411004001	配线	难燃铜芯双塑线 ZR-BVV-2.5mm^2 穿管照明线路 55.5+64.8+605+591.5+533.5+295.5+1423.5+366	3935.3	m
4	030412002001	工厂灯	工厂罩灯 GCC-1×100 吸顶 7	7	套
5	030412005001	荧光灯	格栅荧光灯盘 XD512-Y20×3 吸顶 60+60+30	150	套

（续）

序号	清单项目编码	清单项目名称	计　算　式	工程量合计	计量单位
6	030412001001	普通灯具	半圆球吸顶灯 XD1448-1 ×60 ϕ250 55	55	套
7	030404034001	照明开关	单相单控双联暗开关 B52/1　86 型 5	5	套
8	030404034002	照明开关	单相单控三联暗开关 B53/1　86 型 5 +5 +5	15	套
9	030404035001	插座	单相三极暗插座 B5/10S　86 型 140	140	套
10	030404017001	配电箱	照明配电箱 MX1 300 ×200 金属箱体暗装 1	1	台
11	030404017002	配电箱	照明配电箱 MX2 ~6　500 ×400 金属箱体暗装 5	5	台
12	030411006001	接线盒	镀锌灯头盒 86 型　暗装 7 +60 +60 +55 +30	212	个
13	030411006002	接线盒	镀锌开关盒、插座盒 86 型　暗装 5 +5 +5 +5 +140	160	个
14	030414002001	送配电装置系统	送配电系统调试 1kV 以下 1	1	系统
15	030414011001	接地装置	接地电阻测试 接地网 1	1	系统

表 7-19　分部分项工程和单价措施项目清单与计价表

工程名称：某六层办公楼电气安装工程　　　　第　页　共　页

序号	项 目 编 码	项目名称	项目特征描述	计量单位	工程数量	金额/元			
						综合单价	合价	其中	
								人工费	暂估价
1	030411001001	配管	1. 名称：电线管 2. 材质：镀锌 3. 规格：T20　δ =1. 2 4. 配置形式：暗配	m	1077. 1				
2	030411001002	配管	1. 名称：电线管 2. 材质：镀锌 3. 规格：T25　δ =1. 2 4. 配置形式：暗配	m	132. 5				
3	030411004001	配线	1. 名称：难燃铜芯双塑线 2. 配线形式：照明线路穿管 3. 型号：ZR-BVV 4. 规格：2. 5mm^2 5. 材质：铜芯	m	3935. 3				
4	030412002001	工厂灯	1. 名称：工厂罩灯 2. 型号：GCC 3. 规格：1 ×100W 4. 安装形式：吸顶安装	套	7				

（续）

序号	项目编码	项目名称	项目特征描述	计量单位	工程数量	金额/元			
						综合单价	合价	其中	
								人工费	暂估价
5	030412005001	荧光灯	1. 名称：格栅荧光灯盘 2. 型号：XD512-Y 3. 规格：3×20W 4. 安装形式：吸顶安装	套	150				
6	030412001001	普通灯具	1. 名称：半圆球吸顶灯 2. 型号：XD1448 3. 规格：1×60 W　ϕ250 4. 安装形式：吸顶安装	套	55				
7	030404034001	照明开关	1. 名称：单相单控双联暗开关 2. 规格：250V/10A 86 型 3. 安装方式：暗装	套	5				
8	030404034002	照明开关	1. 名称：单相单控三联暗开关 2. 规格：250V/10A 86 型 3. 安装方式：暗装	套	15				
9	030404035001	插座	1. 名称：单相三极暗插座 2. 规格：B5/10S 86 型 3 极 250V/10A 3. 安装方式：暗装	套	140				
10	030404017001	配电箱	1. 名称：照明配电箱 MX1 2. 规格：300×200(宽×高) 3. 安装方式：嵌墙暗装，底边距地 1.7m	台	1				
11	030404017002	配电箱	1. 名称：照明配电箱 MX2～6 2. 规格：500×400(宽×高) 3. 安装方式：嵌墙暗装，底边距地 1.7m	台	5				
12	030411006001	接线盒	1. 名称：灯头盒 2. 材质：钢质镀锌 3. 规格：86 型 4. 安装形式：暗装	个	212				
13	030411006002	接线盒	1. 名称：开关、插座盒 2. 材质：钢质镀锌 3. 规格：86 型 4. 安装形式：暗装	个	160				
14	030414002001	送配电装置系统	1. 名称：低压送配电系统调试 2. 电压等级：1kV 以下 3. 类型：综合	系统	1				
15	030414011001	接地装置	1. 名称：系统调试 2. 类别：接地网	系统	1				

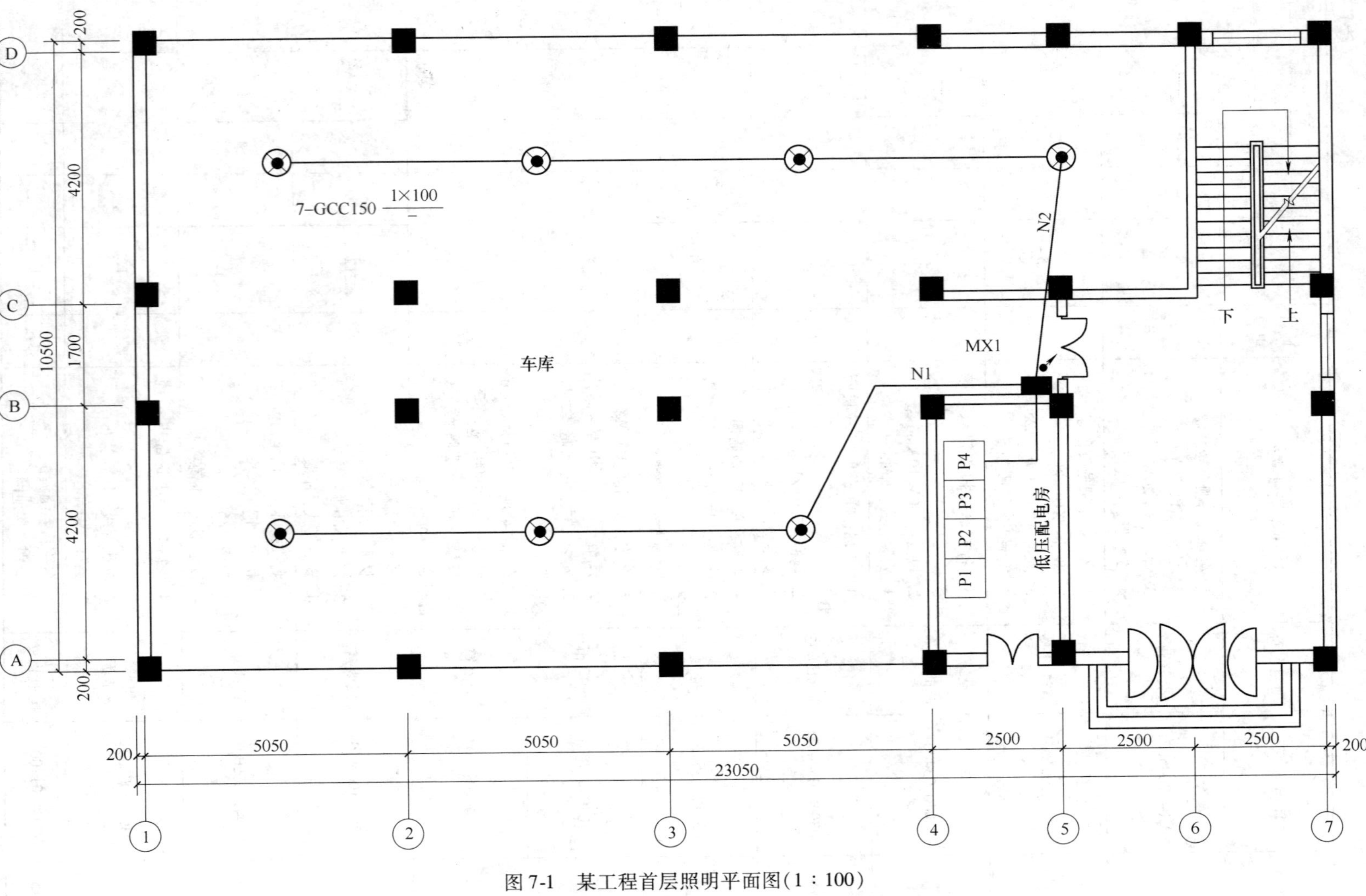

图 7-1 某工程首层照明平面图（1：100）

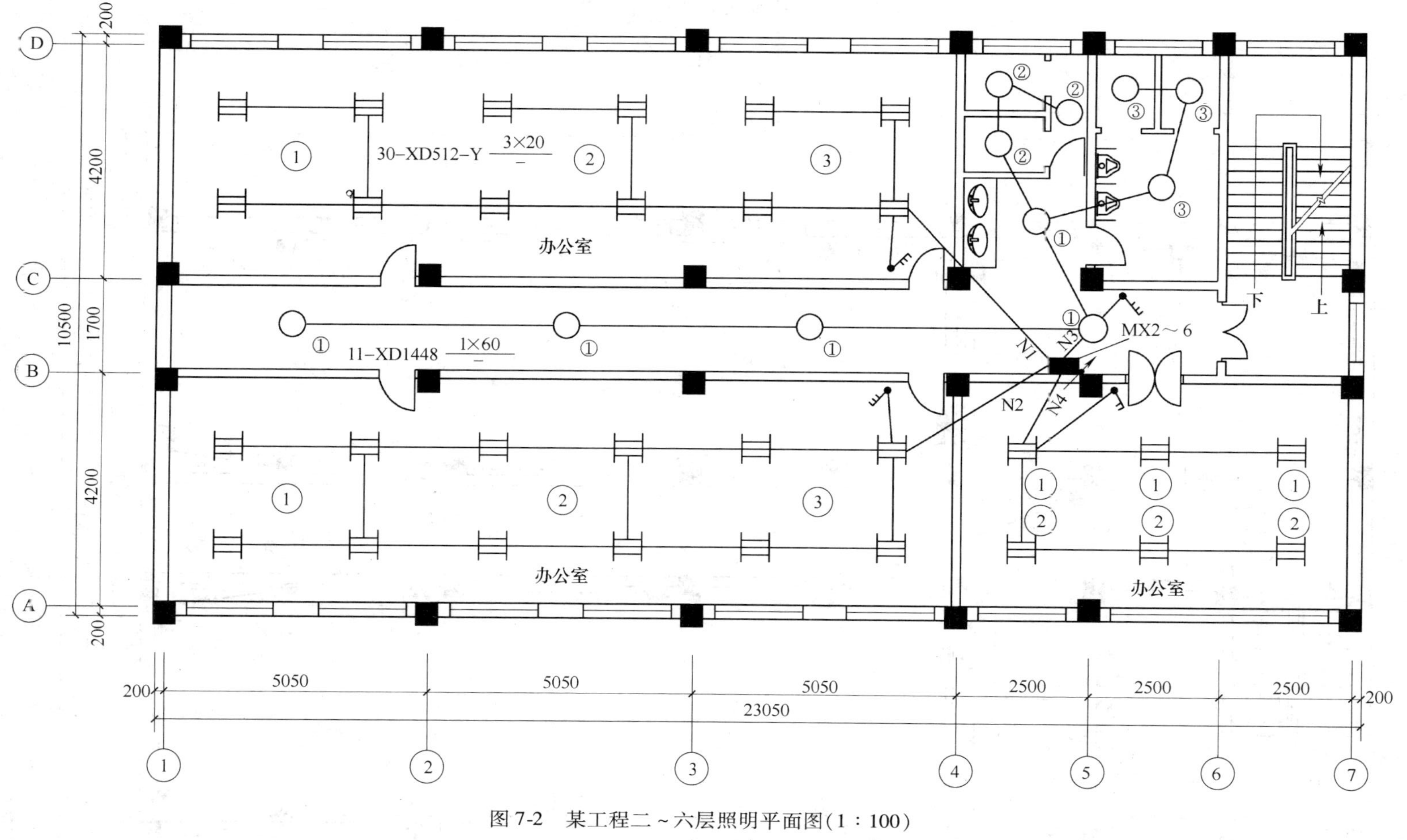

图7-2　某工程二～六层照明平面图(1∶100)

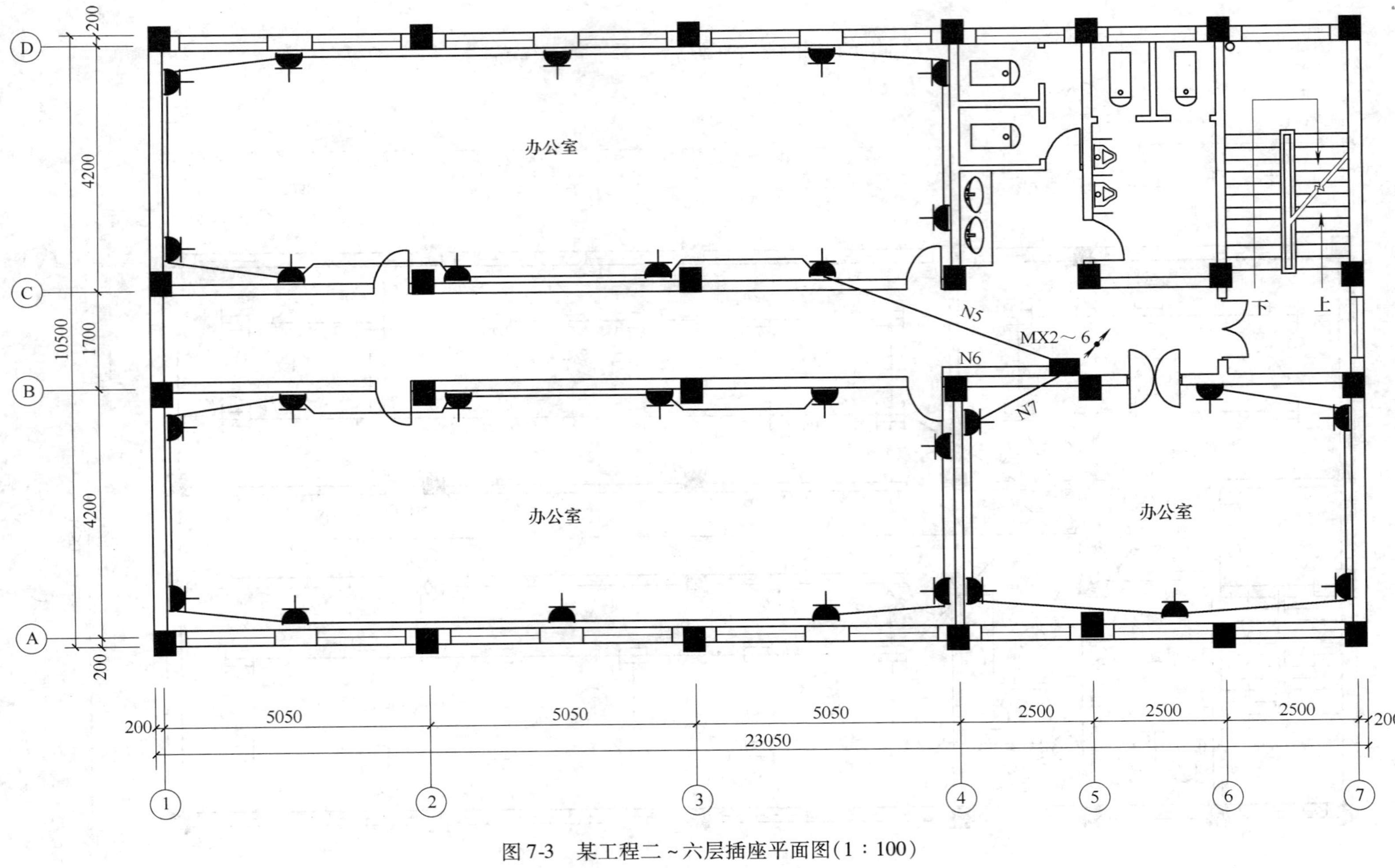

图 7-3　某工程二～六层插座平面图(1：100)

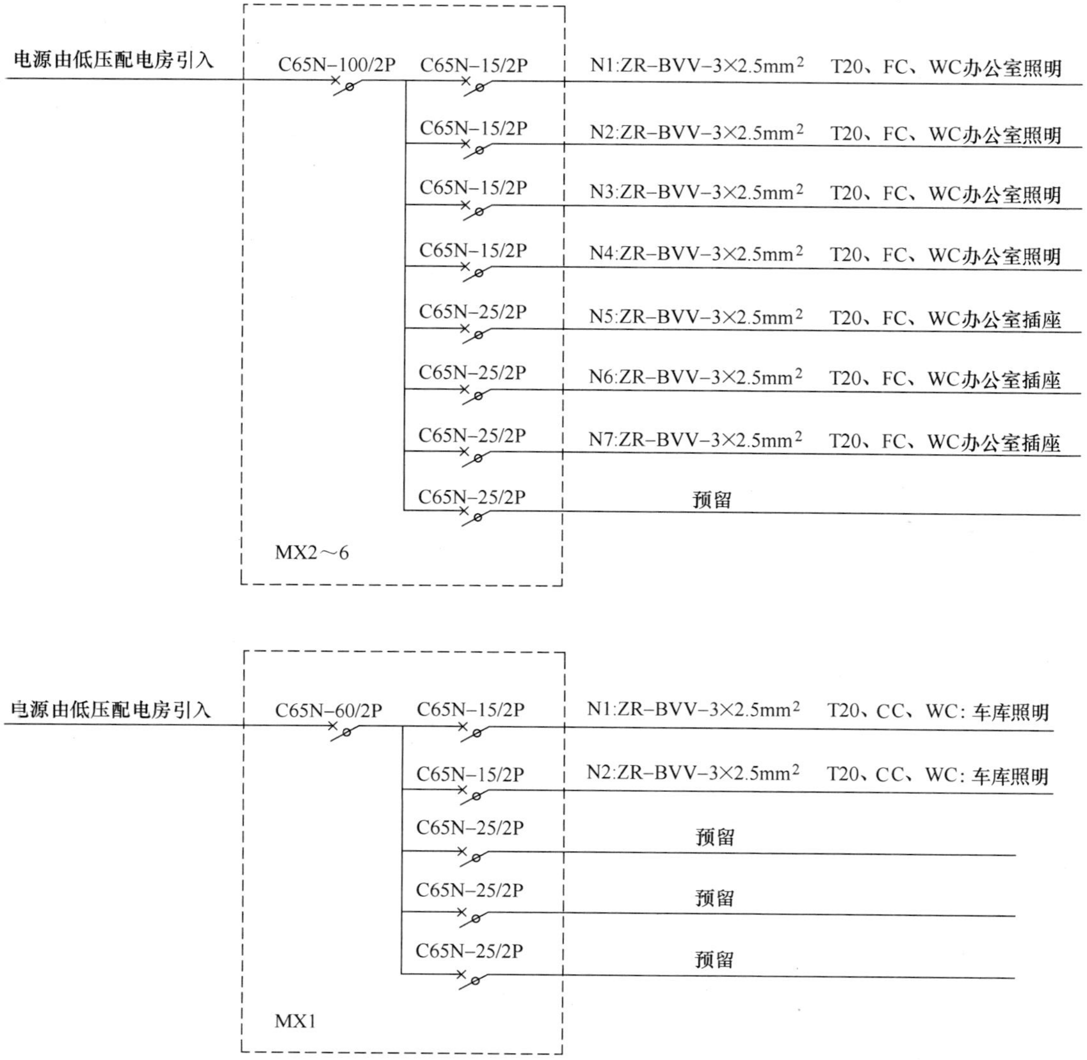

电源由低压配电房引入

C65N-100/2P

C65N-15/2P　N1:ZR-BVV-3×2.5mm²　T20、FC、WC办公室照明

C65N-15/2P　N2:ZR-BVV-3×2.5mm²　T20、FC、WC办公室照明

C65N-15/2P　N3:ZR-BVV-3×2.5mm²　T20、FC、WC办公室照明

C65N-15/2P　N4:ZR-BVV-3×2.5mm²　T20、FC、WC办公室照明

C65N-25/2P　N5:ZR-BVV-3×2.5mm²　T20、FC、WC办公室插座

C65N-25/2P　N6:ZR-BVV-3×2.5mm²　T20、FC、WC办公室插座

C65N-25/2P　N7:ZR-BVV-3×2.5mm²　T20、FC、WC办公室插座

C65N-25/2P　预留

MX2～6

电源由低压配电房引入

C65N-60/2P

C65N-15/2P　N1:ZR-BVV-3×2.5mm²　T20、CC、WC：车库照明

C65N-15/2P　N2:ZR-BVV-3×2.5mm²　T20、CC、WC：车库照明

C65N-25/2P　预留

C65N-25/2P　预留

C65N-25/2P　预留

MX1

图例	名称	规格
	工厂罩灯	GCC150
	吸顶灯	XD1448
	隔栅型荧光灯盘	XD512-Y20×3
×2	单相单空双联暗开关	B32/1
×3	单相单空三联暗开关	B33/1
	单相三极暗插座	B4U
	层间配电箱	

图 7-4　某工程系统图

思考题

1. 木制配电箱只有制作定额，其内部配电元件安装如何使用定额？

2. 配电屏柜的安装是否包括基础槽钢、角钢的制作安装？如果不包括，应套用什么定额？

3. 焊（压）接线端子定额的适用范围是什么？

4. 电机检查接线定额不包含焊（压）接线端子的工作内容，编制预算时应如何处理？

5. 配管配线中如何考虑接线盒的数量？

6. 线槽配线项目是按单根导线考虑的，若为多芯导线（导线截面 $2.5mm^2$ 以内）时如何执行定额？

7. 塑料护套线在穿管敷设时执行什么定额？

8. 一般电缆敷设定额都综合了哪些敷设方式？

9. 管内穿电缆是否可以套用套内穿动力线？按电缆单芯截面计算还是三芯截面计算？

10. 定额中电力电缆敷设及电缆头制作安装的截面是怎样计算的？

11. 厂家供应的配电箱没有安装的电器元件，如空气开关，到现场后才能安装，应如何计算费用？

第 8 章　防雷及接地装置施工图预算的编制

8.1　防雷及接地装置工程内容

8.1.1　防雷接地装置

防雷接地装置一般是指为了防止雷击对建筑物、构筑物电气设备等的危害以及为了预防人体接触电压及跨步电压，保证电气装置可靠运行等设置的防雷及接地设施。一般由接地极、接地母线、避雷针、避雷网、避雷针引下线等组成。

按 GB 50057—1994《建筑物防雷设计规范》（2000 版）的规定，将建筑物的防雷等级分为三类，相应的防雷接地装置也分为三类：

第一类建筑物防雷保护。对炸药库、乙醚车间、二甲苯车间、高级首长办公室、迎宾馆等，一般采用独立避雷针或避雷线保护。它们距建筑物和各种金属物（管道、电缆灯等）的距离不得小于 3m。

第二类建筑物防雷保护。对贮藏易燃物用的密闭贮罐、贮槽、汽油库、乙炔库、大型体育馆、展览馆、大型火车站、国际机场等的防雷接地装置可直接安装在被保护的建筑物上，接地电阻应小于 10Ω。

第三类建筑物防雷保护。对不属于一类、二类的一般建筑物（高于 15m 以上），如烟囱、水塔等的防雷接地装置，直接安装在被保护的建筑物上，接地电阻应小于 20Ω。

8.1.2　接地系统类型

现代民用建筑中为了保障人身安全、供电的可靠性以及用电设备的正常运行，特别是现代智能建筑越来越多的电子设备都要求有一个完整的、可靠的接地系统来保证，这些建筑需要接地的设备及构件很多而且接地的要求也不一样，但从接地系统的作用可以分为以下四种：

（1）工作接地　为了保证电气设备在正常和发生事故的情况下可靠地运行，将电路中的某一点与大地作电气上的连接，如三相变压器中性点的接地、防雷接地等，接地电阻不应大于 4Ω。

（2）保护接地　为了防止人体触及带电外壳而触电，将与电气设备带电部分相绝缘的金属外壳与接地体作电气连接，如电动机的外壳、管路等，接地电阻不应大于 4Ω。

（3）重复接地　将零线上的　点或几点再次接地，接地电阻不应大于 10Ω。

（4）接零　将电动机、电器的金属外壳和构架与中性点直接接地系统中的零线相连接。

8.1.3 防雷接地装置的安装

1. 材料要求

镀锌钢材有扁钢、圆钢和钢管等，使用时应注意采用冷镀锌还是采用热镀锌材料，应符合设计规定。产品应有材质检验证明及产品出厂合格证。

2. 施工工艺

施工工艺流程如图 8-1 所示。

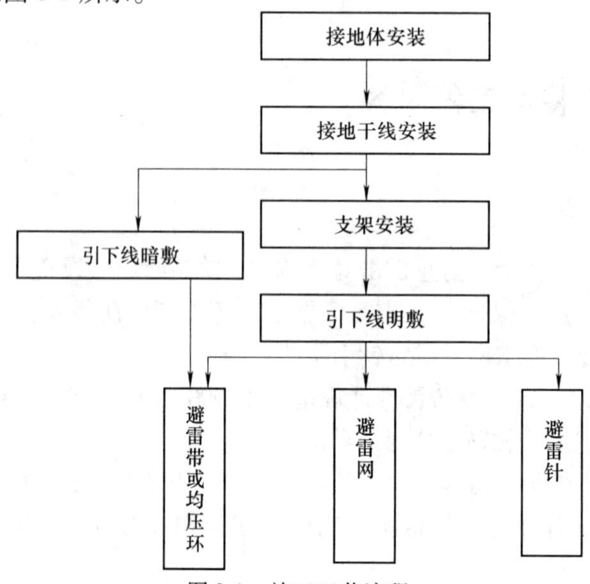

图 8-1 施工工艺流程

(1) 人工接地体（极）安装 应符合以下四点规定：

1) 人工接地体（极）的最小尺寸应符合表 8-1 所示的规定。

表 8-1 钢接地体和接地线的最小规格

种类、规格及单位		地上		地下	
		室内	室外	交流电流回路	直流电流回路
圆钢直径/mm		6	8	10	12
扁钢	截面/mm^2	60	100	100	100
	厚度/mm	3	4	4	6
角钢厚度/mm		2	2.5	4	6
钢管管壁厚度/mm		2.5	2.5	3.5	4.5

2) 垂直接地体长度不应小于 2.5m，其相互之间间距一般不应小于 5m。

3) 接地体埋设位置距建筑物不宜小于 1.5m，在垃圾灰渣中埋设接地体时，应换土，并分层夯实。

4) 所有金属部件应镀锌。操作时，注意保护镀锌层。

(2) 人工接地体（极）安装 安装工作内容包括以下几部分：

1) 接地体的加工。根据设计要求的数量、材料规格进行加工，材料一般采用钢管和角钢切割。

2）接地体挖沟敷设。根据设计图要求，对接地体（网）的线路进行测量放线，在此线路上挖掘深为 0.8～1m，宽为 0.5m 的沟，沟上部稍宽，底部如有石子应清除如图 8-2 所示。

3）安装接地体（极）。沟挖好后，应立即安装接地体和敷设接地扁钢，防止土方坍塌。先将接地体放在沟的中心线上，打入地中，应与地面保持垂直，当接地体顶端距离地面 800mm 时停止打入。

4）接地体间的扁钢敷设。扁钢敷设前应调直，然后将扁钢放置于沟内，依次将扁钢与接地体用电焊（气焊）焊接。扁钢应侧放而不可放平，侧放时散流电阻较小。扁钢与钢管连接的位置距接地体最高点约 100mm。焊接时应将扁钢拉直，焊好后清除药皮，刷沥青作防腐处理，并将接地线引出至需要位置，留有足够的连接长度，以待使用，如图 8-3 所示。

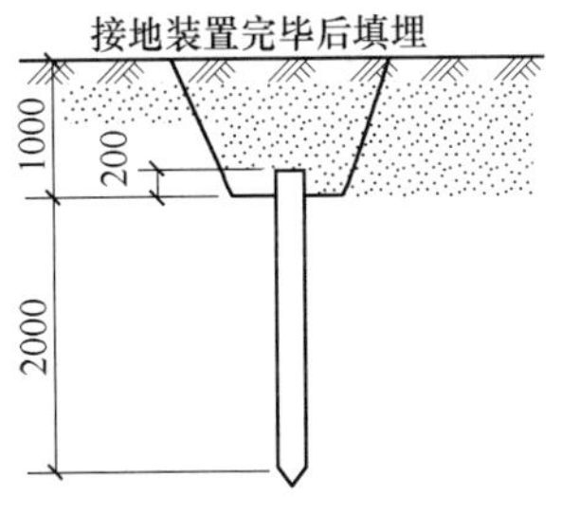

图 8-2　接地体挖沟敷设

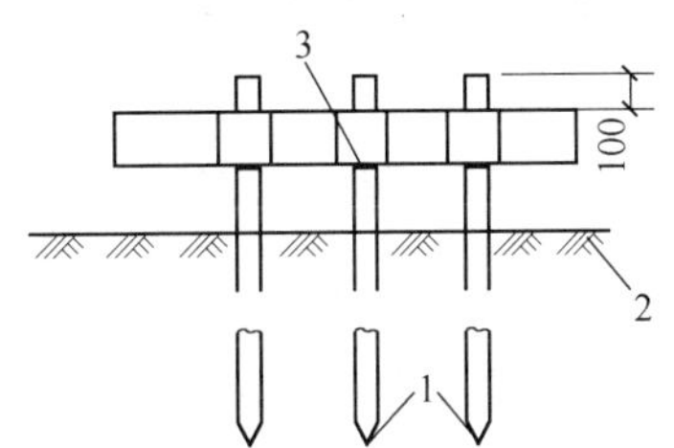

图 8-3　接地体扁钢敷设

1—接地体　2—自然地坪　3—接地卡子焊接处

（3）接地干线安装　接地干线应与接地体连接的扁钢相连接，它分为室内与室外连接两种，室外接地干线与支线一般敷设在沟内。室内的接地干线多为明敷，但部分设备连接的支线需经过地面，也可以埋设在混凝土内。本节主要介绍室外接地干线敷设安装方法。

1）首先进行接地干线的调直、测位、打眼、煨弯，并将断接卡子及接地端子装好。

2）敷设前按设计要求的尺寸位置先挖沟。然后将扁钢放平埋入。回填土应压实但不需打夯，接地干线末端露出地面应不超过 0.5m，以便接引地线。

（4）避雷针制作与安装 避雷针制作与安装时所有金属部件必须镀锌，操作时注意保护镀锌层。采用镀锌钢管制做针尖，管壁厚度不得小于 3mm，针尖刷锡长度不得小于 70mm。避雷针应垂直安装牢固，垂直度允许偏差为 3/1000。避雷针安装时，先将支座钢板的底板固定在预埋的地脚螺栓上，焊上一块肋板，再将避雷针立起，找直、找正后，进行点焊，然后加以校正，焊上其他三块肋板。最后将引下线焊在底板上，清除药皮刷防锈漆。

（5）支架安装　支架安装应符合下列规定：角钢支架应有燕尾，其埋深不小于 100mm，扁钢和圆钢支架埋深不小于 80mm；支架水平间距不大于 1m（混凝土支座不大于 2m）；垂直间距不大于 1.5m。支架等铁件均应作防腐处理。支架安装时，应尽可能随结构施工预埋支架或铁件。

（6）防雷引下线暗敷设

1）防雷引下线暗敷设应符合下列规定：引下线扁钢截面不得小于 25mm × 4mm；圆钢直径不得小于 12mm；引下线必须在距地面 1.5～1.8m 处做断接卡子或测试点。利用主筋作暗敷引下线时，每条引下线不得少于两根主筋；现浇混凝土内敷设引下线不作防腐处理；建筑物的金属构件（如消防梯、烟囱的铁爬梯等）可作为引下线，但所有金属部件之间均应连成电气通路；引下线应躲开建筑物的出入口和行人较易接触到的地点，以免发生危险。

2）防雷引下线暗敷做法：利用主筋（直径不小于 ϕ16mm）作引下线时，按设计要求找出全部主筋位置，用油漆作好标记，距室外地坪 1.8m 处焊好测试点，随钢筋逐层串联焊接至顶层，焊接出一定长度的引下线，搭接长度不应小于 100mm，做完后请有关人员进行隐检，做好隐检记录。

（7）避雷网安装　避雷线如为扁钢，可放在平板上用手锤调直；如为圆钢，可将圆钢放开一端固定在牢固地锚的夹具上，另一端固定在绞磨（或倒链）的夹具上，进行冷拉调直。将调直的避雷线运到安装地点。将避雷线用大绳提升到顶部、顺直，敷设、卡固、焊接连成一体，同引下线焊好、焊接处的药皮应敲掉，进行局部调直后刷防锈漆及铅油（或银粉）。

8.2　防雷及接地装置工程量计算与定额应用

8.2.1　防雷及接地装置定额应用

1. 防雷及接地装置工程定额有关问题说明

1）定额适用于建筑物、构筑物的防雷接地，变配电系统接地、设备接地以及避雷针的接地装置。

2）户外接地母线敷设定额是按自然地坪和一般土质综合考虑的，包括地沟的挖填土和夯实工作，执行本定额时不应再计算土方量，如遇有石方、矿渣、积水、障碍物等情况时可另行计算。

3）定额不适于采用爆破法施工敷设接地线和安装接地极，也不包括高土壤电阻率地区采用换土或化学处理的接地装置及接地电阻的测定工作。

4）定额中，避雷针的安装、半导体少长针消雷装置安装均已考虑了高空作业的因素。

5）独立避雷针的加工制作执行“一般铁构件”制作定额。

6）利用铜绞线作接地引下线时，配管、穿铜绞线执行定额中同规格的相应项目。

7）防雷均压环安装定额是按利用建筑物圈梁内主筋作为防雷接地连接线考虑的。如果采用单独扁钢或者圆钢明敷作均压环时，可执行“户内接地母线敷设”项目。

2. 防雷及接地装置工程定额工程量计算规则

（1）接地极（板）制作安装　接地极包括钢管、角钢、圆钢、铜板、钢板接地极。接地极制作安装项目已包含制作和安装两项内容。工作内容包括：下料、尖端加工、焊接刷漆、打入地下。定额中不包括钢管、角钢、圆钢、钢板、镀锌扁钢、纯铜板、裸铜线价值，应另行计算。

1）钢管、角钢、圆钢接地极。以根为计量单位，并区分普通土、坚土，分别套用相应定额，设计无规定时，每根长度按 2.5m 计算。

2）铜板、钢板接地极。以“块”为计量单位计算工程量，区分不同土质，套用相应定额子目。

（2）接地母线敷设　按施工图设计长度另加 3.9% 附加长度（指转弯、上下波动、避绕障碍物、搭接头所占长度，以“10m”为计量单位计算工程量，并区分明敷、暗敷两种敷设方式，分别套用定额子目。计算公式为

接地母线长度 = 按施工图设计尺寸计算的长度 × (1 + 3.9%)

计算时注意如下问题：

1）工作内容包括：挖地沟、接地线平直、下料、测位、钻孔、埋卡子、敷设焊接、回填土、夯实、刷漆。

2）接地母线一般采用镀锌圆钢、镀锌扁钢或铜绞线，其材料本身价值另行计算。

3）母线地沟内的挖方量是按（自然沟底宽 0.4m，上口宽 0.5m，深 0.75m）每米沟长为 0.34m^3综合在定额内的。如设计要求埋设深度与定额不同或沟内遇有石方、矿渣、积水、障碍物等情况时，应另行调整土方量。

（3）接地跨接线安装 接地跨接线是指接地母线遇有障碍（如建筑物伸缩缝）需跨越时相连接的连接线或利用金属构件、金属管道作为接地线时，需要焊接的连接线。金属管道敷设中通过箱、盘、盒等断开点，焊接的连接线已包括在管道敷设定额中，不得算做跨接线。工作内容包括：下料、钻孔、挖填土、固定刷漆。

接地跨接线以“10 处”为单位计算工作量。按规范规定凡需要作接地跨接线的工程内容，每跨接一次按一处计算。户外配电装置构架均需接地，每副构架按一处计算。

（4）避雷针制作、安装

1）避雷针制作，以“根”为计量单位，独立避雷针的加工制作应执行“一般铁构件制作”定额或按成品计算。避雷针制作区分不同材质（钢管、圆钢），按照不同高度分别套用相应定额。

2）避雷针安装，以“根”为计量单位。区分不同安装位置和针长套用相应定额。

装在烟囱上，区分安装高度（25m、50m、100m、150m、250m 以内）套用相应定额；装在建筑物上，区分平屋面上和墙上，并区分针高（2m、5m、7m、10m、12m、14m 以内）套用相应定额；装在金属容器上，区分容器顶上和容器壁上，并区分针长（3m、7m 以内）套用相应定额；装在构筑物上，区分杆上、水泥杆上、金属构架上，套用相应定额。

（5）引下线敷设工程量 防雷引下线敷设区分利用金属构件引下；沿建筑物、构筑物引下；利用建筑物内主筋引下，均以“10m”为计量单位。

工作内容包括：平直、下料、测位、钻孔、埋卡子、焊接、固定刷漆。

1）利用建筑物内主筋引下敷设。每一根柱内按焊接两根主筋考虑，如果焊接主筋数超过两根时，按比例调整。

2）沿建筑物、构筑物引下线敷设。其长度按垂直规定长度另加 3.9% 的附加长度（指转弯、避绕障碍物搭接头所占长度）。计算公式为

引下线长度 = 按施工图设计的引下线敷设长度 × (1 + 3.9%)

另外，引下线支持卡子的制作与埋设已包含在定额内，不得另计。

3）断接卡子制作，断接卡子箱安装。断接卡子是为了便于测量引下线的接地电阻，供测量检查用。断接卡子制作安装以“10 套”为计量单位，按设计规定装设的断接卡子数量计算。

断接卡子箱安装以“个”为计量单位。

（6）避雷网（带）安装工程量计算

1）避雷网安装区分安装位置（沿混凝土块敷设、沿折板支架敷设、沿着女儿墙支架敷设、沿屋面敷设、沿坡屋顶、屋脊敷设），以“10m”为计量单位计算。避雷带（网）计算公式为

避雷带(网)长度 = 按施工图设计长度的尺寸 ×(1 +3.9%)

式中，3.9%为避雷网转弯、避绕障碍物搭接头所占长度附加值。

2）均压环敷设时工程量计算时，主要考虑利用圈梁内主筋作均压环接地连线，按焊接两根主筋考虑，超过两根时，可按比例调整。以“10m”为计量单位，按设计需要作均压接地的各层圈梁中心线长度，以延长米计算。具体焊接数量（层数），可根据图样的说明计算；若无说明，则按有关规范规定的要求计算。

3）柱子主筋与圈梁钢筋焊接工程量。每处按两根主筋与两根圈梁钢筋分别焊接连接考虑。如果焊接主筋和圈梁钢筋超过两根时，可按比例调整，需要连接的柱子主筋和圈梁钢筋处数按设计规定计算。按设计规定以“10 处”为计量单位。

（7）半导体少长针消雷装置安装　半导体少长针消雷装置是一种新型的防直击雷产品，它是利用金属针状电极的尖端放电原理，使雷云电荷被中和，从而不致发生雷击现象。该装置以“套”为计量单位，按设计高度分别执行相应定额。其中装置本身由设备制造厂成套供货。

（8）接地装置调试（接地网接地电阻测试）　按实验次数，即不论“组”或“系统”，只要作一次接地电阻测试就计算一次。

8.2.2 防雷及接地装置清单工程量计算规则

防雷及接地装置清单工程量计算规则见表8-2。若使用电缆、电线作接地线，应分别按电缆、配管配线中的相关项目编码列项。

表8-2　D.9 防雷及接地装置（编码：030409）

项目编码	项目名称	项目特征	计量单位	工程量计算规则	工作内容
030409001	接地极	1. 名称 2. 材质 3. 规格 4. 土质 5. 基础接地形式	根（块）	按设计图示数量计算	1. 接地极(板、桩)制作、安装 2. 基础接地网安装 3. 补刷(喷)油漆
030409002	接地母线	1. 名称 2. 材质 3. 规格 4. 安装部位 5. 安装形式	m	按设计图示尺寸以长度计算（含附加长度）	1. 接地母线制作、安装 2. 补刷(喷)油漆
030409003	避雷引下线	1. 名称 2. 材质 3. 规格 4. 安装部位 5. 安装形式 6. 断接卡子、箱材质、规格			1. 避雷引下线制作、安装 2. 断接卡子、箱制作、安装 3. 利用主钢筋焊接 4. 补刷(喷)油漆
030409004	均压环	1. 名称 2. 材质 3. 规格 4. 安装形式			1. 均压环敷设 2. 钢铝窗接地 3. 柱主筋与圈梁焊接 4. 利用圈梁钢筋焊接 5. 补刷(喷)油漆

（续）

<table>
<tr><th>项目编码</th><th>项目名称</th><th>项目特征</th><th>计量单位</th><th>工程量计算规则</th><th>工作内容</th></tr>
<tr><td>030409005</td><td>避雷网</td><td>1. 名称
2. 材质
3. 规格
4. 安装形式
5. 混凝土块标号</td><td>m</td><td>按设计图示尺寸以长度计算（含附加长度）</td><td>1. 避雷网制作、安装
2. 跨接
3. 混凝土块制作
4. 补刷（喷）油漆</td></tr>
<tr><td>030409006</td><td>避雷针</td><td>1. 名称
2. 材质
3. 规格
4. 安装形式、高度</td><td>根</td><td rowspan="3">按设计图示数量计算</td><td>1. 避雷针制作、安装
2. 跨接
3. 补刷（喷）油漆</td></tr>
<tr><td>030409007</td><td>半导体少长针消雷装置</td><td>1. 型号
2. 高度</td><td>套</td><td rowspan="2">本体安装</td></tr>
<tr><td>030409008</td><td>等电位端子箱、测试板</td><td rowspan="2">1. 名称
2. 材质
3. 规格</td><td>台（块）</td></tr>
<tr><td>030409009</td><td>绝缘垫</td><td>m²</td><td>按设计图示尺寸以展开面积计算</td><td>1. 制作
2. 安装</td></tr>
<tr><td>030409010</td><td>浪涌保护器</td><td>1. 名称
2. 规格
3. 安装形式
4. 防雷等级</td><td>个</td><td>按设计图示数量计算</td><td>1. 本体安装
2. 接线
3. 接地</td></tr>
<tr><td>030409011</td><td>降阻剂</td><td>1. 名称
2. 类型</td><td>kg</td><td>按设计图示数量以质量计算</td><td>1. 挖土
2. 施放降阻剂
3. 回填土
4. 运输</td></tr>
</table>

注：1. 利用桩基础作接地极，应描述桩台下桩的根数，每桩台下需焊接柱筋根数，其工程量按柱引下线计算；利用基础钢筋作接地极按均压环项目编码列项。
2. 利用柱筋作引下线的，需描述柱筋焊接根数。
3. 利用圈梁作均压环的，需描述圈梁筋焊接根数。

8.3　工程预算实例

某工程为二层楼房安装工程，房间层高为 3m，该安装工程设施的照明平面图、系统图、接地平面图、屋顶防雷平面图见图 8-4 ~ 图 8-10，设计说明如下：

1）电力电缆采用干包式电缆头。室外电缆埋深 0.9m，一般土壤。

2）照明、电话系统电气暗配线管埋深均为 0.1m。

3）房间层高为 3m，门框高度 2m。

4）手孔井为小手孔 220 × 320 × 220。

5）屋面上暗设 $\phi8$ 热镀锌圆钢做避雷带。

6）利用柱内 2 根 $\phi16$ 主筋作引下线。

7）沿建筑基槽外四周敷设一根 −40 × 4 热镀锌扁钢，埋深 0.75m，作为防雷接地、工作接地、保护接地等共用接地装置，户内引上墙面部分接地扁钢为 −40 × 4 热镀锌扁钢；接地电阻不大于 1.0Ω。

8）本工程设总等电位联结，总等电位箱设于一楼。

计算说明：

1）进户电力电缆由低压配电柜底边至手孔井前端电缆按30m计算，手孔井前端室外电缆保护管按20m计算。

2）计算工程数量步骤计算结果保留三位小数，清单计价表工程量保留两位小数。

3）照明配电箱由投标人购置。

根据以上背景资料及GB 50500《建设工程工程量清单计价规范》、GB 50856《通用安装工程工程量计算规范》及其他相关文件，编制该安装工程电气照明与防雷接地部分工程分部分项工程量清单。

表8-3　工程量清单计算表

工程名称：某工程（电气照明安装工程）　　　　第　页　共　页

序号	清单项目编码	清单项目名称	计　算　式	清单工程量	计量单位
1	030404017001	配电箱	一层 AL1XRM-305	1	台
2	030404017002	配电箱	二层 AL2XRM-305	1	台
3	030404035001	插座	5孔插座(安全型)250V 10A 一层：(WL3 回路)7+(WL4 回路)6=13 二层：(WL2 回路)6+(WL3 回路)6=12	25	个
4	030404035002	插座	柜式空调3孔插座　250V 15A 二层：(WL4 回路)1+(WL5 回路)1=2	2	个
5	030404035003	插座	挂式空调3孔插座 250V 15A 一层：(WL5 回路)2+(WL6 回路)2=4 二层：(WL6 回路)2	6	个
6	030404034001	照明开关	单极开关　250V 10A 一层：(WL1 回路)3+5	8	个
7	030404034002	照明开关	双极开关　250V 10A 一层：(WL1 回路)1+(WL2 回路)4=5 二层：(WL1 回路)5	10	个
8	030404031001	小电器	一层紧急求救按钮	2	个
9	030404036001	其他电器	一层声光报警器	1	个
10	030408003001	电缆保护管	镀锌钢管SC50：手孔井前端(含埋深)20+手孔井至配电箱4.3+埋深0.9+至配电箱底边1.5=26.7	26.7	m
11	030408001001	电力电缆	YJV22 4×25：(配电室内10+保护管长度26.7+配电箱预留1+低压配电柜预留2+电缆头两端预留1.5+1.5)=42.7×(1+电缆敷设弛度、波形弯度、交叉2.5%)	43.768	m
12	030408006001	电力电缆头	两端各一个	2	个
13	010101001001	管沟土方	电缆沟：沟深0.9×沟宽(0.3×2+0.05)×沟长24.3	14.216	m^3
14	030409002001	接地母线	户外接地母线−40×4热镀锌扁钢：水平长度70.95+埋深至配电箱、总等电位箱地平面0.75×2+埋深至引下线接点(0.75+0.5)×4=77.45×(1+接地母线附加长度3.9%)	80.471	m

（续）

序号	清单项目编码	清单项目名称	计　算　式	清单工程量	计量单位
15	030409002002	接地母线	户内接地母线－40×4热镀锌扁钢：至配电箱、总等电位箱(1.5+0.3)×1.039	1.870	m
16	010101001002	管沟土方	户外接地母线：沟深0.34×沟长70.95	24.123	m^3
17	030409003001	避雷引下线	主筋引下线2根：6×4	24.000	m
18	030409005001	避雷网	热镀锌圆钢避雷带：水平长度73.85+至引下线0.7×3+至引下线0.3+避雷针0.5×3+女儿墙至屋面8×1.2=108.65×1.039	112.887	m
19	030409008001	等电位端子箱、测试板	总等电位箱：一层1	1	台
20	030409008002	等电位端子箱、测试板	断接卡箱、断接卡：室外4	4	块
21	030411006001	接线盒	钢质接线盒配镀锌钢管SC20：(应急灯具)2+11	13	个
22	030411006002	接线盒	塑料接线盒配刚性阻燃管：(灯具)20+8+4	32	个
23	030411006003	接线盒	塑料接线盒配刚性阻燃管：(开关)18+(插座)33	51	个
24	030412001001	普通灯具	节能灯：一层3+二层5	8	套
25	030412001002	普通灯具	防水防尘灯(配节能灯)：一层2+二层2	4	套
26	030412001003	普通灯具	自带电源事故照明灯(壁装)：一层1+二层4	5	套
27	030412001004	普通灯具	自带电源事故照明灯(吸顶)：二层2	2	套
28	030412004001	装饰灯	单向疏散指示灯：二层2	2	套
29	030412004002	装饰灯	安全出口指示灯：一层1+二层3	4	套
30	030412005001	荧光灯	双管荧光灯：一层8+二层12	20	套
31	030413005001	人(手)孔砌筑	220×320×220手孔：室外1	1	个
32	030413006001	人(手)孔防水	0.22×0.32×4+0.22×0.22×2	0.379	m^2
33	030411001001	配管	镀锌钢管SC20(配线ZRBV－3×2.5)： 1)WE1回路：↑顶(层高3－箱底1.5－箱高0.6)0.9+→1.5+↓标志灯0.8+↑标志灯0.8+→1.4+↓事故照明灯0.5=5.9 2)引上二层事故照明灯↑顶0.5+↑二层顶3+二层水平管29.7+↑↓单向指标灯2×2.6+↑↓事故照明灯6×0.5+↑↓标志灯2×0.2+2×0.8=43.4 合计：5.9+43.4	49.300	m
34	030411001002	配管	镀锌钢管SC25(配线BV－5×6)：WL7回路 引上二层AL2：↑顶0.9+↑AL2箱底1.5=2.4	2.400	m

（续）

序号	清单项目编码	清单项目名称	计　算　式	清单工程量	计量单位
35	030411001003	配管	刚性阻燃管 PC16： 一、（配线 BV－2×2.5） （1）一层 1）WL1 回路：→16.8＋↑顶0.9＋↑↓开关1.7×3＝22.8 2）WL1 回路：引上二层↑二层顶3＋二层→29.4＋↑↓开关1.7×5＝40.9 3）WL2 回路：→26.6＋↑顶0.9＝27.5 4）卫生间紧急求救按钮：箱顶至屋顶↑0.9＋→12.4＋↑↓按钮1.8×4＋↓报警器0.2＝20.7 （2）二层 WL1 回路：顶↑0.9＋→23.2＋↑↓开关1.7＝25.8 二、（配线 BV－3×2.5） （1）一层 1）WL1 回路：→1.5＋↓双极开关1.7＝3.2 2）WL2 回路：→6.7＋↓双极开关1.7×4＝13.5 （2）二层 WL1 回路：→8.9＋↑顶0.9＋↑↓开关1.7×4＝15.7 合计：22.8＋40.9＋27.5＋20.7＋25.8＋3.2＋13.5＋15.7＝170.1	170.100	m
36	030411001004	配管	刚性阻燃管 PC20（配线 BV－3×4）： 一、一层 1）WL3 回路：箱底至地内↓（1.5＋0.1）＋→15.2＋插座↑↓（0.3＋0.1）×9＝20.4 2）WL4 回路：箱底至地内↓（1.5＋0.1）＋→5.5＋插座↑↓（0.3＋0.1）×9＝10.7 3）WL5 回路：箱顶至屋顶↑0.9＋→6.7＋插座↑↓0.8×3＝10 4）WL6 回路：箱顶至屋顶↑0.9＋→14.1＋插座↑↓0.8×3＝17.4 二、二层 1）WL2 回路：→13.1＋箱↓地（1.5＋0.1）＋↑↓插座（0.3＋0.1）×11＝19.1 2）WL3 回路：→20.5＋箱↓地（1.5＋0.1）＋↑↓插座（0.3＋0.1）×11＝26.5 3）WL4 回路：→5＋箱↓地（1.5＋0.1）＋↑插座（0.3＋0.1）＝7 4）WL5 回路：→12＋箱↓地（1.5＋0.1）＋↑插座（0.3＋0.1）＝14 5）WL 回路：→17.5＋↑顶0.9＋↑↓插座0.8×3＝20.8 合计：20.4＋10.7＋10＋17.4＋19.1＋26.5＋7＋14＋20.8＝145.9	145.900	m
37	030411004001	配线	ZRBV2.5mm^{2}一层 WE1 回路：配管长度49.3＋配电箱预留长度1＝50.3×3芯＝150.9	150.900	m

（续）

序号	清单项目编码	清单项目名称	计 算 式	清单工程量	计量单位
38	030411004002	配线	BV2.5mm² 一层 WL1、WL2 回路（2×2.5）配管长度 91.2×2=182.4+WL1 回路（3×2.5）3.2×3+WL2 回路（3×2.5）13.5×3=232.5+WL1、WL2 回路配电箱预留长度 1×4=236.5+卫生间 20.7×2+预留 1×2=279.9 二层 WL1 回路（2×2.5）配管长度 25.8×2=51.6+WL1 回路（3×2.5）15.7×3=98.7+WL1 回路配电箱预留长度 1×2=100.7 合计：279.9+100.7=380.6	380.600	m
39	030411004003	配线	BV4.0mm² 一层 WL3、WL4、WL5、WL6 回路配管长度 77.7×3=233.1+WL3、WL4、WL5、WL6 回路配电箱预留长度 1×12=245.1 二层 WL2、WL3、WL4、WL5、WL6 回路配管长度 87.4×3=262.2+WL2、WL3、WL4、WL5、WL6 回路配电箱预留长度 1×15=277.2 合计：245.1+277.2=522.3	522.300	m
40	030411004004	配线	BV6.0mm²：WL7 配管长度 2.4×5=12+两端配电箱预留长度 1×5×2=22	22.000	m
41	030414011001	接地装置	接地装置系统调试：1	1	系统
42	030414002001	送配电装置系统	低压系统调试：1	1	系统

注：为简化计算，配电箱向上引至顶的埋深不计、屋顶向下计算至接线盒的底边；暗敷于墙内的管（盒）计算至墙中心。

表 8-4 分部分项工程和单价措施项目清单与计价表

工程名称：某工程（电气照明安装工程） 第 页 共 页

序号	项目编码	项目名称	项目特征描述	计量单位	工程数量	金额/元			
						综合单价	合价	其中	
								人工费	暂估价
1	030404017001	配电箱	1. 名称：照明配电箱 AL1 2. 型号：XRM-305 3. 规格：600+400（高+宽） 4. 端子板外部接线材质、规格：BV2.5mm² 7 个、BV4mm² 12 个、BV6mm² 10 个 5. 安装方式：嵌墙暗装、底边距地 1.5m	台	1				

（续）

序号	项目编码	项目名称	项目特征描述	计量单位	工程数量	金额/元			
						综合单价	合价	其中	
								人工费	暂估价
2	030404017002	配电箱	1. 名称：照明配电箱 AL2 2. 型号：XRM-305 3. 规格：600 + 400（高 + 宽） 4. 端子板外部接线材质、规格：BV2.5mm^2 2 个、BV4mm^2 20 个 5. 安装方式：嵌墙暗装、底边距地 1.5m	台	1				
3	030404035001	插座	1. 名称：普通插座（安全型） 2. 规格：5 孔 250V 10A 3. 安装方式：暗装	个	25				
4	030404035002	插座	1. 名称：柜式空调插座 2. 规格：3 孔 250V 10A 3. 安装方式：暗装	个	2				
5	030404035003	插座	1. 名称：挂式空调插座 2. 规格：3 孔 250V 10A 3. 安装方式：暗装	个	6				
6	030404034001	照明开关	1. 名称：单极开关 2. 规格：250V 10A 3. 安装方式：暗装	个	8				
7	030404034002	照明开关	1. 名称：双极开关 2. 规格：250V 10A 3. 安装方式：暗装	个	10				
8	030404031001	按钮	1. 名称：紧急求救按钮 2. 规格：86 型	个	2				
9	030404036001	报警器	1. 名称：声光报警器 2. 规格：86 型 3. 安装方式：墙上明装	个	1				
10	030408003001	电缆保护管	1. 名称：电缆保护管 2. 材质：镀锌钢管 3. 规格：SC50 4. 敷设方式：埋地敷设	m	26.7				
11	030408001001	电力电缆	1. 名称：电力电缆 2. 型号：YJV22 3. 规格：4 × 25 4. 材质：铜芯电缆 5. 敷设方式部位：穿管敷设 6. 电压等级：1kV 以下 7. 地形：平地	m	43.77				

（续）

序号	项目编码	项目名称	项目特征描述	计量单位	工程数量	金额/元			
						综合单价	合价	其中	
								人工费	暂估价
12	030408006001	电力电缆头	1. 名称：电力电缆头 2. 型号：YJV22 3. 规格：4×25 4. 材质、类型：铜芯电缆、干包式 5. 安装部位：配电柜、箱 6. 电压等级：1kV 以下	个	2				
13	010101001001	管沟土方	1. 名称：电缆沟 2. 土壤类别：一般土壤	m^3	14.22				
14	030409002001	接地母线	1. 名称：户外接地母线 2. 材质：镀锌扁钢 3. 规格：40×4 4. 安装部位：埋地 0.75m	m	80.47				
15	030409002002	接地母线	1. 名称：户内接地母线 2. 材质：镀锌扁钢 3. 规格：40×4 4. 安装部位：沿墙	m	1.87				
16	010101001002	管沟土方	1. 名称：接地母线沟 2. 土壤类别：建筑垃圾土	m^3	24.12				
17	030409003001	避雷引下线	1. 名称：避雷引下线 2. 规格：2 根 ϕ16 主筋 3. 安装形式：利用柱内主筋做引下线 4. 断接卡子、箱材质、规格：钢制 146mm×80mm 4 套	m	24.00				
18	030409005001	避雷网	1. 名称：避雷网 2. 材质：镀锌圆钢 3. 规格：ϕ8 4. 安装形式：沿女儿墙敷设	m	112.89				
19	030409008001	等电位端子箱	1. 名称：总等电位箱 2. 材质：钢制 3. 规格：146×80mm	台	1				
20	030411001001	配管	1. 名称：钢管 2. 材质：镀锌钢管 3. 规格：SC20 4. 配置形式：暗配	m	49.30				
21	030411001002	配管	1. 名称：钢管 2. 材质：镀锌钢管 3. 规格：SC25 4. 配置形式：暗配	m	2.40				

（续）

序号	项目编码	项目名称	项目特征描述	计量单位	工程数量	金额/元			
						综合单价	合价	其中	
								人工费	暂估价
22	030411001003	配管	1. 名称：刚性阻燃管 2. 材质：PVC 3. 规格：PC16 4. 配置形式：暗配	m	170.10				
23	030411001004	配管	1. 名称：刚性阻燃管 2. 材质：PVC 3. 规格：PC20 4. 配置形式：暗配	m	145.90				
24	030411004001	配线	1. 名称：管内穿线 2. 配线形式：照明线路 3. 型号：ZRBV 4. 规格：2.5mm^2 5. 材质：铜芯线	m	150.90				
25	030411004002	配线	1. 名称：管内穿线 2. 配线形式：照明线路 3. 型号：BV 4. 规格：2.5mm^2 5. 材质：铜芯线	m	380.60				
26	030411004003	配线	1. 名称：管内穿线 2. 配线形式：照明线路 3. 型号：BV 4. 规格：4mm^2 5. 材质：铜芯线	m	522.30				
27	030411004004	配线	1. 名称：管内穿线 2. 配线形式：照明线路 3. 型号：BV 4. 规格：6mm^2 5. 材质：铜芯线	m	22.00				
28	030411006001	接线盒	1. 名称：灯具接线盒 2. 材质：钢制 3. 规格：86H 4. 安装形式：暗装	个	13				
29	030411006002	接线盒	1. 名称：灯具接线盒 2. 材质：PVC 3. 规格：86H 4. 安装形式：暗装	个	32				
30	030411006003	接线盒	1. 名称：开关、插座接线盒 2. 材质：PVC 3. 规格：86H 4. 安装形式：暗装	个	51				

（续）

序号	项 目 编 码	项目名称	项目特征描述	计量单位	工程数量	金额/元			
						综合单价	合价	其中	
								人工费	暂估价
31	030412001001	普通灯具	1. 名称：节能灯 2. 规格：1×16W 3. 类型：吸顶安装	套	8				
32	030412001002	普通灯具	1. 名称：防水防尘灯(配节能灯管) 2. 规格：1×16W 3. 类型：吸顶安装	套	4				
33	030412001003	普通灯具	1. 名称：自带电源事故照明灯 2. 规格：2×8W 3. 类型：底边距地 2.5m 壁装	套	5				
34	030412001004	普通灯具	1. 名称：自带电源事故照明灯 2. 规格：1×16W 3. 类型：吸顶安装	套	2				
35	030412004001	装饰灯	1. 名称：单向疏散指示灯 2. 规格：1×2W 3. 安装形式：距地 0.4m	套	2				
36	030412004002	装饰灯	1. 名称：安全出口标志灯 2. 规格：1×2W 3. 安装形式：距门上 0.2m	套	4				
37	030412005001	荧光灯	1. 名称：双管荧光灯 2. 规格：2×36W 3. 安装形式：吸顶安装	套	20				
38	030413005001	人(手)孔砌筑	1. 名称：手孔 2. 规格：220×320×220 3. 类型：混凝土	个	1				
39	030413006001	人(手)孔防水	1. 名称：手孔防水 2. 防水材质及做法：防水砂浆抹面(五层)	m^2	0.38				
40	030414011001	接地装置	1. 名称：系统调试 2. 类别：接地网	系统	1				
41	030414002001	送配电装置系统	1. 名称：低压系统调试 2. 电压等级：380V 3. 类型：综合	系统	1				

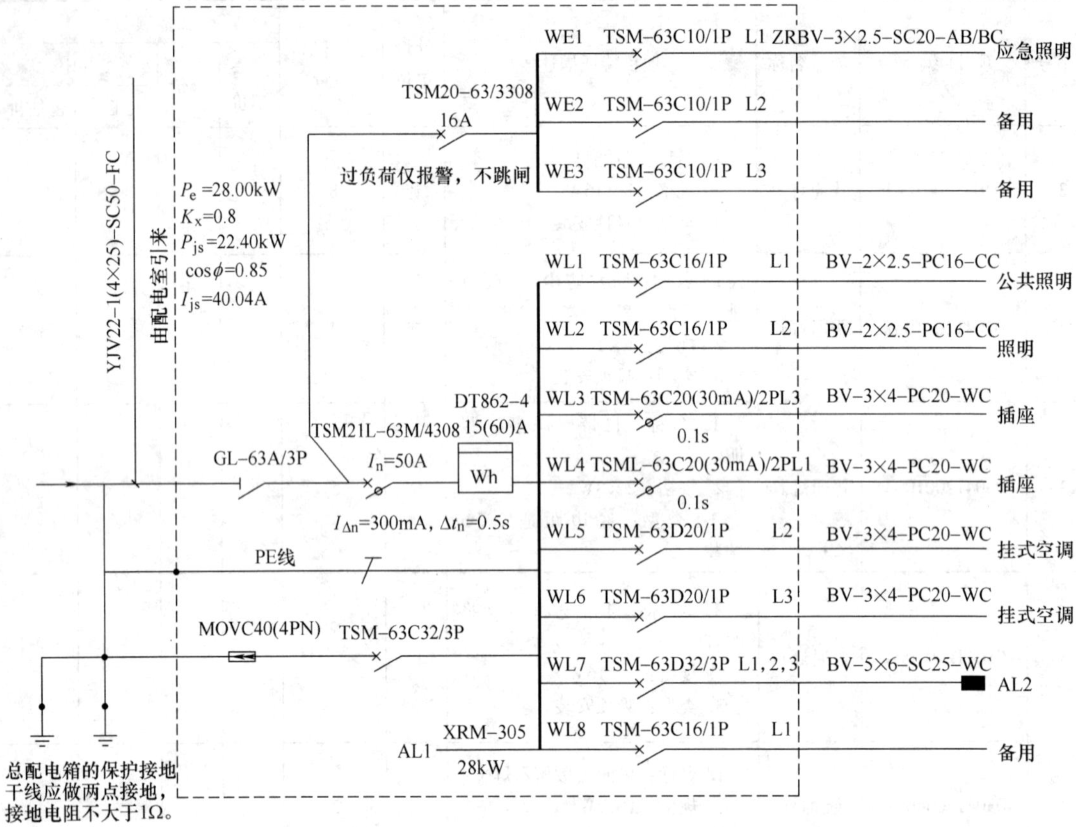

WE1 TSM-63C10/1P L1 ZRBV-3×2.5-SC20-AB/BC 应急照明
TSM20-63/3308
16A
WE2 TSM-63C10/1P L2 备用
过负荷仅报警，不跳闸
WE3 TSM-63C10/1P L3 备用
YJV22-1(4×25)-SC50-FC
由配电室引来
Pe=28.00kW
Kx=0.8
Pjs=22.40kW
cosφ=0.85
Ijs=40.04A
WL1 TSM-63C16/1P L1 BV-2×2.5-PC16-CC 公共照明
WL2 TSM-63C16/1P L2 BV-2×2.5-PC16-CC 照明
DT862-4
15(60)A
TSM21L-63M/4308
WL3 TSM-63C20(30mA)/2PL3 BV-3×4-PC20-WC 插座
0.1s
GL-63A/3P
In=50A
Wh
WL4 TSML-63C20(30mA)/2PL1 BV-3×4-PC20-WC 插座
0.1s
IΔn=300mA，Δtn=0.5s
WL5 TSM-63D20/1P L2 BV-3×4-PC20-WC 挂式空调
PE线
WL6 TSM-63D20/1P L3 BV-3×4-PC20-WC 挂式空调
MOVC40(4PN)
TSM-63C32/3P
WL7 TSM-63D32/3P L1,2,3 BV-5×6-SC25-WC AL2
XRM-305
AL1
28kW
WL8 TSM-63C16/1P L1 备用
总配电箱的保护接地
干线应做两点接地，
接地电阻不大于1Ω。

图 8-4 某工程一层配电箱（AL1）系统图

Pe=13kW
Kx=1
Pjs=13kW
cosφ=0.85
Ijs=24.06A
单向最大电流
BV-5×6-SC25-WC
从AL1箱引来
WL1 TSM-63C16/1P L1 BV-2×2.5-PC16-CC 照明
WL2 TSML-63C20(30mA)/2P L2 BV-3×4-PC20-WC 插座
0.1s
WL3 TSML-63C20(30mA)/2P L3 BV-3×4-PC20-WC 插座
0.1s
TSM-63C32/3P
WL4 TSML-63D20(30mA)/2P L1 BV-3×4-PC20-WC 柜式空调
0.1s
WL5 TSML-63D20(30mA)/2P L2 BV-3×4-PC20-WC 柜式空调
0.1s
WL6 TSM-63D20/1P L3 BV-3×4-PC20-WC 挂式空调
XRM-305
AL2
13kW
WL7 TSM-63C16/1P L1 备用

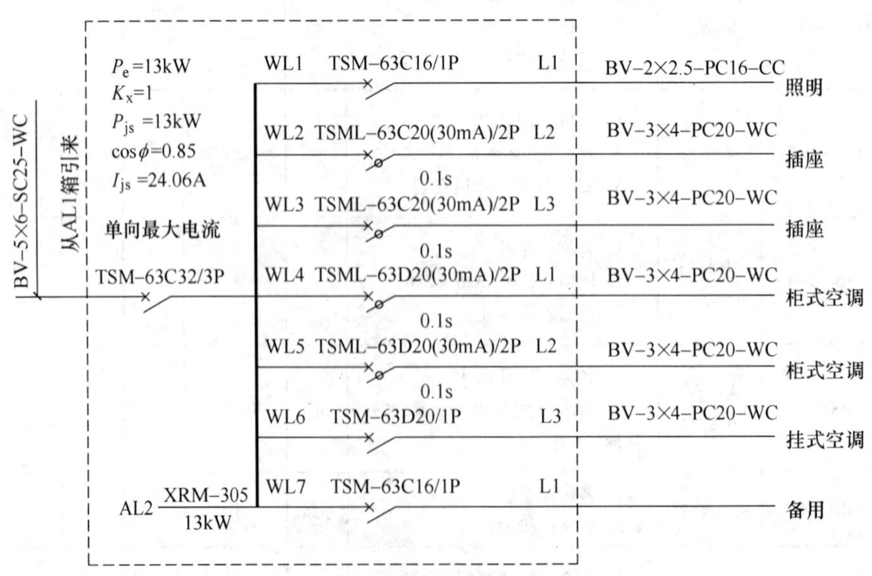

图 8-5 某工程二层配电箱（AL2）系统图

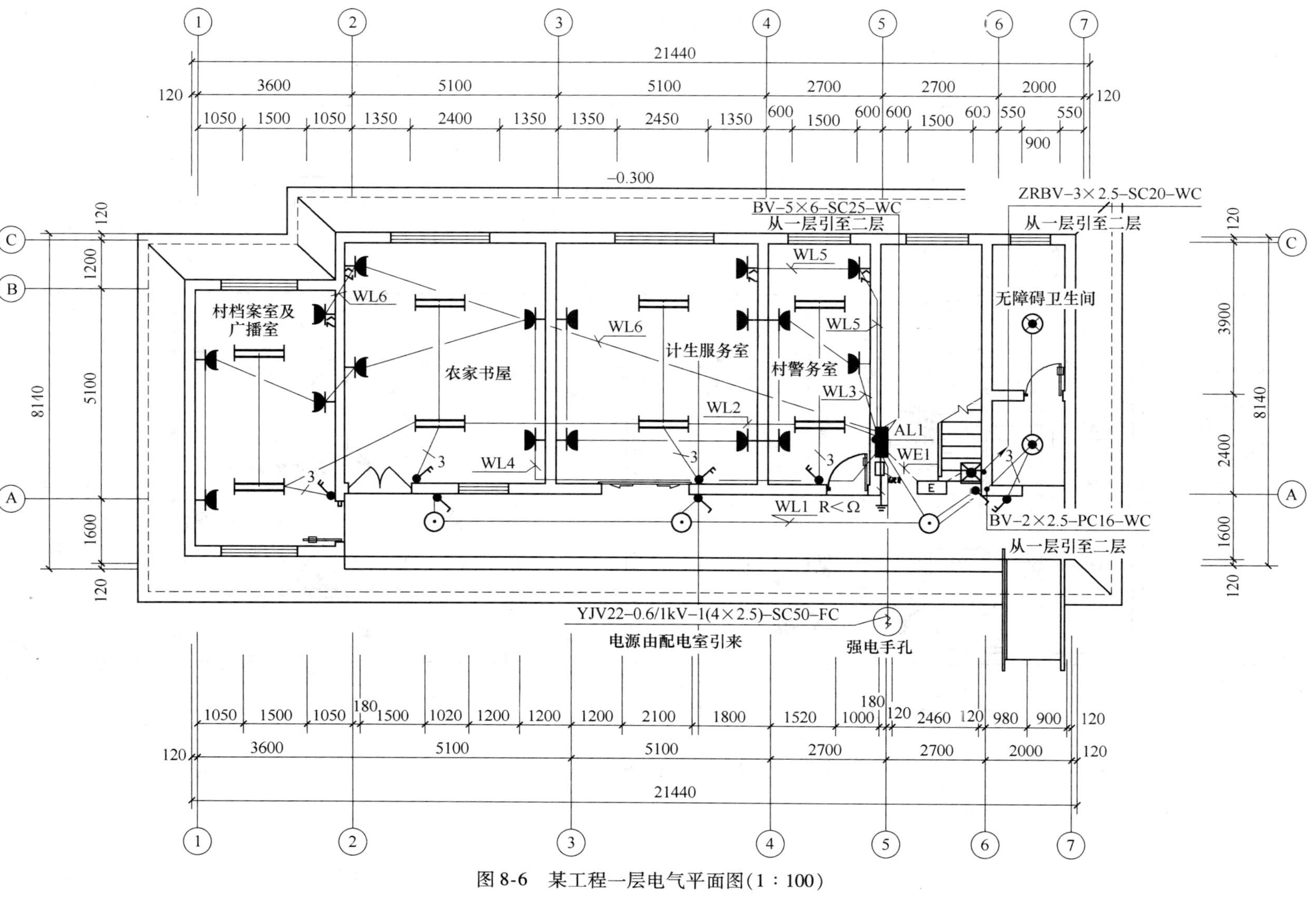

图 8-6　某工程一层电气平面图(1：100)

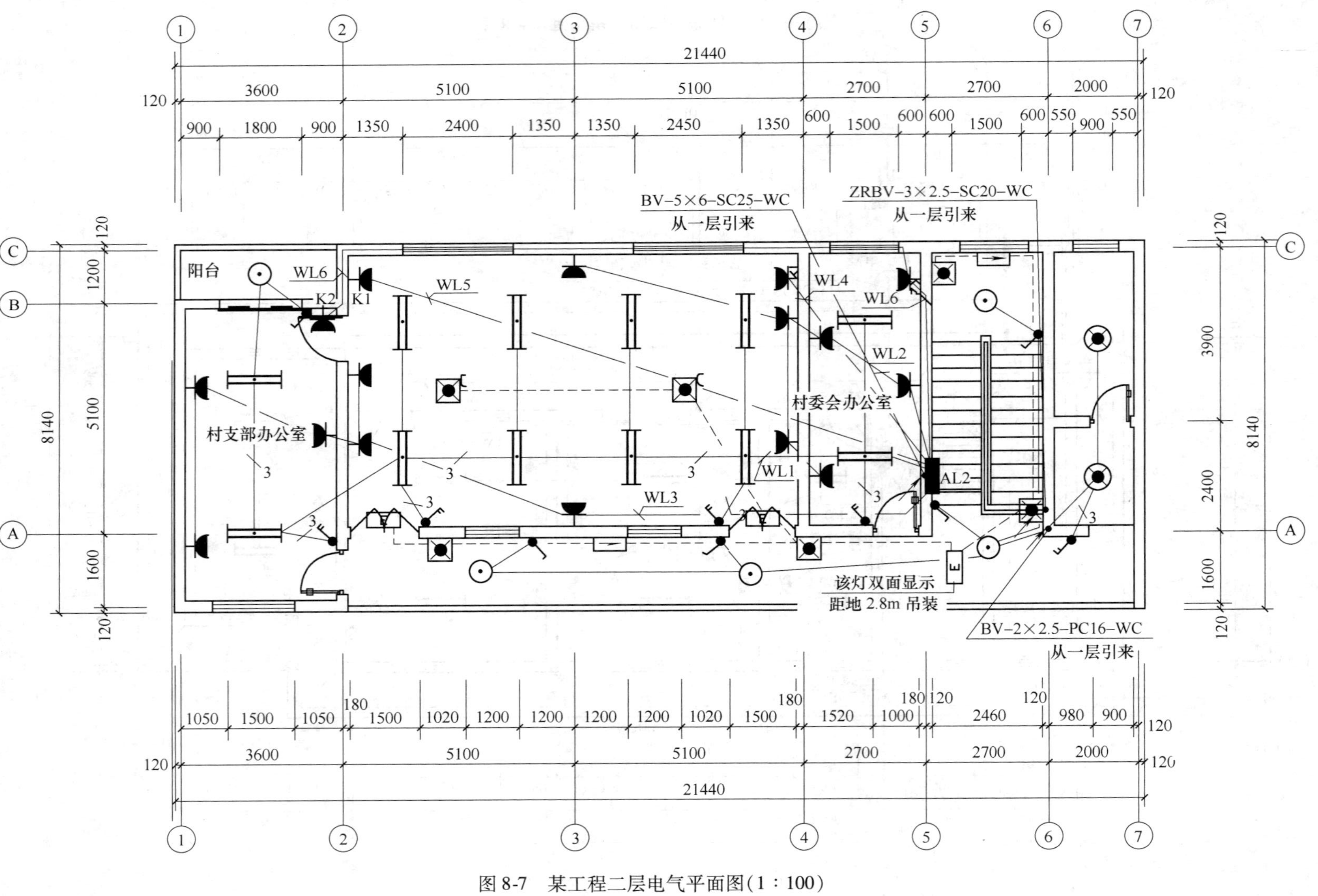

图 8-7 某工程二层电气平面图（1：100）

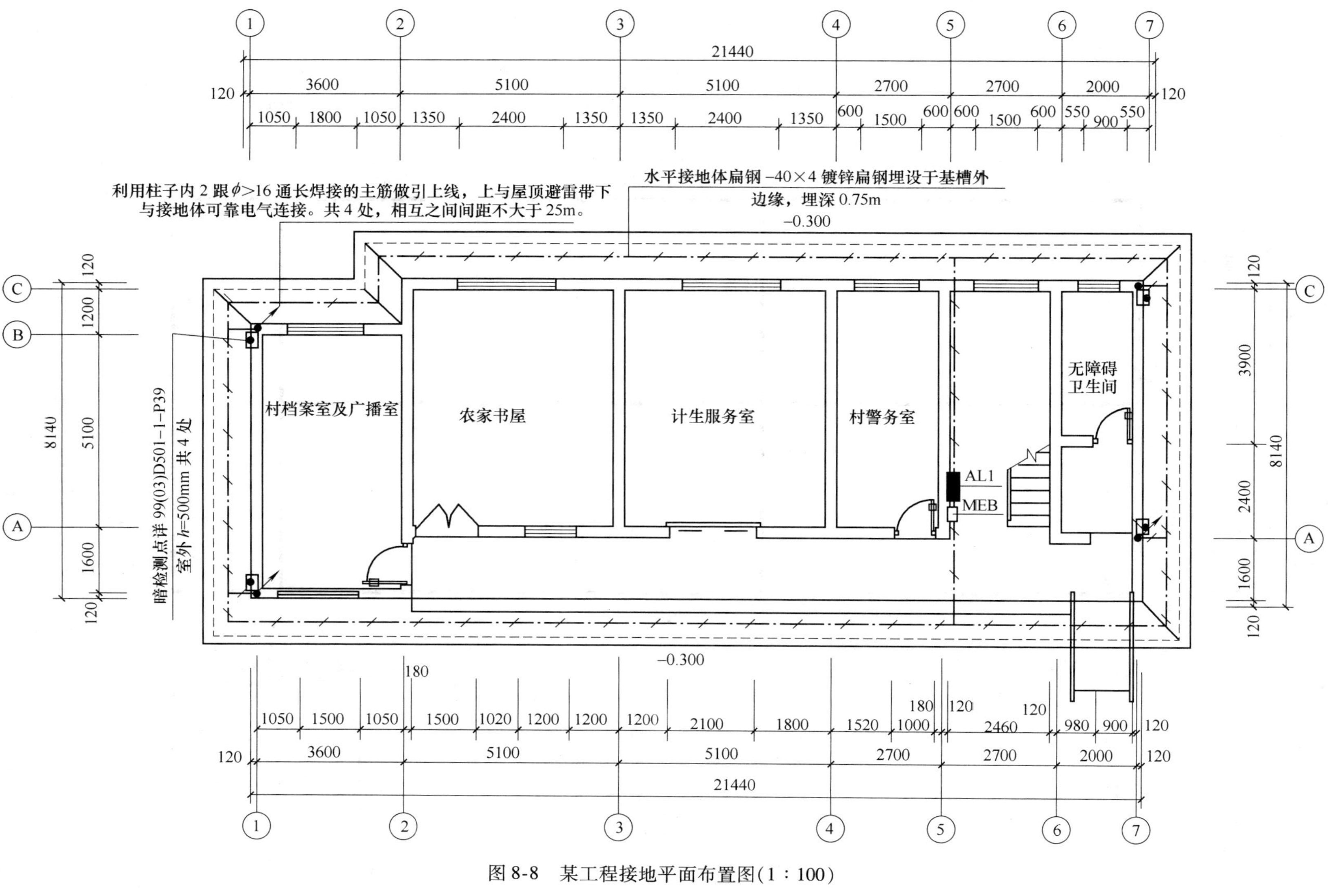

图 8-8　某工程接地平面布置图(1：100)

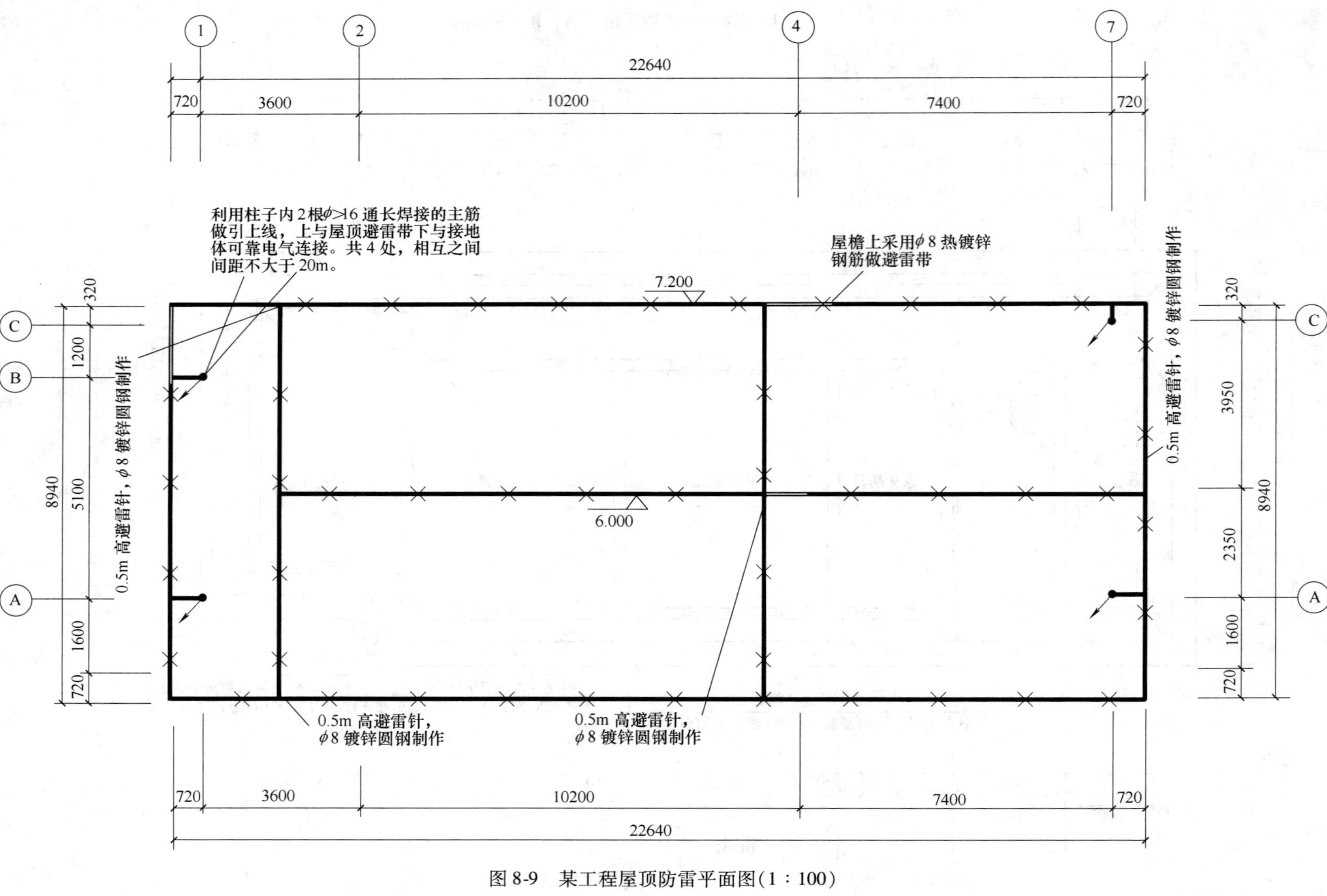

图 8-9 某工程屋顶防雷平面图（1：100）

序号	图例	名称	规格	单位	数量	备注
1		照明配电箱	XRM−305(600+400) 高 + 宽	台	2	底边距地 1.5m 暗装
2	MEB	总等电位箱	MEB	台	1	底边距地 0.3m 暗装
3		双管荧光灯	2×36W	盏	20	吸顶安装
4		节能灯	1×16W	个	8	吸顶安装
5		防水防法灯（配节能装）	1×16W	个	4	吸顶安装
6		自带电源事故照明灯	2×8W	盏	5	距地 2.5m 壁装
7	C	自带电源事故照明灯	1×16W	盏	2	嵌顶安装
8		单向疏散指示灯	1×2W	盏	2	距地 0.4m 安装
9	E	安全出口标志灯	1×2W	盏	4	门上方 0.2m 安装
10		暗装插座（安全型）	5 孔，250V，10A	个	25	底边距地 0.3m 安装
11	K1	柜式空调插座（安全型）	3 孔，250V，15A	个	2	底边距地 0.3m 安装
12	K2	持式空调插座	3 孔，250V，15A	个	6	底边距地 2.2m 安装
13		暗装单极开关	250V，10A	个	8	底边距地 1.3m 安装
14		暗装双极开关	250V，10A	个	10	底边距地 1.3m 安装
15		紧急求救按钮	甲方自定	个	2	底边距地 1.2m 安装
16		声光报警器	甲方自定	个	1	底边距地 2.8m 安装
17		电话分线箱	10 对	台	1	底边距地 1.5m 安装
18	TP	电话插座	设备厂家配套	个	7	底边距地 0.3m 安装
19		阻燃导线	ZRBV-2.5	m		数量详见施工预算
20		导线	BV-2.5	m		
21		导线	BV-4	m		
22		导线	BV-6	m		
23		电力电缆 (0.6/1kV)	YJV22-4×25	m		
24		电话电缆	HYA10×2×0.5	m		
25		电话线	RVS2×0.5	m		
26		塑料管	PC16～PC25	m		
27		钢管	SC20～SC50	m		
28		镀锌圆钢	$\phi 8$	m		
29		镀锌扁钢	−40×4	m		

图 8-10　主要设备材料表

思考题

1. 卫生间的等电位接地如何使用定额?
2. 焊接为一体的独立基础钢筋作为接地装置时如何使用定额?
3. 接地跨接线的含义是什么?
4. 户外接地母线的敷设每米包含多少土方工程量?
5. 利用基础底板内钢筋作接地时使用什么定额?
6. 防雷接地装置的主要组成部分是什么?
7. 什么是断接卡子?如何计算其工程量?
8. 什么是均压环?如何计算其工程量?
9. 引下线安装的工程量如何考虑?
10. 避雷网长度如何计算?

第 9 章　弱电系统工程施工图预算的编制

9.1　室内电话系统工程量计算与定额应用

9.1.1　室内电话系统工程定额应用

1. 室内电话系统基础知识

建筑物电话系统随电话门数及分配方案的不同，一般由交换间（交接箱）、电缆管路、壁龛、分线箱（盒）、用户线管路、过路箱（盒）和电话出线盒等组成。

由于工程性质和行业管理的要求，对于建筑物电话系统工程，建筑安装单位一般只作室内电话线路的配管配线、电话机插座以及接线盒的安装。对于室外交接机、通信电缆的安装、敷设以及调试工作，一般由电信部门的专业安装队伍来施工。图 9-1 所示为住宅内电话系统示意图。

2. 室内电话系统工程量计算规则

1）交换机安装已包括附属设备的安装，按门数以“套”为计量单位。

2）电话分线箱也称为接头箱、端子箱或过路箱，分明装和暗装两种安装方式，暗装时又称为壁龛。如图 9-2 所示，按半周长以“个”为计量单位。未包括接线等工作内容。

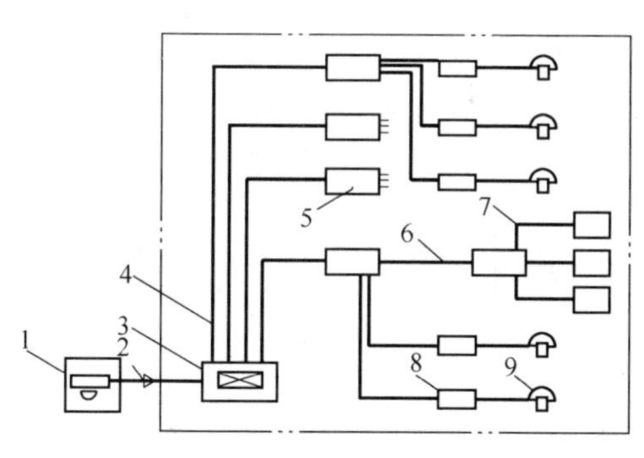

图 9-1　住宅内电话系统示意图

1—电话局　2—地下通信管道　3—电话交接间　4—竖向电缆管路　5—分线箱　6—横向电缆管路　7—用户线管路　8—出盒线　9—电话机

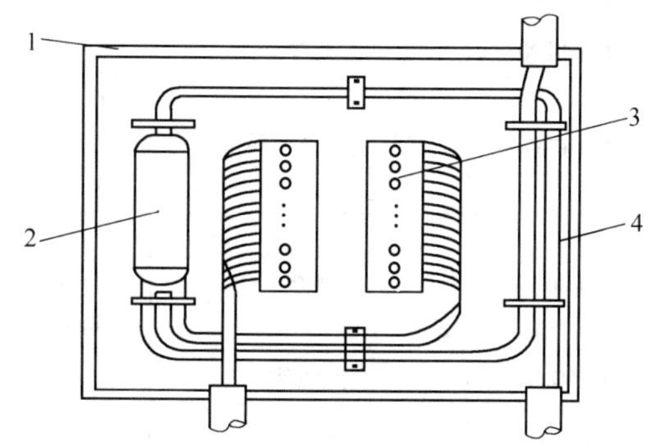

图 9-2　壁龛内结构

1—箱体　2—电缆接头　3—端子板　4—电缆

3）话机、消防电话插孔、电话插座、出线口不分安装方式，分别以“部”、“个”为计量单位。

4）设备及接线端子板接线是指电话电缆与设备连接或在电话分线箱内与端子板连接，按电缆对数，以实接电缆端头数量“个”为计量单位。

5）电话线路配管、配线的工程量计算规则与第 7 章配管、配线工程中叙述的内容相同。

9.1.2 室内电话系统工程量清单工程量计算规则

《通用安装工程工程量计算规范》中的附录 E 是建筑智能化工程，适用于建筑室内、外的建筑智能化安装工程，包括：E.1 计算机应用、网络系统工程（030501）、E.2 综合布线系统工程（030502）、E.3 建筑设备自动化系统工程（030503）、E.4 建筑信息综合管理系统工程（030504）、E.5 有线电视、卫星接收系统工程（030505）、E.6 音频、视频系统工程（030506）、E.7 安全防范系统工程（030507）七个部分，共 96 个清单项目。

1. 建筑与建筑群综合布线安装

建筑与建筑物综合布线安装工程量清单项目设置及工程量计算规则见表 9-1。

表 9-1 E.2 综合布线系统工程（编码：030502）

<table>
<tr><th>项目编码</th><th>项目名称</th><th>项目特征</th><th>计量单位</th><th>工程量计算规则</th><th>工作内容</th></tr>
<tr><td>030502001</td><td>机柜、机架</td><td rowspan="3">1. 名称
2. 材质
3. 规格
4. 安装方式</td><td>台</td><td rowspan="4">按设计图示数量计算</td><td>1. 本体安装
2. 相关固定件的连接</td></tr>
<tr><td>030502002</td><td>抗震底座</td><td rowspan="3">个</td><td rowspan="3">1. 本体安装
2. 底盒安装</td></tr>
<tr><td>030502003</td><td>分线接线箱(盒)</td></tr>
<tr><td>030502004</td><td>电视、电话插座</td><td>1. 名称
2. 安装方式
3. 底盒材质、规格</td></tr>
<tr><td>030502005</td><td>双绞线缆</td><td rowspan="3">1. 名称
2. 规格
3. 线缆对数
4. 敷设方式</td><td rowspan="3">m</td><td rowspan="4">按设计图示尺寸长度计算</td><td rowspan="3">1. 敷设
2. 标记
3. 卡接</td></tr>
<tr><td>030502006</td><td>大对数电缆</td></tr>
<tr><td>030502007</td><td>光缆</td></tr>
<tr><td>030502008</td><td>光纤束、光缆外护套</td><td>1. 名称
2. 规格
3. 安装方式</td><td>m</td><td>1. 气流吹放
2. 标记</td></tr>
<tr><td>030502009</td><td>跳线</td><td>1. 名称
2. 类别
3. 规格</td><td>条</td><td rowspan="5">按设计图示数量计算</td><td>1. 插接跳线
2. 整理跳线</td></tr>
<tr><td>030502010</td><td>配线架</td><td rowspan="2">1. 名称
2. 规格
3. 容量</td><td rowspan="4">个
（块）</td><td></td></tr>
<tr><td>030502011</td><td>跳线架</td><td>安装、打接</td></tr>
<tr><td>030502012</td><td>信息插座</td><td>1. 名称
2. 类别
3. 规格
4. 安装方式
5. 底盒材质、规格</td><td>1. 端接模块
2. 安装面板</td></tr>
<tr><td>030502013</td><td>光纤盒</td><td>1. 名称
2. 类别
3. 规格
4. 安装方式</td><td>1. 端接模块
2. 安装面板</td></tr>
</table>

（续）

<table>
<tr><th>项目编码</th><th>项目名称</th><th>项目特征</th><th>计量单位</th><th>工程量计算规则</th><th>工作内容</th></tr>
<tr><td>030502014</td><td>光纤连接</td><td>1. 方法
2. 模式</td><td>芯（端口）</td><td rowspan="7">按设计图示数量计算</td><td rowspan="3">1. 接续
2. 测试</td></tr>
<tr><td>030502015</td><td>光缆终端盒</td><td>光缆芯数</td><td>个</td></tr>
<tr><td>030502016</td><td>布放尾纤</td><td rowspan="3">1. 规格
2. 名称
3. 安装方式</td><td>根</td></tr>
<tr><td>030502017</td><td>线管理器</td><td rowspan="2">个</td><td>本体安装</td></tr>
<tr><td>030502018</td><td>跳块</td><td>安装、卡接</td></tr>
<tr><td>030502019</td><td>双绞线缆测试</td><td rowspan="2">1. 测试类别
2. 测试内容</td><td rowspan="2">链路（点、芯）</td><td rowspan="2">测试</td></tr>
<tr><td>030502020</td><td>光纤测试</td></tr>
</table>

注：配管工程、线槽、桥架、电气设备、电气器件、接线箱、盒、电线、接地系统、凿（压）槽、打孔等工程，按电气设备安装工程相关项目编码列项。

2. 建筑信息综合管理系统工程

建筑信息综合管理系统工程的工程量清单项目设置及工程量计算规则见表 9-2。

表 9-2　E. 4 建筑信息综合管理系统工程（编码：030504）

<table>
<tr><th>项目编码</th><th>项目名称</th><th>项目特征</th><th>计量单位</th><th>工程量计算规则</th><th>工作内容</th></tr>
<tr><td>030504001</td><td>服务器</td><td rowspan="3">1. 名称
2. 类别
3. 规格
4. 安装方式</td><td rowspan="2">台</td><td rowspan="3">按设计图示数量计算</td><td rowspan="2">安装调试、试运行</td></tr>
<tr><td>030504002</td><td>服务器显示设备</td></tr>
<tr><td>030504003</td><td>通讯接口输入输出设备</td><td>个</td><td>本体安装、调试</td></tr>
<tr><td>030504004</td><td>系统软件</td><td rowspan="5">1. 测试类别
2. 测试内容</td><td rowspan="3">套</td><td rowspan="5">按系统所需集成点数及图示数量计算</td><td rowspan="3">安装、调试、试运行</td></tr>
<tr><td>030504005</td><td>基础应用软件</td></tr>
<tr><td>030504006</td><td>应用软件接口</td></tr>
<tr><td>030504007</td><td>应用软件二次开发</td><td>项（点）</td><td>按系统点数进行二次软件开发和定制、进行调试</td></tr>
<tr><td>030504008</td><td>各系统联动试运行</td><td>系统</td><td>调试、试运行</td></tr>
</table>

9. 2　室内有线电视系统工程量计算与定额应用

9. 2. 1　室内有线电视系统工程定额应用

1. 室内有线电视系统工程基础知识

有线电视系统是指为完成传输高质量的电视信号，而由具有多频道、多功能、大规模、双向传输和高可靠、长寿命等特性的各种相互联系的部件设备组成的整体。通常，有线电视系统由前端设备、干线传输和用户分配三部分组成，如图 9-3 所示。

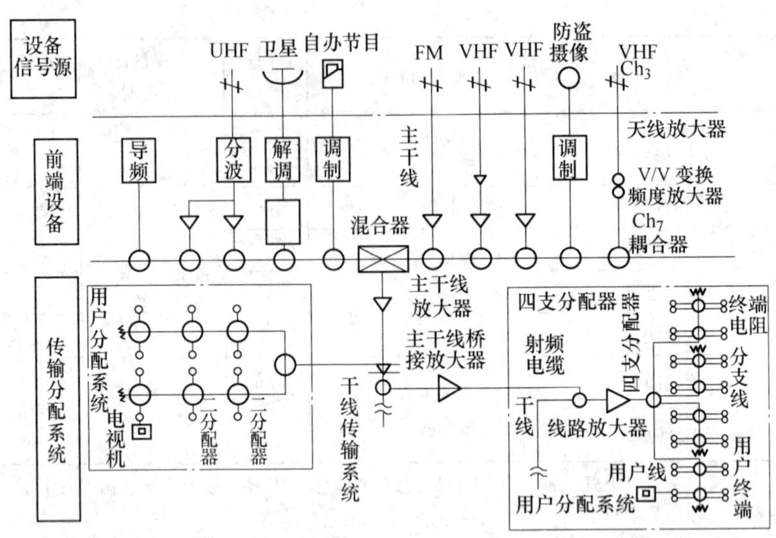

图 9-3 E. 5 有线电视系统组成框图

（1）前端设备 前端设备是指用以处理由卫星地面站以及由天线接收的各种无线广播信号和自办节目信号的设备，是整个系统的心脏。包括天线放大器、频道放大器、频道交换器、频率处理器、混合器以及需要分配的各种信号发生器等。来自各种不同信号源的电视信号经再处理为高品质、无干扰杂波的电视节目。它们分别占用一个频道进入系统的前端设备，并分别进行处理。最后在混合器中被合成一路含有多套电视节目的宽带复合信号，再经同轴电缆或光发射机传送出去。

（2）干线传输网络 有线电视的干线传输网络是把前端设备经接收处理、混合后的高频电视信号不失真地、稳定地送给用户分配系统，同时也可以从用户或分配点将信息传到前端设备和其他用户，以实现有线电视多功能服务的双向传输。

（3）用户分配网络 用户分配网络是有线电视系统的最后部分，其作用是把干线传输的分配部分分给子系统，并将提供的电平信号合理地分配给各个用户，使各用户收视信号达到标准要求。分配网络中使用的器件有放大器、二分配器、串联二分支器等，如图 9-4 所示。

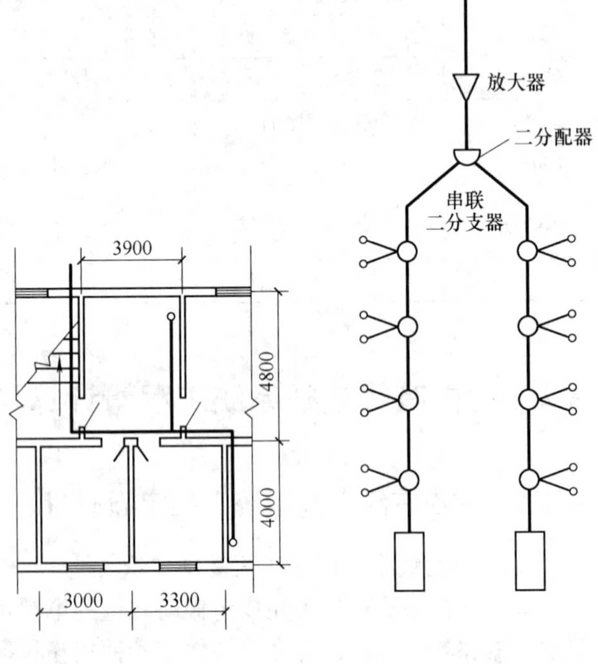

图 9-4 室内有线电视示意图

2. 室内有线电视系统工程量计算规则

1）天线是按成套装置考虑的，其架设包括天线底座、支承杆的避雷装置安装，以

“套”为计量单位。

2）前端箱分明装和暗装两种方式，按半周长以“个”为计量单位。

3）放大器、分支器、分配器、混合器分明装和暗装两种方式，以“个”为计量单位。

4）均衡器、衰减器部分安装方式以“个”为计量单位。

5）用户终端盒分明装和暗装两种方式，以“个”为计量单位。

6）同轴电缆分沿桥架、支架和穿管两种敷设方式，以“m”为计量单位。

7）同轴电缆头制作，适用于各种接头和端头，以“个”为计量单位。

8）电视墙安装、前端射频设备安装、调试，以“套”为计量单位。

9）卫星地面站接收设备、光端设备、有线电视系统管理设备安装、调试，以“台”为计量单位。

10）干线设备、分配网络安装、调试，以“个”为计量单位。

9.2.2　室内有线电视系统工程量清单工程量计算规则

室内电视系统工程量清单项目设置及工程量计算规则，应按表 9-3 的规定执行。

表 9-3　E.5 有线电视、卫星接收系统工程（编码：030505）

项目编码	项目名称	项目特征	计量单位	工程量计算规则	工作内容
030505001	共用天线	1. 名称 2. 规格 3. 电视设备箱型号规格 4. 天线杆、基础种类	副	按设计图示数量计算	1. 电视设备箱安装 2. 天线杆基础安装 3. 天线杆安装 4. 天线安装
030505002	卫星电视天线、馈线系统	1. 名称 2. 规格 3. 地点 4. 楼高 5. 长度	副	按设计图示数量计算	安装、调测
030505003	前端机柜	1. 名称 2. 规格	个	按设计图示数量计算	1. 本体安装 2. 连接电源 3. 接地
030505004	电视墙	1. 名称 2. 监视器数量	套	按设计图示数量计算	1. 机架、监视器安装 2. 信号分配系统安装 3. 连接电源 4. 接地
030505005	射频同轴电缆	1. 名称 2. 规格 3. 敷设方式	m	按设计图示尺寸以长度计算	线缆敷设
030505006	同轴电缆接头	1. 规格 2. 方式	个	按设计图示数量计算	电缆接头
030505007	前端射频设备	1. 名称 2. 类别 3. 频道数量	套	按设计图示数量计算	1. 本体安装 2. 单体调试

（续）

项目编码	项目名称	项目特征	计量单位	工程量计算规则	工作内容
030505008	卫星地面站接收设备	1. 名称 2. 类别			1. 本体安装 2. 单体调试 3. 全站系统调试
030505009	光端设备安装、调试	1. 名称 2. 类别 3. 容量	台		1. 本体安装 2. 单体调试
030505010	有线电视系统管理设备	1. 名称 2. 类别			
030505011	播控设备安装、调试	1. 名称 2. 功能 3. 规格		按设计图示数量计算	1. 本体安装 2. 系统调试
030505012	干线设备	1. 名称 2. 功能 3. 安装位置			
030505013	分配网络	1. 名称 2. 功能 3. 规格 4. 安装方式	个		1. 本体安装 2. 电缆接头制作、布线 3. 单体调试
030505014	终端调试	1. 名称 2. 功能			调试

9.3 室内火灾报警系统工程量计算与定额应用

9.3.1 室内火灾报警系统工程基础知识

1. 火灾报警系统设置

火灾报警系统由一整套连续性工作的消防监测装置组成，其主要性能在于报警。它包括火警自动监测（即火灾报警）和自动灭火控制两个联动的子系统。当火灾发生时，在楼层或在区域内通过探测器监视现场的烟雾浓度、温度等，反馈给报警控制器，当确认发生火灾时在控制器上发出声光报警，消防人员根据报警情况，采取消防措施。而自动灭火系统则能在火灾报警控制器的作用下，自动联动有关灭火设备，在发生火灾时自动喷洒，进行消防灭火。

火灾报警系统由探测器、报警器和管线等组成。火灾报警及联动控制系统如图 9-5 所示。

2. 探测器的选择

在火灾报警系统中，探测器的选择非常重要，它首先把探测到的不同质量的（烟、温度、光）参数，转变为电信号，并通过导线予以传递。常用探测器分为感烟型、感温型、感光型和综合型等几大类，一般感烟型最为常用。一般情况下，应根据火灾的特点、空间高

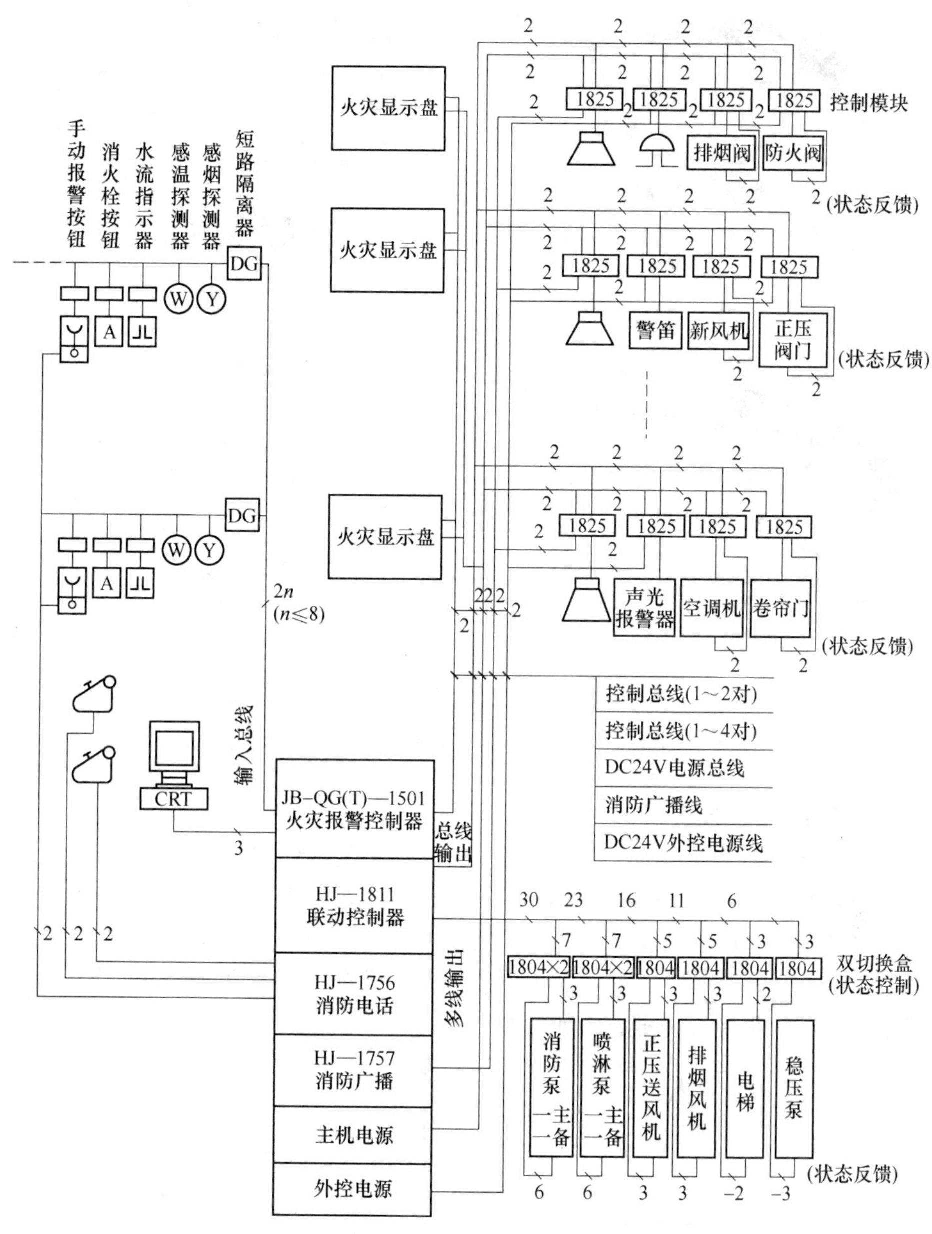

图 9-5　火灾报警及联动控制系统示意图

度、气流状况等选择合适的探测器或几种探测器的组合。点型感烟型和点型感温型火灾探测器如图 9-6 所示。

3. 导线的选择

系统的传输线路应采用铜芯绝缘导线或铜芯电缆，其电压等级不应低于交流 250V。

线芯截面选择除应满足自动报警装置技术条件的要求外，还应满足机械强度的要求。此外，还应考虑火灾过程中由于温度升高引起导体电阻增加的因素，以防止在紧要关头影响消防控制设备功能的正常发挥。

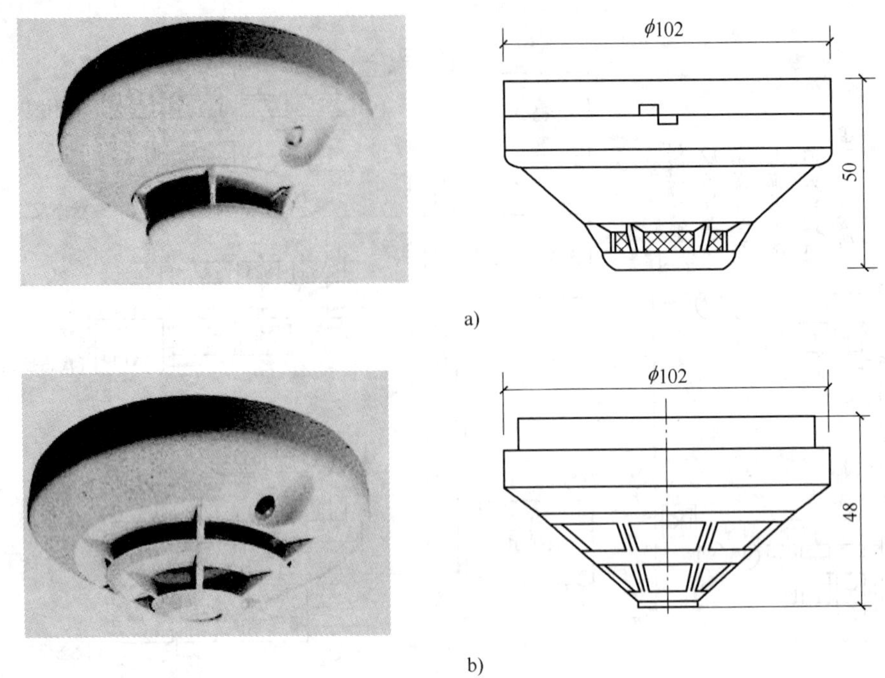

图 9-6 点型火灾探测器

a）点型感烟探测器及外形尺寸 b）点型感温探测器及外形尺寸

4. 火灾报警系统的分类

火灾报警系统根据监控范围的不同，可以分为三种基本形式。

1）区域报警系统。它由火灾探测器、手动火灾报警按钮、区域火灾报警控制器、火灾报警装置和电源组成。区域报警系统的保护对象仅为建筑物中某一局部范围或某一措施。区域火灾报警控制器往往是第一级的监控报警装置，应设置在有人值班的房间或场所，如保卫室、值班室等。区域报警系统示意图如图 9-7 所示。

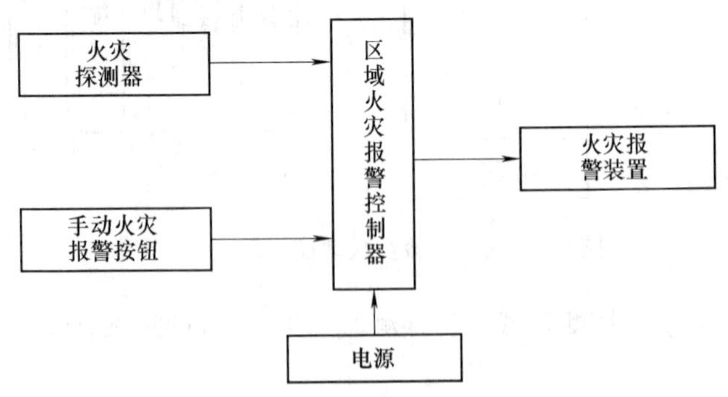

图 9-7 区域报警系统示意图

2）集中报警系统。集中报警系统主要由火灾探测器、区域火灾报警控制器、集中火灾报警控制器等组成。

集中报警系统一般适用于保护对象规模较大的场合，如高层住宅、商住楼和办公楼等。集中火灾报警控制器是区域火灾报警控制器的上位控制器，它是建筑消防系统的总监控设备，其功能比区域火灾报警控制器更加齐全。集中报警系统示意图如图 9-8 所示。

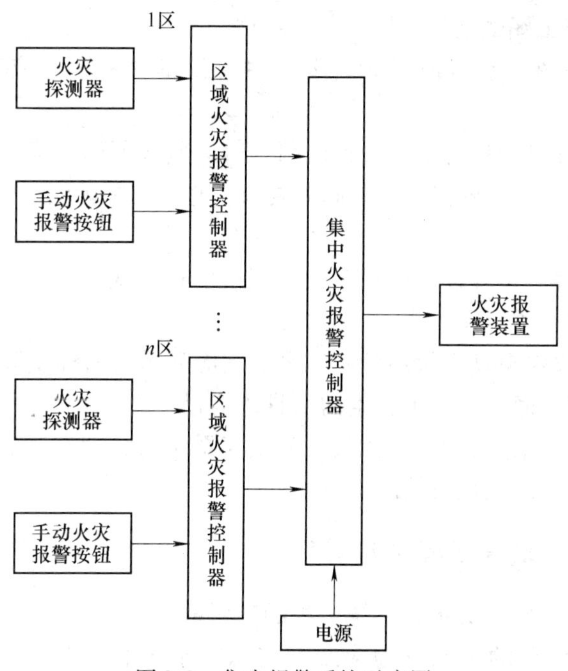

图 9-8　集中报警系统示意图

3）控制中心报警系统。控制中心报警系统由火灾探测器、手动火灾报警按钮、区域火灾报警控制器、集中火灾报警控制器、消防联动控制设备、电源及火灾报警装置、火警电话、火灾应急照明、火灾应急广播和联动装置等组成。

控制中心报警系统一般适用于规模大的一级以上的保护对象，因该类型建筑物建筑规模大，建筑防火等级高，消防联动控制功能多。控制中心报警系统示意图如图 9-9 所示。

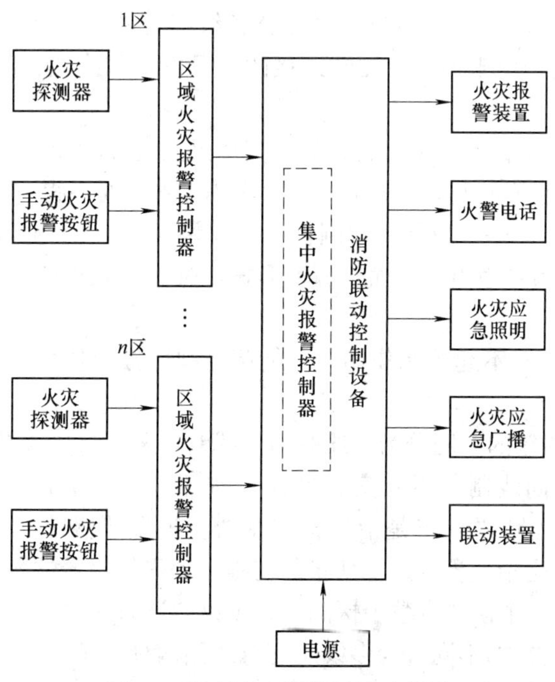

图 9-9　控制中心报警系统示意图

5. 火灾报警系统施工图的组成

火灾自动报警系统图一般应由设计说明、主要设备材料表、施工平面图和系统图等组成。

1）设计说明。火灾自动报警系统设计说明一般应包含下列内容：火灾自动报警系统形式；消防联动控制说明；设计依据；安装施工要求；施工图中无法表明的问题；验收依据及要求。

2）主要设备材料表。主要设备材料一般以表格形式出现，表格项目栏一般有序号、图例、名称、规格、单位、数量和备注。

3）施工平面图。火灾自动报警系统施工平面图应显示所有需安装设备的性质及平面具体位置，所有配管配线平面走向、垂直走向及具体位置。

4）系统图。系统图能直观地反映火灾自动报警系统与联动控制的方式，显示垂直配线情况、系统控制情况及控制室设备情况。

9.3.2 室内火灾报警系统工程量计算规则

定额计价方式下，室内火灾报警系统工程的工程量计算规则主要包括以下内容：

1）点型探测器按线制的不同分为多线制与总线制，不分规格、型号、安装方式与位置，以“只”为计量单位。探测器安装包括了探头和底座的安装及本体调试。

2）红外线探测器以“对”为计量单位。红外线探测器是成对使用的，在计算时一对为两只。定额中包括了探头支架安装和探测器的调试、对中。

3）火焰探测器、可燃气体探测器按线制的不同分为多线制与总线制两种，计算时不分规格、型号，安装方式与位置，以“只”为计量单位。探测器安装包括了探头和底座的安装及本体调试。

4）线形探测器的安装方式按环绕、正弦及直线综合考虑，不分线制及保护形式，以“10m”为计量单位。定额中未包括探测器连接的一只模块和终端，其工程量应按相应定额另行计算。

5）按钮包括消火栓按钮、手动报警按钮、气体灭火起/停按钮，以“只”为计量单位。按照在轻质墙体和硬质墙体上安装两种方式综合考虑，执行时不得因安装方式不同而调整。

6）控制模块（接口）是指仅能起控制作用的模块（接口），亦称为中继器，依据其给出控制信号的数量，分为单输出和多输出两种形式。执行时不分安装方式，按照输出数量以“只”为计量单位。

7）报警模块（接口）不起控制作用，只能起监视、报警作用，执行时不分安装方式，以“只”为计量单位。

8）报警控制器按线制的不同分为多线制与总线制两种，其中又按其安装方式不同分为壁挂式和落地式。在不同线制、不同安装方式中按照“点”数的不同划分定额项目，以“台”为计量单位。多线制“点”是指报警控制器所带报警器件（探测器、报警按钮等）的数量。总线制“点”是指报警控制器所带的有地址编码的报警器件（探测器、报警按钮、模块等）的数量。如果一个模块带数个探测器，则只能计为一“点”。

9）联动控制器按线制的不同分为多线制与总线制两种，其中又按其安装方式不同分为壁挂式和落地式。在不同线制、不同安装方式中按照“点”数的不同划分定额项目，以

“台”为计量单位。多线制“点”是指联动控制器所带联动设备的状态控制和状态显示的数量。总线制“点”是指联动控制器所带的有控制模块（接口）的数量。

10）报警联动一体机按其安装方式不同分为壁挂式和落地式。在不同安装方式中按照“点”数的不同划分定额项目，以“台”为计量单位。这里的“点”是指报警联动一体机所带的有地址编码的报警器件与控制模块（接口）的数量。总线制“点”是指报警联动一体机所带的有地址编码的报警器件与控制模块（接口）的数量。

11）重复显示器（楼层显示器）不分规格、型号、安装方式，按多线制与总线制划分，以“台”为计量单位。

12）警报装置分为声光报警和警铃报警两种形式，均以“只”为计量单位。

13）远程控制器按其控制回路数，以“台”为计量单位。

14）火灾事故广播中的功放机、录音机的安装按柜内及台上两种方式综合考虑，分别以“台”为计量单位。

15）消防广播控制柜是指安装成套消防广播设备的成品机柜，不分规格、型号，以“台”为计量单位。

16）火灾事故广播中的扬声器不分规格、型号，按照吸顶式与壁挂式以“只”为计量单位。

17）广播分配器是指单独安装的消防广播用分配器（操作盘），以“台”为计量单位。

18）消防通信系统中的电话交换机按“门”数不同以“台”为计量单位；通信分机、插孔是指消防专用电话分机与电话插孔，不分安装方式，分别以“部”、“个”为计量单位。

19）报警备用电源综合考虑了规格、型号，以“台”为计量单位。

20）自动报警系统包括各种探测器、报警按钮、报警控制器组成的报警系统，分别不同点数以“系统”为计量单位。其点数按多线制与总线制报警器的点数计算。

21）火灾事故广播、消防通信系统中的消防广播喇叭、音箱和消防通信的电话分机、电话插孔，按其数量以“10 只”为计量单位。

22）消防用电梯与控制中心间的控制调试，以“部”为计量单位。

9.4　工程预算实例

某工程为二层楼房安装工程，该安装工程设施的电话平面图、系统图主要设备材料表见图 9-10 ~ 图 9-13。

设计说明如下：

1. 照明、电话部分

1）电力电缆采用干包式电缆头。室外电缆埋深 0.9m，一般土壤。

2）照明、电话系统电气暗配线管埋深均为 0.1m。

3）房间层高为 3m，门框高度 2m。

4）手孔井为小手孔 220 × 320 × 220。

5）屋面上暗设 $\phi8$ 热镀锌圆钢做避雷带。

6）利用柱内 2 根 $\phi16$ 主筋作引下线。

7）沿建筑基槽外四周敷设一根 −40 × 4 热镀锌扁钢，埋深 0.75m，作为防雷接地、工作接地、保护接地等共用接地装置，户内引上墙面部分接地扁钢为 -40×4 热镀锌扁钢；接地电阻不大于 1.0Ω。

8）本工程设总等电位联结，总等电位箱设于一楼。

2. 计算说明

1）进户电力电缆由低压配电柜底边至手孔井前端电缆按 30m 计算，手孔井前端室外电缆保护管按 20m 计算。

2）电话电缆工程量计算至手孔井。

3）给水工程量算至水表阀门处。

4）计算工程数量步骤计算结果保留三位小数，清单计价表工程量保留两位小数。

5）照明配电箱由投标人购置。

根据以上背景资料及 GB 50500《建设工程工程量清单计价规范》、GB 50856《通用安装工程工程量计算规范》及其他相关文件，编制该电话安装工程分部分项和措施项目清单。见表 9-4、表 9-5。

表 9-4 清单工程量计算表

工程名称：某工程（电话安装工程） 第 页 共 页

序号	清单项目编码	清单项目名称	计 算 式	清单工程量	计量单位
1	030502003001	分线接线箱(盒)	10 对 200×100 一层	1	台
2	030502004001	电视、电话插座	电话插座：一层 4 + 二层 3	7	个
3	030502006001	大对数电缆	HYV10×2×0.5：保护管长度 7.9 + 分线箱预留 0.3 = 8.2	8.200	m
4	010101001001	管沟土方	电缆沟：沟深 0.9×沟宽(0.3×2 + 0.032)×沟长 5.5 = 3.128	3.128	m^3
5	030411006004	接线盒	塑料接线盒 86H	1	个
6	030411006005	接线盒	电话塑料底盒 86H(配刚性阻燃管)：4 + 3	7	个
7	030413005002	人(手)孔砌筑	220×320×220 手孔：1	1	个
8	030413006002	人(手)孔防水	0.22×0.32×4 + 0.22×0.22×2 = 0.379	0.379	m^2
9	030411001005	配管	进户电缆管 镀锌钢管 SC32(配线 HYV10×2×0.5)：(手孔井前端不计)手孔井至分线箱 5.5 + 埋深 0.9 + 至分线箱底边 1.5 = 7.9	7.900	m
10	030411001006	配管	刚性阻燃管 PC25 一层 1）接地(配线 BV-1×16)：分线箱↓(1.5 + 0.1) + →1.8 + ↑总等电位箱(0.1 + 0.3) = 3.8 2）配线 4(RVS-2×1.0)：分线箱↓(1.5 + 0.1) + →1 + ↑插座(0.1 + 0.3) = 3 合计：3.8 + 3 = 6.8	6.800	m

（续）

序号	清单项目编码	清单项目名称	计 算 式	清单工程量	计量单位
11	030411001007	配管	刚性阻燃管 PC20 一层 1）配线 3(RVS-2×1.0)：→4 2）配线 2(RVS-2×1.0)：→4.7+插座↑↓(0.1+0.3)×2=5.5 二层 1）配线 3(RVS-2×1.0)：一层引上(3-1.5-0.1)+至过线盒底 0.3+→1.5+插座↑↓(0.1+0.3)×2=4 2）配线 2(RVS-2×1.0)：→11.4+插座↑↓(0.1+0.3)×2=12.2 合计：4+5.5+4+12.2=25.7	25.700	m
12	030411001008	配管	刚性阻燃管 PC16 一层 配线(RVS-2×1.0)：→4.7+插座↑↓(0.1+0.3)×2=5.5 二层 配线(RVS-2×1.0)：水平管 3.6+插座↑↓(0.1+0.3)×2=4.4 合计：5.5+4.4=9.9	9.900	m
13	030411004005	配线	一层 接地线 BV16：配管量 3.8+预留 0.3=4.1	4.100	m
14	——	接线端子	BV16 两端各一个	2	个
15	030502005001	双绞线缆	电话线 RVS2×1.0 一层 4 对配管量 3×4+预留 0.3×4=13.2 3 对配管量 4×3=12 2 对配管量 5.5×2=11 1 对配管量 5.5 二层 3 对配管量 4×3+预留 0.3×3=12.9 2 对配管量 12.2×2=24.4 1 对配管量 4.4 合计：13.2+12+11+5.5+12.9+24.4+4.4=83.4	83.400	m

表 9-5　分部分项工程和单价措施项目清单与计价表

工程名称：某工程（电话安装工程）　　　　第　页　共　页

序号	项目编码	项目名称	项目特征描述	计量单位	工程数量	金额/元			
						综合单价	合价	其中	
								人工费	暂估价
1	030502003001	分线接线箱	1. 名称：电话分线接线箱 2. 材质：PVC 3. 规格：100×200 4. 安装方式：嵌墙暗装	台	1				
2	030502004001	电话插座	1. 名称：电话插座 2. 安装方式：嵌墙暗装 3. 底盒材质、规格：PVC、86H	个	7				
3	030502006001	大对数电缆	1. 名称：HYV 电话电缆 2. 规格：10×2×0.5 3. 线缆对数：10 对 4. 敷设方式：管内敷设	m	8.20				
4	010101001001	管沟土方	1. 名称：电缆沟 2. 土壤类别：一般土壤	m^3	3.13				
5	030411001005	配管	1. 名称：钢管 2. 材质：镀锌钢管 3. 规格：SC32 4. 配置形式：暗配	m	7.90				
6	030411001006	配管	1. 名称：刚性阻燃管 2. 材质：PVC 3. 规格：PC25 4. 配置形式：暗配	m	6.80				
7	030411001007	配管	1. 名称：刚性阻燃管 2. 材质：PVC 3. 规格：PC20 4. 配置形式：暗配	m	25.70				
8	030411001008	配管	1. 名称：刚性阻燃管 2. 材质：PVC 3. 规格：PC16 4. 配置形式：暗配	m	9.90				

（续）

序号	项目编码	项目名称	项目特征描述	计量单位	工程数量	金额/元			
						综合单价	合价	其中	
								人工费	暂估价
9	030411004005	配线	1. 名称：管内穿线 2. 配线形式：动力线路 3. 型号：ZRBV 4. 规格：16mm² 5. 材质：铜芯线 6. 铜接线端子 2 个	m	4. 10				
10	030502005001	双绞线缆	1. 名称：RVS 电话线 2. 规格：2×0. 5 3. 敷设方式：管内敷设	m	83. 40				
11	030411006004	接线盒	1. 名称：过线盒 2. 材质：PVC 3. 规格：86H 4. 安装形式：暗装	个	1				
12	030411006005	接线盒	1. 名称：电话插座接线盒 2. 材质：PVC 3. 规格：86H 4. 安装形式：暗装	个	7				
13	030413005002	人(手)孔砌筑	1. 名称：手孔 2. 规格：220×320×220 3. 类型：混凝土	个	1				
14	030413006002	人(手)孔防水	1. 名称：手孔防水 2. 防水材质及做法：防水砂浆抹面(五层)	m²	0. 38				

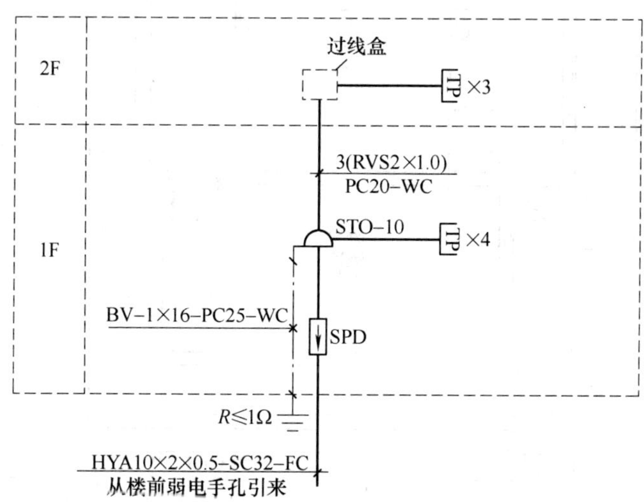

图 9-10　电话平面图

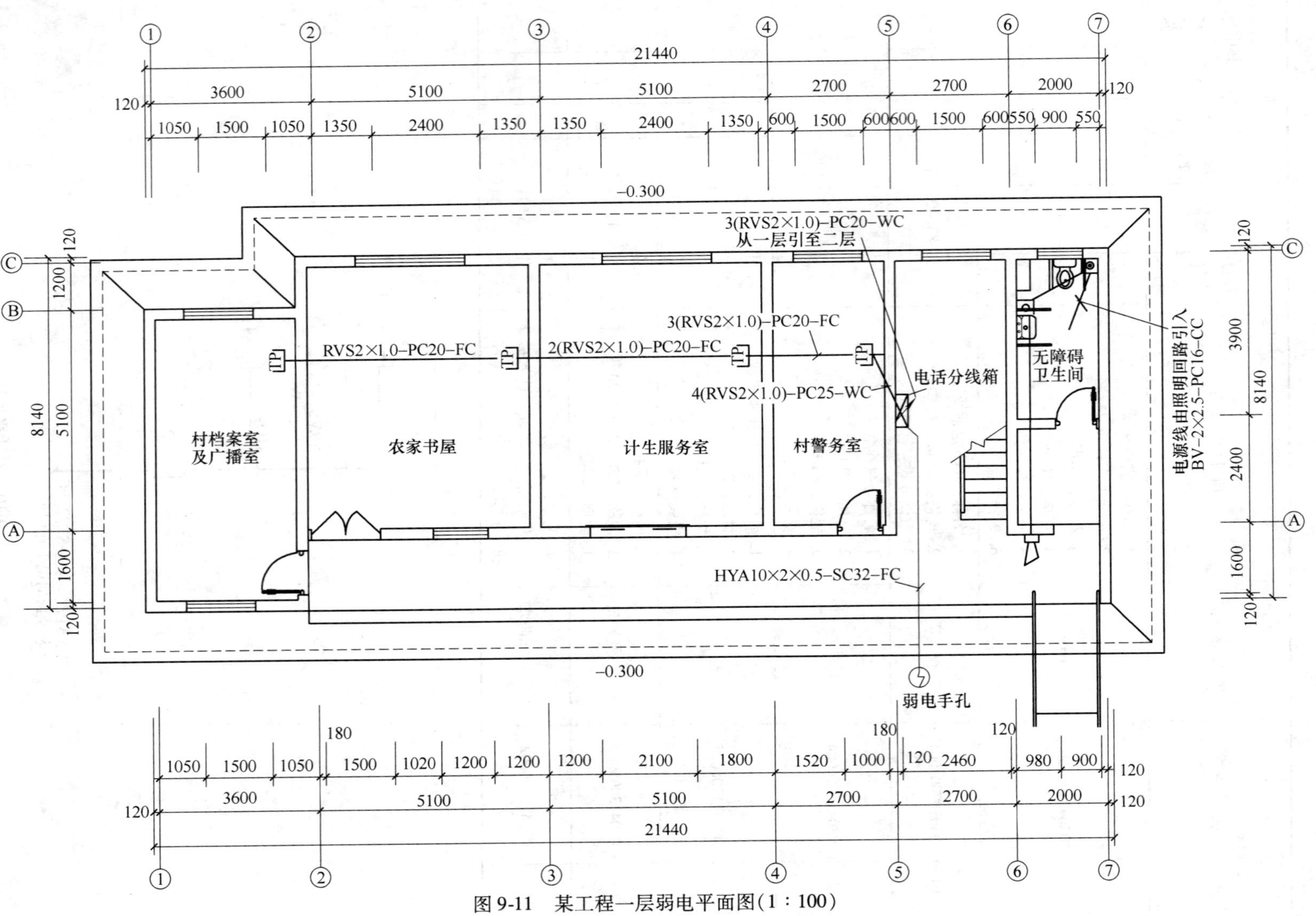

图 9-11 某工程一层弱电平面图(1:100)

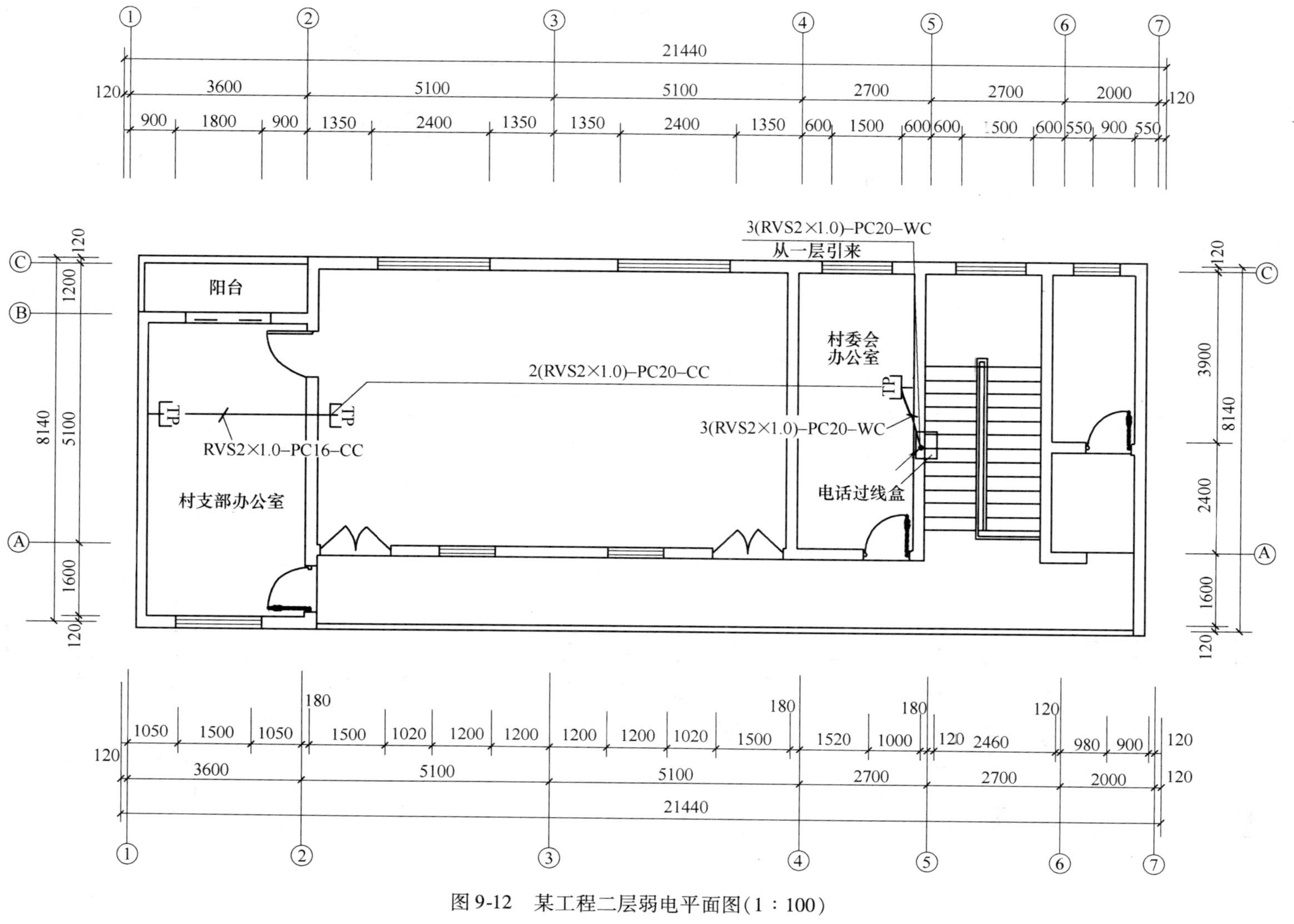

图 9-12　某工程二层弱电平面图(1：100)

序号	图例	名称	规格	单位	数量	备注
1		照明配电箱	XRM–305(600+400) 高 + 宽	台	2	底边距地 1.5m 暗装
2	MEB	总等电位箱	MEB	台	1	底边距地 0.3m 暗装
3		双管荧光灯	2×36W	盏	20	吸顶安装
4		节能灯	1×16W	个	8	吸顶安装
5		防水防法灯（配节能装）	1×16W	个	4	吸顶安装
6		自带电源事故照明灯	2×8W	盏	5	距地 2.5m 壁装
7	C	自带电源事故照明灯	1×16W	盏	2	嵌顶安装
8		单向疏散指示灯	1×2W	盏	2	距地 0.4m 安装
9	E	安全出口标志灯	1×2W	盏	4	门上方 0.2m 安装
10		暗装插座（安全型）	5 孔，250V，10A	个	25	底边距地 0.3m 安装
11	K1	柜式空调插座（安全型）	3 孔，250V，15A	个	2	底边距地 0.3m 安装
12	K2	持式空调插座	3 孔，250V，15A	个	6	底边距地 2.2m 安装
13		暗装单极开关	250V，10A	个	8	底边距地 1.3m 安装
14		暗装双极开关	250V，10A	个	10	底边距地 1.3m 安装
15		紧急求救按钮	甲方自定	个	2	底边距地 1.2m 安装
16		声光报警器	甲方自定	个	1	底边距地 2.8m 安装
17		电话分线箱	10 对	台	1	底边距地 1.5m 安装
18	TP	电话插座	设备厂家配套	个	7	底边距地 0.3m 安装
19		阻燃导线	ZRBV–2.5	m		数量详见施工预算
20		导线	BV–2.5	m		
21		导线	BV–4	m		
22		导线	BV–6	m		
23		电力电缆 (0.6/1kV)	YJV22–4×25	m		
24		电话电缆	HYA10×2×0.5	m		
25		电话线	RVS2×0.5	m		
26		塑料管	PC16～PC25	m		
27		钢管	SC20～SC50	m		
28		镀锌圆钢	$\phi 8$	m		
29		镀锌扁钢	–40×4	m		

图 9-13　系统图主要设备材料表

附录 电气工程常用图例及符号

表附-1 常用灯具类型符号

名 称	符 号	名 称	符 号
普通吊灯	P	工厂一般灯具	G
壁灯	B	荧光灯灯具	Y
花灯	H	隔爆灯	G
吸顶灯	D	水晶底罩灯	J
柱灯	Z	防水防尘灯	F
卤钨探照灯	L	搪瓷伞罩灯	S
投光灯	T		

表附-2 常用导线敷设方式

敷 设 方 式	符 号	敷 设 方 式	符 号
线吊式	CP	钢线槽敷设	SR
链吊式	CH	穿聚氯乙烯半硬质管敷设	FPC
管吊式	P	穿聚氯乙烯塑料波纹电线管敷设	KPC
穿焊接钢管敷设	SC	穿聚氯乙烯硬质管敷设	PC
壁装式	W	电缆桥架敷设	CT
吸顶式	S	瓷夹敷设	PL
墙壁嵌入式	WR	塑料夹敷设	PCL
塑料线槽敷设	PR	沿墙面敷设	WE
沿天棚面或顶板面敷设	CE	暗敷设在墙内	WC
暗敷设在地面内	FC	暗敷设在顶板内	CC
穿电线管敷设	TC		

表附-3 变配电系统图符号

符 号 名 称	图 形 符 号	
	新国标（GB/T 4728）	旧国标（GB 312）
变电所(示出改变电压)	v/v规划（设计）的 v/v运行的	
杆上变电所（站）	规划（设计）的 运行的	
电阻器		
可变电阻器		
压敏电阻器	U	
滑线式绕组器		
电容器	优先型 其他型	

（续）

符号名称	图形符号	
	新国标（GB/T 4728）	旧国标（GB 312）
极性电容器	优先型 其他型	
可变电容器	优先型 其他型	
电感器		
带铁芯（磁芯）电感器		
电流互感器		
双绕组变压器或电压互感器		
三绕组变压器或电压互感器		
动合（常开）触点		开关和转换开关的动合（常开）触点 继电器的动合（常开）触点 自动开关的动合（常开）触点 继电器、启动器、动力控制器的动合（常开）触点
动断（常闭）触点		开关和转换开关的动断（常闭）触点 继电器的动断（常闭）触点 继电器、启动器、动力控制器的动断（常闭）触点
手动开关的一般符号		

（续）

符号名称	图形符号	
	新国标（GB/T 4728）	旧国标（GB 312）
按钮开关（不闭锁）（动合、动断触点）	E- E-	
按钮开关（闭锁）（动合、动断触点）	E E	
接触器（在非动作位置触点断开、闭合）		
断路器		
隔离开关		
负荷开关		
熔断器的一般符号		
熔断器式开关		
熔断器式隔离开关		
熔断器式负荷开关		
避雷器		避雷器的一般符号
		排气式避雷器（管型避雷器）
		阀式避雷器
		击穿保线器

表附-4　动力照明设备图形符号

符号名称	图形符号	
	新国标（GB/T 4728）	旧国标（GB 312）
动力或动力—照明配电箱 注：需要时符号内可表示电流种类		
照明配电箱（屏）		
事故照明配电箱（屏）		
电机的一般符号	* 星号用字母代替； M—电动机 MS—同步电动机 MS—伺服电机 G—发电机 GS—同步发电机 GT—测速发电机	*
热水器（示出引线）		
风扇一般符号 注：若不会引起混淆，方框可省略不画		吊式风扇 壁装风扇 轴流风扇
单相插座；明、暗、密闭（防水）、防爆		
带接地插孔的单相插座		
带接地插孔的三相插座		
插座箱（板）		
多个插座（示出三个）	3	
带熔断器的插座		
开关一般符号		
单极开关：明、暗、密闭（防水）、防爆		密闭
双极开关：明、暗、密闭（防水）、防爆		密闭
三极开关：明、暗、密闭（防水）、防爆		密闭

（续）

符号名称	图形符号	
	新国标（GB/T 4728）	旧国标（GB 312）
单极拉线开关		一般 暗装
单极双控拉线开关		
双控开关（单极三线）		一般 暗装
灯的一般符号信号灯的一般符号	灯的颜色：RD 红　YE 黄　GN 绿　BU 蓝　WH 白灯的类型：Ne 氖　Na 钠　Hg 汞　IN 白炽　FL 荧光　IR 红外线　UV 紫外线	照明灯的一般符号 信号灯的一般符号
投光灯一般符号		
聚光灯		
泛光灯		
示出配线的照明引出线位置		
在墙上引出照明线（示出配线向左边）		
荧光灯一般符号		
三、五管荧光灯	5	3　5
防爆荧光灯		
自带电源的事故照明灯（应急灯）		
深照型灯		珐琅质 镜面
广照型灯（配照型灯）		
防水防尘灯		
球型灯		
局部照明灯		

（续）

符号名称	图形符号	
	新国标（GB/T 4728）	旧国标（GB 312）
矿山灯		
安全灯		
隔爆灯		
天棚灯		
花灯		
弯灯		
壁灯		
闪光型信号灯		
电喇叭		
电铃		
电警笛　报警器		
电动汽笛	优先型 其他型	
蜂鸣器		

表附-5　导线和线路敷设符号

符号名称	图形符号	
	新国标（GB/T 4728）	旧国标（GB 312）
导线，电线，电缆母线的一般符号		
多根导线	3 根 n 根	3 根 n 根
软导线　软电缆		
地下线路		
水下（海底）线路		

（续）

符号名称	图形符号	
	新国标（GB/T 4728）	旧国标（GB 312）
架空线路		
管道线路	一般 6 孔管道	
中性线		
保护线		
保护和中性共用线		
具有保护线和中性线的三相配线		
向上配线		导线引上
向下配线		
垂直通过配线		导线引上并引下 导线由上引来 导线由下引来 导线由上引来并引下 导线由下引来并引上
导线的电气连接		
端子		
导线的连接		

表附-6　电缆及敷设图形符号

符号名称	图形符号	
	新国标（GB/T 4728）	旧国标（GB 312）
电缆终端		
电缆铺砖保护		
电缆穿管保护		
电缆预留		
电缆中间接线盒		
电缆分支接线盒		

表附-7 仪表图形符号

符号名称	图形符号	
	新国标（GB/T 4728）	旧国标（GB 312）
电流表	Ⓐ	Ⓐ
电压表	Ⓥ	Ⓥ
电能表（瓦特小时计）	Wh	Wh

表附-8 电杆及接地

符号名称	图形符号	
	新国标（GB/T 4728）	旧国标（GB 312）
电杆的一般符号（单杆，中间杆）	○ $A\text{-}B$ / C A—杆材或所属部门 B—杆长 C—杆号	—○ $a\frac{b}{c}$ a—编号 b—杆型 c—杆高
带照明灯的电杆（a—编号；b—杆型；c—杆高；d—容量；A—连接顺序）	$a\frac{b}{c}Ad$ 一般画法	$a\frac{b}{c}Ad$ 一般画法
	$a\frac{b}{c}Ad$ 需要示出灯具的投射方向时	$a\frac{b}{c}Ad$ 需要示出灯具的投射方向时
	$a\frac{b}{c}Ad$ 需要时允许加画灯具本身图形	$a\frac{b}{c}Ad$ 需要时允许加画灯具本身图形
接地的一般符号	⏚	⏚
保护接地	⏚	

表附-9 电气设备的标注方法（GB/T 4758 列为附录参考件）

符号名称	图形符号	
	新国标（GB/T 4728）	旧国标（GB 312）
用电设备 a—设备编号；b—额定功率，kW；c—线路首端熔断体或低压断路器脱扣器的电流，A；d—标高，m	$\frac{a}{b}$ 或 $\frac{a}{b}\Big\vert\frac{c}{d}$	$\frac{a}{b}$ 或 $\frac{a}{b}\Big\vert\frac{c}{d}$

（续）

符号名称	图形符号	
	新国标（GB/T 4728）	旧国标（GB 312）
电力和照明设备 a—设备编号；b—设备型号；c—设备功率，kW；d—导线型号；e—导线根数；f—导线截面，mm^2；g—导线敷设方式及部位	（1）一般标注方法 $a\frac{b}{c}$或 $a-b-c$ （2）当需要标注引入线的规格时 $a\frac{b-c}{d(e\times f)-g}$	（1）一般标注方法 $a\frac{b}{c}$或 $a-b-c$ （2）当需要标注引入线的规格时 $a\frac{b-c}{d(e\times f)-g}$
电力和照明设备 a—设备编号；b　设备型号；c—额定电流，A；i—整定电流，A；d—导线型号；e—导线根数；f—导线截面，mm^2；g—导线敷设方式及部位	（1）一般标注方法 $a\frac{b}{c/i}$或 $a-b\quad c/i$ （2）当需要标注引入线的规格时 $a\frac{b-c/i}{d(e\times f)-g}$	（1）一般标注方法 $a\frac{b}{c/i}$或 $a-b-c/i$ （2）当需要标注引入线的规格时 $a\frac{b-c/i}{d(e\times f)-g}$
照明变压器 a—一次电压，V；b—二次电压，V；c—额定容量，V·A	$a/b-c$	$a/b-c$
照明灯具 a—灯数；b—型号或编号；c—每盏照明灯具的灯泡数；d—灯泡容量，W；e—灯泡安装高度，m；f—安装方式；L—光源种类	（1）一般标注方法 $a-b\frac{c\times d\times L}{e}f$ （2）灯具吸顶安装 $a-b\frac{c\times d\times L}{—}$	（1）一般标注方法 $a-b\frac{c\times d\times L}{e}$ （2）灯具吸顶安装 $a-b\frac{c\times d\times L}{—}$
电缆与其他设施交叉点 a—保护管根数；b—保护管直径，mm；c—管长，m；d—地面标高，m；e—保护管埋设深度，m；f—交叉点坐标	$\frac{a-b-c-d}{e-f}$	$\frac{a-b-c-d}{e-f}$
安装或敷设标高（m）	（1）用于室内平面剖面图上 ±0.000 （2）用于总平面图上的室外地面 ±0.000	（1）用于室内平面剖面图上 ±0.000 （2）用于总平面图上的室外地面 ±0.000
导线根数	———///———表示3根 ———/ 3———表示3根 ———/ n———表示 n 根	———///———表示3根 ———/ 3———表示3根 ———/ n———表示 n 根
导线型号规格或敷设方式的改变	（1）3mm×16mm 改为 3mm×10mm 3×16×3×10 （2）无穿管敷设改为导线穿管（ϕ2″）敷设 —×ϕ2″	
交流电 m—保护管根数；f—保护管直径，mm；v—管长，m， 例：示出交流，三相带中性线 50Hz 380V	$m\sim fv$ 3N～50Hz380V	

表附-10 常用电量单位符号及电气设备文字符号

符 号	名 称	符 号	名 称	符 号	名 称	符 号	名 称
I	电流	Wh	瓦时	QF	断路器	KA	电流继电器
A	安	kWh	千瓦时	QL	负荷开关	KV	电压继电器
U	电压	varh	乏时	QS	隔离开关	KM	中间继电器
V	伏	kvarh	千乏时	Q	自动开关	KS	信号继电器
R	电阻	T	周期	SA	控制开关	KT	时间继电器
Ω	欧	t	时间	Q	辅助开关	KAZ	接地继电器
L	电感	f	频率	XB	切换片	KG	气体继电器
C	电容	Hz	赫兹	FU	熔断器	KR	热继电器
X	电抗	λ $\cos\varphi$	功率因数	SB	按钮	KRC	重合闸继电器
Z	阻抗	max	最大值	QA	启动按钮	HW	白色信号灯
P	有功功率	min	最小值	HA	合闸按钮	HG	绿色信号灯
W	瓦	G	发电机	TA	停止按钮	HR	红色信号灯
kW	千瓦	M	电动机	WB	母线	HY	黄色信号灯
S	视在功率	T	变压器	MC	控制母线	HL	闪光信号灯
VA	伏安	TV	电压互感器	MR	信号母线	HL	信号灯
kVA	千伏安	TA	电流互感器	ME	事故母线	U	整流器
MVA	兆伏安	KM	接触器	MV	电压母线	F	避雷器
Q	无功功率	Q	启动器	L	线圈	PA	电流表
var	乏	SA	控制开关	YT	跳闸线圈	PV	电压表
kvar	千乏	S	开关	YC	合闸线圈	PJ	电能表

表附-11 根据线路敷设方式选配的导线、电缆型号表

线路类别	线路敷设方式	导线型号	额定电压/kV	产品名称	最小截面/mm²	备注
500V以下交、直流配电线路	吊灯用软线	RVS RFS	0.25	铜芯聚氯乙烯绝缘绞型软线 铜芯丁腈聚氯乙烯复合物绝缘软线	0.5	
	瓷夹板	BLV	0.5	铜芯聚氯乙烯绝缘电线	2.5	导线颜色均为白色
	管内配线、瓷柱、瓷瓶	BLXF BLV BBLX	0.5	铝芯氯丁橡皮绝缘电线 铝芯聚氯乙烯绝缘导线 铝芯玻璃丝编织橡皮线	2.5	
	架空进户线	BLXF	0.5	铝芯氯丁橡皮绝缘电线	10	距离应不超过25m
	架空线路	LJ		裸铝绞线	25	
	电缆在室内明敷或在沟道内架设	VLV ZLQ20	1.0	铝芯聚氯乙烯绝缘、聚氯乙烯护套电力电缆 铝芯油浸纸绝缘、铝包裸钢带铠装电力电缆	4	
	电缆敷设在地下或部分穿保护管	VLV29 ZLQ2	1.0	铝芯聚氯乙烯绝缘、聚氯乙烯护套内钢带铠装电力电缆 铝芯油浸纸绝缘铅包钢带铠装电力电缆	4	

（续）

线路类别		线路敷设方式	导线型号	额定电压/kV	产品名称	最小截面/mm^2	备注
500V以上交、直流配电线路		架空进户线	BBLX	0.5	铝芯玻璃丝编织橡皮线	35	距离不超过30m
		架空线路	LJ		裸铝绞线	25	居民区应不小于35mm^2
		电缆敷设在沟道中	ZLQ20 ZLQD20	10	铝芯油浸纸绝缘、铅包钢带铠装电力电缆 铝芯油浸纸绝缘、铅包钢带铠装不滴流电力电缆	16	
		电缆敷设在地下或穿保护管	ZLQ2 ZLQD2 YJLV29	10	铝芯油浸纸绝缘、铅包钢带铠装电力电缆 铝芯油浸纸绝缘、铅包钢带铠装不滴流电力电缆 铝芯交联聚乙烯绝缘、聚氯乙烯护套线内钢带铠装电力电缆	16	
电话与广播线路	电话	室内明敷或管内配线	RVS RVB	0.25	铜芯聚氯乙烯绝缘绞型软线 铜芯聚氯乙烯绝缘平型软线	2×0.2	
		敷设在室内沟道中或管子内	HYV20	—	聚氯乙烯绝缘、聚氯乙烯护套钢带铠装市内电话电缆	—	每对2×0.5（直径）
		敷设在干燥的沟管中	HYV	—	铜芯聚氯乙烯绝缘、聚氯乙烯护套市内电话电缆		
		敷设在土壤内	HYV	—	铜芯聚氯乙烯绝缘、聚氯乙烯护套钢带铠装市内电话电缆		
	广播	室内明敷或管内配线	RVS RVB	0.25	铜芯聚氯乙烯绝缘绞型软线 铜芯聚氯乙烯绝缘平型软线	2×0.8	

表附1-12　低压电器类组代号汉语拼音字母方案表

代号	名称	A	B	C	D	G	H	J	K	L	M	P	Q	R	S	T	U	W	X	Y	Z
H	刀开关和转换开关				刀开关		封闭式负荷开关		开启式负荷开关					熔断器刀式开关	刀形转换开关					其他	组合开关
R	熔断器			插入式			汇流排式			螺旋式	密闭管式				快速	有填料管式			限流	其他	
D	自动开关									照明	灭磁				快速			框架式	限流	其他	塑料外壳式
K	控制器					鼓形						平面				凸轮				其他	
C	接触器					高压		交流				中频			时间					其他	直流

（续）

代号	名称	A	B	C	D	G	H	J	K	L	M	P	Q	R	S	T	U	W	X	Y	Z
Q	启动器	按钮式		磁力				减压							手动		油浸		星三角	其他	综合
J	控制继电器									电流				热	时间	通用		温度		其他	中间
L	主令电器	按钮						接近开关	主令控制器						主令开关	足踏开关	旋转	万能转换开关	行程开关	其他	
Z	电阻器	板型元件	冲片元件		管形元件										烧结元件	铸铁开关			电阻器	其他	
B	变阻器			旋臂式						助磁		频敏	启动			启动调整	油浸启动	液体启动	滑线式	其他	
T	调整器				电压																
M	电磁铁												牵引					起重			制动
A	其他			插销				接线盒													

表附-13　常用电缆型号各部分的代号及含义

类别用途	绝　　缘	内护层	特　　征	外护层	派　　生
N—农用电缆	V—聚氯乙烯	H—橡皮	CY—充油	0—相应的裸外护层	1—第一种
V—塑料电缆	X—橡皮	HF—非燃橡套	D—不滴流	1—一级防腐	2—第二种
X—橡皮绝缘电缆	XD—丁基橡皮	L—铝包	F—分相互套	1—麻被护套	110—110kV
YJ—交联聚氯乙烯塑料电缆	Y—聚乙烯塑料	Q—铅包	P—贫油、干绝缘	2—二级防腐	120—120kV
Z—纸绝缘电缆		Y—塑料护套	P—屏蔽	2—钢带铠装麻被	150—150kV
G—高压电缆			Z—直流	3—单层细钢丝铠装麻被	0.3—拉断力0.3t
K—控制电缆			C—滤尘器用	4—双层细钢丝麻被	1—拉断力1t
P—信号电缆			C—重型	5—单层粗钢丝麻被	TH—湿热带
V—矿用电缆			D—电子显微镜用	6—双层粗钢丝麻被	
VC—采掘机用电缆			G—高压	9—内铠装	
VZ—电钻电缆			H—电焊机用	29—内钢带铠装	
VN—泥炭工业用电缆			J—交流	20—裸钢带铠装	
W—地球物理工作用电缆			Z—直流	30—细钢丝铠装	

（续）

类别用途	绝 缘	内 护 层	特 征	外 护 层	派 生
WB—油泵电缆			CQ—充气	22—铠装加固电缆	
WC—海上探测电缆			YQ—压气	25—粗钢丝铠装	
WE—野外探测电缆			YY—压油	11——级防腐	
X—D—单焦点X光电缆				12—钢带铠装一级防腐	
X—E—双焦点X光电缆				120—钢带铠装一级防腐	
H—电子轰击炉用电缆				13—细钢丝铠装一级防腐	
J—静电喷漆用电缆				15—细钢丝铠装一级防腐	
Y—移动电缆				130—裸细钢丝铠装一级防腐	
SY—摄影等用电缆				23—细钢丝铠装二级防腐	
				59—内粗钢丝铠装	

参考文献

[1] GB 50500—2013 建设工程工程量清单计价规范 [S]. 北京：中国计划出版社，2012.

[2]《建设工程工程量清单计价规范》编写小组 . 2013 建设工程计价计量规范辅导 [M]. 北京：中国计划出版社，2013.

[3] 全国造价工程师执业资格考试培训教材编审委员会 . 建设工程技术与计量（安装部分）[M]. 北京：中国计划出版社，2006.

[4] 郎禄平，等 . 电气安装工程造价 [M]. 北京：机械工业出版社，2007.

[5] 中华人民共和国建设部 . 全国统一安装工程预算定额 [M]. 北京：中国计划出版社，2000.

[6] 江西省建设工程造价管理站 . 江西省安装工程消耗量定额及单位估价表 [M]. 长沙：湖南科学技术出版社，2004.

[7] 江西省建设工程造价管理站 . 江西省建筑安装工程费用定额 [M]. 长沙：湖南科学技术出版社，2004.

[8] 朱永恒，李俊 . 建设工程工程量清单计价之安装工程工程量清单计价 [M]. 南京：东南大学出版社，2004.

[9] 管锡珺，夏宪成 . 安装工程计量与计价 [M]. 北京：中国电力出版社，2009.

[10] 建设部标准定额研究所 . 全国统一安装工程预算定额解释汇编 [M]. 北京：中国计划出版社，2004.

[11] 梁玉成 . 建筑识图 [M]. 北京：中国环境科学出版社，2003.

[12] 高霞，杨波 . 建筑电气施工图识读技法 [M]. 合肥：安徽科学技术出版社，2011.

[13] 丁云飞 . 安装工程预算与工程量清单计价 [M]. 北京：化学工业出版社，2005.

[14] 李作富，李德兴 . 电气设备安装工程预算知识问答 [M]. 北京：机械工业出版社，2004.

[15] 张建新 . 新编安装工程预算：定额计价与工程量清单计价 [M]. 北京：中国建材工业出版社，2009.

[16] 景星蓉 . 建筑设备安装工程预算 [M]. 北京：中国建筑工业出版社，2008.

[17] GB 50856—2013 通用安装工程工程量计算规范 [S]. 北京：中国计划出版社，2013.

[18] 杜贵成 . 2013 新版建设工程工程量清单计价规范实施指南系列之：新版安装工程工程量清单计价及实例 [M]. 北京：化学工业出版社，2013.

[19] 褚振文 . 2013 新标准新规范之：建筑施工图工程量清单计价实例 [M]. 3 版 . 北京：化学工业出版社，2013.

信息反馈表

尊敬的老师：

您好！感谢您多年来对机械工业出版社的支持和厚爱！为了进一步提高我社教材的出版质量，更好地为我国高等教育发展服务，欢迎您对我社的教材多提宝贵意见和建议。另外，如果您在教学中选用了**《安装工程计量与计价》（丰艳萍　严景宁　夏晖　主编）**，欢迎您提出修改建议和意见。索取课件的授课教师，请填写下面的信息，发送邮件即可。

一、基本信息

姓名：________　性别：________　职称：________　职务：____________________

邮编：________　地址：____

学校：__________________________　院系：____________________　专业：________

任教课程：______________________　手机：____________________　电话：________

电子邮件：______________________　QQ：______________________

二、您对本书的意见和建议

（欢迎您指出本书的疏误之处）

三、您对我们的其他意见和建议

请与我们联系：

100037　机械工业出版社·高等教育分社

Tel：010-88379542（O）　刘编辑

E-mail：ltao929@163.com

http：//www.cmpedu.com（机械工业出版社·教材服务网）

http：//www.cmpbook.com（机械工业出版社·门户网）